Microsoft Excel

数据分析与商业建模 第7版

[美] Wayne Winston 著

刘 钰 潘丽萍 译

U0243085

Microsoft Excel Data Analysis and Business Modeling
(Office 2021 and Microsoft 365) 7th Edition

电子工业出版社·
Publishing House of Electronics Industry
北京·BEIJING

内容简介

如何基于 Microsoft Excel 运用商业建模和分析技术从数据中挖掘信息、获得需要的成果？屡获殊荣的教育家 Wayne Winston 撰写的这本实用、依托应用场景的指南能够助你一臂之力。相比此书的之前版本，这一版的内容更全面、更前沿，从自定义名称到动态数组，从数据透视表到 Power Query……示例丰富，内容精彩！书中包含众多示例，不但展现了数据分析师在实际工作中面对过的各类挑战，而且能够教会你如何使用 Microsoft Excel 解决在工作中遇到的实际问题，从而建立自己的职场优势！

本书不仅适合作为在校学生和初入职场的白领的教材，也适合作为希望了解如何建立数据模型等的数据分析师的参考资料。如果你希望学习资深专家的丰富经验，相信本书也能让你有所收获。

Authorized translation from the English language edition, entitled Microsoft Excel Data Analysis and Business Modeling 7e, 9780137613663 by Wayne Winston, published by Pearson Education, Inc., publishing as Microsoft Press, Copyright©2022 Pearson Education, Inc..

All rights reserved. This edition is authorized for sale and distribution in the People's Republic of China (excluding Hong Kong SAR, Macao SAR and Taiwan). No part of this book may be reproduced or transmitted in any form or by any means, electronic or mechanical, including photocopying, recording or by any information storage retrieval system, without permission from Pearson Education, Inc..

Chinese Simplified edition published by PUBLISHING HOUSE OF ELECTRONICS INDUSTRY CO., LTD. , Copyright©2024.

本书简体中文版专有出版权由 Pearson Education（培生教育出版集团）授予电子工业出版社有限公司在中国大陆地区（不包括香港、澳门特别行政区及台湾地区）独家出版发行。未经出版者书面许可，不得以任何方式复制或抄袭本书的任何部分。专有出版权受法律保护。

本书简体中文版贴有 Pearson Education（培生教育出版集团）激光防伪标签，无标签者不得销售。

版权贸易合同登记号　图字：01-2023-3633

图书在版编目（CIP）数据

Microsoft Excel数据分析与商业建模 ： 第7版 ／
（美）韦恩·温斯顿（Wayne Winston）著 ； 刘钰，潘丽萍译. -- 北京 ：电子工业出版社，2024. 8. -- ISBN
978-7-121-48563-3
Ⅰ．TP391.13
中国国家版本馆CIP数据核字第20247ZX114号

责任编辑：田志远
文字编辑：戴　新
印　　刷：山东华立印务有限公司
装　　订：山东华立印务有限公司
出版发行：电子工业出版社
　　　　　北京市海淀区万寿路 173 信箱　　　　邮编：100036
开　　本：787×980　　1/16　　印张：29.5　　字数：680 千字
版　　次：2024 年 8 月第 1 版（原书第 7 版）
印　　次：2024 年 8 月第 1 次印刷
定　　价：138.00 元

凡所购买电子工业出版社图书有缺损问题，请向购买书店调换。若书店售缺，请与本社发行部联系，联系及邮购电话：（010）88254888，88258888。
质量投诉请发邮件至 zlts@phei.com.cn，盗版侵权举报请发邮件至 dbqq@phei.com.cn。
本书咨询联系方式：faq@phei.com.cn。

推荐语

AI（人工智能）、digitalization（数字化）、innovation（创新）、continues improvement（持续改进）、人效比……是当下在外企中高频出现的词语。如何引领财务团队不断提升工作效率、进行工作模式创新、提高个人竞争力是每个管理者的必修课。恰巧这本书绘声绘色地将我们带入场景化示例并深入浅出地传授用 Excel 完成数据统计、报表分析和财务建模。Excel 能真正满足从"小白"到"老法师"等不同人群的需求，从业务需求的实际出发帮助我们提升财务管理的精准性和效率。

董琦曦，贝卡尔特管理（上海）有限公司中国财务共享中心总经理

Excel 作为传统的数据分析软件，具备强大的数据汇总、数据分析、数据展示功能，是我们这些财务人员的重要工具。这本书恰好将我们在平日里用得少但功能强大的函数通过通俗易懂的例子讲明白了，在看书的过程中总是能让你恍然大悟：原来还可以这样啊！

李钟哲，锦湖轮胎（天津）有限公司企划财务部部长

大数据时代，职场人谁能更早熟练掌握 Excel，谁就能更快脱颖而出。此书的出版正合时宜，看完令人大有收获，各章节内容应景、"贴地"，表、图、文结合实操讲解，菜鸟、新人也能轻松驾驭，进而显著提升日常工作效率，助力管理层高效决策。

周玮，湛新树脂（上海）有限公司财务总监

超越数据的魔法，解锁 Excel 的无限可能！此书如同一本宝典，带你走进 Excel 的奇妙世界，不仅深入浅出地讲解了 Excel 的各项功能，还巧妙地结合实例让你在实际操作中迅速掌握应用技巧。用数据说话，让工作更加得心应手，你的职场之路将因此更加宽广！

王静，立邦投资有限公司财务支持主管

本书既适合初次接触会计工作和数据分析的职场新人阅读，又适合助力会计实务和战略分析专家开展日常工作。其原因在于，本书对 Excel 的基本概念和函数工具进行了深入浅出的讲解，又展现了如何用 Excel 实现基本的统计分析、辅助进行商业洞察和决策。本书聚焦于收入、成本、利润等管理活动的视角也非常有价值。在这个竞争愈发激烈的商业环境中，期待本书能帮助更多读者解读现状、预测趋势、制胜未来！

徐智铭，三得利（中国）投资有限公司饮料事业事业企划部经理，
《日本的管理会计の深層》《日本的管理会计の変容》等书合著者

《Microsoft Excel 数据分析与商业建模》是数据分析领域的得力工具，它能帮助你从纷繁复杂的数据中挖掘出有价值的信息，为决策提供有力支持。书中详细介绍了 Excel、Power Query、Power Pivot 等的各种功能和应用技巧，包括数据处理、函数运用、图表制作、数据清洗、数据建模等，通过实际案例让你轻松理解和掌握 Excel 数据分析与商业建模。无论你是初学者还是有一定经验的用户，都能从中受益。拥有这本书，就如同拥有了一把开启数据分析宝藏的钥匙，让你在数据的海洋中畅游无阻，做出更加明智的决策。

熊王，微软最有价值专家（MVP）/ 微软认证培训师（MCT）

这是一本很有价值的工具书。我有过一段时间的财务从业经历，也经常为企业中的一些人员提供培训，很多企业中的人员在 Excel 的使用和数据的处理上有各种各样的痛点。根据我的授课经历来看这本书，我觉得它是一本能帮到你的很好的工具书。作者将企业中很常见且被很多人认为是痛点的场景作为切入点组织内容，并且列举了丰富的案例。而译者作为 Excel 资深专家，深知用户在学习、工作中的痛点，通过准确且不失巧妙的翻译使得书中内容易学、易懂。你可以借助本书系统地学习 Excel 数据分析与商业建模知识，也可以将其作为工具书进行快速查阅以解决遇到的问题。如果你对使用 Excel 存在大量的疑难问题，请不要错过这本好书。

吴树波，微软最有价值专家（MVP），金山办公最有价值专家（KVP）

译者序

在过往的工作中，在社区的日常数字化分享过程中，我们始终不能避开的一个应用程序是 Microsoft Excel。事实上，就算在目前这个已经逐步进入 AI 时代的新纪元中，对真实的办公应用场景而言，Microsoft Excel 依旧应用广泛。于是，笔者在某次和搭档——潘丽萍老师闲聊的时候，定下了这本书的翻译计划。历经多次推进和返工之后，这本书的中文版终于与读者见面了。这本书包含着潘老师深耕财务领域多年的经验，以及笔者应用 Microsoft Excel 多年的使用心得与体验。希望大家能够通过本书进一步了解 Microsoft Excel 这个"古老"的应用程序的强大功能。当然，这个应用程序在微软的软件体系中依旧拥有很多创新与发展机会。

本书中的应用案例十分丰富，笔者在翻译过程中收获颇丰，希望读者也能够从中受益——虽然不少案例主要面向财务领域，但是对于非财务领域人士，书中的案例也具有很高的借鉴价值。

时代始终在向前发展，笔者希望将有用的知识传递给每位读者，在学习数据分析技能的过程中，陪伴大家一起成长与进步。无论何时，投资自己始终是一个收益不错的选择。

最后，在新书出版之际，感谢所有关心笔者的人，谢谢你们的鼓励和支持！

刘钰

前　言

无论你就职于"世界500强"企业、小微企业、政府机构，还是为一个非营利性组织工作，你都很有可能在日常工作中用到 Microsoft Excel（以下简称"Excel"）。你可能会用这个应用程序汇总、分析数据，制作报表，甚至构建分析模型，以帮助雇主增加利润、降低成本或更有效地做运营管理。

自1999年以来，我一直在为雅培实验室、博思艾伦、百时美施贵宝、博通、思科、德勤、Drugstore.com、eBay、礼来、福特、通用电气、通用汽车、英特尔、微软、米高梅酒店、摩根士丹利、NCR、欧文斯科宁、辉瑞、宝洁、普华永道、Sabre、斯伦贝谢、泰乐、3M、威瑞森等企业或机构培训分析师，教他们如何更高效、更有成效地运用 Excel。受训学员经常跟我说：我在课堂上教授的知识和操作为他们节省了很多工作时间，并为分析重要商业问题提供了有价值的思路、为改进工作方法提供了很好的支持。

我在自己的工作实践中使用书中描述的内容解决过许多商业问题。例如，使用 Excel 帮助NBA 达拉斯小牛队和纽约尼克斯队评估球员和阵容。在过去的20年中，我还为印第安纳大学凯利商学院、休斯顿大学商学院和维克森林大学专业 MBA 项目教授 Excel 商业建模和数据分析课程（曾获超过45项教学奖项，并6次获得学校的 MBA 教学奖）。此外，印第安纳大学95%的 MBA 学生选修了我的电子表格建模课程，尽管它是一门选修课。

本书有什么特色

我希望能通过你手中的这本书将已被多年授课经历验证过的成功的学习方法传播给每个需要的人。以下是我认为这本书能帮助你更有效地学习 Excel 的原因：

◎ 书中很多内容的学习效果，已在对众多就职于"世界500强"企业或政府机构的分析师的培训中得到了验证。

◎ 本书被印第安纳大学、休斯顿大学和维克森林大学的众多 MBA 学生作为教材使用。

◎ 书中的很多内容被 Becker 的会计师继续教育课程采用，作为众多会计师学习 Excel 应用和数据分析的学习材料。

◎ 书中的很多语句就像我与你的对话，希望这样能够将口碑良好的课堂学习氛围移植到你的阅读中。

◎ 本书通过大量示例传授知识和技能，这使得你能更容易地学以致用。这些示例都很接地气，其中很多都是根据就职于"世界 500 强"企业的员工向我提出的问题编制的。

在大多数情况下，我会引导你了解如何使用 Excel 处理各种数据分析和商务应用问题，你可以使用各个示例的配套文件进行实战演练来理解我的讲解。本书大部分章节篇幅较短，各章内容通常是围绕某一个概念组织的。通过学透某一章包含的各个示例，以后再面对相应类型的问题时，你将不会手足无措，甚至会感觉游刃有余。

在本书中，除了 Excel 函数与公式，你还能以轻松的方式学习一些与数学、金融和商业有关的知识，例如有关统计学和概率论的知识、期权的概念、客户价值的判定、定价的策略等。

最重要的是，学习不应该是一件枯燥的事情。你在阅读本书时，可能会体验多种角色，例如销售人员、财务人员、商店经营者、篮球队经理……书中的示例既有趣又富有教学意义，能让你轻松学到如何使用 Excel 解决商业问题。

阅读本书的准备

作为本书的读者，你并不需要是一名精通 Excel 的专家，但为了能顺利学习书中的内容，你至少需要掌握如下两个关键操作。

◎ 输入公式：你应该知道输入 Excel 公式时必须以等号（＝）开始，还应该知道基本的数学运算符。例如，星号（＊）表示做乘法运算，正斜杠（／）表示做除法运算，脱字符（＾）表示做幂运算。

◎ 引用单元格地址：你应该知道在公式中引用单元格（或单元格区域）的几种方式，以便将公式复制到其他位置时能够按需要的方式自动切换引用的地址。对于绝对引用（例如 $A$4），将公式复制到其他单元格后，引用地址不变；对于相对引用（例如 A4），将公式复制到其他单元格后，地址中的行号和列标都会相应改变；对于混合引用（例如 $A4），将公式复制到其他单元格后，列号或行标之一会相应变化（例如，列标保持固定，行号会相应变化）。

提示　要想跟随书中的讲解进行实际操作，你最好先在计算机中安装 Microsoft 365。若所用的计算机中已安装 Excel 2016、Excel 2019 或 Excel 2021，你也能够完成书中提到的大部分操作。

本书约定

为清楚描述如何在应用软件中进行操作，本书做如下约定：

◎ 使用方括号标识应用软件中的窗口、对话框、按钮、菜单选项等界面元素的名称，例如"单击【公式】选项卡的【定义的名称】组中的【定义名称】按钮打开【新建名称】对话框"。

◎ 使用方括号标识键盘上的按键名称，例如"【Enter】键"。

◎ 对于键盘快捷键的表述，使用加号（＋）连接各按键的名称，例如"【Ctrl+Alt+Delete】"表示同时按下【Ctrl】键、【Alt】键和【Delete】键。

本书配套资源

本书附带配套资源，其中包括书中所有示例的素材文件（例如原始 Excel 工作簿）。资源文件按章组织，分别保存在以章号为名称的文件夹中。建议将资源文件下载到自己的计算机中，以便阅读本书时能够边学边练。本书配套资源的下载方法见"读者服务"部分的介绍。

读者服务

微信扫码回复：48563

◎ 获取本书配套资源

◎ 加入本书读者交流群，与译者交流

◎ 获取【百场业界大咖直播合集】（持续更新），仅需 1 元

目 录

第 9 章 IRR、XIRR 及 MIRR 函数   069

第 10 章 财务函数   075

第 11 章 循环引用   086

第 12 章 IF、IFERROR、IFS、CHOOSE 和 SWITCH 函数   089

第 18 章 单变量求解　148

第 19 章 使用方案管理器进行敏感性分析　152

第 20 章 COUNTIF、COUNTIFS、COUNT、COUNTA 和 COUNTBLANK 函数　156

第 21 章 SUMIF、AVERAGEIF、SUMIFS、AVERAGEIFS、MAXIFS 和 MINIFS 函数　162

第 22 章 OFFSET 函数　　　　　　　　　　　　　　　168

第 23 章 INDIRECT 函数　　　　　　　　　　　　　　179

第 24 章 条件格式　　　　　　　　　　　　　　　　　188

第 34 章 数据集统计函数   328

第 35 章 数组公式和函数   338

第 39 章 数据模型   425

第 40 章 Power Pivot   433

第1章
Excel 基本模型

对许多读者来说，掌握 Excel 的障碍在于了解 Excel 公式的工作原理。在本章中，我们将开发几个简单的工作表模型来初步了解看似复杂的 Excel。

如何高效计算员工周薪？

如图 1-1 所示，示例文件"01- 周薪 .xlsx"记录了某些员工某一周的工作时长及其时薪。现在需要计算每个员工的周薪，以及所有员工的平均周薪。

	B	C	D	E	F
2					
3	员工	工作时长（小时）	时薪（元）	周薪（元）	
4	Luka Abrus	49	10.00	490.00	=C4*D4
5	Terry Adams	36	13.00	468.00	=C5*D5
6	David Ahs	43	14.00	602.00	=C6*D6
7	Kim Akers	35	10.00	350.00	=C7*D7
8	Ties Arts	38	9.00	342.00	=C8*D8
9	Kamil Amerih	38	14.00	532.00	=C9*D9
10	Amy Alberts	42	11.00	462.00	=C10*D10
11	Matt Berg	39	9.00	351.00	=C11*D11
12	合计	320			
13		=SUM(C4:C11)			
14			平均周薪（元）	449.63	
15				=AVERAGE(E4:E11)	
16					

图 1-1

要计算 Luka 的周薪，需要将 C4 单元格中的值乘以 D4 单元格中的值，在 E4 单元格中输入公式"=C4*D4"。

接下来计算 Terry 的周薪，选择 E5 单元格并输入公式"=C5*D5"，然后是下一名员工……使用 Excel 的复制功能可以让我们轻松计算多名员工的周薪，即使有一百万名员工也是如此（Excel 2007 及更高版本支持最多 1 048 576 行数据）。选择 E4 单元格后按【Ctrl+C】组合键复制公式，选择 E5:E11 单元格区域并按【Ctrl+V】组合键或【Enter】键将公式粘贴，即可得到各个计算结果。

我们还可以通过双击 E4 单元格右下角的小方块（填充柄），将 E4 单元格中的公式快捷复制到 E5:E11 单元格区域，或者将鼠标指针移动到这个小方块上，在观察到光标变为黑色十字准线后，按下鼠标左键并拖动，将公式填充到 E5:E11 单元格区域，被填充的每个单元格中的值是其左列两个值相乘的结果。

我们可以在单元格 C12 中使用公式"=SUM(C4:C11)"计算一周的总工作时长，并在单元格 E14 中使用公式"=AVERAGE(E4:E11)"计算所有员工的平均周薪。

如何高效计算烘焙店各供应商货款？

一张数据表（参见示例文件"01-烘焙 1.xlsx"）记录了烘焙店从所有供应商处购买的糖、黄油、面粉的单价以及数量。我们可以依据这些数据计算出应该支付给每个供应商的糖、面粉和黄油的明细金额，以及分项合计金额。

如图 1-2 所示，E23 单元格中的公式"=E5*E14"计算的是需要支付给供应商 1 的购买糖的费用，即从供应商 1 处购买的糖的数量乘以供应商 1 收取的糖的单价。

	C	D	E	F	G	H	I
2							
3		单价（元/份）					
4			糖	黄油	面粉		
5		供应商1	0.32	1.57	0.11		
6		供应商2	0.35	1.54	0.10		
7		供应商3	0.25	1.54	0.21		
8		供应商4	0.29	1.24	0.10		
9		供应商5	0.35	1.30	0.18		
10		供应商6	0.27	1.42	0.15		
11							
12		数量（份）					
13			糖	黄油	面粉		
14		供应商1	364	391	220		
15		供应商2	387	245	314		
16		供应商3	290	211	200		
17		供应商4	340	265	330		
18		供应商5	261	345	246		
19		供应商6	365	232	390		
20							
21		费用（元）					
22			糖	黄油	面粉	合计	
23	=E5*E14	供应商1	116.48	613.87	24.20	754.55	=SUM(E23:G23)
24		供应商2	135.45	377.30	31.40	544.15	=SUM(E24:G24)
25		供应商3	72.50	324.94	42.00	439.44	=SUM(E25:G25)
26		供应商4	98.60	328.60	33.00	460.20	=SUM(E26:G26)
27		供应商5	91.35	448.50	44.28	584.13	=SUM(E27:G27)
28		供应商6	98.55	329.44	58.50	486.49	=SUM(E28:G28)
29		合计	612.93	2422.65	233.38		
30			=SUM(E23:E28)	=SUM(F23:F28)	=SUM(G23:G28)		
31							

图 1-2

下面列出的方法都能快速计算出应该支付给每个供应商的每种产品的购买费用：

◎ 选择 E23 单元格，按【Ctrl+C】组合键，然后选择 E23:G28 单元格区域并按【Ctrl+V】组合键。

◎ 选择 E23 单元格，按【Ctrl+C】组合键，然后选择 E23:G28 单元格区域并按【Enter】键。

◎ 选择 E23 单元格，用鼠标拖动单元格右下角的填充柄，将公式向右填充到 F23:G23 单元格区域，然后继续向下拖动填充 E24:G28 单元格区域。

在 H23 单元格中输入公式"=SUM(E23:G23)"，并将公式复制到 H24:H28 单元格区域，得到应该支付给每个供应商的货款金额。在 E29 单元格中输入公式"=SUM(E23:E28)",并将公式复制到 F29:H29 单元格区域,得到每种产品的购买总金额。

计算汇总金额更快的方法是先选择 H23:H28 单元格区域,然后按住【Ctrl】键选择 E29:H29 单元格区域,最后单击 Excel 的【开始】选项卡中的【求和】按钮(如图 1-3 所示)。

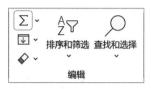

图 1-3

Excel 的求和功能会自动选取一组单元格作为参与求和计算的数据。(要小心使用这个功能,因为它并不能总是正确选取需要的数据!当然,如能正确选取求和范围将会为我们节省 5 秒钟!)

如图 1-4 所示,示例文件"01- 烘焙 2.xlsx"记录了当不同供应商对同一种产品收取的单价都相同时,如何计算需要支付给各个供应商的总金额、购买各产品花费的总金额。

	C	D	E	F	G	H
10						
11			单价(元/份)			
12			0.40	1.20	0.12	
13		数 量(份)	糖	黄油	面粉	
14		供应商1	364.00	391.00	220.00	
15		供应商2	387.00	245.00	314.00	
16		供应商3	290.00	211.00	200.00	
17		供应商4	340.00	265.00	330.00	
18		供应商5	261.00	345.00	246.00	
19		供应商6	365.00	232.00	390.00	
20						
21		费 用(元)				
22			糖	黄油	面粉	合计
23	=E$12*E14	供应商1	145.60	469.20	26.40	641.20
24	=E$12*E15	供应商2	154.80	294.00	37.68	486.48
25	=E$12*E16	供应商3	116.00	253.20	24.00	393.20
26	=E$12*E17	供应商4	136.00	318.00	39.60	493.60
27	=E$12*E18	供应商5	104.40	414.00	29.52	547.92
28	=E$12*E19	供应商6	146.00	278.40	46.80	471.20
29		合计	802.80	2026.80	204.00	
30						

图 1-4

有的用户可能喜欢在 E23 单元格中输入公式"=E12*E14",并将公式复制到 E23:G28 单元格区域。不幸的是,这样的操作方法无法得到正确的结果,新生成的公式所引用的单元格将随着目标单元格位置的改变而改变,而不会如我们所愿固定引用原公式中的第 12 行的单价数据。

在这个案例中,我们在计算金额时,位于第 12 行单元格中的单价数据是始终需要的。因此,我们希望公式中对第 12 行单元格的引用能被固定住,只有对第 14 行单元格的引用会随着目标单元格位置的改变而改变。为了实现这个目的,我们需要在希望被固定引用的行号前放置一个"$"符号。这种操作被称为"绝对引用"或"锁定行"。当公式中某个单元格地址(行号或列标)

被"$"符号锁定后，复制公式时，新产生的公式中相应的行号和（或）列标保持不变。因此，我们在 E23 单元格中输入的公式应为"=E$12*E14"。

在公式中切换对某单元格的引用方式（绝对引用或相对引用），快捷方法是使用【F4】键。选择公式中单元格地址的那一部分，反复按【F4】键，Excel 会循环切换以下 4 种状态：在行号和列标前都添加"$"符号，只在列标前添加"$"符号，只在行号前添加"$"符号，在行号和列标前都不添加"$"符号。

如何预测新开业健身房 10 年后客户数量？

这个问题的答案可参考图 1-5 及示例文件"01- 客户数量 .xlsx"。为了回答这个问题，我们需要从零开始建立一个包含必备信息及假设条件的模型。在这个案例中，有 3 个已知信息或假设条件：

◎ 健身房开业第 1 年时的年初客户数。

◎ 流失率，即每年流失的客户占比（不包括当年新增的客户）。

◎ 每年获得的新客户数。

	B	C	D	E	F	G	H	I
2	开始人数	100						
3	每年新增人数	20						
4	流失率	15%						
5								
6								
7	年序号	年初客户数	新增客户数	流失客户数	年末客户数	年初客户数公式	流失客户数公式	年末客户数公式
8	1	100	20	15	105	=C2	=$C$4*C8	=C8+D8-E8
9	2	105	20	15.75	109.25	=F8	=$C$4*C9	=C9+D9-E9
10	3	109.25	20	16.3875	112.8625	=F9	=$C$4*C10	=C10+D10-E10
11	4	112.8625	20	16.929375	115.933125	=F10	=$C$4*C11	=C11+D11-E11
12	5	115.933125	20	17.38996875	118.5431563	=F11	=$C$4*C12	=C12+D12-E12
13	6	118.5431563	20	17.78147344	120.7616828	=F12	=$C$4*C13	=C13+D13-E13
14	7	120.7616828	20	18.11425242	122.6474304	=F13	=$C$4*C14	=C14+D14-E14
15	8	122.6474304	20	18.39711456	124.2503158	=F14	=$C$4*C15	=C15+D15-E15
16	9	124.2503158	20	18.63754737	125.6127685	=F15	=$C$4*C16	=C16+D16-E16
17	10	125.6127685	20	18.84191527	126.7708532	=F16	=$C$4*C17	=C17+D17-E17
18								

图 1-5

在 C2:C4 单元格区域中输入这些已知或假设数据。重要的是，我们在工作表中输入这些信息时需要区分条件区和结果区，切勿在 Excel 公式中直接输入条件值。设置条件区和结果区有助于在变更条件时，让模型能够自动刷新计算结果。

在第 8 行至第 17 行的单元格中，每年年末客户数是通过将年初时的客户数与当年新增加的客户数相加，再减去当年流失的客户数计算得出的。第 2 行至第 4 行的单元格中记录的是已知信息或假设条件。在本案例中，客户数量预测模型的关键在于以下关系：

◎（年末客户数）=（年初客户数）+（当年新增客户数）-（当年流失客户数）

◎ 第 1 年年初客户数 = C2 单元格中的值

◎ 之后每年年初客户数 = 上一年年末客户数

完成这个模型还需要我们跟踪一些信息：

◎ 每年年初客户数

◎ 每年新增客户数

◎ 每年流失客户数

◎ 每年年末客户数

在 C8 单元格中输入公式"=C2"，得到第 1 年年初客户数。接下来，通过复制 D8 单元格的公式"=\$C\$3"（或"=C\$3"）至 D9:D17 单元格区域，计算出每年新增客户数。

请注意，行号"3"前面必须有"\$"符号，否则，当把 D8 单元格中的公式复制到其他单元格区域时，公式中的"3"将自动发生变化，从而返回错误的结果，而列标"C"之前是否加"\$"符号不影响计算结果，因为我们复制公式的目标位置不涉及列的改变。

每年流失客户数的计算逻辑是期初客户数乘以流失率。因此，在 E 列中，我们输入公式"=\$C\$4*C8"（或"=C\$4*C8"），来获得每年流失的客户数。请注意，行号"8"前不能添加"\$"符号，因为复制此公式时，我们希望行号能自动依据复制的目标位置更改为"9"或"10"等。

每年年末客户数是通过将年初客户数和当年新增客户数相加，然后减去当年流失客户数获得的。将 F8 单元格中的公式"=C8+D8-F8"复制到 F9:F18 单元格区域，获得每年年末客户数。

在第 2 年至第 10 年的数据中，年初客户数等于上一年年末客户数，因此将 C9 单元格里的公式"=F8"复制到 C10:C17 单元格区域即可。最终，我们得出了 10 年后这个新健身房大约会有 127 个（忽略小数部分）客户的结论。

有些读者可能会问：不知道每年的新增客户数和客户流失率怎么办？对于这样的情况，需要进行敏感性分析以确定每年新客户数的变化以及每年的客户流失率如何改变 10 年后的客户数量。在本书第 17 章"敏感性分析与模拟运算表"中，我们将学习如何进行此类敏感性分析。

如何遵循 PEMDAS 原则正确编写 Excel 公式？

复杂的 Excel 公式往往涉及各种数学运算，如指数、乘法和除法。Excel 在解析公式时遵循 PEMDAS 优先级规则。

◎ 第一优先级：括号内的内容。

◎ 第二优先级：指数运算（从左到右）。

◎ 第三优先级：乘除法（从左到右）。

◎ 第四优先级：加减法（从左到右）。

例如，Excel 将按以下顺序解析算式"3+6*(5+4)/3-7"。

1. 3+6*9/3-7（完成括号内的运算：5+4=9）

2. 3+54/3-7（完成乘法：6*9=54）

3. 3+18-7（完成除法：54/3=18）

4. 21-7（完成加法：3+18=21）

5. 14（完成减法：21-7=14）

图 1-6 所示表格（参见示例文件"01-PEMDAS.xlsx"）记录了某产品的年销量增长率的平方根的计算过程。

	D	E	F	G	H	I
3	当年	次年	增长率的平方根	错误结果	正确公式	错误公式
4	100	150	0.707106781	5	=((E4-D4)/D4)^0.5	=(E4-D4)/D4^0.5
5	200	2000	3	127.2792206	=((E5-D5)/D5)^0.5	=(E5-D5)/D5^0.5
6	80	400	2	35.77708764	=((E6-D6)/D6)^0.5	=(E6-D6)/D6^0.5

图 1-6

在 F4 单元格中输入公式"=((E4-D4)/D4)^0.5"，并将公式复制到 F5:F6 单元格区域。F4 单元格中的公式先求得销售增长率（0.5），然后取平方根得到 0.707（0.5 的平方根），答案是正确的。请注意，符号"^"表示进行指数运算。

尝试一下在 G4 单元格中输入公式"=(E4-D4)/D4^0.5"。此时 Excel 首先计算 E4-D4=50，然后计算 D4（10）的平方根，最后得到不正确的结果：50/10=5。

如何了解咖啡店的咖啡售价及成本变化对利润的影响？

对需求曲线的正确估计是了解价格的改变如何影响利润的关键。需求曲线能够显示价格的变化是如何影响客户对产品的需求的。假设客户每天对咖啡的需求数量是通过"100-15* 单价"计算的，如图 1-7 所示，示例文件"01- 咖啡店 .xlsx"显示了咖啡店每日的利润如何随一杯咖啡的成本和价格的变化而变化。

	C	D	E	F	G	H	I	J	K	L	M
1											
2		需求	需求数量=100-15*单价		利润	利润=(单价-单位成本)×需求数量					
3											
4		需求指数		15							
5		需求基准		100							
6											
7											
8			单价								
9		单位成本		2.00	2.50	3.00	3.50	4.00	4.50	5.00	
10			0.50	105.00	125.00	137.50	142.50	140.00	130.00	112.50	
11			1.00	70.00	93.75	110.00	118.75	120.00	113.75	100.00	
12			1.50	35.00	62.50	82.50	95.00	100.00	97.50	87.50	
13			2.00	0.00	31.25	55.00	71.25	80.00	81.25	75.00	
14											
15											
16				=($F$5-$F$4*F$9)×(F$9-$E10)							
17											
18											

图 1-7

假设咖啡的单位成本在 0.50 元至 2.00 元之间，单价在 2.00 元到 5.00 元之间。为了确定每个"单价 / 单位成本"组合对应的利润，我们需要在 F10 单元格中输入公式"=($F$5-$F$4*F$9)*(F$9-$E10)"，并将公式复制到 F10:L13 单元格区域。

◎ 对 F5 单元格和 F4 单元格的引用是绝对引用，因为我们不希望行号或列标在复制公式时发生变化。

◎ 对单价（例如 F9 单元格）的引用需要使用"$"符号锁定行，因为我们需要从第 9 行提取各个单价。

◎ 对单位成本（例如 E10 单元格）的引用需要使用"$"符号锁定列，因为我们需要从 E 列提取各个单位成本。

如图 1-7 所示，当一杯咖啡的成本是 1.50 元、单价是 4.00 元时，咖啡店的利润为 100 元：(100-15*4)*(4-1.5)=100。

示例表格中用黄色高亮标记的数值为：对于各单位成本方案，采用不同单价时，咖啡店能够获得的最大利润。在本书第 24 章中，我们将学习如何通过 Excel 的条件格式功能突出显示重要数据。

第 2 章
自定义名称

假设我们有一张已经包含了公式"=SUM(A5000:A5049)"的工作表，对于这样的公式，必须了解 A5000 单元格至 A5049 单元格这个区域包含了什么，才能知道返回值代表什么。如果 A5000:A5049 单元格区域包含的是某公司在美国各州的销售额，那么公式"=SUM(州销售额)"是不是更容易理解一些？在本章中，我们将学习如何对单元格或单元格区域进行命名，以及如何在公式中引用这些自定义名称。

如何创建自定义名称？

我们可以从以下三种方法中任选一种来创建自定义名称：

◎ 通过【名称框】创建单个自定义名称。

◎ 通过【公式】选项卡的【定义的名称】组中的【根据所选内容创建】按钮创建自定义名称。

◎ 通过【公式】选项卡的【定义的名称】组中的【定义名称】或【名称管理器】按钮创建自定义名称。

通过【名称框】创建单个自定义名称

如图 2-1 所示，【名称框】位于 A 列的列标正上方(需要显示【编辑栏】才能看到【名称框】)。要通过【名称框】创建自定义名称，只需选择需要命名的单元格或单元格区域，然后将光标定位到【名称框】中，键入名称，按键盘上的【Enter】键即可。单击【名称框】旁边的下拉按钮会弹出下拉列表显示当前工作簿中所有的自定义名称。我们也可以通过按【F3】键打开【粘贴名称】对话框来显示当前工作簿中所有的自定义名称。当我们在【名称框】中选择某个名称时，Excel 会自动选中该名称对应的单元格或单元格区域，这样也能验证是否为正确的单元格或单元格区域创建了自定义名称。需要注意的是，自定义名称不区分英文字母的大小写。

图 2-1

如图 2-2 所示，在这个表格（参见示例文件"02- 东区西区 .xlsx"）中，如果想将 F3 单元格命名为"东区"、将 F4 单元格命名为"西区"，只需单击选择 F3 单元格，在【名称框】中输入"东区"，然后单击选择 F4 单元格，在【名称框】中输入"西区"。命名完成后，在任意空白单元格中引用 F3 单元格时，可以输入公式"= 东区"来代替输入"=F3"。这意味着，只要在公式中引用了"东区"，Excel 就会自动将 F3 单元格中的内容替换到公式中。

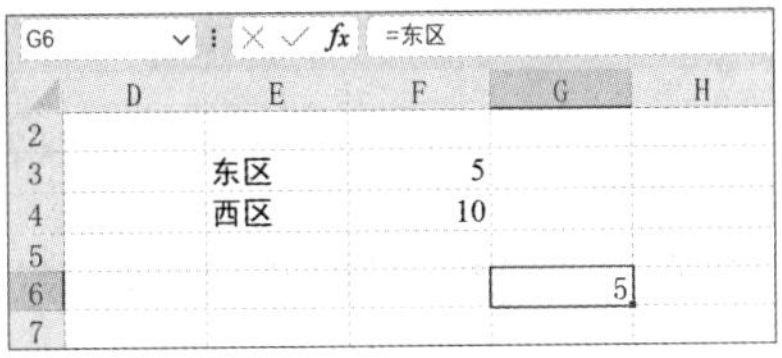

图 2-2

如图 2-3 所示，需要将表格（参见示例文件"02- 数据 .xlsx"）中的 A1:B4 单元格区域命名为"数据"，我们只需先选择 A1:B4 单元格区域，然后在【名称框】中键入"数据"并按【Enter】键。在任意一个空白单元格中输入公式"=AVERAGE(数据)"，Excel 会返回 A1:B4 单元格区域内所有数值的平均值。

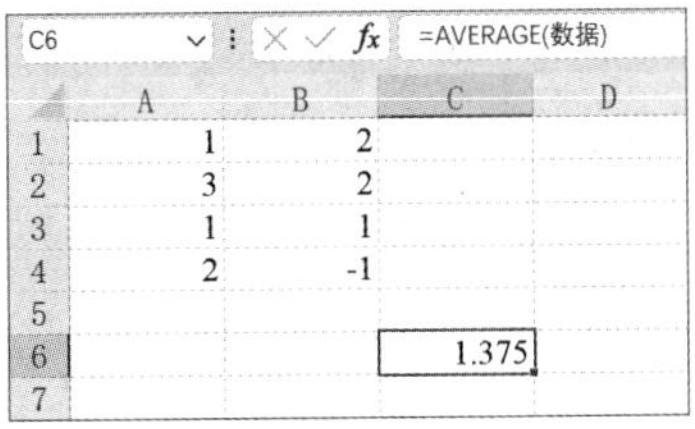

图 2-3

有时，我们需要为几个非连续的单元格创建一个自定义名称。如图 2-4 所示，示例文件"02- 非连续 .xlsx"包含几组单元格不连在一起的数据。如果希望将 B3:C4 单元格区域、E6:G7 单元格区域以及 B10:C10 单元格区域一起命名为"非连续"，需要进行如下操作：先从 3 个非连续单元格区域中任选一个，比如选择 B3:C4 单元格区域，然后按【Ctrl】键加选 E6:G7 单元格区域和 B10:C10 单元格区域，接着在【名称框】中输入"非连续"。自定义名称创建成功后，在任何公式中引用"非连续"，都可以得到 B3:C4 单元格区域、E6:G7 单元格区域和 B10:C10 单元格区域中的内容。例如，在 E11 单元格中输入公式"=AVERAGE(非连续)"，Excel 会返回数值 4.75，因为"非连续"这个名称所代表的所有单元格内 12 个数字加起来等于 57，而 57 除以 12 等于 4.75。

	A	B	C	D	E	F	G
1							
2							
3		1	2				
4		3	4				
5							
6					6	7	10
7					8	9	1
8							
9							
10		2	4				
11					4.75		
12							

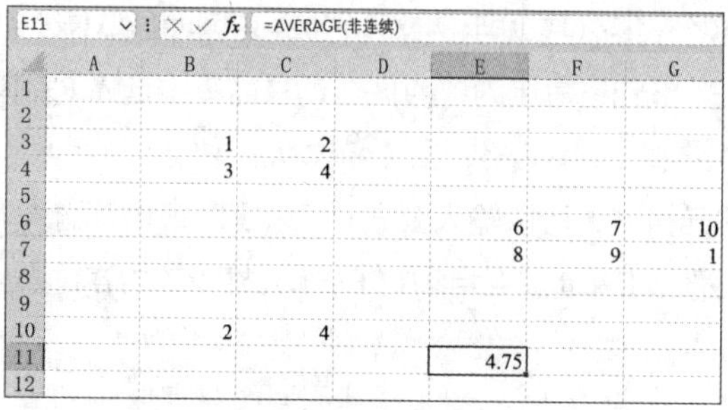

图 2-4

通过【根据所选内容创建】按钮创建自定义名称

如图 2-5 所示，示例文件“02- 州数据 .xlsx”记录了某公司在美国 50 个州的销售额数据。

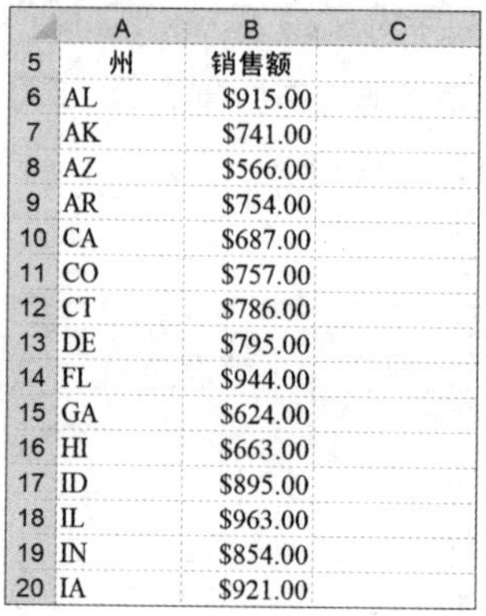

	A	B	C
5	州	销售额	
6	AL	$915.00	
7	AK	$741.00	
8	AZ	$566.00	
9	AR	$754.00	
10	CA	$687.00	
11	CO	$757.00	
12	CT	$786.00	
13	DE	$795.00	
14	FL	$944.00	
15	GA	$624.00	
16	HI	$663.00	
17	ID	$895.00	
18	IL	$963.00	
19	IN	$854.00	
20	IA	$921.00	

图 2-5

如果想将销售额所在单元格（B6:B55 单元格区域）一一命名为对应州名的缩写，只需选择 A6:B55 单元格区域，然后单击 Excel 功能区【公式】选项卡的【定义的名称】组中的【根据所选内容创建】按钮（如图 2-6 所示），打开【根据所选内容创建】对话框，参考图 2-7 所示勾选【最左列】复选框，并单击【确定】按钮。

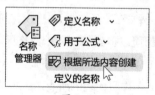

图 2-6

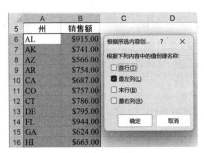

图 2-7

通过以上步骤，Excel 会一步到位地将选定单元格区域的第 1 列与第 2 列一一关联，B6 单元格被命名为"AL"、B7 单元格被命名为"AK"，等等。如要在【名称框】中一一创建这些名称，那将是令人难以接受的灾难！单击【名称框】旁边的下拉按钮，在弹出的下拉列表中可以验证这些名称是否都已被创建。

通过【定义名称】按钮创建自定义名称

单击 Excel 功能区【公式】选项卡的【定义的名称】组中的【定义名称】按钮，打开如图 2-8 所示的【新建名称】对话框。

图 2-8

假设想将新名称命名为"范围 1"，并将这个名称分配给 A6:B8 单元格区域，只需在【名称】框中输入"范围 1"，然后将光标定位到【引用位置】框中，在工作表中选择 A6:B8 单元格区域（Excel 会自动在框中输入绝对引用地址），如图 2-9 所示，单击【确定】按钮。

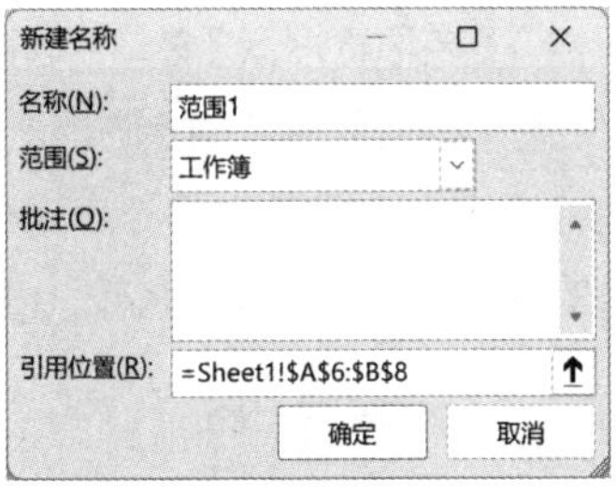

图 2-9

展开【范围】下拉列表，我们可以选择自定义名称的应用范围是整个工作簿还是某个
具体的工作表。根据当前案例的需求，我们保留默认选项"工作簿"。【批注】框用
于为新创建的自定义名称添加注释。

此时，再展开【名称框】下拉列表，自定义名称"范围 1"（以及我们创建的任何其他自
定义名称）都在列表中。

名称管理器

在 Microsoft 365 中，有一个简单的方法来编辑或删除我们创建的自定义名称：单击【公式】
选项卡的【定义的名称】组中的【名称管理器】按钮，即可在打开的【名称管理器】窗口中对
所有自定义名称进行编辑或删除，如图 2-10 所示。

名称	数值	引用位置	范围	批注
AK	$741.00	=Sheet1!$B$7	工作簿	
AL	$915.00	=Sheet1!$B$6	工作簿	
AR	$754.00	=Sheet1!$B$9	工作簿	
AZ	$566.00	=Sheet1!$B$8	工作簿	
CA	$687.00	=Sheet1!$B$10	工作簿	
CO	$757.00	=Sheet1!$B$11	工作簿	
CT	$786.00	=Sheet1!$B$12	工作簿	
DE	$795.00	=Sheet1!$B$13	工作簿	
FL	$944.00	=Sheet1!$B$14	工作簿	
GA	$624.00	=Sheet1!$B$15	工作簿	
HI	$663.00	=Sheet1!$B$16	工作簿	
IA	$921.00	=Sheet1!$B$20	工作簿	

引用位置(R): =Sheet1!$B$7

图 2-10

要对已有的自定义名称进行编辑，只需双击名称，或选中名称后单击【编辑】按钮，在打
开的【编辑名称】对话框中，我们可以对自定义名称进行重命名、更改引用的单元格，但不能
更改应用范围。

如要删除某个自定义名称，只需在【名称管理器】窗口中选择要删除的名称，然后单击【删除】
按钮；如要删除多个连续的自定义名称，只需选择要删除的第 1 个名称，然后按住【Shift】键不放，
选择最后 1 个名称，再单击【删除】按钮；如要删除多个不连续的自定义名称，需在选择任何 1
个要删除的名称后按住【Ctrl】键不放，依次选择其他名称，最后单击【删除】按钮。

下面，我们看看自定义名称的一些具体应用案例。

如何在公式中使用自定义名称？

在前面的讲解中，我们已经为销售额所在单元格定义了自定义名称，那么，对于各州销售额有关的计算，如何在公式中使用自定义名称并得到正确的答案，而不是使用形如"SUM(A21:A25)"之类的单元格地址引用方法？

在示例文件"02-州数据.xlsx"中，我们已经为每个州的销售额所在单元格使用对应州名的缩写进行了命名。如果我们想计算该公司在阿拉巴马州、阿拉斯加州、亚利桑那州和阿肯色州的总销售额，可以使用公式"=SUM(B6:B9)"，也可以使用公式"=AL+AK+AZ+AR"。对于后一种方法，由于不需要查看具体的单元格里保存的是什么数据，因此查阅这个工作表的人会更容易理解这个公式的意义。

再看一个案例，图 2-11 展示了一些金融数据（参见示例文件"02-收益率.xlsx"）：1928年至 2015 年的股票、国库券和债券的年收益率（截图只显示了部分数据）。

	A	B	C	D
1	年份	股票	国库券	债券
2	1928	43.81%	3.08%	0.84%
3	1929	-8.30%	3.16%	4.20%
4	1930	-25.12%	4.55%	4.54%
5	1931	-43.84%	2.31%	-2.56%
6	1932	-8.64%	1.07%	8.79%
7	1933	49.98%	0.96%	1.86%
8	1934	-1.19%	0.32%	7.96%
9	1935	46.74%	0.18%	4.47%
10	1936	31.94%	0.17%	5.02%
84	2010	14.82%	0.13%	8.46%
85	2011	2.10%	0.03%	16.04%
86	2012	15.89%	0.05%	2.97%
87	2013	32.15%	0.07%	-9.10%
88	2014	13.52%	0.05%	10.75%
89	2015	1.36%	0.21%	1.28%

图 2-11

选择 B1:B89 单元格区域，然后单击【公式】选项卡的【定义的名称】组中的【根据所选内容创建】按钮，在打开的对话框中勾选【首行】复选框并单击【确定】按钮，将 B2:B89 单元格区域命名为"股票"。以同样的方式将 C2:C89 单元格区域命名为"国库券"，将 D2:D89 单元格区域命名为"债券"。在任意空白单元格中输入公式"=AVERAGE(股票)"就能得到股票的历年平均年收益率。如图 2-12 所示，我们还可以在任意单元格中输入"=AVERAGE("后，按【F3】键，借助【粘贴名称】对话框来完成整个公式的输入。

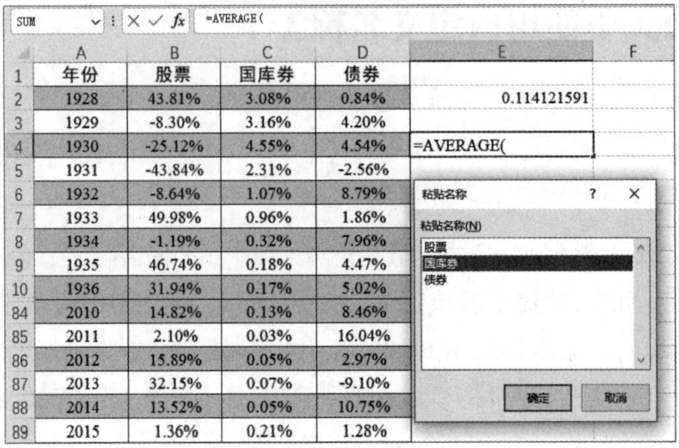

图 2-12

在列表框中选择【国库券】选项并单击【确定】按钮，Excel 将选中的名称粘贴到公式中。完成公式的输入后，单元格即显示出国库券的历年平均年收益率。这种方法的美妙之处在于，即使我们不记得数据源位于哪些单元格，也可以轻松得到这些数据！

Microsoft 365 还有令人兴奋的自动补全自定义名称的功能。当我们在【编辑栏】中输入公式时，Excel 会自动列出以输入的单个或多个字母开头的自定义名称（以及函数名称），从列表中选择需要的自定义名称并双击可以快捷补全内容，然后继续输入其他运算符等即可完成公式的编辑。

如何在公式中引用整列和整行？

如果我们在公式中引用整列，诸如 A 列、C 列等，Excel 会将整列视为命名范围。例如，当我们输入公式“=AVERAGE(A:A)”后，Excel 将返回 A 列中所有数字的平均值。同样，输入公式“=AVERAGE(1:1)”后，Excel 将返回第 1 行中所有数字的平均值。

对于经常需要将新数据输入某列中的人来说，为整列创建一个自定义名称会非常有帮助。例如，当 A 列各行内容为某产品的月销售额时，我们可以将每月产生的新销售额数字输入末行数据的下一行，以此通过引用整列的公式得到自动更新的平均月销售额。

在这样的场景中，有一点需要注意。如果我们将求平均销售额的公式（“=AVERAGE(A:A)”）也输入 A 列，则可能会得到一条关于循环引用的提示信息，因为返回的结果被包含在计算的过程中了。要解决这个问题，需要翻阅本书的第 11 章“循环引用”查找解决方案。

工作簿范围与工作表范围的自定义名称有何区别？

下面通过一个案例（参见示例文件"02- 名称范围 .xlsx"）来理解应用范围为工作簿的自定义名称和应用范围为工作表的自定义名称之间的区别。当我们使用【名称框】创建自定义名称时，默认的应用范围为工作簿。例如，我们通过【名称框】将 Sheet3 工作表中的 E4:E6 单元格区域命名为"销售额"——这些单元格分别包含数字 1、2 和 4。然后，我们在当前工作簿中的任意工作表中输入公式"=SUM(销售额)"，Excel 会返回数字 7，因为通过【名称框】创建的自定义名称在整个工作簿范围内有效，在这个工作簿中的任意一个工作表中，被引用的"销售额"都是指 Sheet3 工作表中的 E4:E6 单元格区域。

我们在 Sheet1 工作表的 E4:E6 单元格区域中分别输入 4、5 和 6 这 3 个数字，在 Sheet2 工作表的 E4:E6 单元格区域中分别输入 3、4 和 5 这 3 个数字。接着，打开【名称管理器】窗口，将 Sheet1 工作表中的 E4:E6 单元格区域命名为"果酱"，并将这个名称的应用范围设定为"Sheet1"；切换到 Sheet2 工作表，打开【名称管理器】窗口，将 Sheet2 工作表中的 E4:E6 单元格区域仍旧命名为"果酱"，应用范围设定为"Sheet2"。这时，【名称管理器】窗口中的信息如图 2-13 所示。

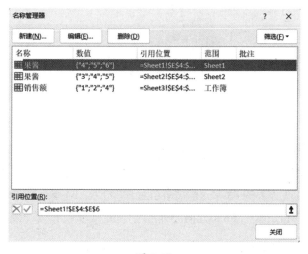

图 2-13

现在，我们试一下在每个工作表中输入相同的公式"=SUM(果酱)"，看看 Excel 会返回什么结果。在 Sheet1 工作表中输入公式"=SUM(果酱)"，Excel 会返回 15，因为在 Sheet1 工作表中，E4:E6 单元格区域中的值为 4、5 和 6，4+5+6=15；在 Sheet2 工作表中输入公式"=SUM(果酱)"，Excel 会返回 12，因为在 Sheet2 工作表中，E4:E6 单元格区域中的值为 3、4 和 5，3+4+5=12；在 Sheet3 工作表中输入公式"=SUM(果酱)"，Excel 会返回错误值"#NAME?"，因为我们并没有在 Sheet3 工作表中创建"果酱"这个名称。此时，如果我们在 Sheet3 工作表的任意单元格中输入公式"=SUM(Sheet2! 果酱)"，Excel 将识别出这是一个存在于 Sheet2 工作表中的自定义名称，并得出 3+4+5=12 的结果。因此，在引用自定义名称时，在名称前加上特定的工作表名以及符号"!"，可以实现引用当前工作表范围外的自定义名称的效果。

如何将公式中的单元格地址改为自定义名称？

曾有人问：我已经在表格中创建了许多工作簿范围的自定义名称，但是这些自定义名称没有显示在之前编写的公式中。如何使自定义名称显示在已创建的公式中？

对于这个问题，下面以一个表格(参见示例文件"02- 应用名称 .xlsx"）为例进行解答。如图 2-14 所示，Sheet1 工作表的 F3 单元格中的内容为某产品的单价，F4 单元格中的公式"=10000-300*F3"用于计算该产品的需求数量，产品的单位成本和固定成本分别保存在 F5 和 F6 单元格中，F7 单元格中的公式"=F4*(F3-F5)-F6"用于计算利润额。

	E	F
1		
2		
3	单价	$5
4	需求数量	8500
5	单位成本	$4
6	固定成本	$3,000
7	利润额	$5,500
8		

图 2-14

现在我们尝试如何通过【公式】选项卡的【定义的名称】组中的【根据所选内容创建】按钮批量创建自定义名称。选择 E3:F7 单元格区域，单击【公式】选项卡的【定义的名称】组中的【根据所选内容创建】按钮，在弹出的对话框中勾选【最左列】复选框，并单击【确定】按钮关闭对话框。此时，Sheet1 工作表的 F3 单元格被命名为"单价"，F4 单元格被命名为"需求数量"，F5 单元格被命名为"单位成本"，F6 单元格被命名为"固定成本"，F7 单元格被命名为"利润额"。

如果希望 Sheet1 工作表的 F4 及 F7 单元格中的公式引用的是新定义的名称，而不是单元格地址，可以在选择这两个单元格后，单击【公式】选项卡的【定义的名称】组中的【定义名称】按钮右边的下拉按钮，在弹出的下拉菜单中选择【应用名称】选项打开【应用名称】对话框，从列表框里选择想要应用的一个或多个名称后单击【确定】按钮。本例将所有名称都选中并应用，完成操作后，F4 单元格中的公式由原来的"=10000-300*F3"被更新为"=10000-300* 单价"，而 F7 单元格中的公式也如我们所愿，被更新为"= 需求数量 *(单价 - 单位成本)- 固定成本"。

提示

如果希望将自定义名称应用于整个工作表，可以通过单击表格左上角的列标和行号交会位置的【全选】按钮，快捷选择工作表的所有单元格进行操作。

如何快捷查看工作表中的所有自定义名称及对应单元格地址？

在工作表中选择任意空白单元格，按【F3】键打开【粘贴名称】对话框，单击【粘贴列表】按钮，即可在所选单元格为起点的区域中粘贴所有自定义名称及对应的单元格地址。

如何通过自定义名称让公式更易读？

下面来看两个实际应用案例。

已知某年的年收入与年增长率，预测之后多年的年收入，是否有办法让各年的计算公式都是"去年 *(1+ 增长率)"？

示例文件"02- 年收入 .xlsx"如图 2-15 所示，我们以 2014 年的年收入（3 亿元）为基数，以 10% 的年增长率为假设条件，通过计算得出 2015 至 2021 年的年收入。

B3	: × ✓ fx	10%	
▲	A	B	C
1			
2			
3	增长率	10%	
4			
5	年份	收入（百万元）	
6	2014	300.00	
7	2015		
8	2016		
9	2017		
10	2018		
11	2019		
12	2020		
13	2021		
14			

图 2-15

首先，通过【名称框】将 B3 单元格命名为"增长率"。接着，选择 B7 单元格，单击【公式】选项卡的【定义的名称】组中的【定义名称】按钮打开【新建名称】对话框。在【名称】框中输入"去年"，在【引用位置】框中输入"=Sheet1!B6"，即将引用位置指定为当前单元格上一行的单元格，如图 2-16 所示，单击【确定】按钮关闭对话框。如果引用 B6 单元格时包含"$"符号，将实现不了本例需要的效果。

图 2-16

在 B7 单元格中输入公式"＝去年 *(1+ 增长率)"，并将这个公式复制到 B8:B13 单元格区域，区域内的各单元格会包含我们想要的公式，返回当前单元格上一行单元格中的值乘以 1.1 的结果。

再看一个案例。图 2-17 所示的工资表（参见示例文件"02- 行名称 .xlsx"）中包含了一周中的每一天的时薪和工时，我们能否用公式"时薪 * 工时"计算每天的工资？

	E	F	G	H	I	J	K	L
10								
11		周一	周二	周三	周四	周五	周六	周日
12	时薪	$ 5.00	$ 6.00	$ 7.00	$ 8.00	$ 9.00	$ 15.00	$ 15.00
13	工时	55	65	75	65	77	88	36
14	工资							

图 2-17

工作表的第 12 行显示了一周中各天的每小时工资标准，即时薪；第 13 行显示了某员工在各天的工作时长，即工时。

我们可以非常方便地选择第 12 行（单击行号 12），并通过【名称框】将整个第 12 行命名为"时薪"，然后用同样的方法将第 13 行命名为"工时"。接下来，在 F14 单元格中输入公式"＝时薪 * 工时"（对于 Microsoft 365 版本，需要输入公式"=@ 时薪 *@ 工时"），并将该公式复制到 G14:L14 单元格区域，Excel 就会帮助我们在每列中查找时薪和工时数值并一一相乘。

提示

◎ Excel 不允许单独使用字母 r 和 c 作为自定义名称。

◎ 自定义名称不区分字母大小写。

◎ 自定义名称不能以数字或句点（.）开头，也不能与工作簿中现有的单元格名称或地址冲突。例如，"3Q"和"A4"不允许作为自定义名称，类似"Cat1"这样的名称也不允许（Excel 中存在"CAT"这个列标）。

◎在自定义名称中，除了字母、数字和汉字，只允许出现句点（.）和下画线（_）。

◎通过【根据所选内容创建】按钮创建自定义名称时，如果名称中包含空格，Excel 将用下画线（_）代替空格。例如，名称"产品 1"会被改为"产品 _1"。

第 3 章
LOOKUP 函数

在 Excel 中，我们可以使用 LOOKUP 函数在工作表范围内根据指定条件查找需要的数据。Microsoft 365 支持纵向查找（VLOOKUP 函数）和横向查找（HLOOKUP 函数）。因为在实际应用中，大多数有关查找的场景都采用纵向查找，因此本章将重点讨论 VLOOKUP 函数。

VLOOKUP 函数的语法结构

VLOOKUP 函数的语法结构如下（其中，[ ] 内为可选参数）：

VLOOKUP（查找目标，查找范围，返回列，[查找精度]）

◎ "查找目标"参数用于指定需要在查找范围的第 1 列中查找的值。

◎ "查找范围"参数用于指定查找区域，查找目标所在的列应位于此区域的第 1 列。

◎ "返回列"参数用于指定返回的值位于查找范围的第几列。

◎ "查找精度"是一个可选参数，用于指定函数进行查找时采用的是精确匹配模式还是近似匹配模式。

· 当此参数为 TRUE、1，或被省略时，函数采用的是近似匹配模式，即在没有找到完全匹配查找目标的值时，会返回查找范围中小于但最接近查找目标的值。采用近似匹配模式时，查找范围的第 1 列必须升序排列。

· 当此参数为 FALSE 或 0 时，函数采用的是精确匹配模式，当没有找到和查找目标完全一样的值时，会返回"#N/A"，表明没有匹配的值。（在本书第 12 章中，我们将学习如何使用 IFERROR 函数来处理"#N/A"这样的返回值。）

HLOOKUP 函数的语法结构

HLOOKUP 函数与 VLOOKUP 函数的区别在于，前者的查找目标在查找范围的第 1 行内，而后者的查找目标在查找范围的第 1 列内。HLOOKUP 函数的使用方法与 VLOOKUP 函数完全一样，只不过需要注意别把行和列弄混了。

XLOOKUP 函数的语法结构

Microsoft 365 提供了功能强大的 XLOOKUP 函数，其语法结构如下：

XLOOKUP(查找目标 , 查找范围 , 返回数组 , [如未找到], [匹配模式], [搜索模式])

◎ "查找目标"参数用于指定想在查找范围内查找的值。

◎ "查找范围"参数用于指定查找区域。

◎ "返回数组"参数用于指定需要返回的值所在的位置。

◎ "如未找到"是一个可选参数，当函数未找到有效的匹配项时，则返回此参数指定的值（若此参数省略，则返回"#N/A"）。

◎ "匹配模式"是一个可选参数，用于指定函数进行查找时采用的是精确匹配模式还是近似匹配模式。当此参数为 0 或省略时，函数采用的是精确匹配模式，即在未找到完全匹配查找目标的值时，会返回"如未找到"参数指定的值；当此参数为 -1 时，函数采用的是近似匹配模式，即在未找到完全匹配查找目标的值时，会返回查找范围中小于且最接近查找目标的值；当此参数为 1 时，函数采用的是近似匹配模式，即在未找到完全匹配查找目标的值时，会返回查找范围中大于且最接近查找目标的值；当此参数为 2 时，函数采用的是通配符匹配模式（相关内容将在本章稍后讨论），"*""?""~"会有特殊的含义。

◎ "搜索模式"是一个可选参数，用于指定函数的搜索方向。当此参数为 1 时（默认值），表示从第 1 项开始搜索；当此参数为 -1 时，表示从最后 1 项开始搜索；当此参数为 2 时，表示返回数组按升序排序并进行二进制搜索；当此参数为 -2 时，表示返回数组按降序排序并进行二进制搜索。

下面，我们通过一些有趣的案例来探索 LOOKUP 函数的用法。

如何用公式基于税率表查找税率？

假设当个人收入达到不同等级时，适用的税率会逐级提高（如表 3-1 所示）。

表 3-1　税率表

收入（元）	税率
0~9 999	15%
10 000~29 999	30%
30 000~99 999	34%
100 000 及以上	40%

查看示例文件"03-VLOOKUP-1.xlsx"，可以了解 VLOOKUP 公式是如何构建的。

首先在 D6:E9 单元格区域中输入收入与税率的对应关系，然后按照上一章的知识点，将 D6:E9 单元格区域命名为"查找范围"，这样我们就不用记住查找范围的具体地址了，在复制公式时也不用考虑绝对引用的问题了。接着，在 D13:D17 单元格区域输入一些模拟的收入数据，在 E13 单元格中输入公式"=VLOOKUP(D13, 查找范围 ,2,TRUE)"，并将公式复制到 E13:E17 单元格区域，就得到了与 D13:D17 单元格区域的收入数据一一对应的税率（如图 3-1 所示）。

	C	D	E	F	G
3	VLOOKUP 函数				
4					
5		收入（元）	税率		查找范围=D6:E9
6		0.00	15%		
7		10,000.00	30%		
8		30,000.00	34%		
9		100,000.00	40%		
10					
11			TRUE	FALSE	
12		收入（元）	税率		
13		-1,000.00	#N/A	#N/A	
14		30,000.00	34%	34%	
15		29,000.00	30%	#N/A	
16		98,000.00	34%	#N/A	
17		104,000.00	40%	#N/A	

图 3-1

以下是关于 VLOOKUP 函数运行原理的阐述。由于公式中的返回列参数为 2，因此返回的值始终来自查找范围的第 2 列。

◎ D13 单元格中的值——-1 000 小于起征点 0，因此 E13 单元格中的返回值为"#N/A"。若尝试将 D6 单元格中的起征点改为 -1 000 或更小的数字，E13 单元格中的返回值会变为 15%。

◎ D14 单元格中的值——30 000 与查找范围第 1 列中的一个值完全匹配，因此函数返回了对应的税率——34%。

◎ D15 单元格中的值——29 000 与查找范围第 1 列中的所有值都不匹配，这意味函数将返回与上一级收入相匹配的税率，即收入 10 000 元对应的税率——30%。

◎ 同样，D16 单元格中的值——98 000 与查找范围第 1 列中的所有值都不匹配，小于且最接近 98 000 的值是 30 000，因此，函数返回了收入 30 000 元对应的税率——34%。

◎ D17 单元格中的值——104 000 超出了查找范围第 1 列中最大的值——100 000，因此，函数将收入 100 000 元对应的税率返回至 E17 单元格。

现在尝试将 E13:E17 单元格区域中的公式复制到 F13:F17 单元格区域，并改变 VLOOKUP 函数的查找精度参数，将 TRUE 改为 FALSE，即"=VLOOKUP(D13, 查找范围 ,2,TRUE)"。此时，F14 单元格显示的税率为 34%，因为查找范围第 1 列中包含一个与 30 000 元完全匹配的值，而 F13:F17 单元格区域中的其他值都为"#N/A"，因为各函数都在查找范围第 1 列中找不到完全匹配的值。在本书第 12 章中，我们将学习如何让函数在这种情况下不报"#N/A"错误。

如何根据产品代码提取相应的产品价格？

有时候，当查找范围的第 1 列是文本内容（例如员工姓名）或乱序排列的数值（例如产品代码）时，有些人会不知道如何使用 VLOOKUP 函数来正确提取内容。其实，我们只要记住一个简单的规则即可：将查找精度参数设置为 FALSE 或 0。

如图 3-2 所示，示例文件"03-VLOOKUP-2.xlsx"记录了 5 个不同产品的价格，我们该怎样编写一个公式来提取与产品代码对应的价格呢？

	G	H	I	J	K	L
9						
10		产品代码	价格（元）			
11		A134	3.50	查找范围2=H11:I15		
12		B242	4.20			
13		X212	4.80			
14		C413	5.00			
15		B2211	5.20			
16						
17		产品代码	价格（元）			
18		B2211	3.5	=VLOOKUP(H18,查找范围2,2)		
19		B2211	5.2	=VLOOKUP(H19,查找范围2,2,FALSE)		
20						

图 3-2

我们需要根据 H 列中给出的产品代码通过近似匹配模式查到对应的价格写入 I 列。如果在 I18 单元格中输入公式"=VLOOKUP(H18, 查找范围 2,2)"，由于省略了第 4 个参数——查找精度，函数自动用 TRUE 补上，执行近似匹配。由于查找范围（自定义名称为"查找范围 2"）中的产品代码数据没有按升序排列，函数返回了错误的价格——3.5 元。我们将第 4 个参数补上，在 I19 单元格输入公式"=VLOOKUP(H19, 查找范围 2,2,FALSE)"，函数会返回正确的价格——5.2 元。

对于售价定期变动的产品，如何根据销售日期提取售价？

假设某产品的售价在不同时期是不同的（如表 3-2 所示），如何通过查找函数根据日期提取正确的售价？

表 3-2 某产品售价表

时间范围	售价（元）
1 月至 4 月	98
5 月至 7 月	105
8 月至 12 月	112

我们需要构建一个公式以获得不同时间段内的产品售价。如图 3-3 所示，示例文件“03-HLOOKUP.xlsx”中的日期数据横向排列在一行中，我们将使用 HLOOKUP 函数获取查找结果。

	A	B	C	D	E	F	G
1							
2	日期	2021/1/1	2021/5/1	2021/8/1			
3	价格（元）	98	105	112			
4							
5			查找范围=B2:D3				
6							
7		日期	价格（元）				
8		2021/1/4	98	= HLOOKUP(B8,查找范围,2,TRUE)			
9		2021/5/10	105	= HLOOKUP(B9,查找范围,2,TRUE)			
10		2021/9/12	112	= HLOOKUP(B10,查找范围,2,TRUE)			
11		2021/5/1	105	= HLOOKUP(B11,查找范围,2,TRUE)			
12							

图 3-3

如果想在 C8:C11 单元格区域得到正确的返回值，我们需要比对查找范围第 1 行的日期，并将与指定日期相符的位于查找范围第 2 行的价格返回至 C8:C11 单元格区域。在 C8 单元格中输入公式“=HLOOKUP(B8, 查找范围 ,2,TRUE)”，并将公式复制到 C9:C11 单元格区域。这些公式会将 B8:B11 单元格区域中的日期与查找范围（B2:D3 单元格区域）第 1 行的值一一比对：对于 2021 年 1 月 1 日至 2021 年 4 月 30 日（含）之间的任何日期，返回 B3 单元格内的价格（即表中 2021 年 1 月 1 日对应的价格）；对于 2021 年 5 月 1 日至 2021 年 7 月 31 日（含）之间的任何日期，返回 C3 单元格内的价格（即表中 2021 年 5 月 1 日对应的价格）；对于 2021 年 8 月 1 日及之后的任何日期，返回 D3 单元格内的价格。

如何在 LOOKUP 函数中使用通配符？

“*”“?”“~”字符是 Excel 函数的通配符，它们在许多应用场景中很有用。在这里，我们将讨论如何使用通配符来执行基于近似匹配的查找。Excel 函数按如下方式解释通配符：

◎ “*”可以表示任意数量的任意字符。例如，“Jon*”可以在查找函数中匹配“Jones”或“Jonas”，而“*Jon*”可以匹配“Ajona”、“Jona”或“Ajon”。

◎ “?”表示单个字符。例如，“T?a”可以匹配“Tea”或“Tia”。

◎ "~"（很少使用）用于标识通配符。例如，"Wayne~*"可用于在查找函数中匹配"Wayne*"。

本节重点介绍如何在查找函数中使用"*"。示例文件"03- 通配符 .xlsx"（如图 3-4 所示）展示了"*"在查找函数中的用法。

	B	C	D	E	F	G	H	I
8	姓	名	工号	工资				
9	Allen	James	101	¥95,436.00		名	工号	工资
10	Pauly	Chris	43	¥91,651.00		Paul	#N/A	#N/A
11	Cicada Durant	Kayley	126	¥87,999.00		Paul	43	¥91,651.00
12	James Pond	Leo	44	¥90,811.00		Durant	126	¥87,999.00
13	Curry	Allen	179	¥86,573.00		James	44	¥90,811.00
14	Curry	Steven	130	¥95,497.00				
15	Swift	Talisman	121	¥96,313.00				
16	Foster	Susan	126	¥85,967.00				
17	Duff	Hanna	158	¥82,767.00				
18	Spears	Beryl	62	¥94,138.00				
19								

图 3-4

在 H 列和 I 列中，我们尝试根据 G 列中的文本提取对应的工资和工号信息。在 H10 单元格中输入公式"=VLOOKUP(G9,B9:E18,3,FALSE)"会返回"#N/A"，因为 B 列中没有"Paul"。在 H11 单元格中输入公式"=VLOOKUP(G10&"*",B9:E18,3,FALSE)"，得到返回值 43，因为"Paul*"可以与以 Paul 开头的任何内容匹配。注意，公式中的"&"符号将"*"（在引号中，因为它是文本）与 G10 单元格中的内容组合在了一起。

在执行近似匹配时，若不知道在查找目标前后是否存在其他需要匹配的内容，为了不遗漏数据，可以在查找目标前后都加上"*"。例如，在 H12 和 H13 单元格中输入公式"=VLOOKUP("*"&G12&"*",$B$9:$E$18,3,FALSE)"，可以确保从查找范围的第 11 行中提取到 Durant 的信息、从第 12 行中提取到 James 的信息。

强大的 XLOOKUP 函数如何使用？

图 3-5 所示的工作表（参见示例文件"03-XLOOKUP.xlsx"）中包含多个功能强大的 XLOOKUP 函数的应用示例。该文件包含一些职业棒球运动员的姓名和工资等信息，数据已按球员的工资降序排列。

	C	D	E	F
3	姓名	球队	位置	工资
4	Max Scherzer	WSH	SP	$42,142,857.00
5	Stephen Strasburg	WSH	SP	$36,428,571.00
6	Mike Trout	LAA	CF	$34,083,333.00
7	Zack Greinke	ARI	SP	$32,421,884.00
8	David Price	BOS	SP	$31,000,000.00
9	Clayton Kershaw	LAD	SP	$31,000,000.00
10	Miguel Cabrera	DET	DH	$30,000,000.00
11	Yoenis Cespedes	NYM	OF	$29,000,000.00
12	Justin Verlander	HOU	SP	$28,000,000.00
13	Albert Pujols	LAA	DH	$28,000,000.00
14	Felix Hernandez	SEA	SP	$27,857,143.00
15	Jon Lester	CHC	SP	$27,500,000.00
16	Nolan Arenado	COL	3B	$26,000,000.00
17	Giancarlo Stanton	NYY	RF	$26,000,000.00
18	Jake Arrieta	PHI	SP	$25,000,000.00
19	Joey Votto	CIN	1B	$25,000,000.00
20	Jordan Zimmermann	DET	SP	$25,000,000.00
21	Robinson Cano	NYM	2B	$24,000,000.00
22	J.D. Martinez	BOS	OF	$23,750,000.00
23	Edwin Encarnacion	SEA	1B	$23,333,333.00

图 3-5

图 3-6 显示了基于这个数据表的部分 XLOOKUP 函数应用示例。

	J	K	L	M	N	O	P	Q	R	S	T	U
1												
2		=XLOOKUP("Mike Trout",C4:C880,C4:F880,"无",0)					Mike Trout					
3		Mike Trout	LAA	CF	34083333		LAA	CF	34083333			
4							=XLOOKUP(P2,C4:C880,D4:F880,"无",0)					
5		=XLOOKUP("*Trout",C4:C880,D4:F880,"无",2)										
6		LAA	CF	34083333								
7												
8		=XLOOKUP(25100000,F4:F880,C4:C880,"无",-1)										
9		Jake Arrieta										
10												
11		=XLOOKUP(25100000,F4:F880,C4:E880,"无",-1)										
12		Jake Arrieta	PHI	SP								
13												
14		=XLOOKUP(29500000,F4:F880,C4:C880,"无",1)					=XLOOKUP("WAYNE WINSTON",C4:C880,F4:F880,"无",0,1)					
15		Miguel Cabrera					无					
16												
17		=XLOOKUP("*Smith",C4:C880,C4:F880,"无",2,1)										
18		Joe Smith	HOU	RP	8000000		=XLOOKUP("WAYNE WINSTON",C4:C880,F4:F880,,0,1)					
19							#N/A					
20		=XLOOKUP("*Smith",C4:C880,C4:F880,"无",2,-1)										
21		Caleb Smith	MIA	SP	556500							

图 3-6

如果想提取所有关于 Mike Trout 的信息，可在 K3 单元格中输入公式 "=XLOOKUP("Mike Trout",C4:C880,C4:F880," 无 ",0)"。函数在 C 列中找到能与 Mike Trout 精确匹配的值（因为函数第 5 个参数为 0），并返回 C4:F880 单元格区域中的所有相关信息。

如果想使用通配符来提取 Mike Trout 所在的球队名称、场上位置以及工资，可在 K6 单元格中输入公式 "=XLOOKUP("*Trout",C4:C880,D4:F880," 无 ",2)"。请注意，第 5 个参数——2 表示采用通配符匹配模式。

　　如果想使用公式引用 P2 单元格中的球员姓名来提取对应的球队名称、场上位置以及工资，在 P3 单元格中输入公式"=XLOOKUP(P2,C4:C880,D4:F880," 无 ",0)"可以实现。

　　如果想列出工资尽可能接近且小于（或等于）2 510 万美元的球员姓名，可以将匹配模式参数设为 –1，在 K9 单元格中输入公式"=XLOOKUP(25100000,F4:F880,C4:C880,"无 ",-1)"，得到"Jake Arrieta"。在单元格 K12 中输入公式"=XLOOKUP(25100000,F4:F880,C4:E880," 无 ",-1)"，可以得到球员姓名"Jake Arrieta"，以及对应的球队名称和场上位置。没有球员的工资大于 2 500 万美元且小于或等于 2 510 万美元，只有几位球员的工资是 2 500 万美元，若 Jake Arrieta 不是列表中第 1 个工资为 2 500 万美元的球员，上述两个公式返回的就是其他球员的信息了。

　　如果想知道哪位球员的工资最接近且大于（或等于）2 950 万美元，可以在 K15 单元格中输入公式"=XLOOKUP(29500000,F4:F880,C4:C880," 无 ",1)"，得到返回值"Miguel Cabrera"。这位球员的工资是 3 000 万美元。这是因为列表中没有其他球员的工资在 2 950 万美元至 3 000 万美元之间。如果"工资"这一列没有排序，而且有另一位球员的工资也是 3 000 万美元，那么此公式有可能会返回另一名球员的姓名。

　　如果想知道姓 Smith 的球员中工资最高和最低的分别是谁，可以在 K18 单元格中输入公式"=XLOOKUP("*Smith",C4:C880,C4:F880," 无 ",2,1)"，得到返回值"Joe Smith"及其他相关信息，即收入最高的姓 Smith 的球员是 Joe Smith。函数的第 5 个参数——2 表示采用通配符匹配模式，最后 1 个参数——1 表示从上到下搜索查找范围——C 列。然后，在 K21 单元格中输入公式"=XLOOKUP("*Smith",C4:C880,C4:F880," 无 ",2,-1)"，得到返回值"Caleb Smith"及其他相关信息，即收入最低的姓 Smith 的球员是 Caleb Smith。函数最后 1 个参数——-1 表示从下到上搜索查找范围。当然，如果没有对列表按"工资"列进行降序排序，返回的结果会不同。

　　XLOOKUP 函数的第 4 个参数用于定义在找不到匹配项时返回的文本信息。例如，在 P15 单元格中输入公式"=XLOOKUP("WAYNE WINSTON",C4:C880,F4:F880,"无",0,1)"，会得到返回值"无"，而在 P19 单元格中输入公式"=XLOOKUP("WAYNE WINSTON",C4:C880,F4:F880,,0,1)"，得到的返回值是"#N/A"。

LOOKUP 函数混淆了文本和数值，怎么办？

有时，当函数的查找范围是文本且查找目标为数值时，计算可能会出现问题；当查找范围是数值且查找目标为文本时，也可能会出现问题。下面通过案例（参见示例文件"03- 文本和数值 .xlsx"）来讨论此类问题的解决方案（如图 3-7 所示）。

	D	E	F	G	H	I	J	K	L	M	N	O	P
2													
3						文本	正确	错误	J4:	=VLOOKUP(--I4,$D$5:$E$8,2,FALSE)			
4	数值					334	B	#N/A					
5	123	A				23	C	#N/A	K4:	=VLOOKUP(I4,$D$5:$E$8,2,FALSE)			
6	334	B				4	D	#N/A					
7	23	C				123	A	#N/A					
8	4	D											
9	文本					数值	正确	错误					
10	334	A				123	D	#N/A	J10:	=VLOOKUP(I10&"",$D$10:$E$13,2,FALSE)			
11	23	B				334	A	#N/A					
12	4	C				23	B	#N/A	K10:	=VLOOKUP(I10,$D$10:$E$13,2,FALSE)			
13	123	D				4	C	#N/A					
14													

图 3-7

在示例表格中，D 列包含学生的学号，E 列包含学生的成绩。如果在 K4:K7 单元格区域中尝试用 VLOOKUP 函数的精确匹配模式根据学号提取学生的成绩，会发现无法将 I 列中的文本类型的查找目标与 D5:D8 单元格区域中的数值类型的学号匹配，所以会得到"#N/A"错误值。在 J4 单元格中输入公式"=VLOOKUP(--I4,$D$5:$E$8,2,FALSE)"，并将其复制到 J5:J7 单元格区域，会得到正确的返回值，因为其中的"--"符号已将文本转换为数值。

K10:K13 单元格区域中的公式报错是因为 K 列中的 VLOOKUP 函数的查找目标是数值，与 D 列中的文本内容不能匹配。观察 J10 单元格中的公式"=VLOOKUP(I10&"",$D$10:$E$13,2,FALSE)"，第 1 个参数是 I10 单元格的内容加上一个空格，这使得函数认为查找目标是文本而不是数值。

第4章
INDEX 函数

INDEX 函数用于返回查找范围内通过行号和列号指定的内容，常用的语法结构如下：

$$INDEX(\text{查找范围}，\text{行号}，\text{列号})$$

以公式"=INDEX(A1:D12,2,3)"为例，返回的查找结果为 A1:D12 单元格区域中以 A1 单元格为起点的位于第 2 行、第 3 列的值，即 C2 单元格中的内容。

如何通过函数计算两个城市之间的距离？

现有一个记录了多个美国城市之间距离的表格（参见示例文件"04-INDEX.xlsx"），如图 4-1所示，如何通过一个函数来计算两个指定城市（例如波士顿和丹佛）之间的距离？

	A	B	C	D	E	F	G	H	I	J
5										
6		波士顿至丹佛（英里）			1991	=INDEX(距离,1,4)				
7		迈阿密至西雅图（英里）			3389	=INDEX(距离,6,8)				
8								单位：英里		
9			波士顿	芝加哥	达拉斯	丹佛	洛杉矶	迈阿密	凤凰城	西雅图
10	1	波士顿	0	983	1815	1991	3036	1539	2664	2612
11	2	芝加哥	983	0	1205	1050	2112	1390	1729	2052
12	3	达拉斯	1815	1205	0	801	1425	1332	1027	2404
13	4	丹佛	1991	1050	801	0	1174	2100	836	1373
14	5	洛杉矶	3036	2112	1425	1174	0	2757	398	1909
15	6	迈阿密	1539	1390	1332	2100	2757	0	2359	3389
16	7	凤凰城	2664	1729	1027	836	398	2359	0	1482
17	8	西雅图	2612	2052	2404	1373	1909	3389	1482	0

图 4-1

在工作表中，C10:J17 单元格区域已被命名为"距离"，各数据的单位是英里。波士顿与其他各城市之间的距离数据位于此区域的第 1 行，各城市至丹佛的距离数据位于此区域的第 4 列。在任意空白单元格中输入公式"=INDEX(距离,1,4)"，即可得到从波士顿到丹佛的距离——1 991英里，通过公式"=INDEX(距离,6,8)"可以得到从迈阿密到西雅图的距离——3 389英里。

想象一下，NFL 西雅图海鹰队正在进行一次公路旅行，将前往凤凰城、洛杉矶、丹佛、达拉斯和芝加哥进行比赛，然后返回西雅图。我们能轻松计算出球队在旅途中需要行驶多少英里。如图 4-2 所示，我们只需在表格中按先后顺序列出球队将要访问的城市（以西雅图为起点和终点）

在数据表的"距离"区域中所在位置对应的数字——8、7、5、4、3、2、8，每行一个数字，然后在 D22 单元格中输入公式"=INDEX(距离 ,C21,C22)"，并将公式复制到 D23:D27 单元格区域，得到在各段旅行中行驶的距离，求和后就能得出海鹰队此次旅行的总里程——7 112 英里。

	B	C	D	E F G
18				
19		里程计算（单位：英里）		
20		城市	距离	
21		8		
22		7	1482	=INDEX(距离,C21,C22)
23		5	398	=INDEX(距离,C22,C23)
24		4	1174	=INDEX(距离,C23,C24)
25		3	801	=INDEX(距离,C24,C25)
26		2	1205	=INDEX(距离,C25,C26)
27		8	2052	=INDEX(距离,C26,C27)
28		总计	7112	
29				

图 4-2

如何通过一个公式引用整列或整行？

使用 INDEX 函数能轻易地引用查找范围内的整行或整列。如果将函数的"行号"参数设为"0"，则 INDEX 函数将引用当前列的值；如果将"列号"参数设为 0，则 INDEX 函数将引用当前行的值。假设我们想知道图 4-1 所示数据表中每个城市与西雅图的距离的总和，可以在任意空白单元格中输入公式"=SUM(INDEX(距离 ,8,0))"，就可得出 C17:J17 单元格区域中的值的合计数；输入公式"=SUM(INDEX(距离 ,0,8))"，就可得出 J10:J17 单元格区域中的值的合计数。无论哪个公式都可以得出西雅图到其他城市的距离之和为 15 221 英里。

第5章
MATCH 函数

假设我们面对一张包含 5 000 个不重复姓名（5 000 行数据）的工作表，需要快速从中找到 John Doe，应该如何做呢？ MATCH 函数可以帮助我们构建公式返回这个姓名所在单元格相对于查找区域起始位置的行号。当我们想获得某查找目标的位置信息，而不是符合给定条件的单元格中的值时，应该使用 MATCH 函数，而不是 LOOKUP 函数。MATCH 函数会在给定的范围中搜索给定的文本字符串或数字，并在首次匹配成功时返回相对于起始位置的行号或列号。

MATCH 函数的语法结构为：

MATCH(查找目标 ， 查找范围 ， [匹配类型])

◎ "查找目标"参数用于指定需要在查找范围内确定位置的值。

◎ "查找范围"参数用于指定需要遍历查找的范围，只能是单行或单列中的单元格区域。

◎ "匹配类型"参数为 1 时，查找范围内的数据必须按升序排列。MATCH 函数会从查找范围的起始单元格开始，逐个将单元格中的数据与查找目标比对，查找首次出现的小于或等于查找目标的最大值，并返回其相对位置。

◎ "匹配类型"参数为 -1 时，查找范围内的数据必须按降序排列。MATCH 函数会从查找范围的起始单元格开始，逐个将单元格中的数据与查找目标比对，查找首次出现的大于或等于查找目标的最小值，并返回其相对位置。

◎ "匹配类型"参数为 0 时，对查找范围内的数据的顺序没有要求。MATCH 函数会从查找范围的起始单元格开始，逐个将单元格中的数据与查找目标比对，查找首次出现的与查找目标完全匹配的值，并返回其相对位置。若未匹配成功，函数返回错误值"#N/A"。

如图 5-1 所示，示例文件"05-Match.xlsx"中展示了 3 个 MATCH 函数应用示例。

◎ B13 单元格中的公式"=MATCH(" 波士顿 ",B4:B11,0)"会返回 1，因为在 B4:B11 单元格区域内，文本"波士顿"位于第 1 行。在 MATCH 函数中，文本值必须加引号""""。 B14 单元格中的公式"=MATCH(" 凤凰城 ",B4:B11,0)"会返回 7，因为在 B4:B11 单元格区域内，文本"凤凰城"位于第 7 行。

◎ 在 E12 单元格中输入公式"=MATCH(0,E4:E11,1)"，会得到 4，因为在 E4:E11 单元格区

域内的所有数值中，小于或等于查找目标 0 的最大值是 -1，位于查找范围的第 4 行。

	A	B	C	D	E	F	G	H
3								
4		波士顿			-5		6	
5		芝加哥			-4		5	
6		达拉斯			-3		4	
7		丹佛			-1		3	
8		洛杉矶			3		-1	
9		迈阿密			4		-3	
10		凤凰城			5		-4	
11		西雅图			6		-5	
12				<=0的最大值	4	>=-4的最小值	7	
13	波士顿	1		=MATCH(0,E4:E11,1)		=MATCH(-4,G4:G11,-1)		
14	凤凰城	7						

图 5-1

◎ 在 G12 单元格中输入公式 "=MATCH(-4,G4:G11,-1)"，返回值为 7，因为在 G4:G11 单元格区域内，大于或等于查找目标 -4 的最小值是 -4，位于查找范围的第 7 行。

MATCH 函数也可用于模糊查找。例如，在 B15 单元格中输入公式 "=MATCH("凤 *", B4:B11,0)"，会得到 7，因为 "*" 是通配符，函数会在 B4:B11 单元格区域中查找以"凤"开头的文本。VLOOKUP 函数也有同样的用法，例如在前面的案例中（参见示例文件 "03-VLOOKUP-2. xlsx"），使用公式 "=VLOOKUP("x*", 查找范围 2,2)"会得到产品 X212 的价格——4.80 元。

如果查找范围是单行数据，而不是单列数据，在进行比对查找时，MATCH 函数会从逐行查找改为逐列查找，从查找范围的起始列开始，向右逐个单元格比对。通常，MATCH 函数会和 VLOOKUP、INDEX 及 MAX 函数等组合使用。

如何通过公式在销售表中获取指定产品在指定月份的销量？

如图 5-2 所示，示例文件 "05- 玩偶 .xlsx" 记录了上半年 4 个 NBA 全明星玩偶的销售情况。我们如何通过构建公式得到某个玩偶在某月的销量呢？解决这个问题的关键是在通过一个 MATCH 函数获得指定玩偶的行位置的同时，通过另一个 MATCH 函数获得指定月份的列位置，有了这两个信息，我们就可以使用 INDEX 函数获得该产品在指定月份的销量了。

	A	B	C	D	E	F	G	H
1								
2							单位：件	
3			1月	2月	3月	4月	5月	6月
4	詹姆斯	831	685	550	965	842	804	
5	科比	719	504	965	816	639	814	
6	乔丹	916	906	851	912	964	710	
7	库里	844	509	991	851	742	817	
8								
9	产品名称	月份	行号	列号	销量			
10	科比	6月	2	7	814			
11								

图 5-2

首先，将 B4:G7 单元格区域（销量数据）命名为"销量"。A10:B10 单元格区域为条件区域。接着，在 C10 单元格中输入公式"=MATCH(A10,A4:A7,0)"，可以得到科比玩偶的销量数据在整个查找范围中的行位置，在 D10 单元格中输入公式"=MATCH(B10,B3:G3,0)"，可以得到 6 月销量数据在整个查找范围中的列位置。以这两个返回结果为参数，在 E10 单元格中输入公式"=INDEX(销量 ,C10,D10)"，得到科比玩偶在 6 月的销量。以上 3 个独立的公式可以组合成一个嵌套公式"=INDEX(销量 ,MATCH(A10,A4:A7,0),MATCH(B10,B3:G3,0))"。（有关 INDEX 函数的更多信息，请参阅本书第 4 章。）

如何通过公式在数据表中获取某排名位置的数据？

如图 5-3 所示，示例文件"05- 棒球 .xlsx"记录了 2001 年 401 名运动员的工资。数据表没有按工资的高低进行排序，那么如何通过公式获取工资排名第 1 及第 5 的运动员的姓名呢？

通过公式获取工资排名第 1 的运动员的姓名，需要进行如下步骤：

1. 通过 MAX 函数获取最高工资金额。

2. 通过 MATCH 函数获取最高工资在列表中的行位置。

3. 通过 VLOOKUP 函数根据已知的行位置提取运动员姓名。

首先，将 C12:C412 单元格区域命名为"工资"。然后，将 A12:C412 单元格区域命名为"查找范围"。

	A	B	C	D
5				
6		姓名	Alex Rodriguez	dl-Derek Jeter
7			排名第1	排名第5
8		序号	345	232
9		工资	$22,000,000.00	$12,600,000.00
10				
11	序号	姓名	收入	
12	1	dl-Mo Vaughn	$13,166,667.00	
13	2	Tim Salmon	$5,683,013.00	
14	3	Garret Anderson	$4,500,000.00	
15	4	Darin Erstad	$3,450,000.00	
411	400	Ryan Freel	$200,000.00	
412	401	Chris Michalek	$200,000.00	
413				

图 5-3

在 C9 单元格中输入公式"=MAX(工资)"，获取最高的工资数值——2 200 万美元。然后，在 C8 单元格中输入公式"=MATCH(C9, 工资 ,0)"，获取最高工资对应的运动员姓名的所在位置——第 345 行。由于"姓名"列没有排序，因此，将 MATCH 函数的匹配类型参数设为"0"才能达到精确匹配的目的。最后，在 C6 单元格中输入公式"=VLOOKUP(C8, 查找范围 ,2)"，获得查找范围中第 345 行第 2 列的内容——Alex Rodriguez。

要获取工资排名第 5 的运动员姓名，需要先通过 LARGE 函数提取排名第 5 的工资数值。LARGE 函数的语法结构为"LARGE(查找范围 , 排名)"，它返回的是指定区域内首个符合排名要求的值。在 D9 单元格中输入公式"=LARGE(工资 ,5)"，能获取排名第 5 的工资数值——1 260 万美元（然后可以用与前文相同的方法获取对应的运动员姓名——dl-Derek Jeter）。如果想获取排名倒数第 5 的工资数值，则需通过 SMALL 函数构建公式"=SMALL(工资 ,5)"。

如何通过公式根据现金流测算项目的投资回收期？

如图 5-4 所示，示例文件"05- 回收期 .xlsx"显示了某投资项目未来 15 年的预期现金流。假设该项目在第 1 年的现金流出为 1 亿元，现金流入为 1 400 万元，此后 14 年的现金流入会以每年 10% 的速度增长。那么，这个项目的投资回收期是多久？

▲	A	B	C	D	E	F
1	第1年现金流	14	单位：百万元		回收期	
2	年增长率	0.1			6	
3	初始投资	-100				
4	年	当年现金流	累计现金流			
5	0	(100.00)	(100.00)			
6	1	14.00	(86.00)			
7	2	15.40	(70.60)			
8	3	16.94	(53.66)			
9	4	18.63	(35.03)			
10	5	20.50	(14.53)			
11	6	22.55	8.02			
12	7	24.80	32.82			
13	8	27.28	60.10			
14	9	30.01	90.11			
15	10	33.01	123.12			
16	11	36.31	159.44			
17	12	39.94	199.38			
18	13	43.94	243.32			
19	14	48.33	291.65			
20	15	53.16	344.81			
21						

图 5-4

在高科技行业，投资回收期的长短通常被用来评估某项目的风险。在本书第 8 章中我们会了解到，将投资回收期作为投资质量的评估指标有一定局限性，它忽略了货币本身的价值。但现在，我们只需要专注于如何计算某项目的投资回收期。

计算投资回收期的步骤如下：

1. 在 B 列中计算每年的现金流。

2. 在 C 列中计算每年的累计现金流。

首先，通过 MATCH 函数（"匹配类型"参数为 1）确定累计现金流为正数的第 1 年的行位置，返回的值将作为计算投资回收期的公式的参数。

A1:B3 单元格区域为条件区域，存放已知条件或假设条件。B5 单元格引用了 B3 单元格存放的初始投资额，B6 单元格引用了 B1 单元格存放的第 1 年现金流数值，B7 单元格中为公式 "=B6*(1+ 年增长率)"。将 B7 单元格中的公式复制到 B8:B20 单元格区域，可得到未来 14 年的现金流。

在 C5 单元格中输入公式 "=B5"，在 C6 单元格中输入公式 "=C5+B6"，并将公式复制到 C7:C20 单元格区域，可得到各年的累计现金流。

计算投资回收期时，需要通过 MATCH 函数（"匹配类型"参数为 1）得到 C5:C20 单元格区域中最接近 0 的负值所在位置。例如，当最接近 0 的负值在第 6 行时，意味着第 7 行的数据为正值，即项目第 1 次产生了正的累计现金流。由于在本案例中，项目只在初始时期存在负的现金流，第 1 年起每年产生的都是正的现金流。因此，E2 单元格中的公式 "=MATCH(0,C5:C20,1)" 的返回值 6，即代表投资回收期为 6 年。如果在投产后的某年产生了负的现金流，那么，每年的累计现金流将不会以升序的形式出现在示例数据表中，相应地，MATCH 函数会返回错误值。这时，我们需要使用 IFERROR 函数对公式进行修正，相关内容将在本书第 12 章介绍。通过 IFERROR 函数，可以在得不到正确的投资回收期时，让公式返回说明文本（例如"投资回收期未知"）。

XLOOKUP 函数能否用于双向查找？

如图 5-5 所示，示例文件 "05- 双向查找 .xlsx" 展示了如何使用 XLOOKUP 函数进行双向查找。A10 单元格中指定了玩偶名称，B10 单元格中指定了月份，在 C10 单元格中通过公式从上面列出的各玩偶在上半年各月的销售数据中提取对应的销售数量，输入公式 "=XLOOKUP(A10, A4:A7,XLOOKUP(B10,B3:G3, 销售数量 ,,0))"，即可得到结果 710。此公式首先在 A4:A7 单元格区域中查找"乔丹"所在的行位置，然后将返回值视为整个公式的第 1 个参数，接着在 B3:G3 单元格区域中查找"6 月"所在的列位置，并将返回值视为整个公式的第 2 个参数，最终得到相应的销售数量。

	A	B	C	D	E	F	G	H
1								
2							单位: 件	
3		1月	2月	3月	4月	5月	6月	
4	詹姆斯	831	685	550	965	842	804	
5	科比	719	504	965	816	639	814	
6	乔丹	916	906	851	912	964	710	
7	库里	844	509	991	851	742	817	
8								
9	产品名称	月份	销售数量					
10	乔丹	6月	710					
11			=XLOOKUP(A10,A4:A7, XLOOKUP(B10,B3:G3,销售数量,0))					
12								

图 5-5

第 6 章
文本函数和快速填充

从互联网上下载的表格文件、他人传来的数据表等，数据格式经常不是我们希望的那样。例如，销售数据表中的日期和销售金额可能在同一个单元格中，但我们希望它们在各自独立的单元格中。要如何操作才能获得正确的格式呢？Excel 的文本函数可以提供很多帮助。在本章中，我们将学习以下文本函数：

- ◎ LEFT
- ◎ RIGHT
- ◎ MID
- ◎ TRIM
- ◎ LEN
- ◎ FIND
- ◎ SEARCH
- ◎ REPT
- ◎ CONCATENATE
- ◎ REPLACE

- ◎ VALUE
- ◎ UPPER
- ◎ LOWER
- ◎ PROPER
- ◎ CHAR
- ◎ CLEAN
- ◎ SUBSTITUTE
- ◎ TEXTJOIN
- ◎ TEXT

我们还将学习如何借助"快速填充"功能神奇地编辑数据，使数据以我们希望的格式呈现。此外，我们还将认识 Microsoft 365 提供的大量 Unicode 字符，并学习如何设置正确的数据格式，以及处理不可见字符，等等。

文本函数语法结构

如图 6-1 所示，示例文件"06- 文本函数 .xlsx"包含了许多文本函数的应用示例。稍后我们将学习如何使用这些函数完成多个案例，现在先来看看每个函数的语法结构，并尝试应用这些函数对数据进行一些处理。

	A	B	C	D
1	Reggie	Miller		
2				
3	Reggie　Miller	提取左起4个字符	Regg	
4		提取右起4个字符	ller	
5		提取第2个字符起5个字符	eggie	
6		清除多余的空格	Reggie Miller	
7		字符数	15	
8		清除空格后的字符数	13	
9		第1个空格所在的位置	7	7
10		第1个r所在的位置（区分大小写）	15	
11		第1个r所在的位置（不区分大小写）	1	
12		合并姓和名	Reggie Miller	Reggie Miller
13		将gg替换为nn	Rennie　Miller	
14	文本格式的31	返回数值31	31	
15	31			
16		全部小写	reggie miller	
17		全部大写	REGGIE MILLER	I LOVE OFFICE 365!
18		首字母大写	Reggie Miller	
19		将空格用*代替	I*LOVE*OFFICE*365!	
20		只有第3个空格用*代替	I LOVE OFFICE*365!	

图 6-1

LEFT 函数

LEFT 函数返回的是指定文本字符串中左起指定个数的字符，其语法结构如下：

LEFT(文本字符串 ， 截取长度)

例如，在 C3 单元格中输入公式"=LEFT(A3,4)"，得到的结果为 A3 单元格中字符串左起的 4 个字符——"Regg"。

RIGHT 函数

RIGHT 函数返回的是指定文本字符串中右起指定个数的字符，其语法结构如下：

RIGHT(文本字符串 ， 截取长度)

例如，在 C4 单元格中输入公式"=RIGHT(A3,4)"，得到的结果为 A3 单元格中字符串右起的 4 个字符——ller。

MID 函数

MID 函数返回的是指定文本字符串中从指定位置起的指定个数的字符，其语法结构如下：

MID(文本字符串 ， 开始位置 ， 截取长度)

例如，在 C5 单元格中输入公式"=MID(A3,2,5)"，得到的结果为 A3 单元格中字符串从第 2 个字符起的 5 个字符，即第 2 至第 6 个字符——eggie。

TRIM 函数

TRIM 函数用于清除文本字符串中多余的空格，其语法结构如下：

$$TRIM(\ 文本字符串\ )$$

例如，在 C6 单元格中输入公式 "=TRIM(A3)"，得到的结果为 Reggie Mille——对于 A3 单元格中由两个单词组成的文本字符串，中间的空格由原来的 3 个变为 1 个。TRIM 函数也会将文本字符串前后的空格删除。

LEN 函数

LEN 函数返回的是文本字符串包含的字符数量（空格也被视为要统计的字符），其语法结构如下：

$$LEN(\ 文本字符串\ )$$

例如，在 C7 单元格中输入公式 "=LEN(A3)"，会得到返回值 15，表示 A3 单元格中的文本字符串包含 15 个字符。在 C8 单元格中输入公式 "=LEN(C6)"，会得到返回值 13，表示 C5 单元格中的文本字符串包含 13 个字符（有 2 个字符被删除了）。

FIND 和 SEARCH 函数

FIND 函数返回的是查找目标在查找范围中的位置信息，其语法结构如下：

$$FIND(\ 查找目标\ ,\ 查找范围\ ,\ 开始位置\ )$$

SEARCH 函数的语法结构与 FIND 函数相同，但是它不区分字符的大小写。

例如，在 C10 单元格中输入公式 "=FIND("r",A3,1)"，得到的返回值为 15；在 C11 单元格中输入公式 "=SEARCH("r",A3,1)"，得到的返回值为 1。将查找目标由 "r" 替换为空格 " "，在 C9 单元格中输入公式 "=FIND(" ",A3,1)"，在 D9 单元格中输入公式 "=SEARCH(" ",A3,1)"，得到的返回值都是 7。

REPT 函数

REPT 函数用于将指定的文本字符串复制指定的次数，其语法结构如下：

$$REPT(\ 文本字符串\ ,\ 复制次数\ )$$

例如，在单元格中输入公式"=REPT("|",3)"，会返回"|||"。

CONCATENATE 函数及"&"连接符

CONCATENATE 函数可将最多 255 个文本字符串连接为一个字符串，其语法结构为：

CONCATENATE(文本字符串 1，[文本字符串 2]，…)

也可以使用"&"符号进行单元格内容的连接。例如，在 C12 单元格中输入公式"=CONCATENATE(A1," ",B1)"，在 D12 单元格中输入公式"=A1&" "&B1"，会得到相同的结果——Reggie Miller。

TEXTJOIN 函数

TEXTJOIN 函数仅在 Microsoft 365 中可用，返回的是带有分隔符的多个区域、字符串组合后的内容，其语法结构为：

TEXTJOIN(分隔符 ，TRUE，文本字符串 1，[文本字符串 2]，…)

其中，第 1 个参数"分隔符"用于指定一个作为分隔符的字符，在返回的字符串中分隔各个组成部分，使返回的内容更易读；第 2 个参数，TURE 表示忽略空单元格。在需要组合多个字符串并使用相同分隔符进行分隔时，例如将 10 个单元格中的文本组合起来并用逗号分隔，TEXTJOIN 函数将非常有用。本章后面会有 TEXTJOIN 函数的应用示例。

TEXT 函数

TEXT 函数的作用是将其他格式的内容转换成文本格式，其语法结构为：

TEXT(转换内容 ，格式类型代码)

本章后面的内容将多次涉及此函数的应用。

REPLACE 函数

REPLACE 函数用于在指定位置将旧内容替换为新内容，其语法结构为：

REPLACE(旧文本字符串 ，开始位置 ，替换长度 ，新文本字符串)

例如，在 C13 单元格中输入公式"=REPLACE(A3,3,2,"nn")"，返回的结果为 Rennie

Miller，A3 单元格中的字符串的第 3 个字符开始的 2 个字符"gg"被替换成了函数参数中指定的"nn"。

VALUE 函数

VALUE 函数用于将文本字符串转换为数字格式，其语法结构为：

VALUE（文本字符串）

例如，在 C14 单元格中输入公式"=VALUE(A15)"，即可将 A15 单元格中的文本内容转换为数值 31。我们可以通过数据在单元格中的对齐方式来辨别它是文本格式的还是数值格式的，文本格式的数据总是在单元格中左对齐，而数值格式的数据总是在单元格中右对齐。

LOWER、UPPER 及 PROFER 函数

LOWER 函数用于将指定文本字符串中的英文字母统一为小写形式，其语法结构为：

LOWER（文本字符串）

例如，在 C16 单元格中输入公式"=LOWER(C12)"，可将 C12 单元格中的英文内容转换为"reggie miller"。

UPPER 函数用于将指定文本字符串中的英文字母统一为大写形式，其语法结构为：

UPPER（文本字符串）

例如，在 C17 单元格中输入公式"=UPPER(C12)"，可将 C12 单元格中的英文内容转换为"REGGIE MILLER"。

PROPER 函数用于将指定文本字符串中的英文单词转换为首字母大写形式，其语法结构为：

PROPER（文本字符串）

例如，在 C18 单元格中输入公式"=PROPER(C17)"，可将 C17 单元格中的全大写英文内容转换为"Reggie Miller"。

CHAR 函数

CHAR 函数可根据本机中的字符集（Windows 操作系统中使用的是 ANSI 字符集）返回由代码数字指定的字符，其语法结构为：

CHAR（代码数字）

例如，在空白单元格中输入公式"=CHA(65)"，会得到字符 A，输入公式"=CHAR(66)"，会得到字符 B，等等。图 6-2 所示为部分 ANSI 编码对照表（完整的对照表参见示例文件"06-ANSI 编码 .xlsx"）。

	A	B	C	D	E	F	G	H
1	Character #	Character	Character #	Character	Character #	Character	Character #	Character
34	33	!	50	2	67	C	84	T
35	34	"	51	3	68	D	85	U
36	35	#	52	4	69	E	86	V
37	36	$	53	5	70	F	87	W
38	37	%	54	6	71	G	88	X
39	38	&	55	7	72	H	89	Y
40	39	'	56	8	73	I	90	Z
41	40	(	57	9	74	J	91	[
42	41	)	58	:	75	K	92	\
43	42	*	59	;	76	L	93	]
44	43	+	60	<	77	M	94	^
45	44	,	61	=	78	N	95	_
46	45	-	62	>	79	O	96	`
47	46	.	63	?	80	P	97	a
48	47	/	64	@	81	Q	98	b
49	48	0	65	A	82	R	99	c
50	49	1	66	B	83	S	100	d

图 6-2

CLEAN 函数

查看 ANSI 编码对照表（参见示例文件"06-ANSI 编码 .xlsx"），会发现某些字符无法正常显示，例如"=CHAR(10)"返回的是一个不可见的换行符。使用 CLEAN 函数可以删除部分不可见字符（也称"非打印字符"），其语法结构为：

CLEAN（文本字符串）

并非所有不可见字符都可以使用 CLEAN 函数删除，例如"=CHAR(160)"返回的是一个不间断空格，CLEAN 函数就无法删除它。在本章后面的内容中，我们将学习如何从单元格中删除不间断空格之类的"麻烦"字符。

SUBSTITUTE 函数

SUBSTITUTE 函数用于在某文本字符串中替换指定的文本内容。此函数可以在不知道被替换文本内容在字符串中的具体位置的情况下进行替换，若要替换字符串中特定位置的文本内容，则需要使用 REPLACE 函数。SUBSTITUTE 函数的语法结构为：

SUBSTITUTE（文本字符串，被替换文本，替换文本，[替换第几个出现的文本]）

第 4 个参数可以省略，表示替换指定文本字符串中所有的被替换文本。假设想用"*"替换

D17 单元格中所有的空格，可以在 C19 单元格中输入公式"=SUBSTITUTE(D17," ","*")"。这样，原文本"I LOVE OFFICE 365!"中的空格被"*"替换，成为"I*LOVE*OFFICE*365!"。在 C20 单元格中输入公式"=SUBSTITUTE(D17," ","*",3)"，返回的是结果是"I LOVE OFFICE*365!"，只有第 3 个出现的空格被"*"替换。

如何将单元格中的多个信息拆分到独立单元格中？

如图 6-3 所示，示例文件"06- 拆分 .xlsx"的 A 列单元格中包含产品的 3 类信息：产品代码、产品描述及产品价格。单元格中的字符串左起 12 位是产品代码，右起 8 位是产品价格（选中 A4 单元格并按【F2】键，会看到光标出现在价格字符右边 2 个空格之后，即每个字符串后面还有 2 个空格）。本例，我们可以使用 LEFT、RIGHT、MID、VALUE、TRIM、LEN 和 CONCATENATE 函数完成任务。

第 1 步，从 TRIM 函数开始会是一个好主意，因为 A 列单元格中唯一多余的内容是字符串后面那 2 个空格。在 B4 单元格中输入公式"=TRIM(A4)"，然后将公式复制到 B5:B12 单元格区域，删除各单元格中多余的空格。可以使用公式"=LEN(A4)"和"=LEN(B4)"验证是否删除了 A4 单元格中字符串末尾的 2 个空格。公式"=LEN(A4)"的返回值是 52，而公式"=LEN(B4)"的返回值是 50。

	A	B
1	A4单元格字符数	B4单元格字符数
2	52	50
3	原数据	使用TRIM函数删除多余空格
4	32592100AFES CONTROLLERPENTIUM/100,(2)1GB H 304.00	32592100AFES CONTROLLERPENTIUM/100,(2)1GB H 304.00
5	32592100JCP9 DESKTOP UNIT 225.00	32592100JCP9 DESKTOP UNIT 225.00
6	325927008990 DESKTOP WINDOWS NT 4.0 SERVER 232.00	325927008990 DESKTOP WINDOWS NT 4.0 SERVER 232.00
7	325926008990 DESKTOP WINDOWS NT 4.0 WKST 232.00	325926008990 DESKTOP WINDOWS NT 4.0 WKST 232.00
8	325921008990 DESKTOP, DOS OS 232.00	325921008990 DESKTOP, DOS OS 232.00
9	325922008990 DESKTOP, WINDOWS DESKTOP OS 232.00	325922008990 DESKTOP, WINDOWS DESKTOP OS 232.00
10	325925008990 DESKTOP, WINDOWS NT OS 232.00	325925008990 DESKTOP, WINDOWS NT OS 232.00
11	325930008990 MINITOWER, NO OS 232.00	325930008990 MINITOWER, NO OS 232.00
12	32593000KEYY MINI TOWER 232.00	32593000KEYY MINI TOWER 232.00

图 6-3

第 2 步，提取产品代码数据。在 C4 单元格中输入公式"=LEFT(B4,12)"，提取 B4 单元格中的文本字符串左起 12 个字符，并将公式复制到 C5:C12 单元格区域。

第 3 步，提取产品价格数据。在 D4 单元格中输入公式"=RIGHT(B4,6)"，提取 B4 单元格中的文本字符串右起 6 个字符。此时，需要在公式中嵌套一个 VALUE 函数，以将提取出来的字符型数据转换为数值型数据。因此，将公式更新为"=VALUE(RIGHT(B4,6))"，并复制到 D5:D12 单元格区域。对于价格之类的数据，如果不将格式由文本型转换成数值型，后续处理可能会有麻烦。

第 4 步，提取产品描述数据。与提取产品代码和产品价格两个数据相比，这一步要困难得多。我们需要提取的是原文本字符串左起第 13 个字符至右起第 7 个字符这段文本，在 E4 单元格中输入公式"=MID(B4,13,LEN(B4)-6-12)"。公式中，MID 函数的第 1 个参数"B4"表示从 B4 单元格的文本字符串中提取数据；第 2 个参数——13 表示从文本字符串的第 13 个字符开始提取；第 3 个参数——LEN(B4)-6-12 表示提取的字符个数为：用文本字符串的总字符数（50），减去产品价格的字符数（6），再减去产品代码的字符数（12）。

现在，我们有了分列显示的产品代码、产品描述及产品价格数据了，假设又想将这些数据合并为一个字符串，应该怎么做呢？我们可以使用 CONCATENATE 函数完成这个任务。在 F4 单元格中输入公式"=CONCATENATE(C4,E4,D4)"，并将公式复制到 F5:F12 单元格区域，就可将分列数据合并成 B 列数据的模样，如图 6-4 所示。

	C	D	E	F
1				
2				
3	产品代码	产品价格	产品描述	合并单元格
4	32592100AFES	304	CONTROLLERPENTIUM/100,(2)1GB H	32592100AFES CONTROLLERPENTIUM/100,(2)1GB H 304
5	32592100JCP9	225	DESKTOP UNIT	32592100JCP9 DESKTOP UNIT 225
6	325927008990	232	DESKTOP WINDOWS NT 4.0 SERVER	325927008990 DESKTOP WINDOWS NT 4.0 SERVER 232
7	325926008990	232	DESKTOP WINDOWS NT 4.0 WKST	325926008990 DESKTOP WINDOWS NT 4.0 WKST 232
8	325921008990	232	DESKTOP, DOS OS	325921008990 DESKTOP, DOS OS 232
9	325922008990	232	DESKTOP, WINDOWS DESKTOP OS	325922008990 DESKTOP, WINDOWS DESKTOP OS 232
10	325925008990	232	DESKTOP, WINDOWS NT OS	325925008990 DESKTOP, WINDOWS NT OS 232
11	325930008990	232	MINITOWER, NO OS	325930008990 MINITOWER, NO OS 232
12	32593000KEYY	232	MINI TOWER	32593000KEYY MINI TOWER 232

图 6-4

我们也可以使用连接符"&"连接几个单元格的内容，公式为"= C4&E4&D4"。值得注意的是，由于 E4 单元格内的字符串本身就包含前后的空格，所以在合并后的字符串中，产品名称、产品描述以及产品价格三部分数据之间有空格。如果 E4 单元格内的字符串前后没有包含空格，那合并后的字符串就是三部分数据连在一起。对于这样的情况，需要在连接公式里加入空格字符，优化后的公式为"=C4&" "&E4&" "&D4"。

如果产品代码并不都是 12 个字符，那么上文提到的产品代码数据提取公式将失效。我们需要先使用 FIND 函数确定原字符串中第 1 个空格的位置，然后通过计算确定要提取的字符个数。如果产品价格并不都是 6 个字符，那么产品价格数据提取公式就会相对复杂。我们需要先分析各部分数据的特征，然后结合使用 FIND 和 LEN 函数确定提取的起始位置和字符个数。

如何从销售数据求和公式中提取参与计算的各地区数据？

这是一个来自实际应用场景的案例。一位同事经常需要处理销售报表，其中有一个数据是各地区的销售额汇总，其原始状态是形如"=50+200+400"的公式，即东区、北区和南区的销售额求和。如何快捷地将这 3 个销售额数据分别提取出来以便进行后续计算？

首先，选中包含这些销售额求和公式的单元格区域，使用 Excel 的"查找和替换"功能，将所有"="替换为空白（即在【替换为】文本框中什么都不输入），即可将求和公式转换为文本字符串，如图 6-5 所示（参见示例文件"06- 销售额 .xlsx"）。

	A	B	C	D	E	F	G
1	各区销售额表（单位：万元）						
2	东区+北区+南区	第1个+	第2个+	东区销售额	北区销售额	总字符数	南区销售额
3	10+300+400	3	7	10	300	10	400
4	4+36.2+800	2	7	4	36.2	10	800
5	3+23+4005	2	5	3	23	9	4005
6	18+1+57.31	3	5	18	1	10	57.31

图 6-5

观察表格，可以发现各区域的销售额不同，导致各销售额数值的字符数也不同，无法统一对不同区域的销售额数值的起始位置进行定位。例如，A3 单元格中的北区销售额数值是从字符串第 4 个字符开始的，而 A4 单元格中的北区销售额数值是从字符串第 3 个字符开始的。

可以按以下方式定位不同地区的销售额数值：

◎ 第 1 个"+"左边的字符串是东区的销售额。

◎ 两个"+"之间的字符串是北区的销售额。

◎ 第 2 个"+"右边的字符串是南区的销售额。

灵活使用 FIND、LEFT、LEN 和 MID 函数可以解决本例的问题。

用 FIND 函数可以定位各文本字符串中的两个"+"。在 B3 单元格中输入公式"=FIND("+",A3,1)"，并将公式复制到 B4:B6 单元格区域，可以对第 1 个"+"进行定位。在 C3 单元格中输入公式 ="=FIND("+",A3,B3+1)"，并将公式复制到 C4:C6 单元格区域，可以对第 2 个"+"进行定位。定位第 2 个"+"时，查找的起点是第 1 个"+"所处位置之后的字符（即跳过第 1 个"+"），因此，函数的第 3 个参数应为"B3+1"。

东区的销售额数值在第 1 个"+"的左边，因此在 D3 单元格中输入公式"=LEFT(A3,B3-1)"，并将公式复制到 D4:D6 单元格区域，即可提取东区的销售额数值。

北区的销售额数值在两个"+"之间，因此在 E3 单元格中输入公式"=MID(A3,B3+1,C3-B3-1)"，并将公式复制到 E4:E6 单元格区域，即可提取北区的销售额数值。

南区的销售额数值在第 2 个"+"的右边，因此在 G3 单元格中输入公式"=RIGHT(A3,F3-C3)"，并将公式复制到 G4:G6 单元格区域，即可提取南区的销售额数值。F3 单元格内的公式为"=LEN(A3)"，返回的是 A3 单元格中的字符总数。F3 单元格中的值减去 C3 单元格中的值，为第 2 个"+"右边字符的个数。

如何使用 Excel 分列功能提取单元格数据？

对于上一案例中的提取单元格中的字符串数据的需求，还有一种不使用文本函数的解决方案，就是使用 Excel 的"分列"功能。

1. 打开示例文件"06- 分列 .xlsx"，选中 A3:A6 单元格区域。

2. 在【数据】选项卡中单击【数据工具】组的【分列】按钮，打开【文本分列向导 - 第 1 步，共 3 步】对话框。

3. 选择【分隔符号】单选按钮，然后单击【下一步】按钮。

4. 在弹出的【文本分列向导 - 第 2 步，共 3 步】对话框中，列出了一些常用的分隔符——Tab 键、分号、逗号、空格等。根据本例数据表的情况，选中【其他】复选框，并在右边的文本框中输入"+"，如图 6-6 所示，单击【下一步】按钮。

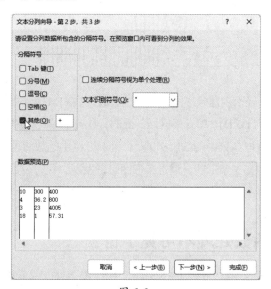

图 6-6

5. 在弹出的【文本分列向导 - 第 3 步，共 3 步】对话框中，可以对分列后的数据格式进行设置，或指定分列后数据的保存位置。本例保持默认设置，单击【完成】按钮。Excel 会根据指定的分隔符对所选单元格中的字符串进行分列，效果如图 6-7 所示。

	A	B	C
1	各区销售额表（单位：万元）		
2	东区+北区+南区		
3	10	300	400
4	4	36.2	800
5	3	23	4005
6	18	1	57.31

图 6-7

如何使用文本函数生成条形图？

某学校在每学期结束时，都会安排学生对老师的教学情况打分，如何使用文本函数生成打分数据的条形图？

示例文件"06-REPT.xlsx"记录了某学期学生对某位老师的打分情况，如图 6-8 所示。分值为 1~7，代表从低到高的评价；表格中记录了每个分值对应的学生人数，有两位同学给这位老师打出了 1 分，有三位同学给这位老师打出了 2 分……

	B	C	D
3	分值	人次	
4	1	2			
5	2	3				
6	3	6							
7	4	7								
8	5	9										
9	6	33																																		
10	7	28																											

图 6-8

使用 REPT 函数可以轻松创建条形图来呈现这些数据。在 D4 单元格中输入公式"=REPT（"|"，C4）"，并将公式复制到 D5:D10 单元格区域。此时，D 列的单元格中显示了很多的"｜"（管道符号），该符号的个数与 C 列中的数值相关，C 列单元格中的数值越大，D 列单元格中"｜"的个数就越多，从而模拟出了条形图。通过条形图可以发现，只有少数同学给出了低分（1 分和 2 分），大多数同学的评分集中在高分（6 分和 7 分）段。

如何用文本函数处理不可见字符？

如图 6-9 所示，示例文件"06-CLEAN.xlsx"中的 E5 和 H5 单元格显示的都是"33"，但通过编辑栏查看单元格的内容就会发现，E5 单元格中是公式“=CHAR(10)&33”，而 H5 单元格中是公式“=CHAR(160)&33”。也就是说，E5 和 H5 单元格中都存在不可见字符，并不是一个单纯的数字。

	E	F	G	H	I
1					
2					
3					
4	char 10			char 160	
5	33			33	
6	=CHAR(10)&33			=CHAR(160)&33	
7					
8	#VALUE!			33	
9	=VALUE(E5)			=VALUE(H5)	
10					
11	33			33	
12	=CLEAN(E5)			=CLEAN(H5)	
13	33				
14	=VALUE(E11)		查找CHAR(160)	1	
15			替换CHAR(160)	33	
16			查找CHAR(160)	#VALUE!	
17					

图 6-9

在 E8 单元格中输入公式“=VALUE(E5)”，尝试将 E5 单元格的内容转换为数字，得到“#VALUE!”错误提示，说明 VALUE 函数无法将带有换行符的字符串转换为数字。在 E11 单元格中输入公式“=CLEAN(E5)”，然后在 E13 单元格中输入公式“=VALUE(E11)”，此时返回的是靠右显示的数字“33”，说明 E5 单元格中的不可见字符已被清除。

再来看看是否能用 CLEAN 函数清除不间断空格。在 H11 单元格中输入公式“=CLEAN(H5)”，然后在 H14 单元格中输入公式“=FIND(CHAR(160),H11)”来验证是否存在不间断空格，返回的结果是“1”，说明找到一个不间断空格。看来 CLEAN 函数无法清除不间断空格。在 H15 单元格中输入公式“=SUBSTITUTE(H5,CHAR(160),"")”，再用 FIND 函数查找 CHAR(160)，得到“#VALUE!”错误，说明不间断空格已被清除。

如何使用快速填充功能实现快捷操作?

Excel 自 2013 版本起提供快速填充功能，能够通过先进的模式识别（pattern recognition）技术来智能地完成以前需要使用文本函数完成的许多任务。示例文件“06- 快速填充 .xlsx”展示了以下 3 个案例：

◎ “工件表 1”：从 D 列的姓名中提取名（E 列）和姓（F 列）。

◎ “工作表 2”：依据 D 列的姓名，填写形如“姓 + 学校域名”的邮件地址（E 列）。

◎ “工作表 3”：将 D 列的价格拆分为元（E 列）和分（F 列）。

使用快速填充功能可以让我们的数据处理工作显著提高效率，对于需要处理的一列数据，我们只需在相邻列的第 1 行输入处理后的数据，然后按【Ctrl+E】组合键，Excel 就会参照输入的数据对相邻列中的所有数据进行自动处理，并将结果填充到余下的空白单元格中。

如图 6-10 所示，需要在 E 列填入在 D 列给出的全名中的名，在 F 列填入姓。我们只需在 E6 单元格——E6:E13 单元格区域中的第 1 行，输入 "Tricia" 并按【Enter】键确认，然后按【Ctrl+E】组合键，Excel 会依次在 E7 至 E13 单元格中填入相应的名。同样地，我们在 F6 单元格中输入对应的姓——Lopez，按【Enter】键确认，然后按【Ctrl+E】组合键，就会在 F 列得到所有人的姓。

	D	E	F
5	全名	名	姓
6	Tricia Lopez	Tricia	Lopez
7	Will Wong	Will	Wong
8	Jack Spratt	Jack	Spratt
9	Vivian Hibbits	Vivian	Hibbits
10	Jose Gomez	Jose	Gomez
11	April Chou	April	Chou
12	Tanya Walters	Tanya	Walters
13	James Jones	James	Jones
14			

图 6-10

如图 6-11 所示，需要在 E 列填入姓名对应的邮件地址，格式为 "姓 + 学校域名"。要完成这样的数据处理，我们只需在 E6 单元格中输入 "Lopez@UXYZ.edu"，并依次按【Enter】键和【Ctrl+E】组合键，Excel 会在 E7:E13 单元格区域填入所有人的以姓为前缀、以学校域名为后缀的邮件地址。

	D	E
5	姓名	邮件地址
6	Tricia Lopez	Lopez@UXYZ.edu
7	Will Wong	Wong@UXYZ.edu
8	Jack Spratt	Spratt@UXYZ.edu
9	Vivian Hibbits	Hibbits@UXYZ.edu
10	Jose Gomez	Gomez@UXYZ.edu
11	April Chou	Chou@UXYZ.edu
12	Tanya Walters	Walters@UXYZ.edu
13	James Jones	Jones@UXYZ.edu
14		

图 6-11

如图 6-12 所示，我们希望将 D 列中的价格拆分成整数部分（元）和小数部分（分），分别填入 E 列和 F 列。在 E6 单元格中输入 "6"，然后依次按【Enter】键和【Ctrl+E】组合键，在 F6 单元格中输入 "56"，然后依次按【Enter】键和【Ctrl+E】组合键，就得到了我们想要的结果。

	D	E	F	G
5	价格	元	分	
6	6.56	6	56	
7	7.43	7	43	
8	9.86	9	86	
9	15.43	15	43	
10	173.32	173	32	
11	4.21	4	21	
12				

图 6-12

当原始数据不能呈现十分清晰的规律时，使用快速填充功能可能得不到想要的结果。另外，快速填充功能不支持自动更新，当原始数据发生变动时，之前使用快速填充功能填写的数据不会随之更新。

若不需要使用快速填充功能，可以禁用此功能：切换到【文件】选项卡，选择左下方的【选项】选项，打开【Excel 选项】对话框，切换到【高级】选项卡，取消选中【自动快速填充】复选框，如图 6-13 所示。

图 6-13

什么是 Unicode 字符？

Unicode 字符集由大约 120 000 个 Unicode 字符组成，包括用于科研领域的许多符号和多种语言的字符。每个 Unicode 字符都有一个编号。

在 Excel 中可以使用 UNICHAR 函数获取 Unicode 字符，例如输入公式"=UNICHAR(956)"，

会返回希腊字母 μ，因为 μ 的编号为 956。我们还可以使用 UNICODE 函数获取给定字符的编号，例如输入公式"=UNICODE("μ")"，会返回希腊字母 μ 的编号 956。

TEXTJOIN 函数与 CONCATENATE 函数或 "&" 连接符相比做了哪些优化？

如图 6-14 所示，示例文件"06-TEXTJOIN.xlsx"展示了 TEXTJOIN 函数的用法。

	F	G	H	I	J	K	L	M	N	O	P	Q
1												
2	=TEXTJOIN(" ",TRUE,H2:L2)	Taylor Katy John Adele		Taylor Katy		John Adele	Taylor Katy John Adele	=H2&" "&I2&" "&K2&" "&L2			
3	=TEXTJOIN(" ",FALSE,H3:L3)	Taylor Katy John Adele		Taylor Katy		John Adele					

图 6-14

其中，M2 单元格中的公式为"=H2&" "&I2&" "&K2&" "&L2"，即使用"&"连接符对 H2、I2、K2、L2 单元格的内容进行了连接，"" ""用于在两段内容之间插入空格。

在 G2 单元格中输入公式"=TEXTJOIN(" ",TRUE,H2:L2)"，第 1 个参数"" ""表示各段内容以空格作为分隔符，第 2 个参数"TRUE"表示忽略空单元格。

在 G3 单元格中输入公式"=TEXTJOIN(" ",FALSE,H3:L3)"，与 G2 单元格中的返回结果相比，J3 这个空单元格将以一个空格的形式出现在结果字符串中。

如何用好 TEXT 函数？

示例文件"06-TEXT.xlsx"记录了一些员工的出生日期。如果想在每位员工的档案里写一句"某某出生于某月 / 某日 / 某年"，该怎么操作？

在 F4 单元格中输入公式"=D3&" 出生于 "&E3"，会得到结果"Jen 出生于 32430"，如图 6-15 所示。出现这样的情况是因为返回的日期被 Excel 当作了数值。在 Excel 中，日期是以距离 1900 年 1 月 1 日的天数的形式记录的。1988 年 10 月 14 日距离 1900 年 1 月 1 日 32 430 天，所以该日期会显示为"32430"。对于本例，正确的处理方法是将返回的结果设定为日期格式，在 G3 单元格中输入"=D3&" 出生于 "&TEXT(E3,"m/d/yyyy")"。

	C	D	E	F	G
1					
2				错误的公式	正确的公式
3		Jen	1988/10/14	Jen出生于32430	Jen出生于1988/10/14
4		Greg	1992/8/26	Greg出生于33842	Greg出生于8/26/1992
5		Wanda	1921/4/26	Wanda出生于7787	Wanda出生于4/26/1921
6					
7		月份（简称）	月份（全称）	周几（简称）	周几（全称）
8	1988/10/14	Oct	October	Fri	Friday
9	1992/8/26	Aug	August	Wed	Wednesday
10	1921/4/26	Apr	April	Tue	Tuesday
11					

图 6-15

如何设定正确的格式？有个小技巧，在 Excel 中按【Ctrl+1】组合键，即可打开【设置单元格格式】对话框，单击【数字】选项卡【分类】列表框中的【自定义】选项，在右边的列表框中选中需要的格式选项，如图 6-16 所示，使其显示在【类型】文本框中，在【类型】文本框中复制格式代码并粘贴至公式中即可。注意，带有中文的格式代码无法在 TEXT 函数中使用。

图 6-16

如示例文件中的 D8:G10 单元格区域所示，我们还可以通过正确的格式代码来提取日期中的月份或周几信息。

◎ "mmm" 返回指定日期的月份英文缩写。

◎ "mmmm" 返回指定日期的月份英文全称。

◎ "ddd" 返回指定日期的周几的英文缩写。

◎ "dddd" 返回指定日期的周几的英文全称。

第 7 章
日期函数

在 Microsoft 365 中可以通过多种格式输入日期数据，例如下面这几种格式（以 2023 年 5 月 1 日为例）：

◎ 2023/5/1

◎ 23-5-1

◎ 5/1/23

◎ may 1, 2023

当我们用两位数字代表年份时，Microsoft 365 会默认识别为 1930 至 2029 中的某一年。"30" 是一个分界线，例如，输入 "29/1/1" 会被识别为 "2029 年 1 月 1 日"，输入 "30/1/1" 会被识别为 "1930 年 1 月 1 日"。

日期类数据总是显示为数字，该如何处理？

Excel 处理日期类数据的方式有时会让新手感到困惑，解决这一问题的关键是了解 Excel 记录日期的原理。为了方便使用，Excel 支持用多种格式显示日期，并支持对日期进行计算，所以采用序列号的方式记录日期，序列号代表自 1900 年 1 月 1 日起到某个具体日期一共多少天（起止日期都包含在内）。例如，2003 年 1 月 4 日为自 1900 年 1 月 1 日起的第 37 625 天，Excel 就将该日期记为 37625。

如图 7-1 所示，示例文件 "07- 日期格式 .xlsx" 的 D5:D14 单元格区域是以常规格式显示的日期，即日期的序列号。D5 单元格中的 "37622" 代表的是自 1900 年 1 月 1 日起的第 37 622 天。如果想以 "年 / 月 / 日" 等格式显示这些日期，我们可以将 D 列的数值复制到 E5:E14 单元格区域，然后选中这些单元格，单击鼠标右键打开快捷菜单，选择【设置单元格格式】选项，打开【设置单元格格式】对话框（也可以通过【Ctrl+1】组合键快捷打开此对话框），在左边的【分类】列表框中选择【日期】选项，在右边的【类型】列表框中选择需要的格式选项，如图 7-2 所示。

	D	E
4	常规格式	日期格式
5	37622	2003/1/1
6	37623	2003/1/2
7	37624	2003/1/3
8	37625	2003/1/4
9	37626	2003/1/5
10	37627	2003/1/6
11	37628	2003/1/7
12	37629	2003/1/8
13	37630	2003/1/9
14	37631	2003/1/10
15		

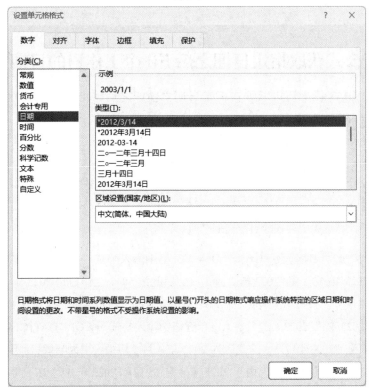

图 7-1

图 7-2

如果想将 E5:E14 单元格区域的格式设置成和 D5:D14 单元格区域一样，只需将其单元格格式设置为“常规”（选择【分类】列表框中的【常规】选项）。除了通过将单元格格式设置为“常规”来显示日期的序列号，还可以使用 DATEVALUE 函数获取日期的序列号。例如，在空白单元格中输入公式“=DATEVALUE("2003 年 1 月 10 日 ")”，返回结果“37631”。由此可见，DATEVALUE 函数的作用是将文本格式的日期转换为日期序列号。

如何用公式获取当前的日期？

通过公式获取当前的日期很容易，如图 7-3 所示，在示例文件"07- 日期函数 .xlsx"的 C10 单元格中输入公式"=TODAY()"，即可获得当前的日期（每次打开这个示例文件时会更新为当前的日期）。

图 7-3

如何用公式获取指定日期之后 50 个工作日的日期？

使用 WORKDAY 函数可以获取在指定日期之前或之后、间隔指定工作日数的日期。WORKDAY 函数的语法结构为：

WORKDAY(起始日期 ， 天数 ， [假日])

其中，第 2 个参数"天数"为参与计算的工作日数（正数代表获取起始日期之后的日期，负数代表获取之前的日期），不包含周末和指定的节假日；第 3 个参数"假日"为可选参数，若指定此参数，计算结果中会去除自定义的节假日。

在示例文件"07- 日期函数 .xlsx"的 D14 单元格中输入公式"=WORKDAY(C14,50)"，返回的结果是"2023/4/14"，即 2023 年 2 月 3 日之后的第 50 个工作日是 2023 年 4 月 14 日（去除所有周六和周日）。假如想把清明节和端午节也排除在工作日之外，则可在 F17 和 F18 单元格中分别输入"2023/4/5""2023/6/22"，在 E14 单元格中输入公式"=WORKDAY(C14,50,F17:F18)"，此时返回的结果是"2023/4/17"。这是因为 2023 年 4 月 5 日被设定为节假日，因此原结果应该顺延一天至 2023 年 4 月 15 日，但由于 2023 年 4 月 15 日和 2023 年 4 月 16 日是周末，因此再顺延两天，即 2023 年 4 月 17 日（如图 7-4 所示）。

	B	C	D	E	F
12					
13	WORKDAY示例	起始日期	50个工作日之后	50个工作日之后（去除节假日）	
14	示例1	2023/2/3	2023/4/14	2023/4/17	
15	示例2	2003/8/4	2003/10/13	2003/10/13	
16					自定义节假日
17					2023/4/5
18					2023/6/22
19					

图 7-4

使用 WORKDAY 函数时，也可以在"假日"参数中直接输入代表日期的序列号，但需要用大括号"{}"进行标记。例如，公式"=WORKDAY(38500,200,{38600,38680,38711})"的结果是"38783"，已经排除了 38600、38680、38711 这 3 天节假日的影响。

WORKDAY.INTL 函数是随 Excel 2010 一同发布的。这个函数允许对哪天被定义为周末进行自定义，其语法结构为：

WORKDAY.INTL(起始日期 ， 天数 ， [周末]，[假期])

其中，第 3 个参数"周末"用于指定周几算周末（即不算工作日），具体说明如表 7-1 所示。

表 7-1　"周末"参数说明

参数值	周末日
1（或省略）	周六、周日
2	周日、周一
3	周一、周二
4	周二、周三
5	周三、周四
6	周四、周五
7	周五、周六
11	仅周日
12	仅周一
13	仅周二
14	仅周三
15	仅周四
16	仅周五
17	仅周六

来看一个应用案例。假设周日和周一是休息日，想计算 2011 年 3 月 14 日之后的第 100 个工作日是哪天，在示例文件"07- 日期函数 .xlsx"的 D24 单元格中输入公式"=WORKDAY.INTL(C24,100,2)"；若每周仅周日休息，则公式为"=WORKDAY.INTL(C24,100,11)"。

我们也可以用包含"1"和"0"的 7 位字符串来定义休息日，字符串的第 1 至第 7 位分别代表周一至周日，"1"代表当天为休息日，则"1000001"代表周一和周日为休息日。在 WORKDAY.INTL 函数中，定义休息日的字符串必须使用英文双引号来标记。这样，上文的两个公式也可以写成"=WORKDAY.INTL(C24,100,"1000001")"和"=WORKDAY.INTL(C24,100,"0000001")"，如图 7-5 所示。

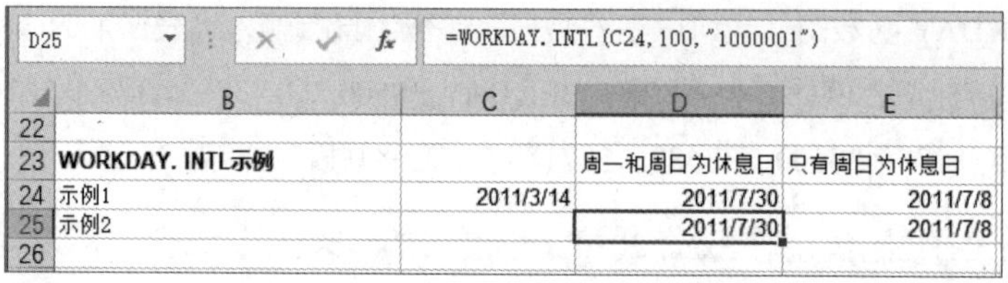

D25 =WORKDAY.INTL(C24,100,"1000001")

	B	C	D	E
22				
23	WORKDAY.INTL示例		周一和周日为休息日	只有周日为休息日
24	示例1	2011/3/14	2011/7/30	2011/7/8
25	示例2		2011/7/30	2011/7/8
26				

图 7-5

如何计算两个日期之间有多少个工作日？

使用 NETWORKDAYS 函数可以计算两个指定日期之间有多少个工作日，其语法结构为：

NETWORKDAYS(起始日期，结束日期，[假期])

NETWORKDAYS 函数用于返回指定的起始日期和结束日期之间的工作日数量，其中不包含周末及自定义的节假日。第 3 个参数“假期”是一个可选参数，用于指定节假日列表，该列表可以是包含日期的单元格区域，或包含日期序列号的数组。

继续使用示例文件“07- 日期函数 .xlsx”来演练，在 C20 单元格中输入公式“=NETWORKDAYS(C18,C19)”，返回值为 106，即 2023 年 2 月 3 日至 2023 年 7 月 1 日有 106 个工作日。在 C21 单元格中输入公式“=NETWORKDAYS(C18,C19,F17:F18)”，会得到返回值 104，去除了 2023 年 4 月 5 日及 2023 年 6 月 22 日这两个节假日，如图 7-6 所示。

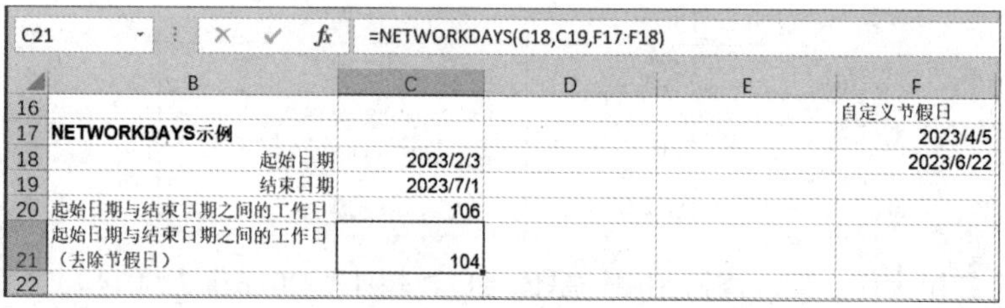

C21 =NETWORKDAYS(C18,C19,F17:F18)

	B	C	D	E	F
16					自定义节假日
17	NETWORKDAYS示例				2023/4/5
18	起始日期	2023/2/3			2023/6/22
19	结束日期	2023/7/1			
20	起始日期与结束日期之间的工作日	106			
21	起始日期与结束日期之间的工作日（去除节假日）	104			
22					

图 7-6

NETWORKDAYS.INTL 函数和 WORKDAY.INTL 函数一样，也是随 Excel 2010 一同发布的。NETWORKDAYS.INTL 函数允许对哪天被定义为周末进行自定义。如图 7-7 所示，在 D28 单元格中输入公式“=NETWORKDAYS.INTL(C28,C29,2)”，可以计算 2011 年 3 月 14 日至 2012 年 8 月 16 日之间的工作日数（周一和周日为休息日），返回值为 373。在 D29 单元格中输入公式“=NETWORKDAYS.INTL(C28,C29,"1000001")”，可以得到相同的结果。

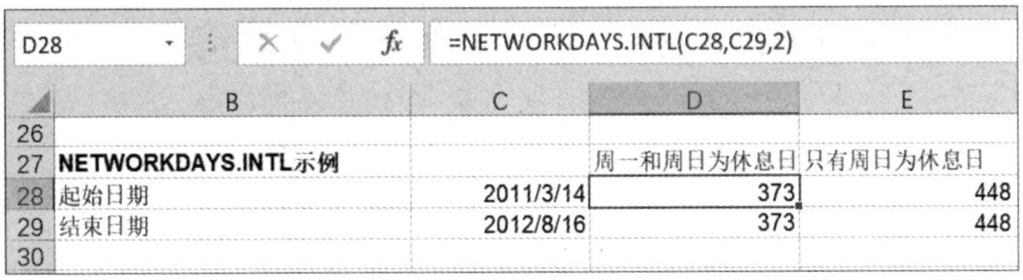

D28　=NETWORKDAYS.INTL(C28,C29,2)

	B	C	D	E
26				
27	NETWORKDAYS.INTL示例		周一和周日为休息日	只有周日为休息日
28	起始日期	2011/3/14	373	448
29	结束日期	2012/8/16	373	448
30				

图 7-7

如何从指定日期中提取年、月、日等信息？

查看示例文件“07- 日期函数 .xlsx”，B4:B8 单元格区域中有多个不同格式的日期，下面通过公式获取这些日期包含的年、月、日等信息。

在 C4 单元格中输入公式“=YEAR(B4)”，可得到“2003”，即 B4 单元格中日期的对应年份，将公式复制到 C5:C8 单元格区域。在 D4 单元格中输入公式“=MONTH(B4)”，可获取 B4 单元格中日期的对应月份，将公式复制到 D5:D8 单元格区域。在 E4 单元格中输入公式“=DAY(B4)”，可获取 B4 单元格中日期的日，将公式复制到 E5:E8 单元格区域。如果想知道 B4 单元格中的日期是一周中的第几天，需要使用 WEEKDAY 函数。在 F4 单元格中输入公式“=WEEKDAY(B4,1)”，得到数值 7，代表“周六”。将公式复制到 F5:F8 单元格区域，如图 7-8 所示。

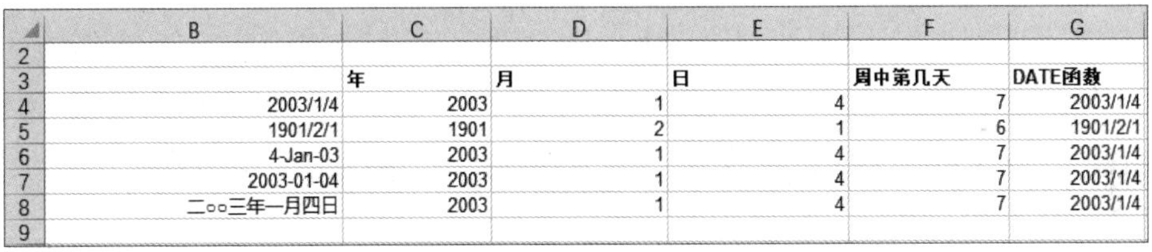

	B	C	D	E	F	G
2						
3		年	月	日	周中第几天	DATE函数
4	2003/1/4	2003	1	4	7	2003/1/4
5	1901/2/1	1901	2	1	6	1901/2/1
6	4-Jan-03	2003	1	4	7	2003/1/4
7	2003-01-04	2003	1	4	7	2003/1/4
8	二○○三年一月四日	2003	1	4	7	2003/1/4
9						

图 7-8

WEEKDAY 函数的第 2 个参数是可选参数，用于指定返回值代表什么含义，具体说明如表 7-2 所示。

表 7-2　参数说明

参数值	返回值说明
1（或省略）	数字 1~7 代表周日到周六
2	数字 1~7 代表周一到周日
3	数字 0~6 代表周一到周日
11	数字 1~7 代表周一到周日
12	数字 1~7 代表周二到周一

续表

参数值	返回值说明
13	数字 1~7 代表周三到周二
14	数字 1~7 代表周四到周三
15	数字 1~7 代表周五到周四
16	数字 1~7 代表周六到周五
17	数字 1~7 代表周日到周六

如何将给定的年、月、日三个数字组合成一个日期？

DATE 函数的作用是将指定的年、月、日三个数字组合成一个 Excel 能识别的日期，其语法结构为：

DATE(年 , 月 , 日)

示例文件 "07- 日期函数 .xlsx" 中，G4 单元格中的公式 "=DATE(C5,D5,E5)" 的返回值为 "2003/1/4"，如图 7-8 所示，演示了此函数的使用方法。

 若指定的数字不在合理的年、月、日取值范围中，可能无法得到正确的日期。读者可以自行测试一下，看输入不同的数字会得到什么结果。

如何计算两个日期之间的完整年数、月数、天数？

假设仓管管理人员的表格里记录了各台机器的入库和出库日期，如何通过公式计算这些机器的在库月数？示例文件 "07- 日期计算 .xlsx" 中记录了某台机器的在库信息，这台机器的入库日期是 2021 年 10 月 15 日，出库日期是 2023 年 4 月 10 日。我们可以使用 DATEDIF 函数构建公式来计算这台机器的在库完整年数、月数或天数。DATEDIF 函数的语法结构为：

DATEDIF(起始日期 , 结束日期 , 时间单位)

若函数的第 3 个参数 "时间单位" 被设定为 ""y""，则返回的是从起始日期到结束日期的整年数；若该参数被设定为 ""m""，则返回的是从起始日期到结束日期的整月数；若该参数被设定为 ""d""，则返回的是从起始日期到结束日期的整天数。

在 D7 单元格中输入公式 "=DATEDIF(D4,D5,"m")"，返回的结果为 "17"，表明机器的在

库时长已满 17 个月。在 D8 单元格中输入公式"=DATEDIF(D4,D5,"d")",返回的结果为"542",
表明机器的在库时长已满 542 天,如图 7-9 所示。

	C	D	E
4	入库日期	2021/10/15	
5	出库日期	2023/4/10	
6	年数	1	=DATEDIF(D4,D5,"y")
7	月数	17	=DATEDIF(D4,D5,"m")
8	天数	542	=DATEDIF(D4,D5,"d")
9			

图 7-9

如何获取静态(不变)的当天日期?

我们已经知道,使用 TODAY 函数可以获取当前的日期。如果希望某工作表的创建日期始
终显示在表中,而不是每次打开都自动更新,可以通过【Ctrl+;】组合键实现。例如,打开示例
文件"07- 日期函数 .xlsx",选中 C12 单元格,然后按【Ctrl+;】组合键,即可自动填入当天日期。
以后再次打开表格文件,该单元格中的日期不会改变,如图 7-10 所示。

C11		✕ ✓ fx	2022/10/22	
	B		C	D
10	TODAY 函数(动态)		2023/3/5	=TODAY()
11	TODAY 函数(静态)		2022/10/22	
12				

图 7-10

如何确定某日期位于一年中的第几周?

WEEKNUM 函数用于返回指定日期所在的当年星期序列,其语法结构为:

WEEKNUM(日期 , [类型参数])

对于常规定义,1 月 1 日所在周被定义为当年第 1 周,对应的"类型参数"值为:1 或 17
代表周日为每周的第 1 天;2 或 11 代表周一为每周的第 1 天;12 代表周二为每周的第 1 天;
13~15 以此类推;16 代表周六为每周的第 1 天。对于欧洲周编号机制,当年第 1 个周四所在周
被定义为第 1 周,"类型参数"值为 21,周一为每周的第 1 天。示例如图 7-11 所示(参见示例
文件"07-WEEKNUM.xlsx")。

D5 =WEEKNUM($B5,D$3)

	A	B	C	D	E	F	G	H	I	J	K
1											
2			周日	周一	周二	周三	周四	周五	周六	周日	周一
3		类型参数	1	2	12	13	14	15	16	17	21
4		日期	星期序列								
5	周五	2021/1/1	1	1	1	1	1	1	1	1	53
6	周六	2021/1/2	1	1	1	1	1	1	2	1	53
7	周日	2021/1/3	2	1	1	1	1	1	2	2	53
8	周一	2021/1/4	2	2	1	1	1	1	2	2	1
9	周二	2021/1/5	2	2	2	1	1	1	2	2	1
10	周三	2021/1/6	2	2	2	2	1	1	2	2	1
11	周四	2021/1/7	2	2	2	2	2	1	2	2	1
12	周五	2021/1/8	2	2	2	2	2	2	2	2	1
13	周六	2021/1/9	2	2	2	2	2	2	3	2	1
14	周日	2021/1/10	3	2	2	2	2	2	3	3	1
15	周一	2021/1/11	3	3	2	2	2	2	3	3	2
16	周二	2021/1/12	3	3	3	2	2	2	3	3	2
17	周三	2021/1/13	3	3	3	3	2	2	3	3	2
18	周四	2021/1/14	3	3	3	3	3	2	3	3	2
19	周五	2021/1/15	3	3	3	3	3	3	3	3	2
20	周六	2021/1/16	3	3	3	3	3	3	4	3	2
21	周日	2021/1/17	4	3	3	3	3	3	4	4	2

图 7-11

如何获取指定日期的上一个周日的日期?

如图 7-12 所示，在示例文件“07- 上周 .xlsx”的 B3 单元格中输入任意日期，比如“2021/4/29”，C4 单元格会显示上一个周日为“2021/4/25”。

	A	B	C	D
1				
2		日期		
3		2021/4/29	周四	=TEXT(MOD(B3,7),"周AAA")
4	周日	1	2021/4/25	=$B$3-MOD($B$3-B4,7)
5	周一	2	2021/4/26	=$B$3-MOD($B$3-B5,7)
6	周二	3	2021/4/27	=$B$3-MOD($B$3-B6,7)
7	周三	4	2021/4/28	=$B$3-MOD($B$3-B7,7)
8	周四	5	2021/4/29	=$B$3-MOD($B$3-B8,7)
9	周五	6	2021/4/23	=$B$3-MOD($B$3-B9,7)
10	周六	7	2021/4/24	=$B$3-MOD($B$3-B10,7)
11				

图 7-12

这个解决方案使用了 MOD 函数。MOD 函数返回的是两数相除的余数，其语法结构为:

MOD(被除数 , 除数)

以 MOD(17,7) 为例，返回的是余数 3（17÷7=2……3）。

在 C4 单元格中输入公式“=$B$3-MOD($B$3-B4,7)”，并将公式复制到 C5:C10 单元格区域，即可获悉上一个周日、周一、周二……（在 B 列指定的周代码）对应的日期。A4 单元格中的公式“=TEXT(C4," 周 AAA")”，用于更清楚地显示 B4 单元格指定的是周几。

如何获取指定日期的下一个周一的日期？

如图 7-13 所示，在示例文件"07- 下周 .xlsx"的 F4 单元格中输入任意日期，例如"2021/4/29"，G6:G12 单元格区域中的公式会返回下一个周日、周一、周二等的日期。G 列中公式的作用是，对需要返回的周序列号进行判断，通过计算分别将指定日期增加了 3、4、5、6、7、0、1 和 2 天。读者可以研究示例表格中的公式，并思考其他可行的解决方案。

	E	F	G	H
2				
3		日期	周几	
4		2021/4/29	周四	
5			下一个	
6	周日	1	2021/5/2	=$F$4+F6-WEEKDAY($F$4)+(F6<WEEKDAY($F$4))*7
7	周一	2	2021/5/3	=$F$4+F7-WEEKDAY($F$4)+(F7<WEEKDAY($F$4))*7
8	周二	3	2021/5/4	=$F$4+F8-WEEKDAY($F$4)+(F8<WEEKDAY($F$4))*7
9	周三	4	2021/5/5	=$F$4+F9-WEEKDAY($F$4)+(F9<WEEKDAY($F$4))*7
10	周四	5	2021/4/29	=$F$4+F10-WEEKDAY($F$4)+(F10<WEEKDAY($F$4))*7
11	周五	6	2021/4/30	=$F$4+F11-WEEKDAY($F$4)+(F11<WEEKDAY($F$4))*7
12	周六	7	2021/5/1	=$F$4+F12-WEEKDAY($F$4)+(F12<WEEKDAY($F$4))*7
13				

图 7-13

如何获取指定日期的当月首日和末日日期？

要解决这个问题，需要用到 EOMONTH 函数。EOMONTH 函数返回的是某月的最后一天的日期，具体月份由函数的两个参数确定（即起始日期向前或向后推移指定月数后的那个月），其语法结构为：

EOMONTH(起始日期 ， 偏移月数)

EOMONTH 函数的应用示例（参见示例文件"07-EOMONTH-EDATE.xlsx"）如图 7-14 所示。

	A	B	C	D
1				
2	EOMONTH函数示例			
3		日期	返回值	
4	上个月最后一天	2019/3/27	2019/2/28	=EOMONTH(B4,-1)
5	当月第一天	2019/3/27	2019/3/1	=EOMONTH(B5,-1)+1
6	当月最后一天	2019/3/27	2019/3/31	=EOMONTH(B6,0)
7	下个月第一天	2019/3/27	2019/4/1	=EOMONTH(B7,0)+1
8	12个月之前月末日期	2021/2/28	2020/2/29	=EOMONTH(B8,-12)
9				

图 7-14

◎ C4 单元格中的公式 "=EOMONTH(B4,-1)"返回的是"2019/2/28"，即 B4 单元格中指定日期的上个月的月末日期。

◎ C5 单元格中的公式　"=EOMONTH(B5,-1)+1"返回的是"2019/3/1"，即 B5 单元格中指定日期的当月第一天日期（上个月的月末日期的后一天）。

◎ C6 单元格中的公式　"=EOMONTH(B6,0)"返回的是"2019/3/31"，即 B6 单元格中指定日期的当月的月末日期。

◎ C7 单元格中的公式　"=EOMONTH(B7,0)+1"返回的是"2019/4/1"，即 B7 单元格中指定日期的下个月的月初日期（当月月末日期的后一天）。

◎ C8 单元格中的公式　"=EOMONTH(B8,-12)"返回的是"2020/2/29"，即 B8 单元格中指定日期的上一年度相同月份的月末日期。

如何获取指定日期在其他月的同日日期？

使用 EDATE 函数可以获取指定日期在未来或过去某个月中的同一天的日期，其语法结构为：

EDATE（起始日期，偏移月数）

其中，第 2 个参数"偏移月数"支持向前（负数）或向后（正数）偏移。

EDATE 函数的应用示例（参见示例文件"07-EOMONTH-EDATE.xlsx"）如图 7-15 所示。

	A	B	C	D
10				
11	EDATE函数示例			
12		日期	返回值	
13	2个月以前	2019/2/28	2018/12/28	=EDATE(B13,-2)
14	当月	2019/2/28	2019/2/28	=EDATE(B14,0)
15	12个月以后	2020/2/29	2021/2/28	=EDATE(B15,12)
16	3个月以后	2019/3/2	2019/6/2	=EDATE(B16,3)
17				

图 7-15

◎ C13 单元格中的公式"=EDATE(B13,-2)"返回的是"2018/12/28"，即指定日期 2 个月前的 28 日。

◎ C14 单元格中的公式"=EDATE(B14,0)"返回的是"2019/2/28"，即指定日期当月的 28 日。

◎ C15 单元格中的公式"=EDATE(B15,12)"返回的是"2021/2/28"，即指定日期 12 个月之后的 28 日（该月无 29 日）。

◎ C16 单元格中的公式"=EDATE(B16,3)"返回的是"2021/6/2"，即指定日期 3 个月之后的 2 日。

第 8 章
NPV 和 XNPV 函数

假设需要对两个投资项目进行评估，项目的现金流动情况大致如下（如图 8-1 所示，具体数据参见示例文件"08-NPV.xlsx"）：

◎ 项目 1 初始的现金流出为 10 000 元，1 年后的现金流入为 24 000 元，2 年后的现金流出为 14 000 元。

◎ 项目 2 初始的现金流出为 6 000 元，1 年后的现金流入为 8 000 元，2 年后的现金流出为 1 000 元。

	A	B	C	D	E	F	G
3	单位：元						
4		年度	0	1	2	小计	
5		项目1 现金流	-10,000.00	24,000.00	-14,000.00	0.00	
6		项目2 现金流	-6,000.00	8,000.00	-1,000.00	1,000.00	

图 8-1

两相比较，哪个项目是更好的投资选择呢？项目 1 的总现金流为 0 元，而项目 2 的总现金流为 1000 元，似乎项目 2 是更好的选择。但我们再仔细研究一下，项目 1 中大部分现金流出发生在 2 年后，而项目 2 中大部分现金流出发生在当下。我们知道，2 年后货币可能会贬值，所以项目 1 也许看起来更值得选择。要确定哪个项目更值得投资，需要我们比较不同时间点的现金流的价值。这就是"净现值"（net present value，NPV）这个概念的意义所在。

什么是净现值？

净现值反映的是未来不同时间发生的现金流折算后的当前现金价值。假设我现在有 1 元钱，将其投资后每年的收益率为 r，1 年后 1 元钱就变成了 $1+r$ 元，2 年后将增长到 $(1+r)^2$ 元……也就是说，现在的 1 元钱在以后会变成 $(1+r)^n$ 元（n 代表投资年数）。这样，求资金在未来的价值的公式为：未来资金价值 = 当前资金价值 $\times (1+r)^n$。将公式的左右两边同时除以 $(1+r)^n$，可得如下重要结论：当前资金价值 = 未来资金价值 $/(1+r)^n$，其中 n 为年数，r 为折现率。

通过这个公式，我们可以将未来发生的现金流折算为当前的现金价值（PV），即将未来的现金流分别乘以 "$1/(1+r)^n$"，汇总未来各年的现金流的现值后，减去期初的投资额，即得到该投资项目的净现值。

假设 r 为 0.2，那么前面提及的两个项目的净现值的计算过程如下：

◎ 项目 1 的净现值： $-10\,000 + 24\,000/(1+0.20) - 14\,000/(1+0.2)^2 = 277.78$

◎ 项目 2 的净现值： $-6\,000 + 8\,000/(1+0.2) - 1\,000/(1+0.2)^2 = -27.78$

以净现值为评估标准的话，项目 1 优于项目 2，因为项目 1 的净现值更高。虽然项目 2 的总现金流高于项目 1 的总现金流，但项目 1 的负现金流发生在较晚的时间段，在折算净现值的过程中，较晚发生的现金流对应的折现率更大，这在一定程度上降低了负现金流对整个项目的影响。如果假设 r 为 0.02，那么项目 2 优于项目 1。此时，由于 r 值非常小，对较晚发生的负现金流的折现影响较小，得出的结果就是项目 2 的净现值高于项目 1 的净现值。

> 本例中，$r=0.2$ 是我们随意假设的条件。要想确定适当的 r 值，需要深入学习相关知识。用于计算净现值的 r 值也被称为公司的资本成本（cost of capital）。大多数美国公司每年的资本成本在 10% 到 20% 之间。通常，当项目的净现值大于 0 时，会给公司带来资金增值；当项目的净现值小于 0 时，会使公司的资金减少；当项目的净现值等于 0 时，对公司的资金量无影响。理想情况下，公司应将每一笔投资资金都用于净现值为正的项目。

在示例文件"08-NPV.xlsx"中，C2 单元格内的数值 0.2 为用于计算项目净现值的折现率。在 C7 单元格中输入公式"=C5/(1+$C$2)^C$4"，其中的符号"^"表示做幂运算。将公式复制到 C7:E8 单元格区域，可以得到两个项目在各年的现金流现值。在 F7 单元格中输入公式"=SUM(C7:E7)"，求出各年度的现金流现值之和，即项目 1 的净现值。将公式复制到 F8 单元格，得到项目 2 的净现值，如图 8-2 所示。

	A	B	C	D	E	F
1						
2		折现率（r）	20%			
3	单位：元					
4		年度	0	1	2	小计
5		项目1 现金流	-10,000.00	24,000.00	-14,000.00	0.00
6		项目2 现金流	-6,000.00	8,000.00	-1,000.00	1,000.00
7		项目1 现值	-10,000.00	20,000.00	-9,722.22	277.78
8		项目2 现值	-6,000.00	6,666.67	-694.44	-27.78
9						

图 8-2

如何使用 NPV 函数？

NPV 函数用于将指定的现金流值按给定的折现率进行折现并汇总，最后返回该项目的净现值。函数的语法结构为：

NPV（折现率，现金流数值）

若各期现金流数值是通过引用单元格区域指定的，NPV 函数将在指定单元格区域中按顺序依次取数值型数据进行计算。本例中，在 C14 单元格中输入公式 "=NPV($C$2,C5:E5)"，返回的结果为 "231.48"，和 F7 单元格中的 "277.78" 不一致。产生差异的原因是 Excel 将本例中的初始资金值（C5 单元格）也进行了折现。正确的计算公式应该是 "=NPV($C$2,D5:E5)+C5"（本例将此公式输入 C11 单元格）。在这个公式中，第 0 年的现金流没有被折现，折现从第 1 年开始，即 D5 单元格，将 D5 单元格中的现金流数值除以 1.2，将 E5 单元格中的现金流数值除以 1.2 的平方，最后将 3 个值相加，得到项目的净现值 277.78，与 F7 单元格中的值一致，如图 8-3 所示。

▲	A	B	C	D	E	F
1						
2		折现率（r）	20%			
3	单位：元					
4		年度	0	1	2	小计
5		项目1 现金流	-10,000.00	24,000.00	-14,000.00	0.00
6		项目2 现金流	-6,000.00	8,000.00	-1,000.00	1,000.00
7		项目1 现值	-10,000.00	20,000.00	-9,722.22	277.78
8		项目2 现值	-6,000.00	6,666.67	-694.44	-27.78
9						
10		净现值（年初折现）	方法一	方法二		
11		项目1	277.78	277.78		
12		项目2	-27.78	-27.78		
13		净现值（年末折现）				
14		项目1	231.48			
15		项目2	-23.15			
16		净现值（年中折现）				
17		项目1	253.58			
18		项目2	-25.36			
19						

图 8-3

对于年初或年中发生的现金流，该如何计算净现值？

使用 NPV 函数计算净现值，默认基于发生在各期期末（例如年末）的现金流数值。若要使用 NPV 函数计算一个现金流总是发生在年初的项目的净现值，可以借鉴上文中计算项目 1 的净现值时采用的方法：将第 1 期（项目初始时）的现金流数值排除在 NPV 函数计算之外。

第二种方法，对于某年的现金流，年初的现金流折现值和年末的现金流折现值相比，少了一年的折现，因此，通过乘以（$1+r$）可以将基于年末发生现金流计算得出的净现值转换为基于年初发生现金流的净现值。还以计算项目 1 的净现值为例，在 D11 单元格中输入公式"=(1+C2)*C14"，返回的结果是"277.78"，与 C11 单元格中的值相同，说明计算思路无误。

那么，若某公司的现金流都发生在年中，该如何使用 NPV 函数计算净现值呢？我们知道，一笔现金从年初到年末，折算用的倍率是（$1+r$），那么可以用（$1+r$）$^{0.5}$ 来求年中的估算值。假设项目 1 的现金流都发生在年中，在 C17 单元格中输入公式"=SQRT(1+C2)*C14"可以得到项目 1 的净现值 253.58。

对于不定期发生的现金流，如何计算净现值？

现金流的发生通常没有固定的周期，这使得计算净现值或内部收益率（IRR）比较困难。幸运的是，我们可以使用 XNPV 函数来计算净现值。

XNPV 函数用于计算一系列无时间规律现金流的净现值，其语法结构为：

$$XNPV（\text{折现率，现金流数值，日期}）$$

其中，需要注意第 3 个参数"日期"，该参数引用的单元格区域中，第 1 个日期必须是最早的时间点，其他日期可以乱序出现。假设在指定的单元格区域中，排在第 1 个位置的日期数据是"2013/4/8"，则函数中指定的其他现金流数值都会被折算为 2013 年 4 月 8 日的现值。

图 8-4 所示为 XNPV 函数的应用示例（参见示例文件"08-XNPV.xlsx"），"工作表 1"中列举了如下收支数据：

◎ 2015 年 4 月 8 日支出 900 元。

◎ 2015 年 8 月 15 日收入 300 元。

◎ 2016 年 1 月 15 日收入 400 元。

◎ 2016 年 6 月 25 日收入 200 元。

◎ 2016 年 7 月 3 日收入 100 元。

	A	B	C	D	E	F	G	H
1	单位：元							
2			日期（数值）	日期	金额	年数	折现系数	折现值
3			42102	2015/4/8	-900.00	0	1	-900.00
4			42231	2015/8/15	300.00	0.353425	0.966876	290.06
5			42384	2016/1/15	400.00	0.772603	0.929009	371.60
6			42546	2016/6/25	200.00	1.216438	0.89053	178.11
7			42554	2016/7/3	100.00	1.238356	0.888671	88.87
8	折现率							
9	10%							
10				XNPV函数	SUMPRODUCT函数			
11				28.64	28.64			
12								

图 8-4

假设折现率为 10%，那么这些现金流的净现值是多少？在 D11 单元格中输入公式
"=XNPV(A9,E3:E7,D3:D7)"，即可得到计算结果。由于 2015 年 4 月 8 日为第 1 次发生现金流
动的日期，这个日期就成了此次计算的基准，所有后续现金流都以这一天为基准进行折算，汇
总各金额的现值后返回净现值——28.64 元。

在本例中，XNPV 函数的计算过程如下：

1. 在 F 列中计算各现金流的发生日期与 2015 年 4 月 8 日这个基准日期相距的年数。例如，
2015 年 8 月 15 日与 2015 年 4 月 8 日相距 0.3534 年。

2. 计算各现金流的折现系数，计算公式为：1/(1+ 折现率)^{年数}。例如，2015 年 8 月 15 日的
折现率为 (1+0.1)$^{0.3534}$。

3. 计算各现金流数值的折现值并汇总：∑(现金流数值)×(折现系数)。

再看一个案例，如图 8-5 所示，示例文件 "08-XNPV" 的 "工作表 2" 中记录了我在 2015
年及 2016 年的一些投资收益数据。我该如何把这个投资项目以 2013 年 7 月 8 日为基准日期计
算净现值呢？解决方案是添加一行日期为 2013 年 7 月 8 日、现金流数值为 0 的新数据，并将这
行新添加的数据包含在 XNPV 的公式中。在 D12 单元格中输入公式 "=XNPV(A10,E3:E9,D3:D9)"，
即可得到折现至 2013 年 7 月 8 日的净现值——106.99 元。

提示　如果参数 "现金流数值" 引用的单元格区域中有空值，NPV 函数会忽略该值并取其他
有效数值型数据继续计算，XNPV 函数则会直接返回 "#NUM!" 错误值。

	A	B	C	D	E	F	G	H
1	单位：元							
2			日期（数值）	日期	金额	年数	折现系数	折现值
3			41463	2013/7/8	0.00	0	1	0.00
4			42102	2015/4/8	-900.00	1.750685	0.84632	-761.69
5			42231	2015/8/15	300.00	2.10411	0.818286	245.49
6			42384	2016/1/15	400.00	2.523288	0.786239	314.50
7			42546	2016/6/25	200.00	2.967123	0.753673	150.73
8			42554	2016/7/3	100.00	2.989041	0.7521	75.21
9	折现率		42188	2015/7/3	100.00	1.986301	0.827526	82.75
10	10%							
11				XNPV函数	SUMPRODUCT函数			
12				106.99	106.99			
13								

图 8-5

第9章
IRR、XIRR 及 MIRR 函数

对于一个项目来说，内部收益率（IRR，也称内部回报率）指能使该项目的净现值（NPV）等于 0 的折现率。计算一个项目各期现金流的净现值时，选择不同的折现率(*r*)会使结果变化很大。

如图 9-1 所示，示例文件"09-IRR.xlsx"的"工作表 1"中记录了项目 1 和项目 2 的现金流数据，并分别计算了净现值。当折现率为 0.2 时，项目 2 具有较大的净现值；当折现率为 0.01 时，项目 1 具有较大的净现值。由此可见，当我们依据净现值对投资项目进行评估时，折现率的值是投资决策的关键之一。

	A	B	C	D	E	F	G	H	I	J
1										单位：元
2	年数	1	2	3	4	5	6	7	NPV（*r*=20%）	NPV（*r*=10%）
3	项目1	-400.00	200.00	600.00	-900.00	1,000.00	250.00	230.00	268.54	918.99
4	项目2	-200.00	150.00	150.00	200.00	300.00	100.00	80.00	297.14	741.07
5		IRR（项目1）	IRR（项目2）							
6		47.5%	80.1%							
7										
8	估算值	项目1	项目2							
9	-0.9	47.5%	80.1%							
10	-0.7	47.5%	80.1%							
11	-0.5	47.5%	80.1%							
12	-0.3	47.5%	80.1%							
13	-0.1	47.5%	80.1%							
14	0.1	47.5%	80.1%							
15	0.3	47.5%	80.1%							
16	0.5	47.5%	80.1%							
17	0.7	47.5%	80.1%							
18	0.9	47.5%	80.1%							
19										

图 9-1

如果一个项目只存在唯一的内部收益率，则此值是个不错的指标。例如，假设项目的内部收益率为 15%，则代表投资的现金能产生 15% 的年收益率。在图 9-1 所示的案例中，项目 1 的内部收益率为 47.5%，这意味着第 1 年投资在项目 1 上的 400 元，每年能有 47.5% 的收益。当某项目存在多个内部收益率，或者不存在内部收益率时，这个指标将变得毫无意义。

如何计算投资项目的内部收益率？

IRR 函数用于计算投资项目的内部收益率，该函数的语法结构为：

IRR(现金流数值，[估算值])

其中，第 2 个参数"估算值"为可选参数。省略第 2 个参数时，函数会以 0.1 作为估算值进行测算，直至得出一个使净现值为 0 时的内部收益率。当函数找不到使项目的净现值等于 0 的内部收益率时会返回"#NUM!"错误值。

在示例文件"09-IRR.xlsx"的"工作表 1"的 B6 单元格中输入公式"=IRR(B3:H3)"，可计算项目 1 的内部收益率，返回结果为"47.5%"。也就是说，如果项目 1 的内部收益率为每年 47.5%，那么该项目的净现值为 0。同样，我们也可以通过 IRR 函数计算出项目 2 的内部收益率为 80.1%。

在计算某项目的内部收益率时，我们可能会面对这样一种情况——该项目存在多个内部收益率。我们可以通过设置 IRR 函数的第 2 个参数来检验某项目是否存在多个内部收益率。在 A9:A18 单元格区域中输入不同的估算值——从 -0.9 到 0.9。在 B9 单元格中输入公式"=IRR($B$3:$H$3,A9)"，并将公式复制到 B10:B18 单元格区域。B9:B18 单元格区域中所有的返回值都是"47.5%"，由此我们可以得出结论：项目 1 具有唯一的内部收益率——47.5%。使用同样的方法，我们也可以得出项目 2 具有唯一的内部收益率——80.1% 的结论。

投资项目的内部收益率是否总是唯一？

如图 9-2 所示，在示例文件"09-IRR.xlsx"的"工作表 2"中计算项目 3 的内部收益率时，指定了多个估算值，在 C8 单元格中输入公式"=IRR($B$4:$E$4,B8)"，并将公式复制到 C9:C17 单元格区域。观察公式的返回结果，发现 C8:C17 单元格区域中出现了两个不同的内部收益率。

▲	A	B	C	D	E	F	G
1							
2					单位：元		
3	年数	1	2	3	4		
4	项目3	-20.00	82.00	-60.00	2.00		
5			IRR函数	-9.6%	=IRR(B4:E4)		
6							
7		估算值	IRR				
8		-0.9	-9.6%		验算（-9.6%）	-0.01	=NPV(-0.096,B4:E4)
9		-0.7	-9.6%		验算（216.1%）	0.00	=NPV(2.16,B4:E4)
10		-0.5	-9.6%				
11		-0.3	-9.6%				
12		-0.1	-9.6%				
13		0.1	-9.6%				
14		0.3	-9.6%				
15		0.5	216.1%				
16		0.7	216.1%				
17		0.9	216.1%				
18							

图 9-2

当估算值为 30% 或更小时，计算出的内部收益率为 -9.6%；当估算值大于 30% 时，计算出的内部收益率为 216.1%。以这两个内部收益率作为 NPV 函数的参数计算净现值，都为 0（或近似等于 0）。这说明项目 3 存在两个内部收益率。

查看示例文件"09-IRR.xlsx"的"工作表 3"中的项目 4，无论将估算值设置为何值，返回的都是"#NUM!"错误值，如图 9-3 所示，说明这个项目不存在内部收益率。

	A	B	C	D	E
1					
2		No IRR			
3				单位：元	
4	年数	0	1	2	
5	项目4	10.00	-30.00	35.00	
6					
7		估算值	IRR		
8		-0.9	#NUM!		
9		-0.8	#NUM!		
10		-0.7	#NUM!		
11		-0.6	#NUM!		
12		-0.5	#NUM!		
13		-0.4	#NUM!		
14		-0.3	#NUM!		
15		-0.2	#NUM!		
16		-0.1	#NUM!		
17		0	#NUM!		
18		0.1	#NUM!		
19		0.2	#NUM!		
20		0.3	#NUM!		
21		0.4	#NUM!		
22		0.5	#NUM!		
23		0.6	#NUM!		
24		0.7	#NUM!		
25		0.8	#NUM!		
26		0.9	#NUM!		
27					

图 9-3

当某项目存在多个内部收益率或不存在内部收益率时，这个指标就几乎失去了存在意义。然而，尽管存在缺陷，许多公司仍然将内部收益率作为评估投资项目优劣的主要工具。

如何保证投资项目的内部收益率是唯一的？

如果投资项目的现金流动方向只有一次变化，则该项目肯定存在唯一的内部收益率。观察示例文件"09-IRR.xlsx"的"工作表 1"中的项目 2，B3:H3 单元格区域中记录的现金流动方向是"出、入、入、入、入、入、入"，流动方向只发生过一次变动，即第 1 年到第 2 年有一个转变。因此项目 2 必定只存在一个内部收益率。观察"工作表 2"中的项目 3，B4:E4 单元格区域中记录的现金流动方向是"出、入、出、入"。现金流动方向的不断变化造成了该项目存在多个内部收益率的可能。"工作表 3"中的项目 4 的现金流数据也证明了这一点，B5:D5 单元格区域中记录的现金流动方向是"入、出、入"，变化了两次，这样无法保证存在唯一的内部收益率。

在现实中，大多数投资项目（如建厂）都是从现金流出开始，然后是一系列现金流入，因此存在唯一的内部收益率。

如何比较两个项目的内部收益率？

如果某项目存在唯一的内部收益率且超过公司要求的资本成本率，则投资该项目会增加公司的收入。假设公司要求的资本成本率为 15%，则投资前面示例中提及的项目 1 和项目 2 都会增加公司的收入。

假设现在有两个待投资的项目，都存在唯一内部收益率，但我手上的资金只够投资其中之一。在这种情况下，似乎我应该投资内部收益率更高的那个项目。但这样的决策是正确的吗？如图 9-4 所示，示例文件"09-IRR.xlsx"的"工作表 4"中的项目 5 的内部收益率为 40%，项目 6 的内部收益率为 50%。如果我因为内部收益率更高而选择投资项目 6，会获得相对少的净现值。净现值的大小反映了项目能为投资人带来多少收入。显然，如果只能投资一个项目，那一定是项目 5。

◢	A	B	C	D	E	F
1					单位：元	
2		年数	0	1	IRR	
3		项目5	-100.00	140.00	40%	
4		项目6	-1.00	1.50	50%	
5						

图 9-4

提示 内部收益率忽略了项目的资金规模。只有在同等规模净现值的项目比较中，我们才有必要依据内部收益率的高低决定投资哪个项目。

现金流发生日期无规律，如何计算内部收益率？

某项目的现金流动发生日期，不是在每年年初，也不是在每年年底，而是在一年中的任意时间，也没有规律的时间间隔，比如示例文件"09-IRR.xlsx"的"工作表 5"中的项目 7。此时，可以使用 XIRR 函数计算内部收益率。

XIRR 函数用于计算一组不定期发生的现金流的内部收益率，其语法结构为：

XIRR(现金流数值 , 日期 , [估算值])

与 IRR 函数一样，"估算值"是一个可选参数。图 9-5 所示为 XIRR 函数的应用示例。

	D	E	F
1		项目7	
2	日期	现金流（元）	
3	2011/4/8	-1,500.00	
4	2011/8/15	300.00	
5	2012/1/15	400.00	
6	2012/6/25	200.00	
7			
8	XIRR	-48.69%	=XIRR(E3:E6,D3:D6)
9			

图 9-5

什么是修正内部收益率，如何计算？

在实际情况中，公司的资金成本率（例如贷款利率）与收益再投资收益率经常不同，但在 IRR 函数的计算过程中，将贷款利率和再投资收益率等都视为与项目的内部收益率相等。有时候，我们需要依据实际的资金成本率和再投资收益率计算内部收益率，这样得出的结果被称为修正内部收益率。

使用 MIRR 函数可以依据已知的资金成本率和再投资收益率计算一组定期发生的现金流的修正内部收益率，其语法结构为：

MIRR（现金流数值，资金成本率，再投资收益率）

对于一个投资项目，修正内部收益率总是唯一的，不会出现存在多个修正内部收益率的情况。

来看一个示例（示例文件"09-IRR.xlsx"中的"工作表 6"），如图 9-6 所示，假设投资 120 000 元并在之后的若干年流入现金：第 1 年 39 000 元，第 2 年 30 000 元，第 3 年 21 000 元，第 4 年 37 000 元，第 5 年 46 000 元。此项目的资金成本率（贷款的年利率）为 10%，再投资收益率为 12%。在 D15 单元格中输入公式"=MIRR(E7:E12,E3,E4)"，得到的结果为 12.61%，比在 D16 单元格中计算的内部收益率略低。

	B	C	D	E	F
2					
3			资金成本利率	10%	
4			再投资收益率	12%	
5					
6			年数	现金流（元）	
7			0	-120,000.00	
8			1	39,000.00	
9			2	30,000.00	
10			3	21,000.00	
11			4	37,000.00	
12			5	46,000.00	
13					
14					
15		MIRR	12.61%	=MIRR(E7:E12,E3,E4)	
16		IRR	13.07%	=IRR(E7:E12)	
17					

图 9-6

"工作表 7" 中展示了另一个 MIRR 函数应用示例（如图 9-7 所示）。观察 B5:C8 单元格区域，我们会发现第 0 年和第 1 年的现金流是负的，第 2 年和第 3 年的现金流是正的。

	A	B	C	D	E
1		资金成本利率	10%		
2		再投资收益率	12%		
3					
4		年数	现金流（元）		
5		0	-1,000.00		
6		1	-4,000.00		
7		2	5,000.00		
8		3	2,000.00		
9					
10	IRR	25.48%			
11	MIRR	17.91%			
12					
13			验算		
14			负现金流的折现值（元）	-4,636.36	=C5+C6/(C1+1)
15			正现金流的折现值（元）	7,600.00	=C7*(C2+1)+C8
16			MIRR	17.91%	=(D15/-D14)^(1/3)-1
17					

图 9-7

如果将第 0 年的投资金额（现金流出）设为 x 元，将第 3 年的收益金额（现金流入）设为 y 元，那么这个简单的投资项目的内部收益率就是 $(y/x)^{1/3}-1$。如果 x 是基于贷款利率计算出的投资额现值，y 是基于再投资收益率计算出的未来投资收益折现值，那么 $(y/x)^{1/3}-1$ 就是此项目的修正内部收益率。

如果参数"现金流数值"引用的单元格区域中有空值或文本型数据，IRR 和 MIRR 函数会忽略该值并取其他有效数值型数据继续计算。而且，参数"现金流数值"必须包含至少一个正值和一个负值，否则 IRR 和 MIRR 函数可能会报错。

第 10 章
财务函数

当我们贷款买车或买房时，会考虑选择哪种贷款方式资金成本更低；当我们研究养老储蓄产品时，会希望知道各个方案能使我们在退休后获得什么样的收益……在我们的日常工作和生活中，会有许多财务问题。了解 Microsoft 365 的 PV、FV、PMT、PPMT、IPMT、CUMPRINC、CUMIPMT、RATE 和 NPER 函数，对处理各种财务问题有很大帮助。

一次性付款和分期付款，哪个更划算？

假设我们需要购买一台复印机，一次性付 11 000 元，每年付 3 000 元、共 5 年，这两个付款方案选哪个？回答这个问题的关键是评估未来 5 年中每年支付的 3000 元的现值。假设年资本成本率为 12%，我们可以通过 NPV 函数来获得 5 年中每年支付的 3000 元的现值，但解决这个问题使用 PV 函数更快捷。定期流入或流出的等额现金，通常被称为年金（annuity）。只要每个期间的利率相同，我们就可以通过 PV 函数轻松获得年金的现值。

PV 函数的语法结构为：

PV(利率 , 总期数 , [每期金额], [终值], [付款类型])

其中，各参数的说明如下：

◎ **利率**：每个周期的利率。例如，以 6% 的年利率贷款，还款周期为 1 年，那么此参数为 0.06；如果还款周期为 1 个月，则此参数为 0.06/12=0.005。

◎ **总期数**：年金的总周期数。在本例中，此参数为 5。如果是在 5 年内每月支付分期费用，则此参数为 60。当然，"利率"和"总期数"参数必须对应。也就是说，如果"总期数"对应的周期是 1 个月，则"利率"必须为月利率；如果"总期数"对应的周期是 1 年，则"利率"必须为年利率。

◎ **每期金额**：每期应付的款项金额。在本例中，每期需要支付 3 000 元，因此，此参数为"-3000"，其中的"-"表示现金流出。如果计算的是每期的收入款额，就应该用"+"，表示现金流入。若省略此参数，则必须给定"终值"参数。

◎ 终值：可选参数，表示在最后一期款项发生后，希望得到的现金余额。例如，合同条款中规定除每期还款额外，支付最后一期款项后还需支付 500 元，则此参数为"-500"。若省略此参数，默认终值为 0，且必须给定"每期金额"参数。

◎ 付款类型：可选参数，参数值为数字 0 或 1。当此参数被省略或被设为"0"时，表示期末付款；当此参数被设"1"时，表示期初付款。

 对于本章介绍的函数，参数值"1"和"0"，都可以被写为"TRUE"和"FALSE"。Excel 财务函数的"每期金额"和"终值"参数都用"+"及"−"表示现金流动的方向，"+"表示现金流入，"−"表示现金流出。

示例文件"10- 财务函数 .xlsx"的"PV"工作表展示了如何使用 PV 函数计算一笔分期支付款项的折现值（如图 10-1 所示）。

	A	B	C	D	E	F
1	利率	12%				
2						
3	每期金额	总期数	付款类型	终值	总金额	
4	¥3,000.00	5	期末付款		¥10,814.33	=PV($B$1,B4,-A4,0,0)
5	¥3,000.00	5	期初付款		¥12,112.05	=PV($B$1,B5,-A5,0,1)
6	¥3,000.00	5	期末付款	¥500.00	¥11,098.04	=PV($B$1,B6,-A6,-500,0)
7						

图 10-1

在 E4 单元格中输入公式"=PV($B$1,B4,-A4,0,0)。其中，"$B$1"引用了年利率，即 12%；"B4"引用了总还款期数，即 5 期；"-A4"代表每期支付 3 000 元；第 1 个"0"代表最后 1 期还款后无其他一次性支付款项；第 2 个"0"代表每期的期末支付款项。若省略后两个可选参数，公式也可以写成"=PV($B$1,B4,-A4)"。E4 单元格的返回结果小于一次性付款金额 11 000 元，可以得出结论，在年利率为 12% 的情况下，采用每期期末付款的 5 年分期方案更省钱。

如果付款类型改为期初付款，那么公式需要做相应调整。在 E5 单元格中输入公式"=PV($B$1,B5,-A5,0,1)"，即"付款类型"参数由"0"改成"1"，此时的计算结果为 12 112.05 元。因此，一次性支付 11 000 元比 5 年内每年年初付 3 000 元更划算。

假设分期付款的条款改为：每年年底支付 3 000 元，并且在 5 年期满时再一次性支付 500 元。那么，需要将公式改为"=PV($B$1,B6,-A6,-500,0)"。其中的"-500"代表在支付各期款项后还有额外的 500 元要支付。计算结果为 11 098.04 元，相比之下还是一次性支付方案更有利。

如何计算年金账户在未来能支取多少钱?

假设有一个年金类投资项目,需要在 40 年里每年存 2 000 元,年收益率为 8%。那么 40 年后退休时能领到多少钱? 解答这个问题需要使用 FV 函数求年金终值,即计算每年存入固定数额的款项,直到某个时间点(本例中是 40 年)时连本带利的总金额。FV 函数基于以下假设条件进行计算: 固定的存款周期(本例中是每年)、固定的每期金额(本例中是 2 000 元)以及固定的利率(本例中是每年 8%)。

FV 函数的语法结构为:

FV(利率, 总期数, [每期金额], [本金], [付款类型])

其中,各参数的说明如下:

◎ **利率**: 各期的利率。本例中为 8%。

◎ **总期数**: 与"利率"参数对应的付款总期数。本例中为 40 期。

◎ **每期金额**: 各期涉及的款项金额。本例中为每期支付 2 000 元,因此,此参数为"-2000"。"-"代表付款,即现金流出。若省略此参数,则必须给定"本金"参数。

◎ **本金**: 可选参数,指年金之外、当前已存在的投资款项。假设在开始支付年金前,已经在投资账户中存了 10 000 元,则此参数应设为"-10000"。负号代表现金从储蓄账户流出到投资账户。若省略此参数,则函数默认本金为 0,且必须给定"每期金额"参数。

◎ **付款类型**: 可选参数,参数值为数字 0 或 1。当此参数被省略或被设为"0"时,表示期末付款;当此参数被设为"1"时,表示期初付款。

本例的计算过程如图 10-2 所示(示例文件"10- 财务函数 .xlsx"的"FV"工作表)。E4 单元格中的公式为"=FV($B$1,B4,-A4,-D4,0)",计算结果为 518 113.04 元,即每年年末存入 2 000 元,连续存 40 年,以 8% 年利率计算,期满后连本带利的总金额约为 51.8 万元。

	A	B	C	D	E	F
1	利率	8%				
2						
3	每期金额	总期数	付款类型	本金	总金额	
4	¥2,000.00	40	期末付款		¥518,113.04	=FV($B$1,B4,-A4,-D4,0)
5	¥2,000.00	40	期初付款		¥559,562.08	=FV($B$1,B5,-A5,-D5,1)
6	¥2,000.00	40	期末付款	¥30,000.00	¥1,169,848.68	=FV($B$1,B6,-A6,-D6,0)
7						

图 10-2

如果改为每年年初付款,公式需要修改为"=FV($B$1,B5,-A5,-D5,1)",计算结果为 559 562.08 元,即每年年初存入 2 000 元，连续存 40 年，以 8% 年利率计算，期满后连本带利的总金额约为 55.9 万元。

假设在开始每年年末存入 2 000 元之前，先一次性向该年金投资项目投入了 30 000 元，那么 40 年后账户里一共有多少钱？在 E6 单元格中输入公式"=FV($B$1,B6,-A6,-D6,0)"，即将"本金"参数设为"-30000"，计算结果为 1 169 848.68 元。

如何计算分期偿还贷款的每期还款额和总利息？

Microsoft 365 的 PMT 函数可以用来计算分期偿还贷款的每期还款额，其内含的假设条件为：持续不变的每期还款额（等额本息）、还款周期以及贷款利率。PMT 函数的语法结构为：

PMT(利率 , 总期数 , 本金 , [终值], [付款类型])

其中，各参数的说明如下：

◎ 利率：与还款周期对应的贷款利率，可以是年利率，也可以是月利率、季利率等。本例中的还款周期为每月，所以此参数应为月利率。给定的已知条件为年利率 8%，在编写公式时，需要将年利率转化成月利率，即 0.08/12。

◎ 总期数：与还款周期对应的还款期数，本例中的总期数为 10。

◎ 本金：贷款的本金。本例中的此参数为"10000"，数值为正，表示借款人会收到 10 000 元。

◎ 终值：可选参数，表示支付最后一期款项后，需要实现的最终余额（折合到未来时间点的价值）。对于分期偿还贷款来说，终值为 0。若省略此参数，函数将默认终值为 0。然而，对于漂浮式贷款（balloon loan），假设需要在最后一期还款之后再支付 1000 元来还清贷款，则此参数为"-1000"，负数代表现金流出。

◎ 付款类型：可选参数，参数值为数字 0 或 1。当此参数被省略或被设为"0"时，表示期末付款；当此参数被设为"1"时，表示期初付款。

图 10-3 所示为一个 PMT 函数应用示例，具体数据见示例文件"10- 财务函数 .xlsx"的"PMT"工作表。在 G1 单元格中输入公式"=-PMT(0.08/12,10,10000,0,0)"，计算结果为 1037.03 元。这个返回结果说明：本金为 10 000 元、年利率为 8%、每月月末还款、一共 10 期的贷款，每月的还款额为 1037.03 元。使用 PMT 函数计算分期偿还贷款的每期还款额时，返回结果为负数，表示向放贷机构付款，为方便查看结果，本例在函数前面加上了负号。

	C	D	E	F	G	H
1		年利率	8%	每期还款额	¥1,037.03	
2		总期数	10	付款类型	期末付款	
3		贷款本金	¥10,000.00			
4						
5	期数	期初本金余额	每期还款额	本金	利息	期末本金余额
6	1	¥10,000.00	¥1,037.03	¥970.37	¥66.67	¥9,029.63
7	2	¥9,029.63	¥1,037.03	¥976.83	¥60.20	¥8,052.80
8	3	¥8,052.80	¥1,037.03	¥983.35	¥53.69	¥7,069.45
9	4	¥7,069.45	¥1,037.03	¥989.90	¥47.13	¥6,079.55
10	5	¥6,079.55	¥1,037.03	¥996.50	¥40.53	¥5,083.05
11	6	¥5,083.05	¥1,037.03	¥1,003.15	¥33.89	¥4,079.90
12	7	¥4,079.90	¥1,037.03	¥1,009.83	¥27.20	¥3,070.07
13	8	¥3,070.07	¥1,037.03	¥1,016.56	¥20.47	¥2,053.51
14	9	¥2,053.51	¥1,037.03	¥1,023.34	¥13.69	¥1,030.16
15	10	¥1,030.16	¥1,037.03	¥1,030.16	¥6.87	¥-0.00
16						
17	验算	¥10,000.00	=NPV(E1/12,E6:E15)			
18						
19	月初还款	¥1,030.16	=-PMT(0.08/12,10,10000,0,1)			
20	月末还款，末期还款时另付1000元	¥940.00	=-PMT(0.08/12,10,10000,-1000,0)			
21						
22	第2至第4期偿还利息小计	¥161.01	=-CUMIPMT(0.08/12,10,10000,2,4,0)			
23	第2至第4期偿还本金小计	¥2,950.08	=-CUMPRINC(0.08/12,10,10000,2,4,0)			
24						

图 10-3

Microsoft 365 中的 PPMT 和 IPMT 函数可用于计算每期还款额中偿还的本金和利息金额。PPMT 函数的语法结构为：

PPMT（利率，期数，总期数，本金，[终值]，[付款类型]）

其中，"终值"和"付款类型"是可选参数，"期数"参数用于指定要计算整个还款周期中的第几期的还款额中本金部分的金额，其他参数的含义和 PMT 函数相同。

IPMT 函数的语法结构为：

IPMT（利率，期数，总期数，本金，[终值]，[付款类型]）

其中，各参数的含义与 PPMT 函数相同。

在 F6 单元格中输入公式"=-PPMT(0.08/12,C6,10,10000,0,0)"，并将公式复制到 F7:F15 单元格区域，得到每月偿还的本金金额。PPMT 函数返回的结果是负数，代表现金流出到放贷机构，为方便查看结果数字，本例在函数前面加上了负号。F6 单元格中的计算结果"970.37"代表第 1 期的还款额中有 970.37 元是本金，F10 单元格中的计算结果"996.50"代表第 5 期的还款额中有 996.50 元是本金。通常，在每期还款额中，本金所占比例会逐渐增大。

提示 由于四舍五入的原因，每期偿还的本金求和后，可能会和贷款本金金额存在 1 分钱左右的误差。

在 G6 单元格中输入公式"=-IPMT(0.08/12,C6,10,10000,0,0)"，并将公式复制到 G7:G15 单元格区域，得到每月偿还的利息金额。G6 单元格中的计算结果"66.67"代表第 1 期的还款额中有 66.67 元是利息，G10 单元格中的计算结果"40.53"代表第 5 期的还款额中有 40.53 元是利息。通常，在每期还款额中，利息所占比例会逐渐减小。

每期偿还的本金加上利息，就是每期还款额。

对于每期还款，期末本金余额 = 期初本金余额 - 当期偿还本金，通过此公式可以计算每期的期末本金余额。首期的期初本金余额就是贷款本金，第 2 期的期初本金余额等于第 1 期的期末本金余额……最后一期的期末本金余额应为 0 元（见示例表格中的 H15 单元格）。

我们也可以使用这个公式验算每个月应偿还的利息：期初本金余额 × 月利率。例如，第 3 期的应偿还利息为 8052.80×0.66667%≈53.69 元，与示例表格 G8 单元格中的返回结果一致。

再验算一下，对于每期还款额这组现金流，其净现值应为本金 10 000 元。在 D17 单元格中输入公式"=NPV(E1/12,E6:E15)"，其中的"E1"引用了年利率（8%），返回的结果是"10000"。

如果还款的周期改为每月月初，那么计算每期还款额的公式应改为"=-PMT(0.08/12,10,10000,0,1)"。最后一个参数"付款类型"改为"1"后，计算得到的每期还款额为 1 030.16 元。这个金额略小于月末还款的每期还款额，其原因是放贷机构可以更早地收回本金，由此产生的利息就少了一些。

假设还款方式再调整一项，每月月末还款不变，但最后一期还款时另外一次性偿还 1 000 元，那每期还款额是多少？在 D20 单元格中输入公式"=-PMT(0.08/12,10,10000,-1000,0)"，得到的结果是 940 元。因为最后偿还的 1 000 元相当于无息贷款，所以此方案的每期还款额低于前面的方案。

有时候我们需要计算某几期累计偿还的本金或利息是多少，CUMPRINC 和 CUMIPMT 函数可以帮助我们快速得到结果。

CUMPRINC 函数用于计算一笔分期偿还贷款指定期间累计偿还的本金，其语法结构为：

CUMPRINC (利率，总期数，本金，起始期数，终止期数，付款类型)

其中，"利率""总期数""本金""付款类型"参数的含义与上文提及的函数相同，"起始期数"参数用于指定从哪期（含）开始计算累计偿还本金，"终止期数"参数用于指定统计到哪期（含）。

CUMIPMT 函数用于计算一笔分期偿还贷款指定期间累计偿还的利息，其语法结构为：

CUMIPMT（利率，总期数，本金，起始期数，终止期数，付款类型）

其中的各参数含义与 CUMPRINC 函数相同。

例如，要计算第 2 至第 4 期总共偿还了多少利息，可以在 D22 单元格中输入公式"=-CUMIPMT(0.08/12,10,10000,2,4,0)"，第 4 个参数"起始期数"的值为"2"，第 5 个参数"终止期数"的值为"4"，返回的结果为"161.01"，表示第 2 至第 4 期总共偿还了 161.01 元的利息。

如何根据贷款本金、还款期数和每期金额推算能承受的贷款利率？

假如计划贷款 8 万元，10 年还清，每月月末还款，每月能用于还款的钱只有 1000 元，那么能承受的最高贷款利率是多少？对于此类问题，可以使用 RATE 函数计算贷款利率，其语法结构为：

RATE（总期数，每期金额，本金，［终值］，［付款类型］，［估算值］）

其中，"估算值"参数用于指定从哪个值开始估算利率，其他各参数的含义与上文提到的函数相同。

如图 10-4 所示，在示例文件"10- 财务函数 .xlsx"的"RATE"工作表 E8 单元格中输入公式"=RATE(120,-1000,80000,0,0)"，得到的计算结果为"0.7241%"，代表如果贷款 8 万元、分 120 个月还清、每月月底支付 1 千元的话，其月利率为 0.7241%。

在 E13 单元格中输入公式"=PV(0.007241,120,-1000,0,0)"，得到的计算结果为"80000.08"。由此可见，上文根据给定条件计算出来的贷款利率是正确的。

如果还款方式在原来的基础上增加一条：随最后一期还款额外一次性支付 10 000 元。那么，公式应该改为"=RATE(120,-1000,80000,-10000,0,0)"，可得到修改后的利率 0.8185%。

	C	D	E	F	G
4					
5		贷款本金	¥80,000.00		
6		总期数	120		
7		最高每期金额	1000		
8		可承受的最高利率	0.7241%		
9			=RATE(120,-1000,80000,0,0)		
10		若最后一期额外支付1万元	0.8185%		
11			=RATE(120,-1000,80000,-10000,0,0)		
12					
13		验算	¥80,000.08		
14			=PV(0.007241,120,-1000,0,0)		
15					

图 10-4

如何根据贷款利率、贷款本金和每期金额推算还款总期数？

假如计划贷款 10 万元，已知年利率为 8%，每年能承受的还款金额上限为 1 万元，最短几年能还清贷款？对于此类问题，可以使用 NPER 函数计算贷款的还款总期数，其语法结构为：

NPER(利率 ，每期金额 ，本金 ，[终值]，[付款类型])

继续使用示例文件"10- 财务函数 .xlsx"来演练。在"NPER"工作表的 E6 单元格中输入公式"=NPER(0.08,-10000,100000,0,0)"，得到的计算结果为"20.91"，代表如果贷款 10 万元、年利率为 8%、每年年底支付 1 万元的话，20 年无法还清，21 年可以还清，如图 10-5 所示。

	C	D	E	F
2				
3		贷款本金	¥100,000.00	
4		每期金额	¥10,000.00	
5		付款类型	期末付款	
6		总期数（年）	20.91	=NPER(0.08,-10000,100000,0,0)
7				
8		验算		
9		20年	¥98,181.47	=PV(0.08,20,-10000,0,0)
10		21年	¥100,168.03	=PV(0.08,21,-10000,0,0)
11				
12		最后一期额外支付4万元，总期数（年）	15.90	=NPER(0.08,-10000,100000,-40000,0)
13				

图 10-5

我们来验算一下，在 E9 和 E10 单元格中使用 PV 函数进行计算：若总期数为 20，得到的现值（还清的本金）为 98 181.47 元，小于贷款本金；若总期数为 21，得到的现值为 100 168.03 元，大于贷款本金。

假设能够在最后一期还款时一次性支付 4 万元，则还清贷款能缩短到多少期？在 E12 单元格中输入公式"=NPER(0.08,-10000,100000,-40000,0)",返回值为"15.90",代表 15.9 年还清贷款。

能否使用 Excel 进行设备折旧计算？

折旧指在企业生产经营过程中，固定资产因被使用而产生损耗，进而导致其价值持续降低。固定资产的原值与残值之差，在使用年限内如何分摊，有三种常见的计算方法：

◎ 直线法（SLN，straight line）

◎ 年数总和法（SYD，sum of years's digits）

◎ 双倍余额递减法（DDB，double declining balance）

例如，一台价值 15 000 元的新机器，预计使用年限为 5 年，残值为 3000 元，下面使用三种方法分别计算每年的折旧额。

◎ 直线法：每年机器的贬值金额相等，即 (15 000-3 000)/5=2 400 元 / 年。

◎ 年数总和法：假设使用年限为 N 年，第 I 年时的折旧率为 $(N-I+1)/(N\times(N+1)/2)$。其中，分子代表尚可使用年限（即使用年限减当前使用年数加 1），分母代表逐年的使用年数总和。以使用年限为 5 年为例，第 1 年的折旧率为 5/15，分子 5 来自 5-1+1，第 2 年的折旧率为 4/15，分子 4 来自 5-2+1，分母 15 来自 5×[(5+1)/2]，即 5+4+3+2+1。

◎ 双倍余额递减法：此方法计提折旧公式为"账面余额 × 折旧率"。其中，账面余额等于"固定资产原值 - 已计提折旧"，折旧率默认为"2/ 使用年限"。假设使用年限为 5 年，那么折旧率就是 2/5，即 40%。使用此方法时，初始几年不考虑残值，直到计提折旧溢出固定资产原值后，才调整折旧额、考虑残值。在本例中，第 1 年的折旧额为 6 000 元，即 15 000×40%；第 2 年的折旧额为 3 600 元，即 (15 000-6 000)×40%；第 3 年的折旧额为 2 160 元，即 (15 000-6 000-3600)×40%。第 4 年，如果仍按前面方法计算折旧额，将得到 1 296 元，那么累计计提折旧将超过 12 000 元（账面余额将小于残值）。因此，第 4 年的折旧额计算公式改为 12 000-(6 000+3 600+2 160)=240 元，第 5 年的折旧额为 0 元。

提示 在实务中应用双倍余额递减法时，应综合考虑各种因素妥善修正最后几年的计提折旧。

针对以上三种固定资产计提折旧的方法，Microsoft 365 都提供了相应的函数。

SLN 函数用于计算直线法的折旧额，其语法结构为：

SLN（原值，残值，使用年限）

SYD 函数用于计算年数总和法的折旧额，其语法结构为：

SYD（原值，残值，使用年限，期间）

DDB 函数用于计算双倍余额递减法的折旧额，其语法结构为：

DDB（原值，残值，使用年限，期间，[余额递减速率]）

打开示例文件"10- 折旧 .xlsx"，将 C2、C3、C4 单元格分别命名为"原值""残值""使用年限"，然后通过公式用三种方法分别计算各年的折旧额，如图 10-6 所示。

◎ 在 E7 单元格中输入公式"=SLN(原值 , 残值 , 使用年限)"，并将公式复制到 F7:I7 单元格区域，得到根据直线法计算的各年折旧额。

◎ 在 E8 单元格中输入公式"=SYD(原值 , 残值 , 使用年限 ,E6)"，并将公式复制到 F8:I8 单元格区域，得到根据年数总和法计算的各年折旧额。

◎ 在 E9 单元格中输入公式"=DDB(原值 , 残值 , 使用年限 ,E6)"，并将公式复制到 F9:I9 单元格区域，得到根据双倍余额递减法计算的各年折旧额。

▲	B	C	D	E	F	G	H	I	J
1									
2	原值	¥15,000.00							
3	残值	¥3,000.00							
4	使用年限	5							
5									
6			期间（年）	1	2	3	4	5	小计
7	=SLN(原值,残值,使用年限)		直线法	¥2,400.00	¥2,400.00	¥2,400.00	¥2,400.00	¥2,400.00	¥12,000.00
8	=SYD(原值,残值,使用年限,E6)		年数总和法	¥4,000.00	¥3,200.00	¥2,400.00	¥1,600.00	¥800.00	¥12,000.00
9	=DDB(原值,残值,使用年限,E6)		双倍余额法	¥6,000.00	¥3,600.00	¥2,160.00	¥240.00	¥0.00	¥12,000.00
10									

图 10-6

 提示　使用年数总和法和双倍余额递减法计算，开始几年的折旧额会比最后几年的折旧额高。

如何理解复利？

复利指由本金和前一个利息期内应记利息共同产生的利息，也指一种计息方法，即不仅本金产生利息，之前的利息也会产生新的利息。复利的本息之和计算公式是：

$$终值 = 本金 \times (1+ 利率)^{期数}$$

◎ **本金**：最初投入的资金数额。

◎ **期数**：结算利息的次数。

◎ **利率**：结算利息时的利率。

使用 FV 函数计算由复利产生的最终可收回现金非常方便。通常情况下，一年为一个投资周期，利息可以按季度、月、周或日结算。

对于复利，期数越多，产生的利息就越多，这是因为前面一期的利息会被计入后面一期的本金，更多的本金会产生更多的利息。

假设本金为 100 元，年利率为 10%，对于不同的投资期限和计息周期，复利的本息之和如图 10-7 所示（参见示例文件"10- 复利 .xlsx"）。

	A	B	C	D	E	F	G	H	I	J	K	L	M	N
1														
2		使用复利公式计算		C7公式:					使用FV函数计算		J7公式			
3	年利率			=100*(1+$A$4/C$5)^(C$5*$B7)							=FV($A$4/J$5,J$5*$I7,0,-100)			
4	10%													
5				4	12	52	365				4	12	52	365
6		年	每季计息	每月计息	每周计息	每日计息	连续复利		年	每季计息	每月计息	每周计息	每日计息	连续复利
7		1	¥110.38	¥110.47	¥110.51	¥110.52	¥110.52		1	¥110.38	¥110.47	¥110.51	¥110.52	¥110.52
8		2	¥121.84	¥122.04	¥122.12	¥122.14	¥122.14		2	¥121.84	¥122.04	¥122.12	¥122.14	¥122.14
9		3	¥134.49	¥134.82	¥134.95	¥134.98	¥134.99		3	¥134.49	¥134.82	¥134.95	¥134.98	¥134.99
10		4	¥148.45	¥148.94	¥149.13	¥149.17	¥149.18		4	¥148.45	¥148.94	¥149.13	¥149.17	¥149.18
11		5	¥163.86	¥164.53	¥164.79	¥164.86	¥164.87		5	¥163.86	¥164.53	¥164.79	¥164.86	¥164.87
12		6	¥180.87	¥181.76	¥182.11	¥182.20	¥182.21		6	¥180.87	¥181.76	¥182.11	¥182.20	¥182.21
13		7	¥199.65	¥200.79	¥201.24	¥201.38	¥201.38		7	¥199.65	¥200.79	¥201.24	¥201.38	¥201.38
14		8	¥220.38	¥221.82	¥222.38	¥222.53	¥222.55		8	¥220.38	¥221.82	¥222.38	¥222.53	¥222.55
15		9	¥243.25	¥245.04	¥245.75	¥245.93	¥245.96		9	¥243.25	¥245.04	¥245.75	¥245.93	¥245.96
16		10	¥268.51	¥270.70	¥271.57	¥271.79	¥271.83		10	¥268.51	¥270.70	¥271.57	¥271.79	¥271.83
17														

图 10-7

◎ 在 C7 单元格中输入公式"=100*(1+$A$4/C$5)^(C$5*$B7)"，并将其复制到 C7:F16 单元格区域，得到不同计息方式、不同投资年数的本息之和。例如，D11 单元格的返回值表示，在每月计息的情况下，100 元存 5 年，最终连本带利可收回的现金是 164.53 元，即 100×(1+(0.1/12))5×12=164.53。

◎ 在 J7 单元格中输入公式"=FV($A$4/J$5,J$5*$I7,0,-100)"，并将其复制到 J7:M16 单元格区域，计算结果与使用复利公式的计算结果相同。

◎ 在 G7 单元格中输入公式"=100*EXP($A$4*B7)"，并将其复制到 G8:G16 单元格区域，计算在连续复利的情况下不同投资年数的本息之和。可以看到，结算利息的次数越多，获得的收益越可观。

第 11 章
循环引用

当 Excel 弹出"循环引用"的警告信息时（如图 11-1 所示），意味着工作表中的两个或多个单元格之间存在依赖关系，例如单元格引用形成了闭环。

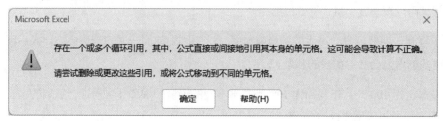

图 11-1

例如，如图 11-2 所示，D3 单元格中的公式引用了 A1 单元格中的值，F6 单元格中的公式引用了 D3 单元格中的值，A1 单元格中的公式又引用了 F6 单元格中的值，A1、D3 和 F6 单元格之间的引用形成了一个闭环。

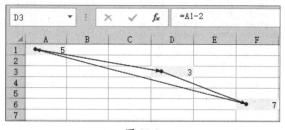

图 11-2

循环引用是如何产生的？

当 Excel 弹出"循环引用"的警告信息时，是否意味着工作表中存在错误？循环引用通常出现在逻辑一致的工作表中，其中的两个或多个单元格存在循环引用关系。下面来看一个有关循环引用的案例（参见示例文件"11- 循环 .xlsx"）。

假设某家公司当月的收入为 1 500 元，成本为 1 000 元，老板计划将税后利润的 10% 捐给慈善机构，当地的税率为 40%。那么，该公司当月可以捐给慈善机构多少钱？

首先，在工作表的D3:D5单元格区域输入已知条件：收入1 500元、税率40%及成本1 000元。然后在D6单元格中输入公式“=D8*0.1”计算捐款额，在D7单元格中输入公式“=D3-D5-D6”计算税前利润，在D8单元格中输入公式“=D7*(1-D4)”计算税后利润。

如图11-3所示，D6:D8单元格区域中出现了几个蓝色的箭头标记，这是怎么回事呢？

	C	D	E
1		捐款额为税后利润10%	
2			
3	收入	¥1,500.00	
4	税率	40%	
5	成本	¥1,000.00	
6	捐款额	¥0.00	=D8*0.1
7	税前利润	¥0.00	=D3-D5-D6
8	税后利润	¥0.00	=D7*(1-D4)
9			

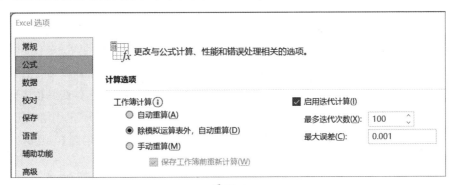

图 11-3

◎ D6单元格中的数值（捐款额）影响D7单元格中的税前利润计算。

◎ D7单元格中的数值（税前利润）影响D8单元格中的税后利润计算。

◎ D8单元格中的数值（税后利润）又影响D6单元格中的捐款额计算。

因此，整个计算过程为“D6—D7—D8—D6”，形成了一个循环。整个计算过程的逻辑是正确的，但在计算过程中各参数一直相互引用，最终导致Excel无法给出正确的结果。

如何让 Excel 允许循环引用？

让Excel允许循环引用十分简单：在【Excel选项】对话框中打开【公式】选项卡，在【计算选项】选区中勾选【启用迭代计算】复选框，如图11-4所示，然后单击【确定】按钮关闭对话框。

图 11-4

现在，对于前面的案例，Excel 会将 3 个公式视为含有 3 个未知数的方程组：

◎ 捐款额 = 税后利润 ×0.1

◎ 税前利润 = 收入 - 成本 - 捐款额

◎ 税后利润 = 税前利润 ×(1- 税率)

3 个未知数分别是 "捐款额" "税前利润" "税后利润"。

在启用迭代计算的情况下，Excel 会一轮又一轮地循环计算各方程，运用高斯 - 赛德尔法（Gauss-Seidel method）求线性方程组解的近似值，当前后两次迭代的计算结果的最大差异小于【最大误差】设置值（默认为 0.001）时，或者迭代次数达到了【最多迭代次数】设置值（默认为 100）时，停止迭代并返回结果。在本例中，Excel 可以迅速返回计算结果，如图 11-5 所示。

	C	D	E
1		捐款额为税后利润10%	
2			
3	收入	¥1,500.00	
4	税率	40%	
5	成本	¥1,000.00	
6	捐款额	¥28.30	=D8*0.1
7	税前利润	¥471.70	=D3-D5-D6
8	税后利润	¥283.02	=D7*(1-D4)
9			

图 11-5

提示

如果需要求得更精确的结果，或者需要进行更复杂的计算，可以视情况在【Excel 选项】对话框【公式】选项卡的【计算选项】选区中，修改【最大误差】和【最多迭代次数】值。

28.3 元的慈善捐款正好是 283.02 元税后利润的 10%，而且工作表中的其他单元格也都显示了正确的答案。

需要注意的是，Excel 的迭代计算只能用于求解线性方程组，对于其他情况未必能得到正确的结果。而且，循环引用可用于整行或整列。例如，对于处理会不断增加新数据的工作表——例如每天记录当天销售数据的销售月报，直接引用整行或整列会使计算工作变得非常便捷，通过公式 "=AVERAGE(B:B)" 即可求得日平均销售额，而不需要不断修改公式的引用单元格地址。但是，如果将这个公式放入 B 列中，就会形成一个循环引用。此时，只要勾选【启用迭代计算】复选框，Excel 就可以妥善处理此情况。

第 12 章
IF、IFERROR、IFS、CHOOSE
和 SWITCH 函数

IF（以及 IFS）函数是 Excel 中非常有用的函数。使用 IF 函数可以对数值或算式进行条件判断，进而有选择地执行后续操作，这在一定程度上模仿了 C、C++ 和 Java 等编程语言的逻辑。

在 IF 函数中，会先对一个给定条件进行判断，例如 A1 单元格中的值是否大于 10，如果条件符合（即判断结果为 True），则返回函数中给定的第 1 个返回值，如果条件不符合（即判断结果为 False），则继续执行函数中指定的后续操作。学习本章的各案例，可以有效了解 IF 等函数的使用方法。

某产品单价随采购量改变，如何计算某采购量对应的金额？

某供货商针对某机器采取以量定价的销售策略，不同的采购量对应不同的单价：1~500 台对应的产品单价为 3.00 元 / 台；501~1200 台对应的产品单价为 2.70 元 / 台；1201~2000 台对应的产品单价为 2.30 元 / 台；2000 台以上对应的产品单价为 2.00 元 / 台。如何构建一个公式来计算任意采购量对应的总价？

如图 12-1 所示，示例文件"12-IF 函数 .xlsx"的"工作表 1"显示了不同采购量对应的金额。

▲	A	B	C	D
1		采购量临界点（台）	单价（元）	
2	临界点1	500	3.00	产品单价1
3	临界点2	1200	2.70	产品单价2
4	临界点3	2000	2.30	产品单价3
5			2.00	产品单价4
6				
7				
8	采购量（台）	金额（元）	单价（元）	
9	450	1,350.00	3.00	
10	900	2,430.00	2.70	
11	1450	3,335.00	2.30	
12	2100	4,200.00	2.00	
13				

图 12-1

对于 A9 单元格显示的采购量，相应货款金额的计算逻辑为：

◎ 如果 A9 单元格中的值小于或等于 500，则货款金额为 3×A9 元。

◎ 如果 A9 单元格中的值大于 500 且小于或等于 1 200，则货款金额为 2.7×A9 元。

◎ 如果 A9 单元格中的值大于 1 200 且小于或等于 2 000，则货款金额为 2.3×A9 元。

◎ 如果 A9 单元格中的值大于 2 000，则购货金额为 2×A9 元。

首先为 B2、B3、B4 单元格创建自定义名称，名称就是 A2:A4 单元格区域中的内容，并将 D2:D5 单元格区域中的内容作为 C2、C3、C4、C5 单元格的自定义名称。然后根据上述计算逻辑，在 B9 单元格中输入公式 "=IF(A9<= 临界点 1,A9* 产品单价 1,IF(A9<= 临界点 2,A9* 产品单价 2,IF(A9<= 临界点 3,A9* 产品单价 3,A9* 产品单价 4)))"。

对于本例，IF 函数是这样运算的：先进行第一个判断，如果判断结果为真，即采购量小于或等于 500 台（临界点 1），则结果为 A9× 产品单价 1；如果第一个判断结果为假，代表采购量大于 500 台，函数继续进行后续操作，即进行第二个判断——采购量是否小于或等于 1 200 台（临界点 2），如果判断结果为真，即采购量大于 500 台且小于或等于 1 200 台，则结果为 A9× 产品单价 2；如果第二个判断结果为假，函数继续进行后续操作，即进行第三个判断——采购量是否小于或等于 2 000（临界点 3），如果判断结果为真，即采购量大于 1 200 台且小于或等于 2 000 台，则结果为 A9× 产品单价 3；如果第三个判断结果为假，即采购量大于 2 000 台，则结果为 A9× 产品单价 4。对于不同的采购量，IF 函数都会返回对应的货款金额。

 Excel 允许嵌套最多 64 层不同的 IF 函数，每层 IF 函数都需要用一对括号来标明起始位置。不建议嵌套多层 IF 函数，不但编写公式需要花费更多精力，阅读起来也很难理解。

在 A10:A12 单元格区域中输入其他采购量数字，并将 B9 中的公式复制到 B10:B12 单元格区域，可得到不同采购量对应的货款金额。

如何计算某投资组合的预期收益率？

假设投资者 A 以每股 55 元的价格买入了 100 股某股票。为了对冲可能面临的股票贬值风险，A 又购买了 60 张 6 个月的认沽期权，每张期权的行权价格为 45 元，期权价格为 5 元。如何设计一个模型来计算这个投资组合在未来 6 个月的预期收益率？

这个案例涉及一些金融概念。认沽期权是指在未来给定的时间（本例为 6 个月）内以商定好的价格（本例为 45 元）出售股票的权利。如果该股票在 6 个月内的价格是 45 元或更高，则期权没有任何价值；反之，如果股票在 6 个月内的价格低于 45 元，假设跌至 37 元，那么 A 可以以 37 元的市价买入股票，并以 45 元售出，8 元差价即利润。由此可见，认沽期权可以减少我们在股价下跌时可能遭受的损失，无论股价跌至多少，我们都可以以事先约定的价格售出股票。投资组合的收益率（在不考虑股息的情况下）是通过计算投资组合价值的变化（投资组合最终价值 - 投资组合初始价值），并将该变化值除以投资组合初始价值来计算的。

　　了解了基本的金融知识后，我们来分析一下这个案例。打开示例文件 "12-IF 函数 .xlsx" 的 "工作表 2"。这个案例涉及 60 张认沽期权以及 100 股股票，"工件表 2" 显示了股价在 20~65 元之间变化时该投资组合的收益率。

　　首先，将 A2:A7 单元格区域中的内容设为 B2~B7 单元格的自定义名称。在 B7 单元格中输入公式 "= 认沽期权数量 * 购买日期权价格 + 股票数量 * 购买日股票价格"，得到投资组合的初始价值 5 800 元（100×55+60×5）。如果 6 个月内股票的价格（假设为 A9 单元格中的值）低于期权的行权价格，那期权的价值为行权价格与股价的差额；反之，期权的价值为 0。在 B9 单元格中输入公式 "=IF(A9< 行权价格 ,(行权价格 -A9)* 认沽期权数量 ,0)"，得到认沽期权的价值，并将公式复制到 B10:B18 单元格区域。在 C9 单元格中输入公式 "= 股票数量 *A9"，并将公式复制到 C10:C18 单元格区域，得到股票的价值。在 D9 单元格中输入公式 "=((B9+C9)- 初始价值)/ 初始价值 "，并将公式复制到 D10:D18 单元格区域，得到投资组合的收益率。在 E9 单元格中输入公式 "=C9/(购买日股票价格 * 股票数量)-1"，并将公式复制到 E10:E18 单元格区域，得到没有配置认沽期权时的收益率（如图 12-2 所示）。

▲	A	B	C	D	E
1					
2	认沽期权数量（张）	60			
3	股票数量（股）	100			
4	行权价格（元）	45.00			
5	购买日股票价格（元）	55.00			
6	购买日期权价格（元）	5.00			
7	初始价值（元）	5,800.00			
8	行权日股票价格（元）	认沽期权价值（元）	股票价值（元）	对冲后投资收益率	不对冲投资收益率
9	20.00	1,500.00	2,000.00	-40%	-64%
10	25.00	1,200.00	2,500.00	-36%	-55%
11	30.00	900.00	3,000.00	-33%	-45%
12	35.00	600.00	3,500.00	-29%	-36%
13	40.00	300.00	4,000.00	-26%	-27%
14	45.00	0.00	4,500.00	-22%	-18%
15	50.00	0.00	5,000.00	-14%	-9%
16	55.00	0.00	5,500.00	-5%	0%
17	60.00	0.00	6,000.00	3%	9%
18	65.00	0.00	6,500.00	12%	18%
19					

图 12-2

可以看到，在股价跌破 45 元时，配置了认沽期权的投资组合的损失会减少，但在股价不变或上升时，配置了认沽期权的投资组合的收益会减少。这就是为什么认沽期权经常被称为"投资组合保险"（portfolio insurance）的原因。

如何构建模型检验移动平均线交易法则的效果？

一些股票分析师认为，遵循移动平均线交易法则可以取得优于股市大盘的表现。该交易法则的优势是可以帮投资者跟踪市场趋势，力求在牛市中乘势而上，在熊市来临之前将股票卖出。下面，我们将使用 Excel 构建一个模型来对比移动平均线交易法则与买入并持有（buy-and-hold）策略的投资效果。

在示例文件"12- 移动平均线 .xlsx"中，记录了 1871 年 1 月至 2002 年 10 月标准普尔 500 指数的月度数据。本例中，我们将标准普尔 500 指数数据视为一只股票的价格。对于买入并持有策略，1871 年 1 月买入 1 股，2002 年 10 月卖出 1 股；对于移动平均线交易法则，当股票价格高于过去 15 个月的平均水平时买入 1 股，当股票价格低于过去 15 个月的平均水平时卖出 1 股。不考虑股票的交易成本，计算两种投资方法的最终收益情况并进行对比。

为了跟踪移动平均线交易法则的表现，我们需要每月记录以下数据：

◎ 过去 15 个月的股票平均价格是多少？

◎ 月初是否持有股票？

◎ 当月是否买入股票？

◎ 当月是否卖出股票？

◎ 当月的现金流情况（卖出股票为正值，买入股票为负值，无交易为 0）如何？

由于示例工作表的内容太多，需要滚动很多屏才能看到下面的数据，为方便查看数据，有必要在上下滚动显示页面时使 A 列、B 列以及第 8 行固定可见。要做到这一点，需要先选中 C9 单元格（标题行下方一行），然后切换到【视图】选项卡，展开【窗口】组中的【冻结窗格】下拉菜单，单击【冻结窗格】选项，如图 12-3 所示。

在指定单元格处冻结窗格后，无论如何垂直滚动显示工作表，工作表的第 6 行至第 8 行始终为可见状态，无论如何水平滚动显示工作表，A 列和 B 列始终为可见状态。

图 12-3

【冻结窗格】下拉菜单中的【冻结首行】选项用于设定在滚动浏览工作表的其余部分时保持顶部行可见。例如，工作表当前的顶部行是第 6 行，进行"冻结首行"设置后，无论向下滚动多少行，第 6 行始终显示在顶部。【冻结首列】选项用于设定在滚动浏览工作表的其余部分时保持左边首列可见。【取消冻结窗格】选项用于取消当前工作表中对行或列的锁定，恢复正常的工作表视图。

　　如图 12-4 所示，示例文件"12- 移动平均线 .xlsx"中已写入了检验移动平均线交易法则实际效果所需的公式，包含多个应用 IF 函数的公式，而且某些公式中还使用了 AND 运算符来设定需要同时满足的多个条件。例如，如果某月月初未持有股票，且当月股价高于前 15 个月的平均值，则需要遵循移动平均线交易法则在当月买入股票。

　　在本例中，首个 15 个月股价平均值可在 1872 年 4 月计算出，因此验证计算始于工作表的第 24 行。假设从 1872 年 4 月开始持有股票，在 C24 单元格中输入"是"。

◎ 在 D24 单元格中输入公式"=AVERAGE(B9:B23)"，并将公式复制到 D25:D1590 单元格区域，得到各月基于过往 15 个月股价的移动平均值。

将鼠标指针移至 D24 单元格的右下角，当指针显示为十字形状时双击鼠标左键，即可将 D24 单元格中的内容自动填充至当前数据区域的末行。这个技巧还可用于在多列中进行数据或公式的快捷复制。

	A	B	C	D	E	F	G	H
6		标准普尔500指数				遵循移动平均线交易法则的收益（美元）	1,319.75	
7						遵循买入并持有策略的收益（美元）	849.45	
8	日期	股价（美元）	持有	移动平均价格（美元）	买入	卖出	现金流（美元）	
18	1871年10月	4.59						
19	1871年11月	4.64						
20	1871年12月	4.74						
21	1872年1月	4.86						
22	1872年2月	4.88						
23	1872年3月	5.04						
24	1872年4月	5.18	是	4.74	否	否	0.00	
25	1872年5月	5.18	是	4.79	否	否	0.00	
26	1872年6月	5.13	是	4.83	否	否	0.00	
27	1872年7月	5.10	是	4.87	否	否	0.00	
28	1872年8月	5.04	是	4.89	否	否	0.00	
29	1872年9月	4.95	是	4.90	否	否	0.00	
30	1872年10月	4.97	是	4.91	否	否	0.00	
31	1872年11月	4.95	是	4.93	否	否	0.00	
32	1872年12月	5.07	是	4.94	否	否	0.00	
33	1873年1月	5.11	是	4.95	否	否	0.00	
34	1873年2月	5.15	是	4.99	否	否	0.00	
35	1873年3月	5.11	是	5.02	否	否	0.00	
36	1873年4月	5.04	是	5.05	否	是	5.04	

图 12-4

◎ 在 E24 单元格中输入公式 "=IF(AND(C24=" 否 ",B24>D24)," 是 "," 否 ")"，并将公式复制到 E25:E1590 单元格区域，以确定是否应该在当月买入股票。值得一提的是，只有在当月月初未持有股票且当月股价超过前 15 个月的平均价格时，才是买入股票的时机。注意公式中的 AND 函数的使用方法。当需要满足多个条件时，应在每个条件之间用半角逗号隔开。对于这个 IF 函数，当第一个参数中的两个条件都满足时会返回"是"，反之则返回"否"。函数参数中的文本内容需要放在半角双引号中。

◎ 在 F24 单元格中输入公式 "=IF(AND(C24=" 是 ",B24<D24)," 是 "," 否 ")"，并将公式复制到 F25:F1590 单元格区域，以确定是否应该在当月卖出股票。如果当月持有股票且股价低于前 15 个月的平均价格，就是卖出股票的时机。根据计算结果可知，1873 年 4 月首次卖出股票。

◎ 买入股票时，现金是向外流出的，因此用负数表示；卖出股票时，现金是向内流入的，因此用正数表示；持有股票时，现金没有流动，因此用 0 表示。在 G24 单元格中输入公式 "=IF(E24=" 是 ",-B24,IF(F24=" 是 ",B24,0))"，并将公式复制到 G25:G1589 单元格区域，得到所有月份的现金流。

◎ 为评估收益情况，需要在本例的检测期末，也就是 2002 年 10 月，卖出持有的股票，因此在 G1590 单元格中输入公式 "=IF(C1590=" 是 ",B1590,0)"。

◎ 在 G6 单元格中输入公式 "=SUM(G24:G1590)"，计算遵循移动平均线交易法则进行股票买卖的总收益，返回值为 1319.75 美元。

◎ 在 G7 单元格中输入公式 "=B1590-B24"，计算自 1872 年 4 月买入股票并持有至 2002 年 10 月的收益，返回值为 849.45 美元。

显然，遵循买入并持有策略的投资收益远低于遵循移动平均线交易法则的投资收益。需要注意的是，移动平均线交易法则忽略了买卖股票时产生的交易成本，如果交易成本较高，可能其效果并不一定优于买入并持有策略的效果。

如何构建公式判断掷骰子游戏的输赢？

假设我们要玩一个掷骰子游戏，规则是：每次同时掷两个骰子，如果骰子的总点数为 2、3 或 12，则玩家输；如果骰子的总点数为 7 或 11，则玩家赢；如果总点数为其他数字，则继续掷骰子。如何构建一个公式来判断这个掷骰子游戏的每轮输赢？

打开示例文件 "12- 掷骰子 .xlsx"，在 B5 单元格中输入公式 "=IF(OR(A5=2,A5=3,A5=12)," 输 ",IF(OR(A5=7,A5=11)," 赢 "," 继续 "))"，并将公式复制到 B6:B7 单元格区域。在 A5 单元格中输入 "2"、"3" 或 "12"，B5 单元格会返回 "输"；在 A5 单元格中输入 "7" 或 "11"，B5 单元格会返回 "赢"；在 A5 单元格中输入其他数字，B5 单元格会返回 "继续"（如图 12-5 所示）。

⊿	A	B	C	D	E	F
3						
4	骰子点数	结果				
5	3	输				
6	7	赢				
7	9	继续				
8		=IF(OR(A5=2,A5=3,A5=12),"输",IF(OR(A5=7,A5=11),"赢","继续"))				
9						

图 12-5

如何用 Excel 制作财务预算表？

在很多财务预算表中，现金被作为倒轧数（plug）用来平衡资产负债表。公司 A 的财务总监觉得用债务作为倒轧数更合理。如何用 Excel 设计一个模型来满足这位财务总监的要求？

预算表本质上是对公司财务前景的预测，包括反映公司未来财务状况的预计资产负债表和预计利润表。资产负债表反映公司在某个时点的资产和负债状况，利润表反映公司在某个时间段内的经营状况。预算表可以帮助公司确定未来的债务需求，也是股票分析师用来确定股票估值模型是否合理的关键信息之一。

示例文件"12- 预算表 .xlsx"中包含某公司未来 4 年的自由现金流（FCF）情况，并列出了一些虚拟的假设条件，资产负债表如图 12-6 所示，利润表如图 12-7 所示。

	B	C	D	E	F	G	H
1	**假设条件**						
2	销售收入增长率	SG	0.02		流动资产占销售收入比		0.15
3	初始销售收入（元）	IS	1,000.00		流动负债占销售收入比		0.07
4	长期负债利率	IRD	0.10		固定资产净值占销售收入比		0.60
5	股利支付率	DIV	0.05				
6	所得税率	TR	0.53				
7	销售成本率	COGS	0.75				
8	折旧率	DEP	0.10				
9	速动资产利率	LAIR	0.09				
10							单位：元
11							
12	**资产负债表**		0	1	2	3	4
13	现金及现金等价物			0.00	0.00	0.00	4.76
14	流动资产		150.00	153.00	156.06	159.18	162.36
15	固定资产总额		900.00	1,013.33	1,139.53	1,280.01	1,436.38
16	累计折旧		300.00	401.33	515.29	643.29	786.93
17	固定资产净值		600.00	612.00	624.24	636.72	649.46
18	资产总值		750.00	765.00	780.30	795.91	816.59
19							
20	流动负债		70.00	71.40	72.83	74.28	75.77
21	长期负债		180.00	130.83	83.16	37.69	0.00
22	股本		400.00	400.00	400.00	400.00	400.00
23	留存收益		100.00	162.77	224.31	283.93	340.82
24	所有者权益		500.00	562.77	624.31	683.93	740.82
25	负债及所有者权益		750.00	765.00	780.30	795.91	816.59
26							

图 12-6

	B	C	D	E	F	G	H
26							
27	**利润表**		0	1	2	3	4
28	销售收入		1,000.00	1,020.00	1,040.40	1,061.21	1,082.43
29	销售成本		700.00	765.00	780.30	795.91	811.82
30	折旧			101.33	113.95	128.00	143.64
31	营业利润			153.67	146.15	137.30	126.97
32	利息收入			0.00	0.00	0.00	0.43
33	利息支出			13.08	8.32	3.77	0.00
34	税前利润			140.58	137.83	133.53	127.40
35	所得税			74.51	73.05	70.77	67.52
36	净利润			66.07	64.78	62.76	59.88
37							
38	期初留存收益			100.00	162.77	224.31	283.93
39	分配股利			3.30	3.24	3.14	2.99
40	期末留存收益			162.77	224.31	283.93	340.82
41							

图 12-7

工作表中的 D 列显示的是公司初始（第 0 年）情况。本例中用于制作资产负债表和利润表的假设条件如下：

◎ 销售收入增长率：每年 2%。

◎ 初始销售收入：1 000 元。

◎ 长期负债利率：10%。

◎ 股利支付率：净利润的 5%。

◎ 所得税率：53%。

◎ 销售成本率：销售收入的 75%。

◎ 折旧率：10%。

◎ 速动资产（liquid assets）利率：9%。

◎ 流动资产占销售收入比：15%。

◎ 流动负债占销售收入比：7%。

◎ 固定资产净值占销售收入比：60%。

为方便编写和理解公式，首先将假设条件项目名称（参见 B2:B9 和 F2:F4 单元格区域）设为对应数值所在单元格（参见 D2:D9 和 H2:H4 单元格区域）的自定义名称。每年（第 t 年）的各项财务数据计算说明如下。

◎ 公式 1：第 $t+1$ 年销售收入 = 第 t 年销售收入 × (1+ 销售收入增长率)。在 E28 单元格中输入公式"=D28*(1+ 销售收入增长率)"，并将公式复制到 F28:H28 单元格区域，计算出每年的销售收入。

◎ 公式 2：第 t 年销售成本 = 第 t 年销售收入 × 销售成本率。在 E29 单元格中输入公式"=E28* 销售成本率"，并将公式复制到 F29:H29 单元格区域，计算出每年的销售成本。

◎ 公式 3：第 t 年折旧 = 第 t 年固定资产总额 × 折旧率。在 E30 单元格中输入公式"=E15* 折旧率"，并将公式复制到 F30:H30 单元格区域，计算出每年的固定资产折旧费用。

◎ 公式 4：第 t 年营业利润 = 第 t 年销售收入 - 第 t 年销售成本 - 第 t 年折旧。在 E31 单元格中输入公式"=E28-E29-E30"，并将公式复制到 F31:H31 单元格区域，计算出每年的营业利润。

◎ 公式 5：第 t 年利息收入 = 第 t 年现金及现金等价物 × 速动资产利率。在 E32 单元格中输入公式"=E13* 速动资产利率"，并将公式复制到 F32:H32 单元格区域，计算出每年的利息收入。

◎ 公式 6：第 t 年利息支出 = 第 t 年长期负债 × 长期负债利率。在 E33 单元格中输入公式 "=E21* 长期负债利率"，并将公式复制到 F33:H33 单元格区域，计算出每年的利息支出。

◎ 公式 7：第 t 年税前利润 = 第 t 年营业利润 + 第 t 年利息收入 - 第 t 年利息支出。在 E34 单元格中输入公式 "=E31+E32-E33"，并将公式复制到 F34:H34 单元格区域，计算出每年的税前利润。

◎ 公式 8：第 t 年所得税 = 第 t 年税前利润 × 所得税率。在 E35 单元格中输入公式 "=E34* 所得税率"，并将公式复制到 F35:H35 单元格区域，计算出每年的所得税。

◎ 公式 9：第 t 年净利润 = 第 t 年税前利润 - 第 t 年所得税。在 E36 单元格中输入公式 "=E34-E35"，并将公式复制到 F36:H36 单元格区域，得到每年的净利润。

◎ 公式 10：第 t 年分配股利 = 第 t 年净利润 × 股利支付率。在 E39 单元格中输入公式 "=E36* 股利支付率"，并将公式复制到 F39:H39 单元格区域，得到每年分配的股利。

◎ 公式 11：第 t+1 年期初留存收益 = 第 t 年期末留存收益。在 E38 单元格中输入公式 "=D23"（初始值），在 F38 单元格中输入公式 "=E40"，并将公式复制到 G38:H38 单元格区域，得到每年的期初留存收益。

◎ 公式 12：第 t 年期末留存收益 = 第 t 年期初留存收益 + 第 t 年净利润 - 第 t 年分配股利。在 E40 单元格中输入公式 "=E38+E36-E39"，并将公式复制到 F40:H40 单元格区域，得到每年的期末留存收益。

◎ 公式 13：第 t 年固定资产总额 = 第 t 年固定资产净值 + 第 t 年累计折旧。在 E15 单元格中输入公式 "=E17+E16"，并将公式复制到 F15:H15 单元格区域，得到每年的固定资产总额。

◎ 公式 14：第 t 年累计折旧 = 第 t-1 年累计折旧 + 第 t 年折旧。在 E16 单元格中输入公式 "=D16+E30"，并将公式复制到 F16:H16 单元格区域，得到每年的累计折旧费用。

◎ 公式 15：第 t 年固定资产净值 = 第 t 年销售收入 × 固定资产净值占销售收入比。在 E17 单元格中输入公式 "=E28* 固定资产净值占销售收入比"，并将公式复制到 F17:H17 单元格区域，得到每年的固定资产净值。

◎ 公式 16：第 t 年流动负债 = 第 t 年销售收入 × 流动负债占销售收入比。在 E20 单元格中输入公式 "=E28* 流动负债占销售收入比"，并将公式复制到 F20:H20 单元格区域，计算出每年的流动负债。

◎ 公式 17：如果第 t 年资产总值 > 第 t 年流动负债，则第 t 年长期负债必须设置为第 t 年资产总值 - 第 t 年流动负债 - 第 t 年所有者权益；反之，第 t 年长期负债必须设置为 0。在 E21 单元格中输入公式"=IF(E18>E20+E24,E18-E20-E24,0)"，并将公式复制到 F21:H21 单元格区域，得到每年的长期负债金额。如果第 t 年的资产总值大于该年的流动负债及所有者权益之和，那么，可以增加长期负债的金额，以使资产总值等于流动负债加所有者权益；如果第 t 年的资产总值小于该年的流动负债及所有者权益之和，那么长期负债的金额应为 0，同时，需要调整现金及现金等价物以使资产总值等于流动负债及所有者权益之和。

◎ 公式 18：如果第 t 年长期负债大于 0，则第 t 年现金及现金等价物的金额应为 0；反之，第 t 年现金及现金等价物的金额应为 0 与"负债及所有者权益 - 流动资产 - 固定资产净值"的计算值中大的那个。在 E13 单元格中输入公式"=IF(E21>0,0,MAX(0,E25-E14-E17))"，并将公式复制到 F13:H13 单元格区域，得到每年的现金及现金等价物金额。当长期负债大于 0 时，不需要使用现金及现金等价物来平衡资产与负债，因此将该年的现金及现金等价物设置为 0。当长期负债小于或等于 0 时，将该年的现金及现金等价物设置为"负债及所有者权益 - 流动资产 - 固定资产净值"，此处的流动资产不包含现金及现金等价物，当此值小于 0 时，公式会将返回值归零。所以，现金及现金等价物是个倒轧数，用于调节资产和负债的平衡。

◎ 公式 19：第 t 年资产总值 = 第 t 年流动资产 + 第 t 年固定资产净值 + 第 t 年现金及现金等价物。在 E18 单元格中输入公式"=SUM(E13,E14,E17)"，并将公式复制到 F18:H18 单元格区域，得到各年的资产总值。

◎ 公式 20：第 t 年所有者权益 = 第 t 年股本 + 第 t 年留存收益。在 E24 单元格中输入公式"=SUM(E22:E23)"，并将公式复制到 F24:H24 单元格区域，得到各年的所有者权益。

◎ 公式 21：第 t 年负债及所有者权益 = 第 t 年流动负债 + 第 t 年长期负债 + 第 t 年所有者权益。在 E25 单元格中输入公式"=SUM(E20,E21,E24)"，并将公式复制到 F25:H25 单元格区域，得到各年的负债及所有者权益。

以上部分公式涉及 Excel 的循环引用功能（相关内容可参阅本书第 11 章），循环引用的逻辑为：现金及现金等价物金额影响资产总值，资产总值影响长期负债金额，长期债务金额影响现金及现金等价物金额。

如何处理"#N\A"错误值以便公式能正常计算？

在使用 VLOOKUP 函数提取员工时薪进行计算时，Excel 返回了很多"#N\A"错误值，导致引用这些数据的 AVERAGE 函数无法返回平均值计算结果。如何处理"#N\A"错误值以便求平均值的公式能正常计算出结果？

如图 12-8 所示，示例文件"12-错误值.xlsx"中，D3:E7 单元格区域包含了 5 名员工的姓名和时薪信息。D11:D15 单元格区域中的姓名有一部分和 D3:E7 单元格区域中的姓名相同。在 E11 单元格中输入公式"=VLOOKUP(D11,\$D\$3:\$E\$7,2,FALSE)"，并将公式复制到 E12:E15 单元格区域，提取这些员工的时薪。我们会发现在 E13 和 E14 单元格中，Excel 返回了"#N/A"错误值。此处无法返回正确值的原因是，单元格中的公式查找的是员工 JR 和 Josh 的数据，这两个姓名在 D3:E7 单元格区域中找不到，VLOOKUP 函数无法返回与之匹配的数据。因此，当我们在 E16 单元格中输入公式"=AVERAGE(E11:E15)"计算平均时薪时，只能得到一个"#N/A"错误值。

	D	E	F	G	H	I	J	K
1								
2	姓名	时薪（元）						
3	Jane	40						
4	Jack	60						
5	Jill	70						
6	Erica	34						
7	Adam	120						
8								
9								
10	姓名	未使用IFERROR	使用IFERROR					
11	Erica	34	34.00	=IFERROR(VLOOKUP(D11,$D$3:$E$7,2,FALSE)," ")				
12	Adam	120	120.00					
13	JR	#N/A						
14	Josh	#N/A						
15	Jill	70	70.00					
16	平均时薪（元）	#N/A	74.67	=AVERAGE(F11:F15)				
17								
18			74.67	=AGGREGATE(1,6,F11:F15)				
19								

图 12-8

我们可以手工将"#N/A"错误值修改为空格，以便 AVERAGE 函数能正常计算平均值。不过，这个方法相对麻烦，更有效的方法是通过 IFERROR 函数自动将"#N/A"错误值替换为指定字符（通常替换为空格）。IFERROR 函数的语法结构为：

IFERROR(公式 ， 返回值)

第 1 个参数是要检查是否存在错误的公式，当该公式未产生错误值时函数会返回公式的计算结果；若公式产生错误值，则函数返回第 2 个参数指定的字符。

Excel 的常见错误值除了"#N/A"，还有"#DIV/0""#NAME?""#NUM!""#REF!" "#VALUE!"，下文会有相关解释。在 F11 单元格中输入公式"=IFERROR(VLOOKUP(D11,$D $3:$E$7,2,FALSE)," ")"，并将公式复制到 F12:F15 单元格区域，即可提取各个在职员工的时薪数据，对于已经离职的员工（搜不到名字的），时薪数据会显示为空白。此时，在 F16 单元格中输入公式"=AVERAGE(F11:F15)"，可以正确计算所有员工的平均时薪。

自 Excel 2010 起，一个聚合函数——AGGREGATE 被引入，它可以在计算过程中忽略隐藏的行或错误值。AGGREGATE 函数的语法结构为：

AGGREGATE(功能代码 ， 忽略选项 ， 数组)

◎ 参数"功能代码"的取值范围为 1~19，用于指定用哪个 Excel 函数进行计算。例如 1 代表 AVERAGE 函数，9 代表 SUM 函数（查看微软的在线帮助文档可以了解所有功能代码代表的函数）。

◎ 参数"忽略选项"的取值范围为 0~7，各参数值的说明见表 12-1。在本例中，应该选用的参数值为 6——忽略错误值。

◎ 参数"数组"为参与计算的数值，可以是对单元格区域的引用。例如，在 E18 单元格中输入公式"=AGGREGATE(1,6,F11:F15)"，可以正确计算在职员工的平均时薪。

表 12-1　"忽略选项"参数说明

参数值	说　明
0 或省略	忽略嵌套 SUBTOTAL 和 AGGREGATE 函数
1	忽略隐藏的行、嵌套 SUBTOTAL 和 AGGREGATE 函数
2	忽略错误值、嵌套 SUBTOTAL 和 AGGREGATE 函数
3	忽略隐藏的行、错误值、嵌套 SUBTOTAL 和 AGGREGATE 函数
4	不忽略任何内容
5	忽略隐藏的行
6	忽略错误值
7	忽略隐藏的行和错误值

如图 12-9 所示，示例文件"12- 错误值示例 .xlsx"包含了一些错误值示例。

	B	C	D	E	F
2					
3	5	0	#DIV/0!	=B3/C3	
4					
5					
6	5	jack	#VALUE!	=B6+C6	
7			#NAME?	=SUM(销售)	
8			#NUM!	=SQRT(-1)	
9		#REF!		=SUM(#REF!)	
10					

图 12-9

◎ 在 D3 单元格中，输入公式“=B3/C3”，会返回“#DIV/0!”，因为分母不能为 0。

◎ 在 D6 单元格中，输入公式“=B6+C6”，会返回“#VALUE!”，因为“jack”是文本型数据，而不是数值型数据，不能做加减运算。

◎ 在 D7 单元格中，输入公式“=SUM(销售)”，会返回“#NAME?”，因为公式中引用的“销售”不是自定义名称。

◎ 在 D8 单元格中，输入公式“=SQRT(-1)”，会返回“#NUM!”，因为负数不能开根号，属于不可接受的参数。

◎ 在 C9 单元格中，输入公式“=SUM(A1:A3)”，然后删除 A 列，会返回“#REF!”，因为公式中引用的单元格已不存在。

IFERROR 函数可用于将以上错误值中的任何一个替换为指定的数字或文本字符串。

如何用公式实现在表格的某些行进行计算？

示例文件“12- 商场 .xlsx”中，记录了某商场的各季度销售收入，如图 12-10 所示。如何在每年的第 1 季度销售收入所在行计算当年的年度收入，而其他行保持空白？

E6　=IF(MOD(ROW(),4)=2,SUM(D6:D9),"")

	A	B	C	D	E	F
4						
5		年	季度	收入（百万元）	年度收入（百万元）	
6		1991	1	9,280.57	43,886.76	
7		1991	2	10,339.90		
8		1991	3	10,627.50		
9		1991	4	13,638.80		
10		1992	1	11,649.40	55,483.59	
11		1992	2	13,028.40		
12		1992	3	13,683.80		
13		1992	4	17,122.00		
14		1993	1	13,920.40	67,344.30	
15		1993	2	16,236.50		
16		1993	3	16,826.90		
17		1993	4	20,360.50		
18		1994	1	17,686.10	82,493.89	
19		1994	2	19,942.30		
20		1994	3	20,417.70		
21		1994	4	24,447.80		
22		1995	1	20,440.00	93,627.00	
23		1995	2	22,723.00		
24		1995	3	22,914.00		
25		1995	4	27,550.00		

图 12-10

观察表格，发现自第 6 行起，每隔 3 行就是某年的第 1 季度销售收入记录，第 6 行、第 10 行、第 14 行……在 E6 单元格中输入公式"=SUM(D6:D9)"，即可得到 1991 年的年度收入，但将此公式向下填充至 E 列的所有行时，得到的结果是每行显示跨年的 4 个季度的收入合计，而不是希望的只在每年的第 1 季度收入所在行计算当年的年度收入——应该仅在 E6、E10、E14 等单元格中有数值，E 列其他单元格应为空白。

在本例中，我们组合使用 IF、ROW、MOD 函数来优化公式。

ROW 函数返回的是指定单元格所在的行号，其语法结构为：

ROW(单元格地址)

例如，公式"=ROW(A6)"返回的值是 6，公式"=ROW(B6)"返回的值还是 6。

MOD 函数返回的是两数相除的余数，其语法结构为：

MOD(被除数 , 除数)

例如，公式"=MOD(9,4)"返回的值为 1，公式"=MOD(6,3)"返回的值为 0。

在本例中，只要行号满足除以 4 余 2 这个条件，就是需要显示计算结果的行。在 E6 单元格中输入公式"=IF(MOD(ROW(),4)=2,SUM(D6:D9),"")"，并将公式复制到 E7:E58 单元格区域，即可在 E 列中每年的第 1 季度收入所在行显示出年度收入计算结果，而其他行不显示数值。

IF 函数嵌套使用很复杂，如何使用 IFS 函数处理多重条件判断？

构建一个多层 IF 函数嵌套公式是一件麻烦的事，需要多次键入"IF"，并注意每一层函数的起止括号位置。幸运的是，Microsoft 365 提供了强大的 IFS 函数，让构建此类公式变得容易很多。IFS 函数大大简化了 IF 函数嵌套中的重复代码，只需一组括号（不含其他函数的括号）即可完成整个公式的编写。

示例文件"12-IFS 函数 .xlsx"演示了 IFS 函数的使用方法。在"掷骰子游戏"工作表中，如图 12-11 所示，我们用 IFS 函数来实现本章前面有关掷骰子游戏的案例的需求。

	A	B	C	D	E	F
2						
3		IF函数	IFS函数			
4	骰子点数	结果	结果			
5	3	输	输			
6	7	赢	赢			
7	9	继续	继续			
8						
9	=IF(OR(A5=2,A5=3,A5=12),"输",IF(OR(A5=7,A5=11),"赢","继续"))					
10	=IFS(OR(A5=2,A5=3,A5=12),"输",OR(A5=7,A5=11),"赢",TRUE,"继续")					
11						

图 12-11

在 C5 单元格中输入公式"=IFS(OR(A5=2,A5=3,A5=12),"输",OR(A5=7,A5=11),"赢",TRUE,"继续")"，用 IFS 函数来判断掷骰子游戏的结果。注意，在函数代码中，列出最后一种可能性对应的返回结果之前，一定要使用参数"TRUE"。

在本例中，如果骰子点数为 2、3 或 12，则结果为"输"；如果点数为 7 或 11，则结果为"赢"；对于其他点数，参数"TRUE"将触发最后的结果"继续"。整个公式中只出现了一次"IFS"，而且逻辑层次简单明了。

接下来重温一下本章前面那个基于以量定价销售策略计算货款金额的案例。其中，产品单价的变化依据为：如果采购量小于或等于 500 台，则产品单价为 3.00 元 / 台；如果采购量在 501 至 1200 台之间，则产品单价为 2.70 元 / 台；如果采购量在 1201 至 2000 台之间，则产品单价为 2.30 元 / 台；如果采购量大于 2000 台，则产品单价为 2.00 元 / 台。

上文使用 IF 函数编写了一个 3 层嵌套公式，现在我们只需使用 IFS 函数编写一个不嵌套的公式即可得到同样的结果。需要注意的是，参数"TRUE"不能少。在示例文件"12-IFS 函数 .xlsx"的"以量定价"工作表的 D9 单元格中输入公式"=IFS(A9< 临界点 1, 产品单价 1,A9<= 临界点 2, 产品单价 2,A9<=临界点 3, 产品单价 3,TRUE, 产品单价 4)"，并将公式复制到 D10:D12 单元格区域，如图 12-12 所示。

	A	B	C	D	E	F	G	H
1		采购量 临界点（台）	单价（元）					
2	临界点1	500	3.00	产品单价1				
3	临界点2	1200	2.70	产品单价2				
4	临界点3	2000	2.30	产品单价3				
5			2.00	产品单价4				
6								
7			IF函数	IFS函数				
8	采购量（台）	金额（元）	单价（元）	单价（元）				
9	450	1,350.00	3.00	3.00				
10	900	2,430.00	2.70	2.70				
11	1450	3,335.00	2.30	2.30				
12	2100	4,200.00	2.00	2.00				
13								
14	=IF(A9<临界点1,产品单价1,IF(A9<临界点2,产品单价2,IF(A9<临界点3,产品单价3,产品单价4)))							
15	=IFS(A9<临界点1,产品单价1,A9<=临界点2,产品单价2,A9<=临界点3,产品单价3,TRUE,产品单价4)							
16								

图 12-12

CHOOSE 函数如何使用？

CHOOSE 函数可根据给定的索引值，返回参数列表中相应的值或执行相应操作，其语法结构为：

CHOOSE(索引值，值 1，[值 2]，…)

示例文件"12-CHOOSE 函数 .xlsx"中包含 CHOOSE 函数的三个应用示例。第一个示例如图 12-13 所示，名为"21 点"的工作表展示了一个有关纸牌游戏——"21 点"的量化模型（最早由数学家爱德华·索普提出）。在该模型中，当牌面点数为 2~7 时，对形势有利，为每张牌计 1 分；当牌面点数为 9、10 或 A 时，对形势不利，为每张牌计 -1 分；当牌面点数为 8 时，对形势无影响，计 0 分。本例使用 CHOOSE 函数来计算拿到的牌的累计分值，G 列记录了每轮拿到的牌的点数，H3 单元格中的公式为"=CHOOSE(G3,-1,1,1,1,1,1,1,0,-1,-1)"，G3 单元格中的值为 10，因此返回数组"-1,1,1,1,1,1,1,0,-1,-1"中的第 10 个值，即"-1"。在 I 列中，通过 SUM 函数计算累计分值。例如，抽到 7 张牌后，累计分值为 3，这表示当前形势是相对有利的。

	D	E	F	G	H	I	J
1							
2			轮次	牌面点数	分值	累计分值	
3	1	-1	1	10	-1	-1	
4	2	1	2	5	1	0	
5	3	1	3	1	-1	-1	
6	4	1	4	5	1	0	
7	5	1	5	5	1	1	
8	6	1	6	7	1	2	
9	7	1	7	6	1	3	
10	8	0	8	10	-1	2	
11	9	-1	9	10	-1	1	
12	10	-1	10	10	-1	0	

图 12-13

示例文件"12-CHOOSE 函数 .xlsx"的"季度"工作表中包括另外两个 CHOOSE 函数的应用示例。假设某公司的财年是从每年 10 月开始的，则 1 月到 3 月是财年的 2 季度，4 月到 6 月是财年的 3 季度，7 月到 9 月是财年的 4 季度，10 月到 12 月是财年的 1 季度。如图 12-14 所示，H4 单元格中的公式为"=CHOOSE(G4,2,2,2,3,3,3,4,4,4,1,1,1)"，返回的是 G4 单元格中的月份对应的财年季度。我们可以用熟悉的 VLOOKUP 函数验证这个公式的准确性。

	D	E	F	G	H	I	J
1							
2							
3	自然月	财年季度		自然月	财年季度		
4	1	2		7	4	=CHOOSE(G4,2,2,2,3,3,3,4,4,4,1,1,1)	
5	2	2		10	1	=VLOOKUP(G5,D4:E15,2)	
6	3	2					
7	4	3					
8	5	3					
9	6	3					
10	7	4					
11	8	4					
12	9	4					
13	10	1					
14	11	1					
15	12	1					
16							

图 12-14

最后一个 CHOOSE 函数的应用示例如图 12-15 所示，L6:O8 单元格区域列出了每季度各月的销量数值，M2 单元格中的公式为 "=SUM(CHOOSE(L2,L6:L8,M6:M8,N6:N8,O6:O8))"。L2 单元格中指定的是 3 季度，则 CHOOSE 函数返回的是数组 "L6:L8,M6:M8,N6:N8,O6:O8" 中的第 3 个值 "N6:N8"，SUM 函数就求出了 N6:N8 单元格区域中数值的总和——120。

	L	M	N	O	P
1	季度	销量			
2	3	120			
3		=SUM(CHOOSE(L2,L6:L8,M6:M8,N6:N8,O6:O8))			
4					
5	1季度销量	2季度销量	3季度销量	4季度销量	
6	10	20	30	40	
7	15	30	40	50	
8	20	40	50	60	
9					

图 12-15

SWITCH 函数如何使用？

在 Excel 2019 或 Microsoft 365 中有一个新函数——SWITCH，可将指定表达式的结果与后续一组值进行比较，然后返回第 1 个与之匹配的值对应的结果，如果和给定的一组值都不匹配，则返回指定的默认值（可选参数）。SWITCH 函数的语法结构为：

SWITCH(表达式 ，查找值 1，返回值 1，[查找值 2]，[返回值 2]，… [默认值])

SWITCH 函数支持最多 126 组 "查找值 - 返回值"。

在示例文件 "12-SWITCH 函数 .xlsx" 中，B 列为某服装的各尺码对应的文字描述，D 列为服装的产品代码，G 列为从产品代码中提取的尺码。如果想在 H 列显示服装尺码对应的文字描述，可在 H3 单元格中输入公式 "=SWITCH(G3,"XXL"," 特特大号 ","XL"," 特大号 ","L"," 大号 ","M",

" 中号 ","S"," 小号 ","XS"," 特小号 ","XXS"," 特特小号 "," 尺码错误 ")"，并将公式复制到 H4 至 H26 单元格区域，如图 12-16 所示。

	A	B	C	D	E	F	G	H
1								
2	尺码	描述		产品代码	第1个分隔符位置	第2个分隔符位置	尺码	描述
3	XXL	特特大号		1023-XL-1539	5	8	XL	特大号
4	XL	特大号		982-L-555	4	6	L	大号
5	L	大号		1257-XXL-423	5	9	XXL	特特大号
6	M	中号		1072-M-863	5	7	M	中号
7	S	小号		464-S-1526	4	6	S	小号
8	XS	特小号		746-XS-791	4	7	XS	特小号
9	XXS	特特小号		791-XL-136	4	7	XL	特大号
10				831-L-376	4	6	L	大号
11				1139-XXL-108	5	9	XXL	特特大号
12				1914-M-743	5	7	M	中号
13				126-S-1090	4	6	S	小号
14				1474-XS-1579	5	8	XS	特小号
15				303-XL-1272	4	7	XL	特大号
16				1363-L-1600	5	7	L	大号
17				1544-XXL-525	5	9	XXL	特特大号
18				22-M-575	3	5	M	中号
19				1518-L-423	5	7	L	大号
20				1903-XXL-435	5	9	XXL	特特大号
21				1021-S-1271	5	7	S	小号
22				1709-XXS-1764	5	9	XXS	特特小号
23				826-XS-96	4	7	XS	特小号
24				1346-M-1127	5	7	M	中号
25				1837-XXL-419	5	9	XXL	特特大号
26							XOXO	尺码错误

图 12-16

当 G 列中存在 B 列没有列出的尺码时（例如 G26 单元格），公式会返回 SWITCH 函数的"默认值"参数指定的内容——"尺码错误"。

Excel 有许多 IS 类函数，能讲解一下吗？

Excel 的 IS 类函数可检验指定值或单元格，并返回判断结果（"TRUE"或"FALSE"）。

◎ ISTEXT 函数：检验指定值是否为文本。

◎ SNUMBER 函数：检验指定值是否为数字。

◎ ISBLANK 函数：检验指定值是否为空值。

◎ ISFORMULA 函数：检验指定单元格是否包含公式。

◎ ISNONTEXT 函数：检验指定值是否为非文本内容。空单元格也被视为非文本。

◎ ISNA 函数：检验指定单元格是否包含"#N/A"错误值。

◎ ISERR 函数：检验指定单元格是否包含"#N/A"之外的错误值。

◎ ISERROR 函数：检验指定单元格是否包含任意错误值。

示例文件 "12-IS 类函数 .xlsx" 展示了一些 IS 类函数的应用示例，如图 12-17 和图 12-18 所示。

	A	B	C	D	E	F	G	H	I
2									
3					ISTEXT	ISNUMBER	ISBLANK	ISNONTEXT	ISFORMULA
4				eddy	TRUE	FALSE	FALSE	FALSE	FALSE
5				34	FALSE	TRUE	FALSE	TRUE	FALSE
6				45	FALSE	TRUE	FALSE	TRUE	FALSE
7				john	TRUE	FALSE	FALSE	FALSE	FALSE
8		2		kim	TRUE	FALSE	FALSE	FALSE	FALSE
9		3	=SUM(A8:A9)	5	FALSE	TRUE	FALSE	TRUE	TRUE
10							TRUE	TRUE	
11								TRUE	
12									

图 12-17

◎ 在 E4 单元格中输入公式 "=ISTEXT(D4)"，并将公式复制到 E5:E9 单元格区域，可知 D4、D7 和 D8 单元格中的内容为文本。

◎ 在 F4 单元格中输入公式 "=ISNUMBER(D4)"，并将公式复制到 F5:F9 单元格区域，可知 D5、D6 和 D9 单元格中的内容为数字。

◎ 在 G4 单元格中输入公式 "=ISBLANK(D4)"，并将公式复制到 G5:G10 单元格区域，可知只有 D10 单元格中的内容为空值。

◎ 在 H4 单元格中输入公式 "=ISNONTEXT(D4)"，并将公式复制到 H5:H11 单元格区域，可知 D5、D6、D9、D10 和 D11 单元格中无文本。

◎ 在 I4 单元格中输入公式 "=ISFORMULA(D4)"，并将公式复制到 I5:I9 单元格区域，可知 D9 单元格中包含公式。

	N	O	P	Q	R
2					
3					
4		#N/A	TRUE	TRUE	FALSE
5		#DIV/0!	TRUE	FALSE	TRUE
6					
7		=VLOOKUP("george",D4:D8,1,FALSE)	=ISERROR(O4)	=ISNA(O4)	=ISERR(O4)
8		=8/0	=ISERROR(O5)	=ISNA(O5)	=ISERR(O5)
9					

图 12-18

O4 单元格中的公式为 "=VLOOKUP("george",D4:D8,1,FALSE)"，O5 单元格中的公式为 "=8/0"。

◎ P 列中的 ISERROR 函数都返回了 "TRUE"，因为对应单元格中的公式都返回了错误值。

◎ Q4 单元格中的 ISNA 函数返回了 "TRUE"，因为 O4 单元格中的 VLOOKUP 函数返回了"#N/A"错误值；Q5 单元格的返回值为"FALSE"，因为 O5 单元格中的公式"=8/0"不会返回"#N/A"错误值。

◎ R4 单元格中的 ISERR 函数返回了"FALSE"，因为 O4 单元格中的 VLOOKUP 函数返回了"#N/A"错误值；R5 单元格的返回值为"TRUE"，因为 O5 单元格中的公式"=8/0"返回的不是"#N/A"错误值。

第 13 章
时间函数

回顾本书第 7 章的内容，Excel 以 1900 年 1 月 1 日为基准日期，将此日期的序列号设为 1，则 1900 年 1 月 2 日的序列号为 2，其他日期的序列号以此类推。Excel 也为时间数据分配序列号，以表明某个时间在一天的 24 小时中处于什么位置（起点是午夜 0 点）。所以，凌晨 3 点的序列号为 0.125（3×1/24），中午 12 点的序列号为 0.5（12×1/24），傍晚 6 点的序列号为 0.75（18×1/24），等等。如果单元格中保存的是"日期 + 时间"的组合数据，则序列号为自 1900 年 1 月 1 日起的天数加上具体时间对应的分数形式的序列号。例如，"2007/1/1 6:00"对应的序列号为 39083.25。

如何在 Excel 中输入时间数据？

在单元格中输入时间数据时，需要使用冒号":"来分隔小时数值和分钟数值。如图 13-1 所示，在示例文件"13- 时间函数 .xlsx"的 C2 单元格中输入表示上午 8 点半的时间"8:30 AM"，在 C3 单元格中输入表示晚上 8 点半的"8:30 PM"，也可以简单地输入"8:30"和"20:30"。

在 A4 单元格中输入公式"=TIME(15,10,30)"，会返回"3:10:30 PM"，代表时间为下午 3 点 10 分 30 秒。

	A	B	C	D	E
1					
2	8:30 AM	=TIME(8,30,0)	8:30 AM	8:30	
3	8:30 PM	=TIME(20,30,0)	8:30 PM	20:30	
4	3:10:30 PM	=TIME(15,10,30)	=HOUR(A4)	=MINUTE(A4)	=SECOND(A4)
5	1:10:30 AM	=TIME(25,10,30)	15.00	10	30
6					
7	0.354166667	=TIMEVALUE("8:30")			
8					

图 13-1

如何在同一个单元格中输入时间和日期？

在 Excel 中，输入日期后空一格再输入时间，即可将日期和时间输入到同一个单元格里。例如，在示例文件"13- 时间函数 .xlsx"的 H13 单元格中输入"2007/1/1 5:35"，Excel 的编辑栏中显示的是"2007/1/1 5:35:00"，如图 13-2 所示，代表 2007 年 1 月 1 日上午 5 点 35 分。

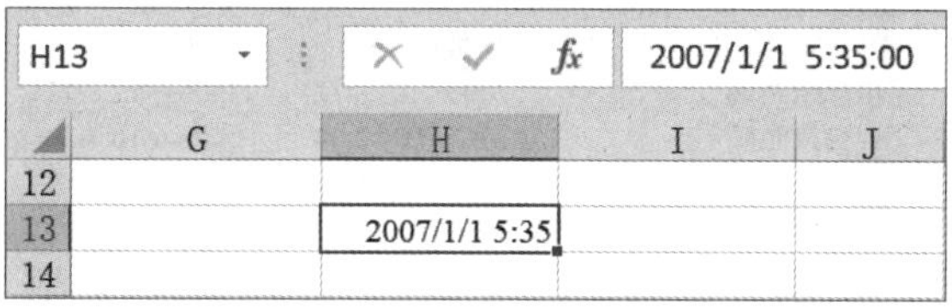

图 13-2

如何在 Excel 中进行有关时间的计算？

在 Excel 中，两个时间数据能否进行计算，取决于公式所在单元格的格式设置。

如图 13-3 所示，在示例文件"13- 时间函数 .xlsx"的 F5 和 H5 单元格中输入同样的公式"=C3-C2"，来计算上午 8:30 和下午 8:30 之间相差多久。在默认情况下，Excel 会将此公式的计算结果显示为"12:00 PM"，如 H5 单元格所示。通常，我们会希望这个公式的计算结果显示为"0.5"，即两个时间之间相差半天。这时，需要将单元格的格式设置为"数值"，如 F5 单元格所示。

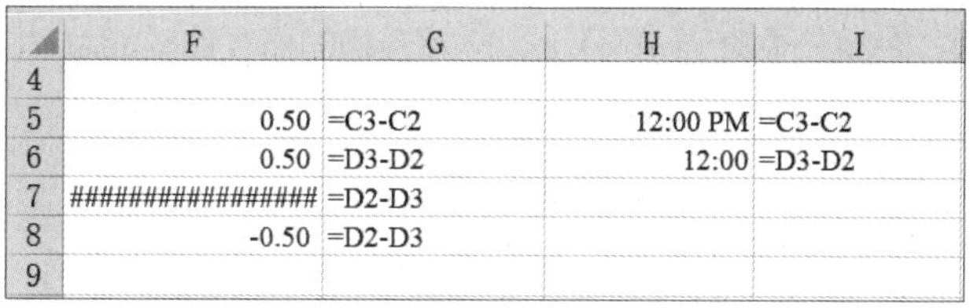

图 13-3

在 F7 单元格中输入公式"=D2-D3"，返回的是可怕的"###############"。这是因为 D2 单元格中的数据代表的时间早于 D3 单元格中的数据代表的时间，若不设置正确的单元格格式就会显示这样的结果。在 F8 单元格中输入同样的公式"=D2-D3"，并将单元格的格式设置为"数值"，即可返回正确的结果"-0.5"。

如图 13-4 所示，B17 和 C17 单元格中是两个任务的起始时间，B18 和 C18 单元格中是任务的结束时间。我们要计算完成各个任务花费了多少时间，在 B19 单元格中输入公式"=B18-B17"，并将公式复制到 C19 单元格中，再将这两个单元格的格式设置为"数值"，即可得到答案：第 1 个任务花了 29.18 天，第 2 个任务花了 28.97 天。

	A	B	C
15			
16		任务1	任务2
17	起始时间	2006/5/12 8:12	2006/5/12 8:12
18	结束时间	2006/6/10 12:30	2006/6/10 7:30
19	时长（天）	29.18	28.97
20		=B18-B17	=C18-C17
21			

图 13-4

如何让工作表始终显示当前时间？

NOW 函数可用于显示当前的日期及时间，它的语法结构为：

NOW( )

例如，在 G2 单元格中输入公式"=NOW()"，可得到返回值"2023/4/1 22:16"，如图 13-5 所示，因为这个案例是在 2023 年 4 月 1 日晚上 10 点 16 分制作并截图的。（请注意，如果你打开示例文件"13- 时间函数 .xlsx"，G2 单元格中将显示当前的日期和时间。）如果需要仅显示时间、不显示日期，可以在 H2 或 I2 单元格中输入公式"=NOW()-TODAY()"。本例中，H2 单元格的格式被设置为"时间"（22 点 16 分），I2 单元格的格式被设置为"数值"（0.93 天）。

	G	H	I	J
1	=NOW()	时间格式	数值格式	
2	2023/4/1 22:16	22:16	0.93	
3		=NOW()-TODAY()		
4				

图 13-5

如何使用 TIME 函数生成时间数值？

TIME 函数可将给定的时、分、秒数值合成为一个具体的时间数值（返回的时间范围是 0 点至 24 点），其语法结构为：

TIME(时，分，秒)

如图 13-6 所示，在示例文件"13- 时间函数 .xlsx"的 A2 单元格中输入公式"=TIME(8,30,0)"，得到的返回值为"8:30 AM"。在 A3 单元格中输入公式"=TIME(20,30,0)"，得到的返回值为"8:30 PM"。在 A4 单元格中输入公式"=TIME(15,10,30)"，得到的返回值为"3:10:30 PM"。需要注意的是，在 A5 单元格中输入公式"=TIME(25,10,30)"，得到的返回值为"1:10:30 AM"，"25"

被视为次日的凌晨 1 点。

	A	B
1		
2	8:30 AM	=TIME(8,30,0)
3	8:30 PM	=TIME(20,30,0)
4	3:10:30 PM	=TIME(15,10,30)
5	1:10:30 AM	=TIME(25,10,30)
6		
7	0.354166667	=TIMEVALUE("8:30")
8		

图 13-6

提示 若时间数值没有显示秒数，按【Ctrl+1】组合键打开【设置单元格格式】对话框，在左边的【分类】列表框中选择【时间】选项，在右边的【类型】列表框中选择带有秒数的格式选项即可。

如何使用 TIMEVALUE 函数将文本字符串转换为时间数值？

TIMEVALUE 函数可将包含时间信息的文本字符串转换为表示时间的十进制数字，其语法结构为：

TIMEVALUE(时间文本)

其中，参数"时间文本"是一个带有半角双引号的文本字符串，例如""6:45 PM"""18:45"""2023/1/1 6:35 pm""。TIMEVALUE 函数会返回一个 0 至 0.99988426 之间的值，来表示 0:00:00 到 23:59:59 之间的时间（函数会忽略参数中的日期信息）。例如，在示例文件"13-时间函数 .xlsx"的 A7 单元格中输入公式"=TIMEVALUE("8:30")"，返回值为"0.354166667"（如图 13-1 所示），意味着到了上午 8 点半，一天中 35.4% 的时间已经过去。

如何从给定的时间值中提取时、分、秒的值？

HOUR、MINUTE 和 SECOND 函数可用于从给定的时间值中提取时、分、秒的值。在示例文件"13- 时间函数 .xlsx"的 C5 单元格中输入公式"=HOUR(A4)"，可得到返回值"15.00"；在 D5 单元格中输入公式"=MINUTE(A4)"，可得到返回值"10"，在 E5 单元格中输入公式"=SECOND(A4)"，可得到返回值"30"，如图 13-1 所示。

如何根据起始时间和结束时间计算工时？

如图 13-7 所示，示例文件"13- 时间函数 .xlsx"的 C10:D11 单元格区域记录了 Jane 和 Jack 的工作起始时间和结束时间。如果想弄清楚每个人工作了多久，只需用结束时间减去起始时间。但问题是 Jane 是在第二天上午才结束工作的，所以直接做减法并不能得到准确的时长。在 C13 单元格中输入公式"=IF(D10>C10,(D10-C10)*24,24+(D10-C10)*24)"，并将公式复制到 C14 单元格，可得到正确的结果——Jane 工作了 9 小时，Jack 工作了 8.5 小时。当然，我们需要将这些单元格的格式设为"数值"。本例中的公式的计算逻辑是：如果结束时间大于起始时间，则用结束时间减去起始时间，再乘以 24 得到以小时为单位的值；如果结束时间小于起始时间（代表工作到次日），用原算法会得到负的小时数，此时就需要再加上 24 小时，以得到正确的结果。

	A	B	C	D	E
8					
9			起始时间	结束时间	
10		Jane	9:00 PM	6:00 AM	
11		Jack	7:00 AM	3:30 PM	
12			时长（小时）		
13		Jane	9.00	=IF(D10>C10,(D10-C10)*24,24+(D10-C10)*24)	
14		Jack	8.50	=IF(D11>C11,(D11-C11)*24,24+(D11-C11)*24)	
15					

图 13-7

为什么计算工时数之和时结果值不会超过 24 小时？

在示例文件"13- 时间函数 .xlsx"的 D36 单元格中输入公式"=SUM(D31:D35)"，返回的是不正确的数值——14:48。这是因为将单元格的格式设置为"h:mm"形式，显示的值永远不会超过 24 小时。本例中，正确的方法是将单元格格式更改为能显示 24 小时以上数值的格式。在 D38 单元格中输入同样的公式"=SUM(D31:D35)"，将单元格格式更改为"英语（美国）"区域的"hh:mm:ss"形式，返回的是正确的数值——38:48:00，如图 13-8 所示。

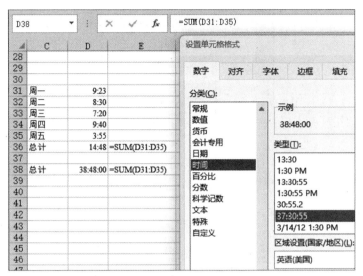

图 13-8

如何快捷创建有规律的时间值序列?

假设某医生的可预约时间为上午 8:00 开始,时间间隔为 20 分钟,一直到下午 5:00 结束。如何快捷创建一个可预约时间列表?

对于本例,可以使用 Excel 的自动填充功能来创建时间值序列。在 L15 单元格中输入第 1 个时间值——8:00 AM,在 L16 单元格中输入第 2 个时间值——8:20 AM,然后选中 L15:L16 单元格区域,将鼠标光标移动到 L16 单元格的右下角,当光标变为黑色十字时,接住鼠标左键向下拖动鼠标,直至单元格中出现最后的时间值——5:00 PM,如图 13-9 所示,松开鼠标键完成自动填充。Excel 能够理解我们想在各单元格中输入间隔 20 分钟的时间值。

例如,在任意单元格中输入"星期一",在下方的单元格中输入"星期二",使用自动填充功能向下填充,可以得到序列"星期一,星期二,星期三,……,星期日",继续向下填充,将会循环输入此序列的值;在任意单元格中输入"2007 年 1 月 1 日",在下一个单元格中输入"2007 年 2 月 1 日",使用自动填充功能能够生成"2007 年 3 月 1 日"等值。

	K	L	M
13			
14		可预约时间	
15		8:00 AM	
16		8:20 AM	
17		8:40 AM	
18		9:00 AM	
19		9:20 AM	
20		9:40 AM	
21		10:00 AM	
22		10:20 AM	
23		10:40 AM	
24		11:00 AM	
25		11:20 AM	
26		11:40 AM	
27		12:00 PM	
28		12:20 PM	
29		12:40 PM	
30		1:00 PM	
31		1:20 PM	
32		1:40 PM	
33		2:00 PM	
34		2:20 PM	
35		2:40 PM	
36		3:00 PM	
37		3:20 PM	
38		3:40 PM	
39		4:00 PM	
40		4:20 PM	
41		4:40 PM	
42		5:00 PM	
43			5:00 PM
44			

图 13-9

如何在工作表中输入当前时间的静态值？

假如想在某工作表中显示创建这个工作表的具体时间（不随系统时间自动更新），只需选中任意空白单元格，然后按下【Ctrl+Shift+;】组合键即可，如图 13-10 所示（这个示例操作是在上午 7:10 进行的）。

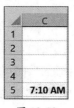

	C
1	
2	
3	
4	
5	**7:10 AM**

图 13-10

第 14 章
选择性粘贴

Excel 提供了方便的"选择性粘贴"功能，本章我们将学习如何通过此功能执行以下操作：

◎ 将某单元格中的值（而不是公式）粘贴到工作表的其他单元格中。

◎ 将某列（或行）数据转换为以行（或列）的形式排列的数据。

◎ 通过与某个常数进行相加（或减、乘、除）运算，将某区域中的数值转换为一组新的数值。

如何将公式的计算结果粘贴到工作表的其他位置？

在示例文件"14- 选择性粘贴 .xlsx"的"值"工作表中，E4:G9 单元格区域记录了某篮球队 5 名球员的姓名、出场次数、总得分数据，并在 H5:H9 单元格区域计算出了各球员的场均得分，如图 14-1 所示。如何将计算的结果数值（而不是公式）粘贴到工作表的其他位置？

 H5		✕ ✓ fx	=G5/F5	
	E	F	G	H	I
3					
4	姓名	出场次数	总得分	场均得分	
5	Dan	4	28	7.00	
6	Gabe	4	28	7.00	
7	Gregory	5	35	7.00	
8	Christian	6	22	3.67	
9	Max	6	15	2.50	
10					

图 14-1

假设我们想在工作表的其他位置（例如 E13:H18 单元格区域）粘贴这些数据，但不想将其中的计算公式复制过去，以便当原始数据在以后有改动时不自动更新计算结果，可以按照以下步骤操作：选中 E4:H9 单元格区域，按【Ctrl+C】组合键复制，移动鼠标指针至 E13 单元格并右击，打开快捷菜单，选择【选择性粘贴】选项，在打开的【选择性粘贴】对话框中选择【粘贴】选区中的【数值】单选按钮，如图 14-2 所示，然后单击【确定】按钮。此时，E13:H18 单元格区域中只包含数值。选中此单元格区域中的任意单元格，查看编辑栏，会发现没有公式。

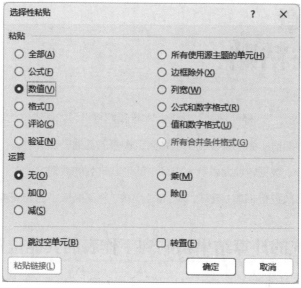

图 14-2

如何将一列数据快捷转换为一行数据？

使用"选择性粘贴"功能可以快捷地将一组数据的排列方式在横向与纵向之间转换。打开示例文件"14- 选择性粘贴 .xlsx"的"转置"工作表，假设想将纵向排列的球员姓名（E5:E9 单元格区域）改为横向排列（从 E13 单元格开始），可以按照以下步骤操作：选中 E5:E9 单元格区域，按【Ctrl+C】组合键复制，移动鼠标指针至 E13 单元格并右击，打开快捷菜单，单击【粘贴选项】选项下的【转置】按钮。

如果想将 E4:H9 单元格区域中的所有内容进行行列转置，并粘贴到 E15 单元格开始的位置，我们需要先选中 E4:H9 单元格区域，按【Ctrl+C】组合键复制，然后将鼠标指针移至 E15 单元格并右击，打开快捷菜单，单击【粘贴选项】选项下的【转置】按钮。这样，在粘贴的内容中，原来的行标题（各球员的姓名）变成了现在的列标题，原来的列标题（各指标项）变成了现在的行标题，表中的数据和公式也自动进行了需要的调整，如图 14-3 所示。

在【选择性粘贴】对话框的左下角，有个【粘贴链接】按钮，用于建立单元格之间的链接。单击此按钮粘贴的内容是对被复制单元格的引用。例如，对于上面的选择性粘贴示例，若单击【粘贴链接】按钮完成了粘贴，当以后 F5 单元格中的值从 4 变为 7 时，F16 单元格中的值也会相应地变为 7，进而导致 F18 单元格中的计算结果值变为 4。

姓名	出场次数	总得分	场均得分		
Dan	4	28	7.00		
Gabe	4	28	7.00		
Gregory	5	35	7.00		
Christian	6	22	3.67		
Max	6	15	2.50		

Dan	Gabe	Gregory	Christian	Max	
姓名	Dan	Gabe	Gregory	Christian	Max
出场次数	4	4	5	6	6
总得分	28	28	35	22	15
场均得分	7.00	7.00	7.00	3.67	2.50

图 14-3

在复制单元格或单元格区域后，在右击粘贴位置后弹出的快捷菜单中，【粘贴选项】选项下有 6 个按钮（如图 14-4 所示），名称和功能（从左到右）如下：

图 14-4

◎ 粘贴：正常粘贴已复制的内容（包含格式和公式等）。

◎ 值：粘贴为数值（丢弃格式和公式）。

◎ 公式：粘贴时保留公式（丢弃格式）。

◎ 转置：粘贴时进行行列转置。

◎ 格式：仅复制格式并应用到目标单元格。

◎ 粘贴链接：创建对被复制单元格的引用。

如何在粘贴数值时进行指定运算？

如图 14-5 所示，示例文件"14- 选择性粘贴 .xlsx"的"收益率"工作表中的数据是从网上获取的 3 个月期的美国短期国债（T-bill）在 1970 年 1 月至 1987 年 2 月期间的收益率。例如，

1970 年 1 月的 3 个月期国债的收益率为 8.01%，但在原始数据中用"8.01"表示。假设想用这些数据计算投入一定数额的本金后能得到多少收益，将原始数据中的数值转换成收益率对应的小数会更方便，也就是需要将原始收益率数值除以 100。如何方便地进行这个操作？

	B	C	D	E
9		日期	收益率	
10		1.1970	8.01	
11		2.1970	7.01	
12		3.1970	6.48	
13		4.1970	7.03	
14		5.1970	7.04	
15		6.1970	6.52	
16		7.1970	6.43	
17		8.1970	6.38	
18		9.1970	6.03	
19		10.1970	5.96	
20		11.1970	5.07	
21		12.1970	4.9	
22		1.1971	4.17	
23		2.1971	3.43	
24		3.1971	3.64	
25		4.1971	4.04	
26		5.1971	4.38	

图 14-5

在【选择性粘贴】对话框的【运算】选区中，提供的单选按钮可用于在粘贴时进行加、减、乘、除四种运算，即将复制的数值与一个给定的数字进行相应运算。现在要将 D 列中的各数除以 100。先在任意空白单元格中输入数字"100"，例如 F5 单元格，然后按【Ctrl+C】组合键复制此单元格的内容。此时，F5 单元格的边框显示为有动态效果的虚线框。接下来选中 D10 单元格并按【Ctrl+Shift+↓】组合键，选中 D 列中的所有数据。

 提示　【Ctrl+Shift+↓】组合键对于选择纵向的多个单元格非常有用；如果要选择横向的多个单元格，快捷键为【Ctrl+Shift+→】组合键。

在选中的单元格区域上右击，弹出快捷菜单，选择【选择性粘贴】选项，在打开的【选择性粘贴】对话框中选择【除】单选按钮，如图 14-6 所示。

单击【确定】按钮关闭对话框，D 列中的数字都除以了 100。例如，D10 单元格中的值变成了 0.0801，如图 14-7 所示。

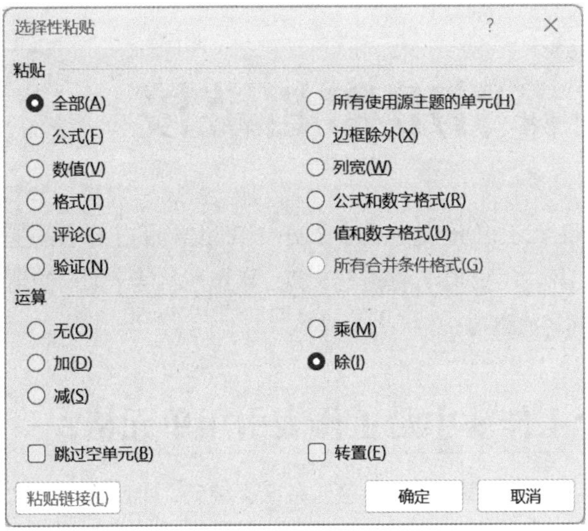

图 14-6

图 14-7

	B	C	D	E	F
4					
5					100
6					
7					
8					
9		日期	利率		
10		1.1970	0.0801		
11		2.1970	0.0701		
12		3.1970	0.0648		
13		4.1970	0.0703		
14		5.1970	0.0704		
15		6.1970	0.0652		
16		7.1970	0.0643		
17		8.1970	0.0638		
18		9.1970	0.0603		
19		10.1970	0.0596		
20		11.1970	0.0507		

对于本例，若在【选择性粘贴】对话框的【运算】选区中选择【加】单选按钮并单击【确定】按钮，D 列中的数值都会被加上 100，D10 单元格中的值会变为 108.08；选择【减】单选按钮并单击【确定】按钮，D 列中的数值都会被减去 100，D10 单元格中的值会变为 -91.92；选择【乘】单选按钮并单击【确定】按钮，D 列中的数值都会被乘以 100，D10 单元格中的值会变为 801。

第15章
跨工作表引用和超链接

在本章中，我们将学习如何创建包含多个具有相同结构的工作表的工作簿，并学习如何轻松创建公式引用多个工作表中的单元格进行计算。本章还将展示如何使用超链接来实现在工作簿中的多个工作表之间轻松跳转。

如何在一个工作簿中跨工作表引用单元格？

假设想创建一个工作簿，将某国各大区（东区、南区、中西区和西区）的销售情况都记录在独立的工作表中，并创建一个工作表来汇总各大区的销售数据。记录各大区销售明细数据的工作表包含的字段有"产品价格"、"产品成本"、"销售数量"、"固定成本"和"利润"，如图 15-1 所示；记录汇总数据的工作表中，包含的字段是"销售数量"及"利润"。

	A	B	C	D	E
1					
2					
3		产品价格	10		
4		产品成本	5		
5		销售数量	35		
6		固定成本	100		
7		利润	75	=(C3-C4)*C5-C6	
8					

图 15-1

在各大区的工作表中，C3 单元格记录了产品价格，C4 单元格记录了产品成本，C5 单元格记录了销售数量，C6 单元格记录了固定成本，C7 单元格中的公式为"=(C3-C4)*C5-C6"，返回的是该区的利润。由于每个工作表的结构相同，我们只需进行一次创建操作，即可同时创建多个工作表。

首先，新建一个空白工作簿，默认情况下该工作簿只包含一个工作表"Sheet1"。单击工作表名"Sheet1"右侧的"新工作表"按钮（带有加号的图标），或按下【Shift+F11】组合键，可以插入一个新的工作表。连续插入 4 个工作表，使当前工作簿包含 5 个工作表。将前 4 个工作表分别命名为"东区"、"南区"、"中西区"和"西区"，将第 5 个工作表命名为"汇总"。各大区的汇总数据将被记录在"汇总"工作表中。

我们可以修改新工作簿中默认包含的工作表数量。切换到【文件】选项卡，选择左下方的【选项】选项。然后，在打开的【Excel 选项】对话框的【常规】选项卡中，修改【包括的工作表数】数值框中的数值。

建立工作表组：单击第 1 个工作表的表名（"东区"），然后按下【Shift】键单击第 4 个工作表的表名（"西区"），全选 4 个工作表建立工作表组。此时，在"东区"工作表中输入的任何内容，都会同时出现在 4 个工作表的相同位置。在 B3 单元格中输入文本"产品价格"，在 B4 单元格中输入文本"产品成本"，在 B5 单元格中输入文本"销售数量"，在 B6 单元格中输入文本"固定成本"，在 B7 单元格中输入文本"利润"，最后在 C7 单元格中输入公式"=(C3-C4)*C5-C6"。单击当前工作表组之外的任意工作表的表名（或按下【Shift】键单击当前工作表的表名），撤销工作表组。查看各个工作表，检查所有字段名称和公式是否已正确输入，然后将各字段的具体数据填入。

至此，我们已经做好了通过跨工作表引用单元格完成汇总计算的准备（参见示例文件"15- 三维 .xlsx"）。要在"汇总"工作表的 C5 单元格中返回所有大区的销售数量合计结果，操作步骤为：选中"汇总"工作表的 C5 单元格，输入"=SUM("，然后选择第 1 个工作表——"东区"的 C5 单元格，按下【Shift】键单击第 4 个工作表——"西区"的 C5 单元格，此时，"汇总"工作表的 C5 单元格中的公式显示为"=SUM(东区 : 西区 !C5"，最后输入右括号")"，按【Enter】键完成公式的输入，即实现了跨工作表引用单元格进行计算。

大多数 Excel 公式在两个维度（行和列）上进行计算，跨工作表引用引入了第三个维度——工作表，本案例演示了这种"三维"计算。

如图 15-2 所示，"汇总"工作表的 C5 单元格中的公式汇总了前面所有工作表的 C5 单元格的数值，将该公式复制到 C7 单元格，可得到各大区的利润总数。

	A	B	C	D
4				
5		销售数量	140	=SUM(东区:西区!C5)
6				
7		利润	300	=SUM(东区:西区!C7)
8				

图 15-2

如何在多个工作表之间快捷跳转？

实现在工作表之间跳转的一个简单方法是使用超链接。打开示例文件"15- 超链接 .xlsx"，工作簿中包含 5 个工作表，"东区"工作表中有 5 个可单击的超链接，单击超链接，就会跳转到对应工作表并选中指定单元格。

下面以创建跳转到"海外"工作表的 A1 单元格为例介绍创建超链接的步骤。单击选中"东区"工作表的 F10 单元格，切换到【插入】选项卡，单击【链接】组的【链接】按钮，打开【编辑超链接】对话框。在左侧的【链接到】栏中单击【本文档中的位置】选项，在右侧的【要显示的文字】文本框中填入"海外"，在【请键入单元格引用】文本框中填入"A1"，在【或在此文档中选择一个位置】列表框中选择"海外"工作表，如图 15-3 所示。最后单击【确定】按钮关闭对话框。

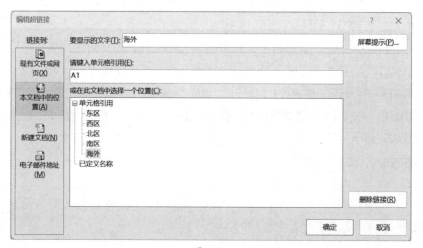

图 15-3

此时，单击 A10 单元格中的【海外】超链接，活动单元格就会切换到"海外"工作表的 A1 单元格。用相同的方法为各工作表的 A1 单元格建立超链接，如图 15-4 所示。

	E	F	G
5			
6		东区	
7		西区	
8		北区	
9		南区	
10		海外	
11			

图 15-4

提示　使用此方法还可以创建跳转到网页、其他文档或电子邮件的超链接。

使用 HYPERLINK 函数可简化创建超链接的操作，其语法结构为：

HYPERLINK(指向的位置，[超链接的显示名称])

打开示例文件"15-HYPERLINK 函数 .xlsx"，如图 15-5 所示，D3:D5 单元格区域中包含三个网址，C3:C5 单元格区域中是为指向三个网址的超链接设置的显示名称。在 B3 单元格中输入公式"=HYPERLINK(D3,C3)"，并将公式复制到 B4 和 B5 单元格中，即可完成指向网站的超链接的创建。

▲	A	B	C	D
2				
3	=HYPERLINK(D3,C3)	电子工业出版社	电子工业出版社	https://www.phei.com.cn/
4	=HYPERLINK(D4,C4)	博文视点	博文视点	http://www.broadview.com.cn/
5	=HYPERLINK(D5,C5)	华信教育资源网	华信教育资源网	https://www.hxedu.com.cn/
6				

图 15-5

提示　在第 23 章中，我们将使用 HYPERLINK 和 INDIRECT 函数自动创建一个目录，包含指向所在工作簿中各个工作表的超链接。

下面是几种有助于在包含多个工作表的工作簿中切换工作表的方法：

◎ 按【Ctrl+PageDown】组合键可以切换到工作簿中的下一个工作表，按【Ctrl+PageUp】组合键可以切换到工作簿中的上一个工作表。

◎ 用鼠标右击工作表名称左边的左、右方向按钮，可打开【激活】对话框，其中列出了当前工作簿中的所有工作表名称，如图 15-6 所示，选择任一名称选项并单击【确定】按钮，即可切换到对应工作表。

◎ 若当前工作簿中包含很多工作表，工作表名称处无法显示所有标签，按下【Ctrl】键单击工作表名称左边的左箭头按钮，可显示出首个工作表名称，按下【Ctrl】键单击工作表名称左边的右箭头按钮，可显示出末尾工作表名称。

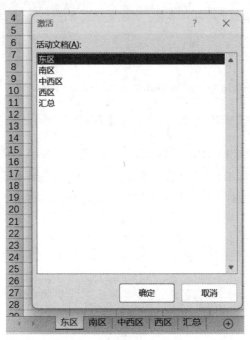

图 15-6

第 16 章
公式审核工具和 Inquire 工具

"结构"这个词往往让人联想到建筑物。工作表模型的结构，是指根据输入的条件（如销售数量、价格和成本等数据）返回计算结果（如净现值、利润或利息等）的方式。Excel 的审核工具提供了探究工作表结构的便捷方法，使我们能更容易理解复杂工作表模型背后的逻辑。

Excel 的公式审核工具如何使用？

如图 16-1 所示，【公式审核】组在 Excel 功能区的【公式】选项卡中。本章我们学习其中大部分的工具，剩余部分会在第 22 章中接触到。

图 16-1

【显示公式】按钮

【显示公式】按钮用于切换单元格中显示的内容是公式本身还是公式计算的结果，此功能的快捷方式是【Ctrl+~】组合键。自 Excel 2013 版开始，使用 FORMULATEXT 函数也可以显示指定单元格中的公式。示例文件"16- 显示公式文本 .xlsx"演示了 FORMULATEXT 函数的使用方法，该示例文件还演示了 ISFORMULA 函数的用法，如图 16-2 所示。ISFORMULA 函数的功能是判断指定单元格的内容是否为公式。

	A	B	C	D	E
2					
3	x	y	A列是否为公式	B列是否为公式	B列的公式
4	1	5	FALSE	TRUE	=5*A4
5	2	10	FALSE	TRUE	=5*A5
6	3	15	FALSE	TRUE	=5*A6
7					

图 16-2

在 A4:A6 单元格区域中分别输入数字 1、2 和 3，在 B4:B6 单元格区域中将 A4:A6 单元格区域中的值乘以 5，在 E4 单元格中输入公式"=FORMULATEXT(B4)"，并将公式复制到 E5:E6 单元格区域。E4:E6 单元格区域将显示 B4:B6 单元格区域中的公式。

C 列和 D 列为 ISFORMULA 函数使用方法的示例。若指定单元格中包含公式时，ISFORMULA 函数的返回值为"TRUE"，否则为"FALSE"。在 C4 单元格中输入公式"=ISFORMULA(A4)"，并将公式复制到 C4:D6 单元格区域。从返回结果可以看出，B 列的对应单元格中包含了公式，而 A 列的对应单元格中没有包含公式。

【错误检查】按钮

【公式审核】组中的【错误检查】按钮可用于检查工作表中的错误，并为修复错误提供帮助。下面通过示例文件"16- 错误检查 .xlsx"来了解一下如何使用 Excel 的错误检查功能（本书第 12 章中出现过类似的案例）。

单击要检查错误的工作表的 A1 单元格，然后单击【公式审核】组中的【错误检查】按钮，光标自动转移至工作表中第一个被发现的公式错误处，即 E13 单元格。单击 E13 单元格左侧显示的错误指示图标的下拉按钮，打开快捷菜单，即可查看错误情况。另一种进行错误检查的方式为：在【公式审核】组单击【错误检查】按钮右侧的下拉按钮，显示三个选项：【错误检查】、【追踪错误】和【循环引用】（由于当前工作表中不存在循环引用，所以【循环引用】选项为灰色不可用状态）。单击【错误检查】选项，打开如图 16-3 所示的对话框。

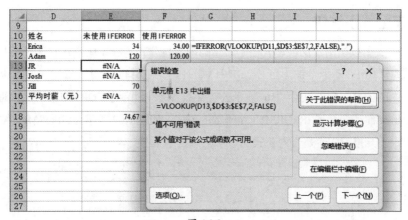

图 16-3

◎【关于此错误的帮助】按钮：单击此按钮可以打开浏览器查看有关此错误的更多信息。

◎【显示计算步骤】按钮：单击此按钮可以打开【公式求值】对话框一步步查看公式的计算过程。

◎【忽略错误】按钮：单击此按钮可以忽略当前错误并跳转至下一个错误处进行处理。

◎【在编辑栏中编辑】按钮：单击此按钮可以切换到编辑栏中修改公式。

◎【上一个】按钮：单击此按钮可以跳转至上一个错误处进行处理。

◎【下一个】按钮：单击此按钮可以跳转至下一个错误处进行处理。

若当前活动单元格中存在错误，在【公式审核】组中的【错误检查】按钮的下拉菜单中单击【跟踪错误】选项时，Excel 会用蓝色或红色箭头、蓝色矩形框标示出当前活动单元格中的公式引用的单元格或单元格区域，如图 16-4 所示。

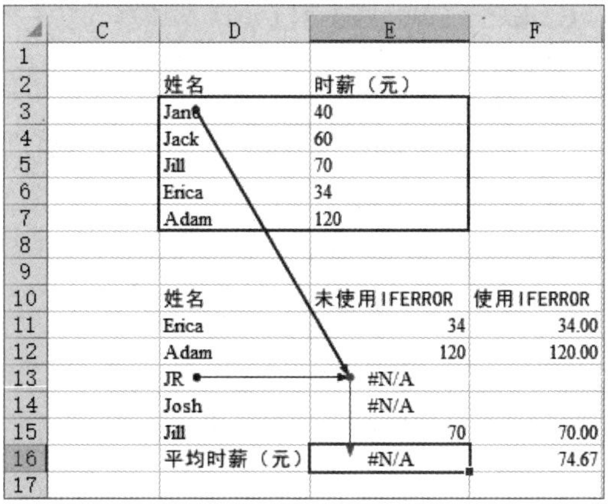

	C	D	E	F
1				
2		姓名	时薪（元）	
3		Jane	40	
4		Jack	60	
5		Jill	70	
6		Erica	34	
7		Adam	120	
8				
9				
10		姓名	未使用 IFERROR	使用 IFERROR
11		Erica	34	34.00
12		Adam	120	120.00
13		JR	#N/A	
14		Josh	#N/A	
15		Jill	70	70.00
16		平均时薪（元）	#N/A	74.67
17				

图 16-4

【监视窗口】按钮

单击【公式审核】组中的【监视窗口】按钮，可以打开【监视窗口】窗口跨工作表、跨工作簿观察指定的单元格的情况。我们在编写跨工作表引用单元格的公式时，若需要时刻观察某些单元格中的值如何变化，可以使用此功能。例如，先选中需要监视的单元格或单元格区域（本例为示例文件"16- 错误检查 .xlsx"的"工作表 1"中的 E13 和 E16 单元格），单击【公式审核】组中的【监视窗口】按钮，在打开的【监视窗口】窗口中单击【添加监视】按钮，当前的活动单元格即被添加到列表中，如图 16-5 所示。此时，切换到其他工作表或工作簿中进行其他操作，可以通过【监视窗口】窗口实时观察"工作表 1"的 E13 和 E16 单元格中的数据。

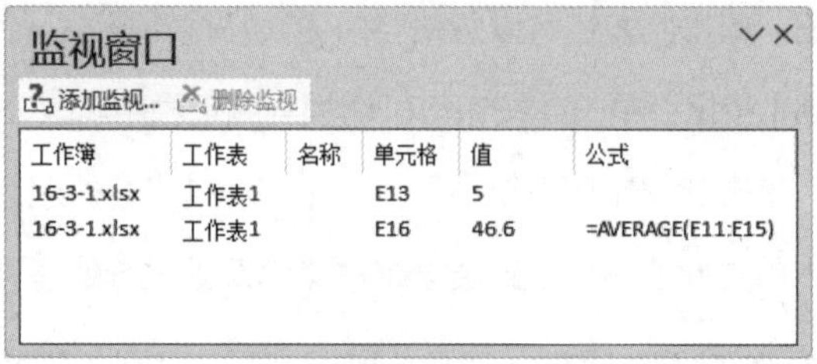

图 16-5

【追踪引用单元格】、【追踪从属单元格】和【删除箭头】按钮

【公式审核】组中的【追踪引用单元格】和【追踪从属单元格】按钮用于定位并显示当前活动单元格中的公式引用了哪些单元格，或当前活动单元格被哪些单元格中的公式引用了。

"引用单元格"：若当前活动单元格的公式在计算过程中引用了来自其他单元格中的值，则对于当前活动单元格来说，提供值的那些单元格就是"引用单元格"。例如，对于示例文件"16- 错误检查 .xlsx"，E16 单元格中的公式为"=AVERAGE(E11:E15)"，则 E11 至 E15 单元格就是该公式的引用单元格。

"从属单元格"：若当前活动单元格被其他单元格中的公式引用了，即当前活动单元格中的值发生变化，相关单元格的公式计算结果也会相应变化，则对于当前活动单元格来说，那些单元格就是"从属单元格"。

单击【公式审核】组中的【追踪引用单元格】或【追踪从属单元格】按钮，Excel 会用蓝色圆点（矩形框）标记引用单元格（单元格区域）或从属单元格（单元格区域），通过箭头的指示方向可以分辨追踪的是引用单元格还是从属单元格。

【公式审核】组中的【删除箭头】按钮用于删除工作表中的追踪箭头。

> **提示** 只有在完整显示功能区的时候才能找到上述按钮，当功能区被折叠时，各按钮组不可见。按【Ctrl+F1】组合键可以切换功能区的折叠状态。

如何快速在众多数据中弄清楚单元格的从属关系？

某产品的净现值（NPV）计算表中包含了很多行的数据，其中有些数据是基于某些假设条件计算得出的。如何快速找出所有数据中哪些单元格中的值受这些假设条件的影响？

如图 16-6 所示，示例文件"16- 净现值 .xlsx"列出了某厂家 5 年内净现值的计算过程。B1:C8 单元格区域为假设条件。对于假设条件之一——每年的价格增长率（3%）来说，表格中哪些单元格是从属单元格？

	A	B	C	D	E	F
1		所得税率	0.40			
2		第1年销量（单位：个）	10000.00			
3		年销量增长率	0.10			
4		第1年销售单价（单位：元）	9.00			
5		第1年销售成本（单位：元）	6.00			
6		内部收益率	0.15			
7		成本增长率	0.05			
8		价格增长率	0.03			
9	年		1	2	3	4	5
10	销量（单位：个）	10000.00	11000.00	12100.00	13310.00	14641.00
11	销售单价（单位：元）	9.00	9.27	9.55	9.83	10.13
12	销售成本（单位：元）	6.00	6.30	6.62	6.95	7.29
13	销售额（单位：元）	90000.00	101970.00	115532.01	130897.77	148307.17
14	成本（单位：元）	60000.00	69300.00	80041.50	92447.93	106777.36
15	税前利润（单位：元）	30000.00	32670.00	35490.51	38449.83	41529.81
16	所得税（单位：元）	12000.00	13068.00	14196.20	15379.93	16611.92
17	税后利润（单位：元）	18000.00	19602.00	21294.31	23069.90	24917.89
18						
19	NPV（单位：元）	70054.34				
20						

图 16-6

要解决此问题，只需先选中包含了每年的价格增长率这个值的单元格——C8，然后单击【公式】选项卡【公式审核】组中的【追踪从属单元格】按钮。如图 16-7 所示，蓝色箭头所指的单元格即受 C8 单元格数值影响的从属单元格。

	A	B	C	D	E	F
1		所得税率	0.40			
2		第1年销量（单位：个）	10000.00			
3		年销量增长率	0.10			
4		第1年销售单价（单位：元）	9.00			
5		第1年销售成本（单位：元）	6.00			
6		内部收益率	0.15			
7		成本增长率	0.05			
8		价格增长率	0.03			
9	年		1	2	3	4	5
10	销量（单位：个）	10000.00	11000.00	12100.00	13310.00	14641.00
11	销售单价（单位：元）	9.00	9.27	9.55	9.83	10.13
12	销售成本（单位：元）	6.00	6.30	6.62	6.95	7.29
13	销售额（单位：元）	90000.00	101970.00	115532.01	130897.77	148307.17
14	成本（单位：元）	60000.00	69300.00	80041.50	92447.93	106777.36
15	税前利润（单位：元）	30000.00	32670.00	35490.51	38449.83	41529.81
16	所得税（单位：元）	12000.00	13068.00	14196.20	15379.93	16611.92
17	税后利润（单位：元）	18000.00	19602.00	21294.31	23069.90	24917.89
18						
19	NPV（单位：元）	70054.34				
20						

图 16-7

从图中可以看出，只有第 2 至第 5 年的销售单价是依赖于每年产品销售单价涨幅这个假设条件得出的。再次单击【追踪从属单元格】按钮，Excel 能追踪下一层的从属关系，不停地单击【追踪从属单元格】按钮，Excel 就会一层又一层地追踪，直至末层，如图 16-8 所示。

	A	B	C	D	E	F
1		所得税率	0.40			
2		第1年销量（单位：个）	10000.00			
3		年销量增长率	0.10			
4		第1年销售单价（单位：元）	9.00			
5		第1年销售成本（单位：元）	6.00			
6		内部收益率	0.15			
7		成本增长率	0.05			
8		价格增长率	0.03			
9	年	1	2	3	4	5
10	销量（单位：个）	10000.00	11000.00	12100.00	13310.00	14641.00
11	销售单价（单位：元）	9.00	9.27	9.55	9.83	10.13
12	销售成本（单位：元）	6.00	6.30	6.62	6.95	7.29
13	销售额（单位：元）	90000.00	101970.00	115532.01	130897.77	148307.17
14	成本（单位：元）	60000.00	69300.00	80041.50	92447.93	106777.36
15	税前利润（单位：元）	30000.00	32670.00	35490.51	38449.83	41529.81
16	所得税（单位：元）	12000.00	13068.00	14196.20	15379.93	16611.92
17	税后利润（单位：元）	18000.00	19602.00	21294.31	23069.90	24917.89
18						
19	NPV（单位：元）	70054.34				
20						

图 16-8

图 16-8 清晰地表明了 C8 单元格中的数值，除了能直接影响第 2 至第 5 年的销售单价，还能间接影响第 2 至第 5 年的销售额、税前利润、所得税、税后利润及净现值。查看了单元格的从属关系后，我们可以单击【删除箭头】按钮删除工作表中的箭头。

提示 选中某单元格，按【Ctrl+]】组合键可以快捷选中其所有直接从属单元格，按【Ctrl+Shift+]】组合键可以快捷选中其各层从属单元格。

公式计算结果存疑，如何快捷查找问题源头？

假设在示例文件 "16- 净现值 .xlsx" 中，发现税前利润的计算结果不合理，如何快速找出参与计算的数据都来自哪些单元格？

以 B15 单元格（第 1 年的税前利润）为例，追踪其引用单元格的步骤为：选中 B15 单元格，单击【公式】选项卡【公式审核】组中的【追踪引用单元格】按钮，Excel 用蓝色箭头标记了当前活动单元格中的公式引用了哪些单元格，如图 16-9 所示。

	A	B	C	D	E	F
1		所得税率	0.40			
2		第1年销量（单位：个）	10000.00			
3		年销量增长率	0.10			
4		第1年销售单价（单位：元）	9.00			
5		第1年销售成本（单位：元）	6.00			
6		内部收益率	0.15			
7		成本增长率	0.05			
8		价格增长率	0.03			
9	年	1	2	3	4	5
10	销量（单位：个）	10000.00	11000.00	12100.00	13310.00	14641.00
11	销售单价（单位：元）	9.00	9.27	9.55	9.83	10.13
12	销售成本（单位：元）	6.00	6.30	6.62	6.95	7.29
13	销售额（单位：元）	90000.00	101970.00	115532.01	130897.77	148307.17
14	成本（单位：元）	60000.00	69300.00	80041.50	92447.93	106777.36
15	税前利润（单位：元）	30000.00	32670.00	35490.51	38449.83	41529.81
16	所得税（单位：元）	12000.00	13068.00	14196.20	15379.93	16611.92
17	税后利润（单位：元）	18000.00	19602.00	21294.31	23069.90	24917.89
18						
19	NPV（单位：元）	70054.34				
20						

图 16-9

第 1 年的税前利润是通过第 1 年的销售额和成本做运算得出的（税前利润 = 销售额 - 成本）。反复单击【追踪引用单元格】按钮，可以追踪所有的引用单元格——第 1 年的销售单价、销售成本及销量等，如图 16-10 所示。

	A	B	C	D	E	F
1		所得税率	0.40			
2		第1年销量（单位：个）	10000.00			
3		年销量增长率	0.10			
4		第1年销售单价（单位：元）	9.00			
5		第1年销售成本（单位：元）	6.00			
6		内部收益率	0.15			
7		成本增长率	0.05			
8		价格增长率	0.03			
9	年	1	2	3	4	5
10	销量（单位：个）	10000.00	11000.00	12100.00	13310.00	14641.00
11	销售单价（单位：元）	9.00	9.27	9.55	9.83	10.13
12	销售成本（单位：元）	6.00	6.30	6.62	6.95	7.29
13	销售额（单位：元）	90000.00	101970.00	115532.01	130897.77	148307.17
14	成本（单位：元）	60000.00	69300.00	80041.50	92447.93	106777.36
15	税前利润（单位：元）	30000.00	32670.00	35490.51	38449.83	41529.81
16	所得税（单位：元）	12000.00	13068.00	14196.20	15379.93	16611.92
17	税后利润（单位：元）	18000.00	19602.00	21294.31	23069.90	24917.89
18						
19	NPV（单位：元）	70054.34				
20						

图 16-10

如何跨工作表或工作簿使用公式审核工具？

如图 16-11 所示，示例文件 "16- 销售数据 .xlsx" 的两个工作表中各包含一个简单的模型。

在"利润"工作表中，计算公司利润的公式为"= 销量 *(销售单价 - 单位变动成本)- 固定成本"，其中的数据都来自"数据"工作表。

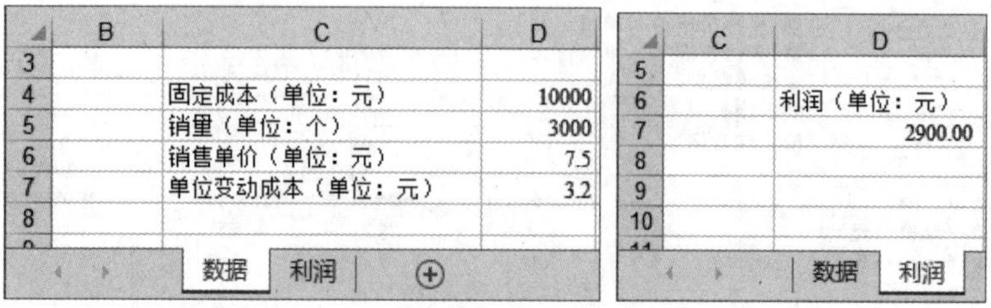

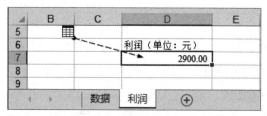

图 16-11

选中"利润"工作表中的 D7 单元格，单击【公式审核】组中的【追踪引用单元格】按钮，Excel 会显示虚线、箭头和工作表图标，如图 16-12 所示。

图 16-12

出现工作表图标代表当前活动单元格中的公式引用了其他工作表中的单元格。双击虚线可以打开【定位】对话框，如图 16-13 所示，其中列出了引用的单元格。选中对话框中的任意条目，单击【确定】按钮，即可转至对应工作表并选中对应单元格。

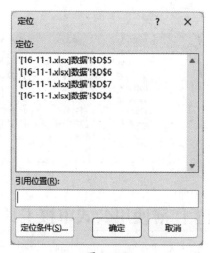

图 16-13

什么是 Inquire 加载项，如何启用？

Inquire 工具支持通过多种方法探索工作表和工作簿的结构，还可以用于查看不同工作表（或工作簿）之间的区别或联系。要使用 Inquire 工具，需要先在 Excel 中启用 Inquire 加载项。

 Inquire 工具仅在 Office 专业增强版和 Microsoft 365 企业版中可用。

要启用 Inquire 加载项，需要先切换到【文件】选项卡，选择左下方的【选项】选项，打开【Excel 选项】对话框，在左侧列表框中选择【加载项】选项，然后展开右侧下方的【管理】下拉列表，选择【COM 加载项】选项，单击【转到】按钮，在弹出的【COM 加载项】对话框中，勾选【可用加载项】列表框中的【Inquire】复选框，单击【确定】按钮关闭对话框。此时，在 Excel 主界面中会出现一个新选项卡——【Inquire】选项卡，其中包含各种 Inquire 工具对应的图标按钮。

 如果【COM 加载项】对话框的【可用加载项】列表框中没有【Inquire】复选框，则说明所用的 Excel 版本未提供这个加载项。

如何使用 Inquire 工具比较两个工作簿？

假设 Jill 创建了一个名为 Copy-of-Prodmix.xlsx 的文件，James 修改了该文件并将其更名为 Copy-of-Prodmix2.xlsx。公司的首席财务官 Joan 想知道 James 对原始文件做了哪些修改，此时，可以使用 Inquire 工具提供的"比较文件"功能。

【Inquire】选项卡包含的功能按钮如图 16-14 所示。对于本例，单击【比较】组中的【比较文件】按钮，弹出【选择要比较的文件】对话框，在两个框中选择要比较的两个文件（如图 16-15 所示），然后单击【比较】按钮。

图 16-14

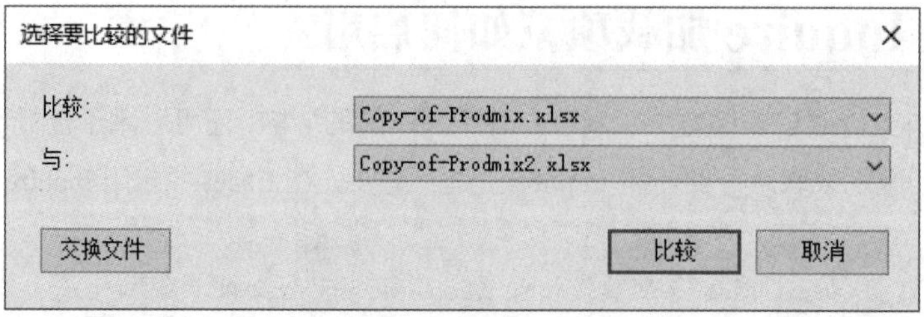

图 16-15

通过比较可以发现，第 2 个文件中增加了 J 列，D4 单元格中的数据被改变了，D14 和 D15
单元格中的公式被修改了，如图 16-16 所示。

Sheet	Cell	Value 1	Value 2	Change Description
optimal				Added Column J.
optimal	D14	=SUMPRODUC...	=SUMPRODUC...	Formula Changed.
optimal	D15	=SUMPRODUC...	=SUMPRODUC...	Formula Changed.
optimal	D4	6	7	Entered Value Changed.
optimal	D14	4499.99999...	4509.99999...	Calculated Value Changed.
optimal	D15	1236.13333...	1251.13333...	Calculated Value Changed.

图 16-16

如何使用 Inquire 工具分析工作簿的结构？

在前面章节使用过的示例文件 "10- 财务函数 .xlsx" 中演示了多个财务函数的用法，假设
现在想查看这个文件的数据结构，可以按如下步骤进行操作：打开工作簿文件，在【Inquire】
选项卡上，单击【报告】组的【工作簿分析】按钮，弹出【工作簿分析报告】窗口。在此，可
以查看感兴趣的信息，例如链接的工作簿、所有公式、隐藏的工作表、公式中出现的错误等。
如果需要，可以把指定的分类信息导出为 Excel 工作簿。例如，图 16-17 所示为导出的所有公式
列表。

	A	B	C	D	E
1	**所有公式** *(87 total)*				
2	D:\示例\10-1-1.xlsx				
3					
4	**工作表名称**	**单元格地址**	**Formula**		**值 审阅者注释**
5	PV	E4	=PV($B$1,B4,-A4,0,0)	10814.32861	
6	PV	F4	=FORMULATEXT(E4)	=PV($B$1,B4,-A4,0,0)	
7	PV	E5	=PV($B$1,B5,-A5,0,1)	12112.04804	
8	PV	F5	=FORMULATEXT(E5)	=PV($B$1,B5,-A5,0,1)	
9	PV	E6	=PV($B$1,B6,-A6,-500,0)	11098.04203	
10	PV	F6	=FORMULATEXT(E6)	=PV($B$1,B6,-A6,-500,0)	
11	FV	E4	=FV($B$1,B4,-A4,-D4,0)	518113.0374	
12	FV	F4	=FORMULATEXT(E4)	=FV($B$1,B4,-A4,-D4,0)	
13	FV	E5	=FV($B$1,B5,-A5,-D5,1)	559562.0804	
14	FV	F5	=FORMULATEXT(E5)	=FV($B$1,B5,-A5,-D5,1)	
15	FV	E6	=FV($B$1,B6,-A6,-D6,0)	1169848.682	
16	FV	F6	=FORMULATEXT(E6)	=FV($B$1,B6,-A6,-D6,0)	
17	PMT	G1	=-PMT(0.08/12,10,10000,0,0)	1037.032089	
18	PMT	D6	=E3	10000	
19	PMT	E6	=$G$1	1037.032089	
20	PMT	F6	=-PPMT(0.08/12,C6,10,10000,0,0)	970.3654227	
21	PMT	G6	=-IPMT(0.08/12,C6,10,10000,0,0)	66.66666667	
22	PMT	H6	=D6-F6	9029.634577	
23	PMT	D7	=H6	9029.634577	

〈　〉　　所有公式　数组公式　错误公式　逻辑公式　数值公式　日期时间公式　文本公式

图 16-17

如何使用 Inquire 工具分析工作表和工作簿之间的联系？

让我们再看一下示例文件 "16- 销售数据 .xlsx"。如果想知道各工作表之间有什么联系，只需打开工作簿，选中任何单元格，然后单击【Inquire】选项卡的【图表】组中的【工作表关系】按钮，Excel 将会显示一个类似图 16-18 所示的图表。此图表显示：该工作簿包含"数据"工作表和"利润"工作表，后者引用了前者的数据。

如果打开了多个工作簿，单击【工作簿关系】按钮可以通过一个工作簿关系图查看各工作簿之间的联系。

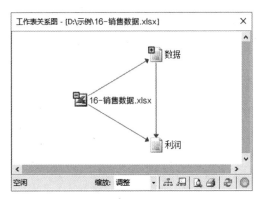

图 16-18

如何使用 Inquire 工具分析单元格之间的引用及从属关系？

假设我们想知道示例文件 "16- 销售数据 .xlsx" 中哪些数据被用来计算利润，只需选中 "利润" 工作表的 D7 单元格，然后单击【Inquire】选项卡的【图表】组中的【单元格关系】按钮，在弹出的【单元格关系图选项】对话框中选择【追踪引用单元格】单选按钮，并单击【确定】按钮，即可得到图 16-19 所示的关系图。

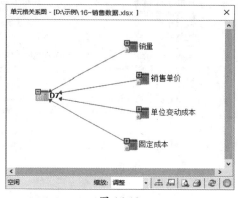

图 16-19

如何使用 Inquire 工具清除多余的单元格格式？

在工作簿中，若为太多的单元格设置了格式，可能会导致文件过大、影响计算机的运行效率，将空单元格的格式清除能适当避免相关问题。使用 Excel 的【开始】选项卡的【编辑】组中的【清除格式】按钮可以将选中的单元格的格式清除，但当工作簿中设置了格式的空单元格过多时，此操作比较麻烦。单击【Inquire】选项卡的【杂项】组中的【清除多余的单元格格式】按钮，可以清除工作表中最后一个非空单元格所在行以后所有行的单元格的格式。例如，假设第 10 000 行是某工作表中的最后一行有效数据，则单击此按钮将删除第 10 000 行以后所有行的单元格的格式。

第 17 章
敏感性分析与模拟运算表

大多数工作表模型都包含对某些参数或输入数据的假设。例如，在一家销售柠檬水的店铺的成本和利润分析模型（参见示例文件"17-柠檬水.xlsx"）中，假设的参数包括：

◎ 一杯柠檬水的售价。

◎ 生产一杯柠檬水的成本。

◎ 柠檬水的需求量对售价的敏感性。

◎ 经营柠檬水店铺的年度固定成本。

基于以上假设条件，我们可以计算出一些结果，比如：

◎ 店铺全年的利润。

◎ 店铺全年的收入。

◎ 店铺全年的可变成本。

尽管我们试图精准地估计假设条件，但设定的数值仍可能是错误的。因此，需要进行敏感性分析以观察当假设条件变化时模型的计算结果如何变化。例如对于柠檬水店铺案例，可以通过敏感性分析来模拟当产品售价变化时全年的利润、收入及可变成本的变化情况。Excel 的模拟运算表允许我们通过更改一个或两个假设条件的值来轻松进行敏感性分析。

Excel 支持两种模拟运算表：

◎ 单变量模拟运算表：改变一个假设条件的值，查看对整个模型的影响。

◎ 双变量模拟运算表：改变两个假设条件的值，分析整个模型的输出如何变化。

本章将通过三个案例来展现使用模拟运算表进行敏感性分析是多么轻松。

如何分析售价和成本的变化对利润、收入等的影响？

投资者 A 准备开一家柠檬水店铺，在开店之前想知道产品的售价和成本是如何影响店铺的年度利润、收入及变动成本的。

本例的数据分析基于示例文件"17- 柠檬水 .xlsx"，计算模型的假设条件列在 D1:D4 单元格区域，如图 17-1 所示。本例假设柠檬水的年销量计算公式为"=65000-9000* 售价"（见 D2 单元格）。根据 C1 至 C7 单元格的内容，为 D1 至 D7 单元格创建自定义名称。其中，D5 单元格（年收入）中的公式为"= 售价 * 年销量"，D6 单元格（年变动成本）中的公式为"= 单位成本 * 年销量"，D7 单元格（年利润）中的公式为"= 年收入 - 固定成本 - 年变动成本"。

年销量				fx	=65000-9000*售价	
▲	B	C		D		E
1		售价		¥4.00		
2		年销量（单位：杯）		29,000		
3		单位成本		¥0.45		
4		固定成本		¥45,000.00		
5		年收入		¥116,000.00		
6		年变动成本		¥13,050.00		
7		年利润		¥57,950.00		
8						

图 17-1

假设要进行年利润、年收入及年变动成本对售价（例如，1~4 元，以 0.25 元为增量）的敏感性分析，因为只有一个变量——售价，因此可以使用单变量模拟运算表来解决这个问题。数据表如图 17-2 所示。

▲	C	D	E	F
8				
9		年利润	年收入	年变动成本
10		¥57,950.00	¥116,000.00	¥13,050.00
11	¥1.00	¥-14,200.00	¥56,000.00	¥25,200.00
12	¥1.25	¥-2,000.00	¥67,187.50	¥24,187.50
13	¥1.50	¥9,075.00	¥77,250.00	¥23,175.00
14	¥1.75	¥19,025.00	¥86,187.50	¥22,162.50
15	¥2.00	¥27,850.00	¥94,000.00	¥21,150.00
16	¥2.25	¥35,550.00	¥100,687.50	¥20,137.50
17	¥2.50	¥42,125.00	¥106,250.00	¥19,125.00
18	¥2.75	¥47,575.00	¥110,687.50	¥18,112.50
19	¥3.00	¥51,900.00	¥114,000.00	¥17,100.00
20	¥3.25	¥55,100.00	¥116,187.50	¥16,087.50
21	¥3.50	¥57,175.00	¥117,250.00	¥15,075.00
22	¥3.75	¥58,125.00	¥117,187.50	¥14,062.50
23	¥4.00	¥57,950.00	¥116,000.00	¥13,050.00
24				

图 17-2

要建立单变量模拟运算表，首先需要在数据表的一列中输入所有假设值。在 C11:C23 单元格区域中，以 0.25 元为增量列出了从 1 元至 4 元的所有售价。在 D10、E10 和 F10 单元格中分别输入年利润、年收入及年变动成本的计算公式。注意，在这 3 个单元格内输入的必须是公式而不是数值。

选择 C10:F23 单元格区域作为模拟运算表区域，此区域的第 1 行和第 1 列为假设条件。选取该区域后，切换到【数据】选项卡，单击【预测】组中的【模拟分析】图标的下拉按钮，在下拉菜单中选择【模拟运算表】选项，在弹出的对话框中设置"输入引用列的单元格"参数，如图 17-3 所示。

图 17-3

【输入引用列的单元格】框用于指定假设条件变量所在的单元格。由于这次模拟运算所依据的变量为售价，即表格区域的第 1 列数据是售价，所以在此框中指定 D1 单元格为参数值。单击【确定】按钮后，得到如图 17-4 所示的结果。

▲	C	D	E	F
1	售价	¥4.00		
2	年销量（单	29,000		
3	单位成本	¥0.45		
4	固定成本	¥45,000.00		
5	年收入	¥116,000.00		
6	年变动成本	¥13,050.00		
7	年利润	¥57,950.00		
8				
9		年利润	年收入	年变动成本
10		¥57,950.00	¥116,000.00	¥13,050.00
11	¥1.00	¥-14,200.00	¥56,000.00	¥25,200.00
12	¥1.25	¥-2,000.00	¥67,187.50	¥24,187.50
13	¥1.50	¥9,075.00	¥77,250.00	¥23,175.00
14	¥1.75	¥19,025.00	¥86,187.50	¥22,162.50
15	¥2.00	¥27,850.00	¥94,000.00	¥21,150.00
16	¥2.25	¥35,550.00	¥100,687.50	¥20,137.50
17	¥2.50	¥42,125.00	¥106,250.00	¥19,125.00
18	¥2.75	¥47,575.00	¥110,687.50	¥18,112.50
19	¥3.00	¥51,900.00	¥114,000.00	¥17,100.00
20	¥3.25	¥55,100.00	¥116,187.50	¥16,087.50
21	¥3.50	¥57,175.00	¥117,250.00	¥15,075.00
22	¥3.75	¥58,125.00	¥117,187.50	¥14,062.50
23	¥4.00	¥57,950.00	¥116,000.00	¥13,050.00
24				

图 17-4

在 D11:F11 单元格区域内，年利润、年收入和年变动成本的计算依据为售价 1 元；在 D12:F12 单元格区域内，年利润、年收入和年变动成本的计算依据为售价 1.25 元……从模拟运算表中可见，当售价为 3.75 元时，店铺的年利润最高，达到 58 125 元，同时年收入为 117 187.5 元，年变动成本为 14 062.5 元。

如果想知道售价和单位成本同时变动时对店铺年利润的影响，需要进行双变量模拟运算。假设售价的变化范围是 1.5~5 元（增量为 0.25 元），单位成本的变化范围为 0.3~0.6 元（增量为 0.05 元）。由于需要模拟的是两个假设条件变化产生的影响，所以需要使用双变量模拟运算表。在模拟运算表区域的第 1 列（本例为 H11:H25 单元格区域）中输入第 1 个变量——售价的各个假设值，在模拟运算表区域的第 1 行（本例为 I10:O10 单元格区域）中输入第 2 个变量——单位成本的各个假设值。双变量模拟运算表只能有一个模拟输出值，对应的计算公式必须放在表格区域的左上角（本例为 H10 单元格）。因此，在 H10 单元格中输入年利润的计算公式。

选择模拟运算表的整个区域，即 H10:O25 单元格区域，然后单击【数据】选项卡的【预测】组中的【模拟分析】图标的下拉按钮，在下拉菜单中选择【模拟运算表】选项，在弹出的对话框中，将"输入引用行的单元格"参数设为 D3 单元格（单位成本），将"输入引用列的单元格"参数设为 D1 单元格（售价）。单击【确定】按钮，返回如图 17-5 所示的双变量模拟运算表。

	H	I	J	K	L	M	N	O
9		单位成本						
10	¥57,950.00	¥0.30	¥0.35	¥0.40	¥0.45	¥0.50	¥0.55	¥0.60
11	¥1.50	¥16,800.00	¥14,225.00	¥11,650.00	¥9,075.00	¥6,500.00	¥3,925.00	¥1,350.00
12	¥1.75	¥26,412.50	¥23,950.00	¥21,487.50	¥19,025.00	¥16,562.50	¥14,100.00	¥11,637.50
13	¥2.00	¥34,900.00	¥32,550.00	¥30,200.00	¥27,850.00	¥25,500.00	¥23,150.00	¥20,800.00
14	¥2.25	¥42,262.50	¥40,025.00	¥37,787.50	¥35,550.00	¥33,312.50	¥31,075.00	¥28,837.50
15	¥2.50	¥48,500.00	¥46,375.00	¥44,250.00	¥42,125.00	¥40,000.00	¥37,875.00	¥35,750.00
16	¥2.75	¥53,612.50	¥51,600.00	¥49,587.50	¥47,575.00	¥45,562.50	¥43,550.00	¥41,537.50
17	¥3.00	¥57,600.00	¥55,700.00	¥53,800.00	¥51,900.00	¥50,000.00	¥48,100.00	¥46,200.00
18	¥3.25	¥60,462.50	¥58,675.00	¥56,887.50	¥55,100.00	¥53,312.50	¥51,525.00	¥49,737.50
19	¥3.50	¥62,200.00	¥60,525.00	¥58,850.00	¥57,175.00	¥55,500.00	¥53,825.00	¥52,150.00
20	¥3.75	¥62,812.50	¥61,250.00	¥59,687.50	¥58,125.00	¥56,562.50	¥55,000.00	¥53,437.50
21	¥4.00	¥62,300.00	¥60,850.00	¥59,400.00	¥57,950.00	¥56,500.00	¥55,050.00	¥53,600.00
22	¥4.25	¥60,662.50	¥59,325.00	¥57,987.50	¥56,650.00	¥55,312.50	¥53,975.00	¥52,637.50
23	¥4.50	¥57,900.00	¥56,675.00	¥55,450.00	¥54,225.00	¥53,000.00	¥51,775.00	¥50,550.00
24	¥4.75	¥54,012.50	¥52,900.00	¥51,787.50	¥50,675.00	¥49,562.50	¥48,450.00	¥47,337.50
25	¥5.00	¥49,000.00	¥48,000.00	¥47,000.00	¥46,000.00	¥45,000.00	¥44,000.00	¥43,000.00
26								

图 17-5

根据此表可查看不同售价及单位成本的组合对应的预估年利润，例如，当售价为 3.50 元、单位成本为 0.40 元时，店铺可获得的年利润为 58 850 元（K19 单元格）。图 17-5 中用深底色标示的数值是基于不同单位成本，最大年利润对应的售价。请注意，随着单位成本的提高，最大年利润对应的售价也会提高，因为增加的部分成本会由消费者承担。

以下是关于此案例的其他注意事项：

◎ 更改假设条件变量时，模拟运算表中的值会自动更新。例如，将固定成本增加 10 000 元，模拟运算表中的所有年利润数值将减少 10 000 元。

◎ 不能对模拟运算表中的返回值进行删除或编辑。如果要保存模拟运算表中的返回值，需要使用选择性粘贴功能复制表格区域的值，粘贴的值不会随着假设条件变量的修改而更新。

◎ 设置双变量模拟运算表的参数时，务必分清引用行、引用列的单元格，否则可能导致荒谬的结果。

◎ 很多人将 Excel 的计算模式设置为自动重算。这样，当某个单元格中的值发生变动时，相同工作簿中引用了该单元格的所有公式都会随之重新计算。这样对实时看到准确计算结果很有帮助，但如果工作簿中的数据量非常大，自动重算会变得非常缓慢，甚至修改一个单元格中的值后有好几秒不能进行其他操作。如果自动重算功能影响了工作效率，可以将此功能关闭（在【Excel 选项】对话框的【公式】选项卡中，选择【工作簿计算】选项中除【自动重算】外的其他单选按钮）。关闭自动重算功能后，只有按【F9】键，或者单击【公式】选项卡的【计算】组中的【计算工作表】按钮，Excel 才会重新计算所有公式。

不确定贷款金额与贷款利率，如何推算每月还款额？

某人准备卖掉手里的房子，使用 15 年期的商业贷款购买一套新房子，贷款的金额取决于卖房拿到的现金与购房款的差额，商业贷款的利率也不能确定。在此情况下，如何推算每月的还款额（等额本息）？

与一个或多个 Excel 函数结合使用，能够充分发挥模拟运算表的作用。在本例中（参见示例文件"17-贷款.xlsx"），我们使用双变量模拟运算表引用由 PMT 函数生成的假设条件——贷款金额及年利率，可以得到这两个假设条件不同组合情况下的月还款额。示例中用到的 PMT 函数在本书第 10 章中有较详细的介绍。

假设贷款本金为 400 000 元，贷款期限为 15 年，还款日为每月月底。在 D2 单元格中输入贷款本金数值（400 000），在 D3 单元格中输入还款期数（180，即 15×12），在 D4 单元格中输入年利率（6%），将 C2:C4 单元格区域中的内容作为 D2 至 D4 单元格的自定义名称，在 D5 单元格中根据以上信息构建公式"=-PMT(年利率 /12, 还款期数 , 贷款本金)"。

参考当地的房产价格，估计贷款本金在 300 000 元到 650 000 元之间，且年利率在 5% 到 8%

之间，以此为依据构建模拟运算表。在 C8:C15 单元格区域中输入不同贷款本金数值，在 D7:J7 单元格区域中输入不同年利率，C7 单元格的返回值为模拟运算表的输出结果，即月还款额，输入 "=D5"。选择模拟运算表的范围——C7:J15 单元格区域，单击【数据】选项卡的【预测】组中的【模拟分析】图标的下拉按钮，在下拉菜单中选择【模拟运算表】选项，弹出【模拟运算表】对话框。模拟运算表范围的第 1 列数值是贷款本金，因此在【输入引用列的单元格】框中指定 D2 单元格；模拟运算表范围的第 1 行数值是年利率，因此在【输入引用行的单元格】框中指定 D4 单元格。单击【确定】按钮，得到如图 17-6 所示的模拟运算表。

	C	D	E	F	G	H	I	J
1								
2	贷款本金	¥400,000.00						
3	还款期数	180						
4	年利率	6%						
5	月还款额	¥3,375.43						
6			年利率					
7	¥3,375.43	5.0%	5.5%	6.0%	6.5%	7.0%	7.5%	8.0%
8	¥300,000.00	¥2,372.38	¥2,451.25	¥2,531.57	¥2,613.32	¥2,696.48	¥2,781.04	¥2,866.96
9	¥350,000.00	¥2,767.78	¥2,859.79	¥2,953.50	¥3,048.88	¥3,145.90	¥3,244.54	¥3,344.78
10	¥400,000.00	¥3,163.17	¥3,268.33	¥3,375.43	¥3,484.43	¥3,595.31	¥3,708.05	¥3,822.61
11	¥450,000.00	¥3,558.57	¥3,676.88	¥3,797.36	¥3,919.98	¥4,044.73	¥4,171.56	¥4,300.43
12	¥500,000.00	¥3,953.97	¥4,085.42	¥4,219.28	¥4,355.54	¥4,494.14	¥4,635.06	¥4,778.26
13	¥550,000.00	¥4,349.36	¥4,493.96	¥4,641.21	¥4,791.09	¥4,943.56	¥5,098.57	¥5,256.09
14	¥600,000.00	¥4,744.76	¥4,902.50	¥5,063.14	¥5,226.64	¥5,392.97	¥5,562.07	¥5,733.91
15	¥650,000.00	¥5,140.16	¥5,311.04	¥5,485.07	¥5,662.20	¥5,842.38	¥6,025.58	¥6,211.74
16								

图 17-6

由模拟运算表可知，如果以 6% 的年利率贷款 400 000 元，每月的还款额为 3 375.43 元。根据模拟运算表可以看出，在较低贷款利率情况下（如年利率为 5%），贷款本金增加 50 000 元，月还款额相应增加约 395 元；在较高贷款利率情况下（如年利率为 8%），贷款本金增加 50 000 元，月还款额相应增加约 478 元。

如何根据假设的收入和支出增长情况预测实现收支平衡的年数？

某互联网公司正在考虑收购一家在线零售商。这家在线零售商目前的年收入为 1 亿元，年支出为 1.5 亿元。根据经营状况预测，其未来的收入增长率为每年 25%，支出增长率为每年 5%。由于预估数据往往会存在误差，互联网公司希望对这家在线零售商的年收入和年支出的增长情况做多种假设，并依此计算出各种假设条件组合下实现收支平衡的年数。

本例的数据见示例文件"17- 模拟运算表 .xlsx"，其中列出了假设条件，年收入的增长率为 10% 到 50%，年支出的增长率为 2% 到 20%，依此计算实现收支平衡的年数。我们还假设，如果该在线零售商不能在 13 年内实现收支平衡，就认为其无法实现收支平衡。

本例的示例文件隐藏了 A 列和 B 列，以及第 16 行至第 18 行。要隐藏整列，选择该列中的任意单元格或单击列标，在【开始】选项卡的【单元格】组中展开【格式】下拉菜单，在【可见性】栏中选择【隐藏和取消隐藏】子菜单中的【隐藏列】选项。要隐藏整行，选择该行中的任意单元格或单击行号，在【开始】选项卡的【单元格】组中展开【格式】下拉菜单，在【可见性】栏中选择【隐藏和取消隐藏】子菜单中的【隐藏行】选项。

如果工作表中有许多隐藏的行或列（行号或列标不连续），想快速恢复显示所有隐藏的行或列：先单击行号和列标会合处的【全选】按钮，选择所有单元格；然后，在【开始】选项卡的【单元格】组中展开【格式】下拉菜单，在【可见性】栏中选择【隐藏和取消隐藏】子菜单中的【取消隐藏行】或【取消隐藏列】选项。如果工作簿中有工作表被隐藏，【隐藏和取消隐藏】子菜单中的【取消隐藏工作表】选项为可用状态，通过该选项可以取消隐藏指定的工作表。

示例文件的第 11 行为第 1 年至第 13 年的收入值（基于 E7 单元格中的年收入增长率假设值计算得出）。在 F11 单元格中输入公式"=E11*(1+$E$7)"，然后把公式复制到 G11:R11 单元格区域中。第 12 行为第 1 年至第 13 年的支出预测值（基于 E8 单元格中的年支出增长率假设值计算得出）。在 F12 单元格中输入公式"=E12*(1+$E$8)"，然后把公式复制到 G12:R12 单元格区域中。

使用双变量模拟运算表可以了解收入增长率和支出增长率的变化是如何影响实现收支平衡的年数的。我们需要一个单元格来返回在某增长率组合下首次达到收支平衡的年数，这看起来可能有些复杂。首先在第 13 行使用 IF 函数对每一年的情况进行判断，若某年首次实现了收入大于支出，则返回当年的年数，反之返回 0。然后在 E15 单元格中计算第 13 行中所有数值的和，来确定实现收支平衡的年数。最后，将 E15 单元格指定为双变量模拟运算表的输出结果单元格。

在 F13 单元格中输入公式"=IF(AND(E11<E12,F11>F12),F10,0)"，并将公式复制到 G13:R13 单元格区域。此公式含义：若上一年度的收入低于支出且本年度的收入大于支出，即代表首次实现了收支平衡，则返回本年度的编号，否则返回 0。

E15 单元格用于显示实现收支平衡的年数（如果实现了），公式为"=IF(SUM(F13:R13)>0, SUM(F13:R13)," 未实现 ")"。若 13 年内没有实现收支平衡，则公式会返回文本"未实现"。

在 E21:E61 单元格区域中输入年收入增长率假设值（10% 至 50%），在 F20:X20 单元格区域中输入年支出增长率假设值（2% 至 20%），在 E20 单元格中输入公式"=E15"。选择 E20:X61 单元格区域，单击【数据】选项卡的【预测】组中的【模拟分析】图标的下拉按钮，在下拉菜单中选择【模拟运算表】选项，弹出【模拟运算表】对话框，将 E7 单元格设为引用列的单元格，将 E8 单元格设为引用行的单元格，单击【确定】按钮，得到如图 17-7 所示的双变量模拟运算表。

	C	D	E	F	G	H	R	S	T	U	V	W	X
6			增长率										
7	年收入	¥100,000,000	25%										
8	年支出	¥150,000,000	5%										
9													
10		年	0	1	2	3	13						
11		收入	¥100,000,000	¥125,000,000	¥156,250,000	¥195,312,500	¥1,818,989,404						
12		支出	¥150,000,000	¥157,500,000	¥165,375,000	¥173,643,750	¥282,847,371						
13		收支平衡		0	0	3	0						
14													
15		实现年数	3										
19				支出增长率									
20			3	2%	3%	4%	14%	15%	16%	17%	18%	19%	20%
21		收入增长率	10%	6	7	8	未实现	未实现	未实现	未实现	未实现	未实现	未实现
22			11%	5	6	7	未实现	未实现	未实现	未实现	未实现	未实现	未实现
23			12%	5	5	6	未实现	未实现	未实现	未实现	未实现	未实现	未实现
24			13%	4	5	5	未实现	未实现	未实现	未实现	未实现	未实现	未实现
25			14%	4	4	5	未实现	未实现	未实现	未实现	未实现	未实现	未实现
55			44%	2	2	2	2	2	2	3	3	3	3
56			45%	2	2	2	2	2	2	2	2	3	3
57			46%	2	2	2	2	2	2	2	2	2	3
58			47%	2	2	2	2	2	2	2	2	2	2
59			48%	2	2	2	2	2	2	2	2	2	2
60			49%	2	2	2	2	2	2	2	2	2	2
61			50%	2	2	2	2	2	2	2	2	2	2
62													

图 17-7

由模拟运算表可知，当支出的增长率为 4%、收入的增长率为 10% 时，将在第 8 年实现收支平衡；若收入的增长率为 44% 时，最快可以在第 2 年实现收支平衡；当支出的增长率和收入的增长率都为 14% 时，13 年内无法实现收支平衡。

如何根据模拟运算表创建图表？

模拟运算表由数字组成，而基于数字的图表通常能帮助我们更好地理解数据中隐藏的信息。让我们打开示例文件"17- 柠檬水 .xlsx"，学习如何根据双变量模拟运算表生成图表。

首先将模拟运算表复制并粘贴到工作表的空白处（使用选择性粘贴功能粘贴值），例如 H28:O43 单元格区域，删除输出结果——H28 单元格的内容。选择 H28:O43 单元格区域，打开【插入】选项卡的【图表】组中的【插入散点图 (x, y) 或气泡图】下拉菜单，选择【带平滑线的散点图】选项，得到图 17-8 所示的图表。

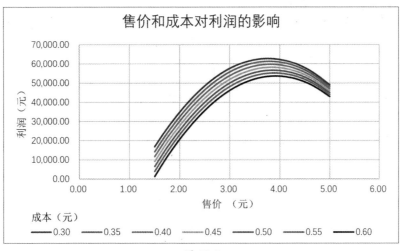

图 17-8

　　正如我们之前分析的那样，最高的利润与最低的单位成本相关联，而且在售价达到 3.75 元或 4 元（对应不同成本）之前，售价越高利润就越高。

第18章
单变量求解

Excel 的单变量求解功能使我们可以不断调整工作表中某个变量值直至相关公式得出与预期相符的结果。在第 17 章的第 1 个案例中，我们通过假定的固定成本、单位成本及售价，推测了全年的利润情况。基于这些信息，我们还可以使用单变量求解功能计算实现收支平衡所需的产品销量。单变量求解工具相当于嵌入工作表中的强大的方程计算器。

要使用单变量求解工具，需要具备三个要素：

◎ 目标单元格：指目标值所在的单元格，其中必须包含公式，而不能是数值。

◎ 目标值：指目标单元格中的公式返回的结果。例如，计算盈亏平衡点时，目标值就是 0。

◎ 可变单元格：指可变量所在的单元格。目标单元格中的公式引用了可变单元格，Excel 不断改变可变量，直到目标单元格中的公式计算结果等于目标值。

每年卖多少杯柠檬水才能实现收支平衡？

本案例的示例文件为"18-柠檬水.xlsx"，假设销售柠檬水的店铺每年的固定成本为 45 000 元，柠檬水的单位成本为 0.45 元，售价为每杯 3 元，如图 18-1 所示，年收入、年利润等的计算公式与示例文件"17-柠檬水.xlsx"中的相同。那么，这家店铺每年需要卖出多少杯柠檬水才能达到收支平衡？

	C	D
1	售价	¥3.00
2	年销量（单位：杯）	17,647
3	单位成本	¥0.45
4	固定成本	¥45,000.00
5	年收入	¥52,941.18
6	年变动成本	¥7,941.18
7	年利润	¥-0.00
8		

图 18-1

首先，在 D2 单元格中输入任意数值。然后单击【数据】选项卡的【预测】组中的【模拟分析】图标的下拉按钮，在下拉菜单中选择【单变量求解】选项，在打开的【单变量求解】对话框中设置参数，如图 18-2 所示，单击【确定】按钮。

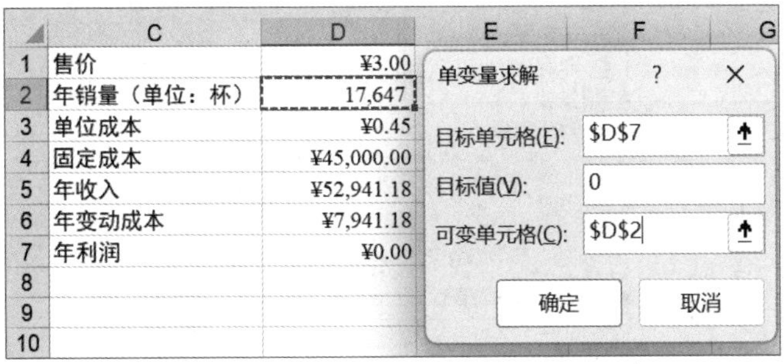

图 18-2

Excel 根据参数设置，不断尝试在 D2 单元格（年销量）中输入数值，在较高值和较低值之间交替尝试，直至 D7 单元格（年利润）返回的值为 0 为止。最终，Excel 得到图 18-1 所示的结果，即每年卖出大约 17 647 杯柠檬水（约每天 48 杯），就能实现收支平衡。

提示 若在计算过程中发现有多个变量值可使目标值符合设定要求，即问题存在多个答案，Excel 只会返回其中的一个答案。

如何根据年利率、月还款金额计算能承受的最高贷款金额？

来看一个案例（数据参见示例文件“18- 贷款 .xlsx”），假设我们想买房，计划在 15 年（共 180 期）内还清抵押贷款，年利率为 6%，能承受的每月还款金额是 2 000 元，如图 18-3 所示。在这种情况下，我们能承受的最高贷款金额是多少？

	D	E
2		
3	还款期数	180
4	年利率	6%
5	贷款本金	¥237,007.03
6	月还款额	¥2,000.00
7		

图 18-3

在 E6 单元格中输入公式“=-PMT(年利率 /12, 还款期数 , 贷款本金)”，这个公式的计算结果为每月的还款金额。公式中的“贷款本金”是 E5 单元格的自定义名称，“还款期数”是 E3 单元格的自定义名称，“年利率”是 E4 单元格的自定义名称。打开【单变量求解】对话框，将 3 个参数分别设置好，如图 18-4 所示。经过单变量求解工具的计算，E5 单元格中的返回值为 237 007.03 元。

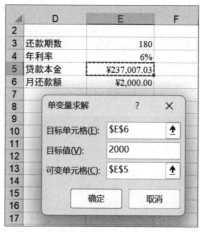

图 18-4

Excel 能帮忙解数学应用题吗？

在数学课上，我们会碰到需要使用一元一次方程作答的应用题。单变量求解工具本质上就是一个方程计算器，因此非常适合用来辅助解答数学题。下面是一道数学应用题。

玛丽亚和埃德蒙在西雅图度蜜月时发生了争吵。玛丽亚冲进她的小轿车，以每小时 64 千米的速度向位于洛杉矶的娘家驶去。玛丽亚离开两小时后，埃德蒙跳进他的越野车，以每小时 80千米的速度追赶。当埃德蒙追上玛丽亚时，两人已经行驶了多少千米？

图 18-5 所示为本例的相关信息，具体数据参见示例文件 "18- 玛丽亚 .xlsx"。

	C	D	E
1			
2	玛丽亚的驾驶时长（小时）	10	
3	玛丽亚的车速（千米/小时）	64	
4	埃德蒙的驾驶时长（小时）	8	
5	埃德蒙的车速（千米/小时）	80	
6	玛丽亚的行驶距离（千米）	640	
7	埃德蒙的行驶距离（千米）	640	
8	两人距离（千米）	0	
9			

图 18-5

目标单元格计算的是玛丽亚和埃德蒙行驶的距离之差。变量为玛丽亚的驾驶时长，埃德蒙的驾驶时长比玛丽亚的驾驶时长少两小时。两人各自的车速乘以各自的驾驶时长，可得两人的行驶距离。当两人的行驶距离相等时，代表埃德蒙追上了玛丽亚。

根据 C2:C8 单元格区域中的内容，为 D2 至 D8 单元格创建自定义名称，并在 D2 至 D8 单元格中输入相应的值或公式。D2 单元格中的值为玛丽亚的驾驶时长，由于埃德蒙比玛丽亚晚出发两小时，因此 D4 单元格中的公式为"= 玛丽亚的驾驶时长 -2"。在 D6 和 D7 单元格中分别输入公式，用车速乘以驾驶时长得到行驶距离。D8 单元格中的公式用来计算两人之间的距离，即"= 玛丽亚的行驶距离 - 埃德蒙的行驶距离"。根据图 18-6 所示在【单变量求解】对话框中设置参数值。

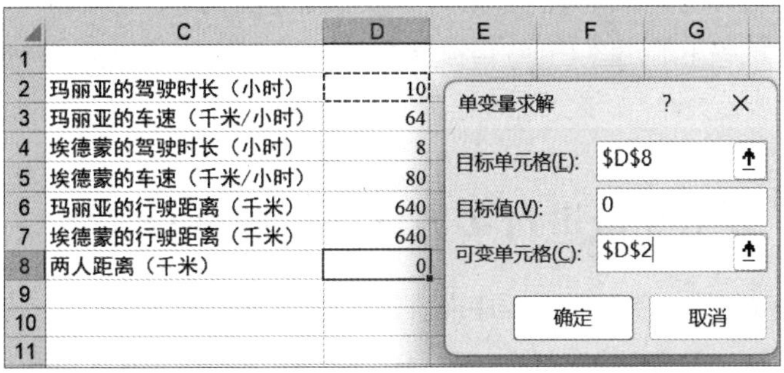

图 18-6

Excel 会自动试算玛丽亚的驾驶时长数值（D2 单元格），直到埃德蒙和玛丽亚之间的距离为 0 千米（D8 单元格）。根据计算结果可知，玛丽亚出发 10 小时后，即埃德蒙出发 8 小时后，两人的行驶距离相等，都是 640 千米。

第19章
使用方案管理器进行敏感性分析

Excel 的方案管理器支持基于多达 32 个变量进行敏感性分析。使用方案管理器时，我们首先需要定义变量所在单元格的集合；接下来，为方案命名并为每个方案输入各单元格中的值。最后，选择想跟踪的输出单元格（也称目标单元格），方案管理器会生成一份精美的报告，内容涵盖每个方案的假设条件（输入值）及结果（输出值）

如何基于多个变量进行多方案的敏感性分析？

本案例的假设数据见示例文件"19- 净现值 .xlsx"（与本书第 16 章中的一个案例数据相似），想依据 3 种方案（最佳、最差和最有可能）下的第 1 年销量、年销量增长率和第 1 年销售单价的值，估算某厂家的年度税后利润和净现值。Excel 的模拟运算表只允许设置一个或两个变量，而此时有三个变量，应该使用什么工具来进行敏感性分析呢？

表 19-1 所示为该厂家 3 种方案下的假设变量值。

表 19-1 各方案的变量值

方案	第 1 年销量（个）	年销售增长率	第 1 年销售单价（元）
最佳	20 000	20%	10.00
最有可能	10 000	10%	7.50
最差	5 000	2%	5.00

基于不同方案下的假设变量值，我们来看看计算得出的最终净现值和每年的税后利润，图 19-1 所示为工作表模型，图 19-2 所示为方案摘要。

下面介绍通过方案管理器添加各个方案的步骤：

1. 打开原始工作表模型，单击【数据】选项卡的【预测】组中的【模拟分析】图标的下拉按钮，在下拉菜单中选择【方案管理器】选项，打开【方案管理器】对话框。

2. 单击【添加】按钮，在弹出的对话框中填写各项参数。在【方案名】文本框中输入"最佳"，在【可变单元格】框中指定 C2:C4 单元格区域，如图 19-3 所示，然后单击【确定】按钮。

	A	B	C	D	E	F
1		所得税率	0.4			
2		第1年销量（单位：个）	12000			
3		年销量增长率	0.05			
4		第1年销售单价（单位：元）	7.5			
5		第1年销售成本（单位：元）	6			
6		内部收益率	0.15			
7		成本增长率	0.05			
8		价格增长率	0.03			
9	年		1	2	3	4	5
10	销量（单位：个）	12000	12600	13230	13891.5	14586.075
11	销售单价（单位：元）	7.50	7.73	7.96	8.20	8.44
12	销售成本（单位：元）	6.00	6.30	6.62	6.95	7.29
13	销售额（单位：元）	90000.00	97335.00	105267.80	113847.13	123125.67
14	成本（单位：元）	72000.00	79380.00	87516.45	96486.89	106376.79
15	税前利润（单位：元）	18000.00	17955.00	17751.35	17360.24	16748.88
16	所得税（单位：元）	7200.00	7182.00	7100.54	6944.10	6699.55
17	税后利润（单位：元）	10800.00	10773.00	10650.81	10416.15	10049.33
18						
19	NPV（单位：元）	35492.08				
20						

图 19-1

	B	C	D	E	F	G
2	方案摘要					
3			当前值：	最佳	最差	最有可能
5	可变单元格：					
6		第1年销量	12000	20000	5000	10000
7		年销量增长率	0.05	0.2	0.02	0.1
8		第1年销售单价	7.5	10	5	7.5
9	结果单元格：					
10		$B$17	10800.00	48000.00	(3000.00)	9000.00
11		$C$17	10773.00	57600.00	(3519.00)	9405.00
12		$D$17	10650.81	69016.32	(4090.33)	9741.10
13		$E$17	10416.15	82560.80	(4718.50)	9980.12
14		$F$17	10049.33	98588.50	(5408.35)	10087.17
15		$B$19	35492.08	226892.67	(13345.75)	32063.83
16	注释："当前值"这一列表示的是在					
17	建立方案汇总时，可变单元格的值。					
18	每组方案的可变单元格均以灰色底纹突出显示。					
19						

图 19-2

3. 在弹出的【方案变量值】对话框中，参照表 19-1 中的数据输入"最佳"方案的变量值。在【第 1 年销量】文本框中输入"20000"，在【年销量增长率】文本框中输入"0.2"，在【第 1 年销售单价】文本框中输入"10"（如图 19-4 所示）。

4. 单击【确定】按钮返回【方案管理器】对话框，参照以上步骤添加方案"最差"及"最有可能"。完成后，对话框如图 19-5 所示。

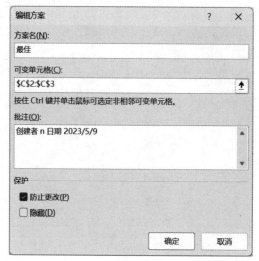

图 19-3

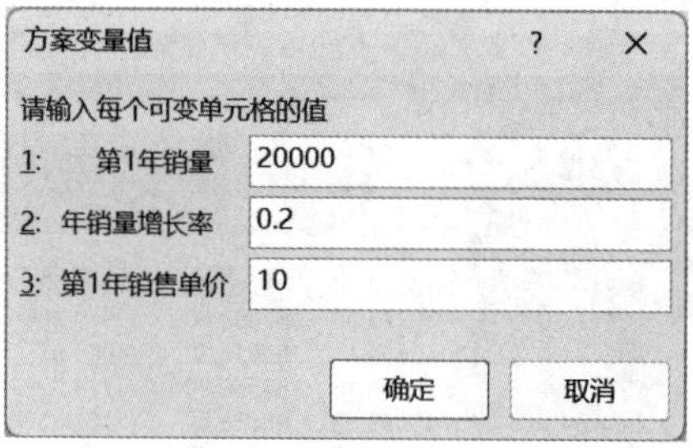

图 19-4

接下来看看如何制作方案摘要，步骤如下：

1. 打开【方案管理器】对话框，单击【摘要】按钮。

2. 打开【方案摘要】对话框（如图 19-6 所示），选择【方案摘要】单选按钮。

3. 在【结果单元格】框中，指定要在方案摘要中显示的结果数据所在的单元格。图 19-6 所示的设置表明，方案摘要中要显示的是每年的税后利润（B17:F17 单元格区域）和最终的净现值（B19 单元格）。

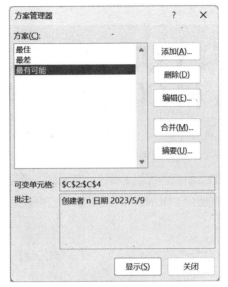

图 19-5

图 19-6

 如果要显示的结果数据存放于不连续的多个单元格中，在【结果单元格】中输入单元格地址时，必须使用英文逗号分隔各个单元格或单元格区域地址，也可以按下 Ctrl 键依此选择多个单元格或单元格区域进行指定。

提示

　　4. 单击【确定】按钮，Excel 在新工作表中生成一个方案摘要表格（如图 19-2 所示）。

　　在方案摘要表格中，"当前值"列中的数值是原始工作表模型中的当前变量值，以及据此计算得出的结果数据。由方案摘要表格可知，"最差"方案是亏损的（亏损 13 345.75 元），而"最佳"方案是相当赚钱的（获利 226 892.67 元）。

第 20 章
COUNTIF、COUNTIFS、COUNT、COUNTA 和 COUNTBLANK 函数

在使用 Excel 时，我们经常需要统计指定区域内符合某个条件的单元格的数量。例如，对于一个包含化妆品销售数据的工作表，我们需要统计某销售人员完成的订单量，或统计某个时段内产生的订单量，此时可以使用 COUNTIF 等函数统计工作表的某行或某列中符合指定条件的单元格的数量。

COUNTIF 函数的语法结构为：

COUNTIF(范围 ， 条件)

其中：

◎ "范围" 参数用于指定在哪个单元格区域中进行统计。

◎ "条件" 参数用于指定被统计对象需要满足的条件，可以是数字、表达式、单元格引用或文本。

COUNTIFS 函数的语法结构为：

COUNTIFS(范围 1，条件 1，[范围 2]，[条件 2]，…)

COUNTIFS 函数用于将多个条件应用于多个区域的单元格，然后统计满足各个条件的总次数。使用 COUNTIFS 函数进行统计时，可以针对一列设置多个条件，或针对多列分别设置对应条件。

 在本书的第 21 和第 34 章中，我们将认识其他涉及多条件的函数。
提示

成功运用 COUNTIF 函数（以及类似函数）的关键是理解 Excel 能接受的条件类型。下面通过案例来讲解相关条件类型。除 COUNTIF 函数外，本章还将学习 COUNT、COUNTA 和 COUNTBLANK 函数的应用。

◎ COUNT 函数用于统计指定范围内的单元格的数量。

◎ COUNTA 函数用于统计指定范围内的非空单元格的数量。

◎ COUNTBLANK 函数用于统计指定范围内的空白单元格的数量。

为了更好地说明这些函数的使用方法，本章为大家准备了一个示例文件"20- 歌曲 .xlsx"，其中包含某广播电台的歌曲点播清单。对于每首歌曲，表格中包含以下相关信息（参见图 20-1 ）：

◎ 演唱者

◎ 点播日期

◎ 歌曲时长

本章后面的案例，均基于此示例文件中的歌曲信息制作。

	D	E	F	G	H
6	歌曲序号	演唱者	点播日期	歌曲时长	（分钟）
7	1	Eminem	2004/5/21	4	
8	2	Eminem	2004/4/15	2	
9	3	Cher	2005/1/28	2	
10	4	Eminem	2005/1/28	4	
11	5	Moore	2004/11/5	2	
12	6	Cher	2004/9/18	4	
13	7	Spears	2004/4/15	3	
14	8	Spears	2005/3/17	3	
15	9	Manilow	2005/1/16	4	
16	10	Eminem	2005/4/10	4	
17	11	Madonna	2004/2/15	3	
18	12	Eminem	2004/1/10	2	
19	13	Springsteen	2005/4/10	2	
20	14	Spears	2004/4/15	3	
21	15	Moore	2004/7/8	3	
22	16	Madonna	2004/6/26	4	
23	17	Spears	2005/5/28	3	
24	18	Mellencamp	2005/7/27	5	
25	19	Spears	2004/9/18	5	
26	20	Madonna	2004/7/8	4	
27	21	Springsteen	2004/9/6	3	
28	22	Madonna	2004/6/2	3	

图 20-1

如何统计每位演唱者被点播的歌曲数？

首先，选择数据表的第 1 行，即 D6:G6 单元格区域，按【Ctrl+Shift+↓】组合键选择数据表的所有单元格。接着在【公式】选项卡的【定义的名称】组中，单击【根据所选内容创建】按钮，在弹出的对话框中勾选【首行】复选框，然后单击【确定】按钮。此时，D7:D957 单元格区域被命名为"歌曲序号"，E7:E957 单元格区域被命名为"演唱者"，F7:F957 单元格区域已被命名为"点播日期"，G7:G957 单元格区域被命名为"歌曲时长"。

要统计每位演唱者被点播的歌曲数，在 C5 单元格中输入公式"=COUNTIF(演唱者 ,B5)"，并将公式复制到 C6:C12 单元格区域。C5 单元格中的返回值即演唱者 Eminem 被点播的歌曲数——114 首。采用相同的方法，我们能统计出演唱者 Cher 被点播了 112 首歌曲，等等，如图 20-2 所示。也可以通过公式"=COUNTIF(演唱者 ,"Eminem")"得到演唱者 Eminem 被点播的歌曲数。需要注意的是，必须将"Eminem"这个文本内容（此函数不区分英文字母的大小写）放在一对英文双引号中，否则函数将返回不正确的结果。

	B	C
5	Eminem	114
6	Cher	112
7	Moore	131
8	Spears	129
9	Mellencamp	115
10	Madonna	133
11	Springsteen	103
12	Manilow	114
13	合计（首）	951

图 20-2

如何统计点播曲目中有多少首歌不是 Eminem 演唱的？

要解答这个问题，在 C15 单元格中输入公式"=COUNTIF(演唱者 ,"<>Eminem")"，返回值为 837，说明数据表中有 837 首歌不是 Eminem 演唱的，如图 20-3 所示。在此例中，需要将"<>Eminem"放在一对英文双引号中，因为 Excel 会将"<>"（不等于）视为文本，而"Eminem"本身就是文本。公式"=COUNTIF(演唱者 ,"<>"&B5)"会返回相同的结果，其中使用了连接符（&）将 B5 单元格和"<>"连接在一起。

	B	C
14		
15	不是Eminem演唱的歌曲（首）	837
16	时长不少于4分钟的歌曲（首）	477
17	超过平均时长的歌曲（首）	477
18	姓氏以S开头的演唱者唱的歌曲（首）	232
19	姓氏包含6个字母的演唱者唱的歌曲（首）	243
20	2005年6月15日以后点播的歌曲（首）	98
21	2009年以前点播的歌曲（首）	951
22	时长正好4分钟的歌曲（首）	247
23	时长正好5分钟的歌曲（首）	230
24	Springsteen演唱的、时长为4分钟的歌曲（首）	24
25	Madonna演唱的、时长为3至4分钟的歌曲（首）	70
26		

图 20-3

如何统计有多少首歌的时长不少于 4 分钟？

在 C16 单元格中输入公式 "=COUNTIF(歌曲时长 ,">=4")"，可统计时长大于或等于 4 分钟的歌曲数量。这里需要将 ">=4" 放在一对英文双引号中，因为 Excel 中的大于或等于符号(">=")和 "<>" 一样被视为文本。公式的返回值说明，数据表中有 477 首歌的时长不少于 4 分钟（如图 20-3 所示）。

如何统计有多少首歌的时长超过平均值？

先在 G5 单元格中输入公式 "=AVERAGE(歌曲时长)"，获取数据表中所有歌曲的平均时长——3.48 分钟。然后，在 C17 单元格中输入公式 "=COUNTIF(歌曲时长 ,">"&G5)"，获取歌曲时长超过平均值的歌曲数量。也可以在公式中直接引用 G5 单元格来得到同样的返回结果——477 首歌曲的时长比平均值长。这个返回值与播放时长不少于 4 分钟的歌曲数相等。这两个数字相等的原因是，本例将每首歌的时长四舍五入为一个整数，一首歌的时长超过平均值——3.48 分钟，就被视为 4 分钟。

如何统计有多少首歌是由姓氏以 S 开头的演唱者唱的？

为解答这个问题，需要在函数的条件参数中使用通配符 "*"（星号）。"*" 表示任意长度的字符序列。在 C18 单元格中输入公式 "=COUNTIF(演唱者 ,"S*")"，即可获取姓氏以 S 开头的演唱者唱的歌曲数量（此函数不区分条件参数的大小写）。返回值说明，姓氏以 S 开头的演唱者（即 Springsteen 和 Spears）唱的歌曲共有 232 首。

如何统计有多少首歌是由姓氏包含 6 个字母的演唱者唱的？

要解答这个问题，需要在函数的条件参数中使用通配符 "?"（问号）。"?" 可匹配任意单个字符。在 C19 单元格中输入公式 "=COUNTIF(演唱者 ,"??????")"，得到返回值 243，说明姓氏包含 6 个字母的演唱者一共演唱了 243 首歌。验证一下，所有演唱者中只有 Spears 和 Eminem 的姓氏是 6 个字母，他们共演唱了 243 首歌曲。

如何统计有多少首歌是在 2005 年 6 月 15 日后被点播的？

要解答这个问题，需要在函数的条件参数中使用日期序列值（较晚的日期的值大于较早的日期的值）。在 C20 单元格中输入公式"=COUNTIF(点播日期 ,">2005/6/15")"，得到返回值 98，说明有 98 首歌是在 2005 年 6 月 15 日之后被点播的。

如何统计有多少首歌是在 2009 年以前被点播的？

本例对日期的限定为"2009 年以前"，即日期值小于或等于"2008/12/31"对应的日期值。在 C21 单元格中输入公式"=COUNTIF(点播日期 ,"<=2008/12/31")"，得到返回值 951，说明有 951 首歌，即所有歌曲，是在 2009 年以前被点播的。

如何统计时长正好是 4 分钟的歌曲数量？

在 C22 单元格中输入公式"=COUNTIF(歌曲时长 ,4)"，统计 G7:G957 单元格区域中包含数值 4 的单元格的数量。返回值为 247，表明有 247 首歌的时长为 4 分钟。用相同的方法可以统计时长为 5 分钟的歌曲数量，见 C23 单元格中的返回值，可知有 230 首歌的时长正好是 5 分钟。

如何统计由 Springsteen 演唱的、时长为 4 分钟的歌曲数量？

如果要统计在点播曲目中由 Springsteen 演唱的、时长为 4 分钟的歌曲数量，需要用到多条件统计。COUNTIFS 函数支持多条件统计。在 C24 单元格中输入公式"=COUNTIFS(演唱者 ,"Springsteen", 歌曲时长 ,4)"，即可得到需要的结果——24。

 提示　建议使用函数向导来输入涉及 COUNTIFS 函数的公式。别忘了，在编写公式时，可以按 F3 键方便地选择自定义名称并粘贴到公式中。

如何统计由 Madonna 演唱的、时长为 3 至 4 分钟的歌曲数量？

这又是一个多条件统计，我们需要再一次用到 COUNTIFS 函数。在 C25 单元格中输入公式"=COUNTIFS(演唱者 ,"Madonna", 歌曲时长 ,"<=4", 歌曲时长 ,">=3")"，返回值说明，在点播曲目中，由 Madonna 演唱的、时长为 3 至 4 分钟的歌曲总共有 70 首。

如何统计指定范围内内容为数值的单元格数量？

COUNT 函数可用于统计指定范围内含有数值的单元格的数量。例如，在 C2 单元格中输入公式"=COUNT(B5:C14)"，得到的返回值为 9，说明在 B5:C14 单元格区域内共有 9 个单元格（C5 至 C13 单元格）的内容为数值。

如何统计指定范围内空单元格的数量？

COUNTBLANK 函数可用于统计指定范围内的空单元格的数量。例如，在 C4 单元格中输入公式"=COUNTBLANK(B5:C14)"，会得到返回值 2，因为在 B5:C14 单元格区域中，B14 和 C14 单元格是空单元格。

如何统计指定范围内非空单元格的数量？

COUNTA 函数可用于统计指定范围内的非空单元格的数量。例如，在 C3 单元格中输入公式"=COUNTA(B5:C14)"，返回值为 18，说明在 B5:C14 单元格区域中共有 18 个单元格包含内容，不是空单元格。

第 21 章
SUMIF、AVERAGEIF、SUMIFS、AVERAGEIFS、MAXIFS 和 MINIFS 函数

SUMIF 函数可用于对指定区域中符合指定条件的值进行求和，其语法结构为：

SUMIF(条件范围 ， 条件 ， [求值区域])

其中各参数的定义如下：

◎ 条件范围：需要判断是否满足条件的值所在的单元格区域。

◎ 条件：需要满足的条件，用于判断求值区域中的各单元格是否参与求和运算，可以是数值、日期或表达式。

◎ 求值区域：参与求和计算的值所在的单元格区域。当此参数省略时，Excel 将条件范围视为求值区域。

SUMIF 函数的"条件"参数支持的数据类型和 COUNTIF 函数一致。有关 COUNTIF 函数的相关信息，请参阅本书第 20 章。

AVERAGEIF 函数用于计算指定区域中符合指定条件的值的平均值（算术平均值），其语法结构为：

AVERAGEIF(条件范围 ， 条件 ， 求值区域)

COUNTIFS、SUMIFS 和 AVERAGEIFS 是三个多条件运算函数。其中，本书第 20 章已经讲解了 COUNTIFS 函数的用法，在第 34 章中将讨论其他可以用来进行多条件运算的函数。还有，数组函数（见第 35 章）也可以用来处理多条件运算。

SUMIFS 函数的语法结构为：

SUMIFS （求值区域 ， 条件范围 1 ， 条件 1 ， [条件范围 2]， [条件 2]， ...)

SUMIFS 函数用于对多个范围中的值分别依据指定条件进行判断，即基于"条件 1"对"条

件范围 1"中的值进行判断，基于"条件 2"对"条件范围 2"中的值进行判断……只要符合要求，求值区域中的对应值就参与求和运算。

AVERAGEIFS 函数的语法结构与 SUMIFS 函数相同：

AVERAGEIFS(求值区域，条件范围 1，条件 1，[条件范围 2]，[条件 2]，…)

AVERAGEIFS 函数用于对多个范围中的值分别依据指定条件进行判断，若满足条件，则求值区域中的对应值参与求平均值运算。

MAXIFS 和 MINIFS 函数是 Microsoft 365 特有的函数，这两个函数可用于求符合条件的最大值和最小值。

MAXIFS 函数用于返回满足条件的所有值中的最大值，其语法结构为：

MAXIFS(求值区域，范围 1，标准 1，[范围 2]，[标准 2]，…)

MINIFS 函数的语法结构与 MAXIFS 函数相同。

假设你是一家化妆品公司的销售经理，已将每笔销售订单的交易信息记录了下来（参见示例文件 "21- 化妆品 .xlsx"），包括：销售人员姓名、日期、销售（或退货）数量及金额。下面基于这个交易记录表完成几个案例。图 21-1 所示为订单信息表的一部分。

	G	H	I	J	K	L
4	交易序	姓名	日期	产品	数量	金额
5	1	Betsy	2004/4/1	唇彩	45	¥137.20
6	2	Hallagan	2004/3/10	粉底液	50	¥152.01
7	3	Ashley	2005/2/25	口红	9	¥28.72
8	4	Hallagan	2006/5/22	唇彩	55	¥167.08
9	5	Zaret	2004/6/17	唇彩	43	¥130.60
10	6	Colleen	2005/11/27	眼线	58	¥175.99
11	7	Cristina	2004/3/21	眼线	8	¥25.80
12	8	Colleen	2006/12/17	唇彩	72	¥217.84
13	9	Ashley	2006/7/5	眼线	75	¥226.64
14	10	Betsy	2006/8/7	唇彩	24	¥73.50
15	11	Ashley	2004/11/29	睫毛膏	43	¥130.84
16	12	Ashley	2004/11/18	唇彩	23	¥71.03
17	13	Emilee	2005/8/31	唇彩	49	¥149.59
18	14	Hallagan	2005/1/1	眼线	18	¥56.47
19	15	Zaret	2006/9/20	粉底液	-8	¥-21.99
20	16	Emilee	2004/4/12	睫毛膏	45	¥137.39
21	17	Colleen	2006/4/30	睫毛膏	66	¥199.65
22	18	Jen	2005/8/31	唇彩	88	¥265.19
23	19	Jen	2004/10/27	眼线	78	¥236.15
24	20	Zaret	2005/11/27	唇彩	57	¥173.12
25	21	Zaret	2006/6/2	睫毛膏	12	¥38.08
26	22	Betsy	2004/9/24	眼线	28	¥86.51
27	23	Colleen	2006/2/1	睫毛膏	25	¥77.31
28	24	Hallagan	2005/5/2	粉底液	29	¥88.22
29	25	Jen	2004/11/7	睫毛膏	-4	¥-9.94
30	26	Emilee	2006/12/6	唇彩	24	¥74.62

图 21-1

如何统计各销售人员的销售额？

像往常一样，首先依据 G4 至 L4 单元格中的文本内容为 G 列至 L 列的数据创建自定义名称，例如将 J5:J1904 单元格区域定义为"产品"。

要统计各销售人员的销售额，首先在 B5 单元格中输入公式"=SUMIF(姓名 ,A5, 金额)"，此公式的意思是：在"姓名"列（H 列）中逐行判断是否与 A5 单元格内容相同，若相同则将"金额"列（L 列）中对应的值分别提取出来并求和。公式的返回值显示 Emilee 共卖出了价值 25 258.87 元的产品。若输入公式"=SUMIF(姓名 ,"Emilee", 金额)"会返回相同的结果。接下来将公式复制到 B6:B13 单元格区域，得到其他销售人员的销售额，如图 21-2 所示。

	A	B	C	D	E	F	G	H	I	J	K	L
4	姓名	金额					交易序	姓名	日期	产品	数量	金额
5	Emilee	¥25,258.87	=SUMIF(姓名,A5,金额)				1	Betsy	2004/4/1	唇彩	45	¥137.20
6	Hallagan	¥28,705.16	=SUMIF(姓名,A6,金额)				2	Hallagan	2004/3/10	粉底液	50	¥152.01
7	Ashley	¥25,947.24	=SUMIF(姓名,A7,金额)				3	Ashley	2005/2/25	口红	9	¥28.72
8	Zaret	¥26,741.31	=SUMIF(姓名,A8,金额)				4	Hallagan	2006/5/22	唇彩	55	¥167.08
9	Colleen	¥24,890.66	=SUMIF(姓名,A9,金额)				5	Zaret	2004/6/17	唇彩	43	¥130.60
10	Cristina	¥23,849.56	=SUMIF(姓名,A10,金额)				6	Colleen	2005/11/27	眼线	58	¥175.99
11	Betsy	¥28,803.15	=SUMIF(姓名,A11,金额)				7	Cristina	2004/3/21	唇彩	8	¥25.80
12	Jen	¥29,050.53	=SUMIF(姓名,A12,金额)				8	Colleen	2006/12/17	唇彩	72	¥217.84
13	Cici	¥27,590.57	=SUMIF(姓名,A13,金额)				9	Ashley	2006/7/5	眼线	75	¥226.64
14							10	Betsy	2006/8/7	唇彩	24	¥73.50
15							11	Ashley	2004/11/29	睫毛膏	43	¥130.84

图 21-2

如何统计总退货数量？

在 B16 单元格中输入公式"=-SUMIF(数量 ,"<0", 数量)"，可以将所有销售数量小于 0 的订单提取出来并计算销售数量之和（即 –922）。SUMIF 公式前面的减号用于将负数变为正数（即 922）。根据 SUMIF 函数的语法结构，省略"求值区域"参数时，Excel 会将"条件范围"作为"求值区域"，因此公式"=-SUMIF(数量 ,"<0")"返回的值也是 922，如图 21-3 所示。

	A	B	C	D	E	F
15						
16	退货数量	922	=-SUMIF(数量,"<0",数量)			
17	2005年以来的销售额	¥157,854.32	=SUMIF(日期,">=2005/1/1",金额)			
18	唇彩的销售数量	16,333	=SUMIF(产品,"唇彩",数量)			
19	唇彩的销售额	¥49,834.64	=SUMIF(产品,"唇彩",金额)			
20	Jen之外的销售人员的总销售额	¥211,786.51	=SUMIF(姓名,"<>Jen",金额)			
21	Jen平均每单成交量	44	=AVERAGEIF(姓名,"Jen",数量)			
22	Jen售出的口红总金额	¥3,953.30	=SUMIFS(金额,姓名,"Jen",产品,"口红")			
23	Zaret售出的口红平均每单成交量	33	=AVERAGEIFS(数量,姓名,"Zaret",产品,"口红")			
24	单笔数量50支以上且由Zaret售出的口红平均每单成交量	68	=AVERAGEIFS(数量,姓名,"Zaret",产品,"口红",数量,">50")			
25	单笔金额100元以上且由Jen售出的口红总金额	¥3,582.84	=SUMIFS(金额,姓名,"Jen",产品,"口红",金额,">100")			
26	单笔金额100元及以下由Jen售出的口红总金额	¥370.46	=SUMIFS(金额,姓名,"Jen",产品,"口红",金额,"<=100")			
27						

图 21-3

如何统计 2005 年以来的销售额？

在 B17 单元格中输入公式"=SUMIF(日期 ,">=2005/1/1", 金额)"，此公式在"日期"列中查找 2005 年 1 月 1 日及之后的日期，将对应的"金额"列的值提取出来并求和。该公式的返回值表明：自 2005 年 1 月 1 日起，化妆品的总销售额为 157 854.32 元。

唇彩的销售额及销售数量各是多少？

在 B18 单元格中输入公式"=SUMIF(产品 ," 唇彩 ", 数量)"，在"产品"列中查找内容为"唇彩"的所有单元格，并将对应的"数量"列的值提取出来求和。由于数据表中的退货数量是用负数表示的，所以，返回值 16 333 是去掉了退货数量的净销售数量。

同理，在 B19 单元格中输入公式"=SUMIF(产品 ," 唇彩 ", 金额)"，得出唇彩的净销售额是 49 834.64 元（与退货相关的款项同样在表中用负数表示）。

如何统计某销售人员之外的销售人员的总销售额？

以统计 Jen 之外的销售人员的总销售额为例，在 B20 单元格中输入公式"=SUMIF(姓名 ,"<>Jen", 金额)"。此公式在"姓名"列中查找内容不等于"Jen"的所有单元格，并将对应的"金额"列的值提取出来求和，即可求出除 Jen 外的销售人员的销售额总和，数值为 211 786.51 元。

如何统计某销售人员的客单量？

AVERAGEIF 函数可用于计算平均值。在 B21 单元格中输入公式"=AVERAGEIF(姓名 ,"Jen", 数量)"，可以统计 Jen 的客单量（平均每单成交量）。返回值 44 代表 Jen 平均每单能售出约 44 件化妆品。可以尝试用公式"=SUMIF(姓名 ,"Jen", 数量)/COUNTIF(姓名 ,"Jen")"来验证一下。

如何统计某销售人员售出的口红总金额？

这个计算需求涉及两个条件，一是限定销售人员（假定为 Jen），二是统计口红的总金额。在 B22 单元格中输入公式"=SUMIFS(金额 , 姓名 ,"Jen", 产品 ," 口红 ")"，即可得到 Jen 售出的口红总金额——约 3 953 元。

如何统计某销售人员售出的口红平均每单成交量？

这个计算需求涉及两个条件，因此需要使用 AVERAGEIFS 函数。在 B23 单元格中输入公式 "=AVERAGEIFS(数量 , 姓名 ,"Zaret", 产品 ," 口红 ")"，即可得到 Zaret 售出的口红平均每单成交量——33 支。

单笔数量 50 支以上且由 Zaret 售出的口红平均每单成交量是多少？

与上一个计算需求相比，此需求涉及第三个条件——单笔数量在 50 支以上的销售订单，因此仍需使用 AVERAGEIFS 函数。在 B24 单元格中输入公式 "=AVERAGEIFS(数量 , 姓名 ,"Zaret", 产品 ," 口红 ", 数量 ,">50")"，可得由 Zaret 售出的单笔数量大于 50 支的口红销售订单，平均每单成交量为 68 支。

单笔金额 100 元以上且由 Jen 售出的口红总金额是多少？

这个计算需求涉及三个条件，"姓名"为"Jen"、"产品"为"口红"，并且单笔金额大于 100 元，因此需要使用 SUMIFS 函数。在 B25 单元格中输入公式 "=SUMIFS(金额 , 姓名 ,"Jen", 产品 ," 口红 ", 金额 ,">100")"，得到返回值 3 582.84，表明在单笔金额大于 100 元的口红销售订单中，Jen 的总销售金额约为 3 583 元。

在 B26 单元格中输入公式 "=SUMIFS(金额 , 姓名 ,"Jen", 产品 ," 口红 ", 金额 ,"<=100")"，得到返回值 370.46，表明在单笔金额小于或等于 100 元的口红销售订单中，Jen 的总销售金额约为 370 元。370.46 与 3 582.84 之和与 B22 单元格中的返回值（Jen 售出的口红总金额）相等。

Excel 可以根据多个条件求最大值和最小值吗？

Microsoft 365 支持 MAXIFS 和 MINIFS 函数，这两个函数可用于求多条件情况下的最大值和最小值。示例文件 "21- 最大值与最小值 .xlsx"（如图 21-4 所示）演示了这两个函数的使用方法。

	A	B	C	D	E	F
2						
3		SG	PF	C	SF	PG
4	ATL	972	1174	854	740	1237
5	BOS	812	450	830	843	1916
6	BRK	863	641	1350	783	484
7	CHI	1062	639	731	1543	459
8	CHO	1006	746	749	633	1588
9	CLE	516	961	572	1667	1586
10	DAL	912	1393	437	329	857
11	DEN	789	521	1006	981	634
12	DET	944	1174	1028	1004	741
13	GSW	1517	680	377	1494	1715
14	HOU	1067	907	697	816	2085
15	IND	546	675	1019	1443	1079
16	LAC	1034	1108	901	182	911
17	LAL	1078	825	401	640	846
18	MEM	572	889	1370	383	1200
19	MIA	729	809	1127	294	1266
20	MIL	693	1025	828	1609	509
21	MIN	889	687	1720	1607	649
22	NOP	628	584	1854	477	881
23	NYK	713	1103	451	1566	1103
24	OKC	921	418	886	482	2218
25	ORL	998	846	958	828	891

图 21-4

示例文件列出了 NBA 2016—2017 赛季的一些数据，包括球员的姓名、所属球队、场上位置以及得分情况。我们需要通过这些信息获得每个球队中不同位置的球员的最高分及最低分。

首先将"MAXIFS"工作表中的 J 列至 L 列数据根据第 1 行的相应内容定义名称。然后在 B4 单元格中输入公式"=MAXIFS(得分 , 球队 ,$A4, 位置 ,B$3)"，并将公式复制到 B4:F33 单元格区域，即可得到每个球队的每个位置的球员的最高分。例如，休斯顿火箭队的控球后卫（PG）中，最高分是 2 085 分（F14 单元格），由詹姆斯·哈登（James Harden）创造。

在"MINIFS"工作表中，用 MINIFS 函数求出了每个球队中不同位置的球员的最低分。

第 22 章
OFFSET 函数

OFFSET 函数用于返回对某个单元格或单元格区域的引用结果。通常，使用该函数时，需要先指定一个单元格作为参考单元格，然后指定以参考单元格为基准的偏移行数及列数，最后指定引用的范围（行数和列数）。偏移的行数和列数也可以由其他 Excel 函数计算得出。

OFFSET 函数的语法结构为：

OFFSET(参考单元格 ，偏移行数 ，偏移列数 ，[引用行数]，[引用列数])

其中各参数的说明如下：

◎ **参考单元格**：作为偏移基准的单元格或单元格区域。如果此参数为单元格区域，则其中的单元格必须彼此相邻。

◎ **偏移行数**：指引用区域的第 1 行与参考单元格所在行之间相距的行数。如果"参考单元格"参数指定的是单元格区域，则以该单元格区域的左上角单元格为基准。负数表示向上偏移，正数表示向下偏移。例如，参考单元格为 C5 单元格，若偏移行数为 -1，则引用的行为第 4 行，若偏移行数为 1，则引用的行为第 6 行，若偏移行数为 0，则引用的行为第 5 行。

◎ **偏移列数**：指引用区域的第 1 列与参考单元格所在列之间相距的列数，负数表示向左偏移，正数表示向右偏移。例如，参考单元格为 C5 单元格，若偏移列数为 -1，则引用的列为 B 列，若偏移列数为 1，则引用的列为 D 列，若偏移列数为 0，则引用的列为 C 列。

◎ **引用行数、引用列数**：这两个参数为可选参数，用于指定引用的范围。若省略这两个参数，则表示引用范围的行数、列数与"参考单元格"参数指定的基准区域的行数、列数相同。

下面将展示如何运用 OFFSET 函数解决工作中的一些实务问题。

如何通过指定偏移行数和列数引用单元格区域？

示例文件"22-OFFSET 函数 .xlsx"提供了一些 OFFSET 函数的应用实例，如图 22-1 所示。例如，B10 单元格中的公式为"=SUM(OFFSET(B7,-1,1,2,1))"（A10 单元格显示了该公式），表示从 B7 单元格开始向上偏移 1 行、向右偏移 1 列，即引用的范围以 C6 单元格为起点。OFFSET 函数的第 4 个参数为 2，表示引用的范围包括 2 行，第 5 个参数为 1，表示引用的范围包括 1 列，因此引用的范围为 C6:C7 单元格区域。最后，SUM 函数将此单元格区域内的所有数字相加，得到 2+6=8。示例文件中还有其他两个类似的示例。

▲	A	B	C	D	E	F	G	H	I	J	K
5											
6		1	2	3	4			1	2	3	4
7		5	6	7	8			5	6	7	8
8		9	10	11	12			9	10	11	12
9											
10	=SUM(OFFSET(B7,-1,1,2,1))	8					=SUM(OFFSET(H6,0,1,3,2))	39			
11											
12											
13		1	2	3	4						
14		5	6	7	8						
15		9	10	11	12						
16											
17	=SUM(OFFSET(E16,-2,-3,2,3))	24									
18											

图 22-1

如何实现从右向左查找？

示例文件"22- 向左查找 .xlsx"列出了 NBA 2002—2003 赛季达拉斯小牛队球员的投篮命中率，如图 22-2 所示。如果球员的姓名在左列，投篮命中率数值在右列，我们可以轻松地通过 VLOOKUP 函数根据某个球员姓名查找到对应的投篮命中率数值。但对于本例的表格，若不调整列的位置，VLOOKUP 函数就无能为力了，因此它无法执行从右向左查找。此时，我们可以组合应用 MATCH 和 OFFSET 函数来实现从右向左查找。

提示　如果使用的是 Microsoft 365，可以通过 XLOOKUP 函数实现从右向左查找。

首先，在 D7 单元格中输入球员的姓名。然后，在 E7 单元格中编写 OFFSET 函数公式，将 B7 单元格（投篮命中率数据的列标题）作为参考单元格，偏移的行数通过 MATCH 函数获得，偏移的列数为 0。由于需要引用的是一个单元格，因此可以省略 OFFSET 函数的最后两个参数。E7 单元格中的公式为"=OFFSET(B7,MATCH(D7,$C$8:$C$22,0),0)"，可根据在 D7 单元格中输入的球员姓名返回对应的投篮命中率。

▲	B	C	D	E	F	G	H
5							
6			球员	投篮命中率			
7	投篮命中率	球员	Walt Williams	39.7%			
8	45.8%	Dirk Nowitzki		=OFFSET(B7,MATCH(D7,$C$8:$C$22,0),0)			
9	41.8%	Michael Finley					
10	46.3%	Steve Nash					
11	39.5%	Nick Van Exel					
12	53.5%	Raef LaFrentz					
13	60.2%	Eduardo Najera					
14	51.2%	Shawn Bradley					
15	39.7%	Walt Williams					
16	44.4%	Adrian Griffin					
17	48.4%	Avery Johnson					
18	47.6%	Raja Bell					
19	66.7%	Evan Eschmeyer					
20	41.0%	Popeye Jones					
21	40.0%	Mark Strickland					
22	23.5%	Adam Harrington					
23							

图 22-2

OFFSET 和 MATCH 函数组合应用实例

如图 22-3 所示，示例文件 "22- 销售数据 .xlsx" 记录了某公司在一些国家的产品销售情况，包括销售数量、销售额及成本。在每个月得到的数据表中，各行数据的先后顺序是不固定的，当数据行非常多的时候，持续关注某个国家的数据很不方便。现在想构建一个公式，以便始终返回指定国家的产品销售情况。我们可以使用 VLOOKUP 函数解决这个问题，但为了演示 OFFSET 和 MATCH 函数的组合应用，本例在 D20 单元格中输入公式 "=OFFSET($C$6, MATCH($C20,$C$7:$C$16,0),D19)"，并将公式复制到 E20:F20 单元格区域，即可得到需要的数据。此公式的运算过程为：从 C6 单元格开始，向下偏移指定的行数（列标题所在行与匹配到的国家名称——伊朗所在行之间相距的行数），向右偏移指定的列数（第 19 行对应的单元格中的数值），引用 1 个单元格的内容。

▲	C	D	E	F	G
5					
6	国家	销售数量	销售额	成本	
7	印度	541	¥4,328.00	¥1,082.00	
8	中国	1000	¥5,000.00	¥2,000.00	
9	伊朗	577	¥2,308.00	¥1,731.00	
10	以色列	454	¥3,632.00	¥1,362.00	
11	日本	141	¥705.00	¥423.00	
12	泰国	223	¥1,115.00	¥446.00	
13	印度尼西亚	524	¥2,620.00	¥1,048.00	
14	马来西亚	328	¥1,968.00	¥984.00	
15	越南	469	¥2,814.00	¥1,407.00	
16	柬埔寨	398	¥1,990.00	¥796.00	
17					
18		销售数量	销售额	成本	
19	国家	1	2	3	
20	伊朗	577	¥2,308.00	¥1,731.00	
21		=OFFSET($C$6,MATCH($C20,$C$7:$C$16,0),D19)			
22					

图 22-3

如何计算每种药品在各研发阶段的总成本?

假设有 5 种药品,其研发过程都必须经历三个阶段。现有的表格(参见示例文件"22- 药品 .xlsx")中,记录了每种药品的每月研发成本以及各研发阶段耗费的月数,如图 22-4 所示。是否可以通过公式来计算每种药品在各研发阶段的总成本?

▲	B	C	D	E	F	G	H
1			药品1	药品2	药品3	药品4	药品5
2		研发阶段1 月数	2	3	9	12	6
3		研发阶段2 月数	2	8	5	4	12
4		研发阶段3 月数	2	11	4	11	15
5		研发阶段1 成本	¥110.00	¥313.00	¥795.00	¥1,167.00	¥615.00
6		研发阶段2 成本	¥142.00	¥789.00	¥465.00	¥397.00	¥1,096.00
7		研发阶段3 成本	¥234.00	¥876.00	¥401.00	¥1,135.00	¥1,588.00
8							
9	序号	日期	药品1成本	药品2成本	药品3成本	药品4成本	药品5成本
10	1	1998年1月	¥52.00	¥135.00	¥131.00	¥121.00	¥69.00
11	2	1998年2月	¥58.00	¥120.00	¥77.00	¥60.00	¥68.00
12	3	1998年3月	¥80.00	¥58.00	¥66.00	¥52.00	¥113.00
13	4	1998年4月	¥62.00	¥56.00	¥78.00	¥61.00	¥146.00
14	5	1998年5月	¥130.00	¥126.00	¥98.00	¥118.00	¥94.00
15	6	1998年6月	¥104.00	¥102.00	¥64.00	¥117.00	¥125.00
16	7	1998年7月	¥121.00	¥59.00	¥115.00	¥112.00	¥137.00
17	8	1998年8月	¥107.00	¥123.00	¥56.00	¥102.00	¥77.00
18	9	1998年9月	¥80.00	¥88.00	¥110.00	¥85.00	¥93.00
19	10	1998年10月	¥51.00	¥111.00	¥72.00	¥118.00	¥89.00
20	11	1998年11月	¥74.00	¥124.00	¥82.00	¥143.00	¥66.00
21	12	1998年12月	¥76.00	¥107.00	¥99.00	¥78.00	¥66.00
22	13	1999年1月	¥97.00	¥97.00	¥129.00	¥77.00	¥142.00
23	14	1999年2月	¥118.00	¥63.00	¥83.00	¥148.00	¥94.00
24	15	1999年3月	¥83.00	¥59.00	¥90.00	¥108.00	¥62.00
25	16	1999年4月	¥109.00	¥73.00	¥128.00	¥64.00	¥94.00
26	17	1999年5月	¥88.00	¥115.00	¥91.00	¥128.00	¥70.00
27	18	1999年6月	¥82.00	¥77.00	¥92.00	¥61.00	¥106.00

图 22-4

如前所述，我们的目标是计算每种药品在各研发阶段的总成本。在 D5 单元格中输入公式"=SUM(OFFSET(D10,0,0,D2,1))"，得到药品 1 在研发阶段 1 的总成本。此公式的运算从第 1 个月的研发成本所在单元格开始（D10 单元格被设定为参考单元格）；偏移行数和偏移列数都为 0，表示引用范围的起点就是参考单元格，不进行任何偏移；引用范围包含的行数为研发阶段 1 耗费的月数，引用范围包含的列数为 1；对引用范围内的数值进行求和计算，得到研发阶段 1 的总成本。

在 D6 单元格中输入公式"=SUM(OFFSET(D10,D2,0,D3,1))"，得到研发阶段 2 的总成本。公式中的第 2 个参数 D2 指定了向下偏移的行数，即向下偏移的行数为第 1 研发阶段耗费的月数；第 4 个参数指定了引用范围包含的行数，等于第 2 阶段耗费的月数。

最后，在 D7 单元格中输入公式"=SUM(OFFSET(D10,D2+D3,0,D4,1))"，得到研发阶段 3 的总成本。在此公式中，参考单元格仍旧是第 1 个月的研发成本所在单元格，向下偏移的行数等于研发阶段 1 和研发阶段 2 耗费的月数之和，即引用范围的起点是研发阶段 3 开始的那个月份的成本所在单元格。

将 D5 至 D7 单元格中的公式复制到 E5:H7 单元格区域，得到药品 2 至药品 5 的研发阶段 1 至研发阶段 3 各自的总成本。例如，药品 2 在研发阶段 1（1998 年 1 月至 1998 年 3 月，共 3 个月）的总成本是 313 元，在研发阶段 2（1998 年 4 月至 1998 年 11 月，共 8 个月）的总成本是 789 元，在研发阶段 3（1998 年 12 月至 1999 年 10 月，共 11 个月）的总成本是 876 元。

如何将一个单元格内的文本内容拆分为多个信息？

一家小型音像店的店员统计在售影视光盘的库存数量时，将影视作品名称与光盘库存数量都记录到了一个单元格内，如图 22-5 所示（数据参见示例文件"22- 影视光盘 .xlsx"），如何将这两个信息拆分到单独的单元格中？

	A	B	C	D	E	F	G	H	I
1	单词数	库存数量	原始数据						
2	2	40	Seabiscuit 40	Seabiscuit		40			
3	4	12	Lara Croft Tombraider 12	Lara	Croft	Tombraider	12		
4	6	36	Raiders of the Lost Ark 36	Raiders	of	the	Lost	Ark	36
5	3	5	Annie Hall 5	Annie	Hall		5		
6	2	4	Manhattan 4	Manhattan		4			
7	3	112	Star Wars 112	Star	Wars	112			
8	4	128	How to Deal 128	How	to	Deal	128		
9	4	1	The Matrix Reloaded 1	The	Matrix	Reloaded	1		
10	3	1040	Johnny English 1040	Johnny	English	1040			
11	3	12	Rosemary's Baby 12	Rosemary's	Baby	12			
12	3	1002	High Noon 1002	High	Noon	1002			
13									

图 22-5

观察原始数据，影视作品名称和光盘库存数量在同一个单元格里，而且光盘库存数量在影视作品名称的右侧。如果数量在名称的左侧，那提取库存数量会比较容易，只需通过 FIND 函数找到第 1 个空格，然后使用 LEFT 函数提取该空格左侧的字符即可（相关内容可参考本书的第 6 章）。但在当前案例中，数量在名称的右边，而且影视作品名称由数量不定的单词组成，夹杂着若干空格，所以无法使用 FIND 函数定位名称与数量之间的那个空格（对于只有 1 个单词的影视作品名称，库存数量字符位于第 1 个空格的右侧；但对于 4 个单词组成的影视作品名称，库存数量字符位于第 4 个空格的右侧）。

一个解决方案是使用 Excel 的"分列"功能，以空格为分隔符，将原始数据中的所有单词和数值拆分到不同的单元格中，再使用 COUNTA 函数计算每个文本字符串被拆分到多少个单元格中，最后使用 OFFSET 函数定位库存数量字符所在的单元格并将数值提取出来。

首先，确保原始数据右侧有足够数量的空白列容纳拆分后的内容。由于本例中最长的影视作品名称为 *Raiders of the Lost Ark*，加上库存数量字符一共需要 6 个单元格，所以要确保 D 列至 I 列可用。

1. 选择 C2:C12 单元格区域，单击【数据】选项卡【数据工具】组中的【分列】按钮，启动文本分列向导。

2. 在向导的第 1 个对话框中，选择【分隔符号】单选按钮，单击【下一步】按钮。

3. 在向导的第 2 个对话框中，取消勾选【分隔符号】选区中的【Tab 键】复选框，勾选【空格】复选框，单击【下一步】按钮。

4. 在向导的第 3 个对话框中，在【目标区域】框中输入"D2"，单击【完成】按钮，分列后的内容即显示在 D2 单元格开始的区域中。

接下来在 A2 单元格中输入公式"=COUNTA(D2:I2)"，并将公式复制到 A3:A12 单元格区域，计算每条原始数据包含的单词数量（库存数量字符也被视为一个单词）。

最后，在 B2 单元格中输入公式"=OFFSET(C2,0,A2)"，并将公式复制到 B3:B12 单元格区域，得到每种影视光盘的库存数量。此公式以包含原始数据的单元格为参考单元格，向右偏移指定的列数（列数等于原始数据包含的单词数量），引用 1 个单元格，即最右边的库存数量所在单元格。由于引用范围仅包含 1 个单元格，因此公式省略了 OFFSET 函数的最后两个参数。

对于本例，也可以使用"快速填充"功能来提取每种影视光盘的库存数量。例如，在 D17 单元格中输入"40"，在 D18 单元格中输入"12"，然后按【Ctrl+E】组合键，剩余行中会自动填充库存数量，如图 22-6 所示。

	C	D
15		
16	原始数据	库存数量
17	Seabiscuit 40	40
18	Lara Croft Tombraider 12	12
19	Raiders of the Lost Ark 36	36
20	Annie Hall 5	5
21	Manhattan 4	4
22	Star Wars 112	112
23	How to Deal 128	128
24	The Matrix Reloaded 1	1
25	Johnny English 1040	1040
26	Rosemary's Baby 12	12
27	High Noon 1002	1002
28		

图 22-6

如何使用 Excel 的公式审核功能？

在 Excel 中，任意选择某公式的一部分，按【F9】键可查看该部分公式的计算结果，按【Esc】键可恢复正常显示状态。这个技巧对调试和理解复杂公式很有帮助。

例如，在示例文件"22- 药品 .xlsx"中单击 E5 单元格，编辑栏中会显现公式"=SUM(OFFSET(E10,0,0,E2,1))"，选择"OFFSET(E10,0,0,E2,1)"这部分，按 F9 键，编辑栏中的公式将显示为"=SUM({135;120;58})"，这表示公式中的 OFFSET 函数引用了正确的单元格区域（E10:E12）。若要恢复公式的正常显示状态，按 Esc 键。

查看复杂公式的运算逻辑的另一种方法是使用"公式求值"功能。还是选择 E5 单元格，在功能区中切换到【公式】选项卡，在【公式审核】组中单击【公式求值】按钮，弹出图 22-7 所示的【公式求值】对话框。在此对话框中，可以通过多次单击【求值】按钮，逐步执行运算，直到显示公式的最终运算结果。

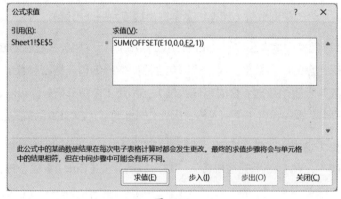

图 22-7

在本例中，单击两次【求值】按钮，公式会显示为"=SUM($E$10:$E$12)"，由此可知，E5 单元格中的公式已如我们所愿，引用了药品 2 的研发阶段 1 涉及的所有单元格。此时再单击【求值】按钮，即可看到计算结果。

如何创建始终返回指定列中最后一个数值的公式？

示例文件"22- 最新数据 .xlsx"展示了如何通过公式获取最新销售额数据。如果需要经常从不断有新增数据的表格中提取最新数据，这个技巧非常有用。

在 D4 单元格中输入公式"=OFFSET(B6,COUNT(B:B),0,1,1)"。此公式表示以 B6 单元格为参考单元格向下偏移，偏移的行数等于 B 列中包含数字的单元格的数量，相当于引用了该列最下面一个包含数字的单元格，即本例中的最新销售额数据。最终结果如图 22-8 所示，公式返回了 B13 单元格中的值。

	B	C	D	E	F
2					
3			最新数据		
4			¥110.00		
5			= OFFSET(B6,COUNT(B:B),0,1,1)		
6	销售额				
7	¥20.00				
8	¥3.00				
9	¥40.00				
10	¥50.00				
11	¥60.00				
12	¥90.00				
13	¥110.00				
14					

图 22-8

如何让自定义名称自动扩大范围包含新增数据？

假如我们基于某工作表中的数据创建了数据透视表，或者引用了其中某个单元格区域进行了计算，当原始数据发生变化时，数据透视表或引用了此数据的计算结果也会自动更新，但这种更新只能应对原引用区域之内的数据变化，对于原引用区域之外的新增数据无能为力。使用能够自动根据引用位置的数据动态更新引用区域的自定义名称可以解决这一问题。示例文件"22-动态区域 .xlsx"中包含一个人力资源数据表（如图 22-9 所示），下面以此数据为例进行介绍。

	A	B	C	D
1	姓名	工资	工龄	性别
2	John	¥35,500.00	3	M
3	Jack	¥42,300.00	4	M
4	Jill	¥53,426.00	5	F
5	Erica	¥56,000.00	6	F
6	JR	¥62,000.00	8	M
7	Bianca	¥49,000.00	10	F
8	Francis	¥52,000.00	5	M
9	Roger	¥56,000.00	7	M
10	Maggie	¥42,000.00	4	
11				

图 22-9

在这个示例文件中，已有一个 10 行（包括标题行）、4 列的表格，位于 A1:D10 单元格区域。现在我们需要定义一个名称，引用位置就是这个表格，当新的数据行或数据列被添加到 A1:D10 单元格区域之外（紧挨原数据区域）时，这个自定义名称的引用位置能够自动扩展。是不是很神奇？你要相信自己能够做到。

在功能区中切换到【公式】选项卡，单击【定义的名称】组中的【名称管理器】按钮，打开【名称管理器】对话框。单击【新建】按钮，打开【新建名称】对话框，参照图 22-10 设置名称的参数，然后单击【确定】按钮关闭对话框。

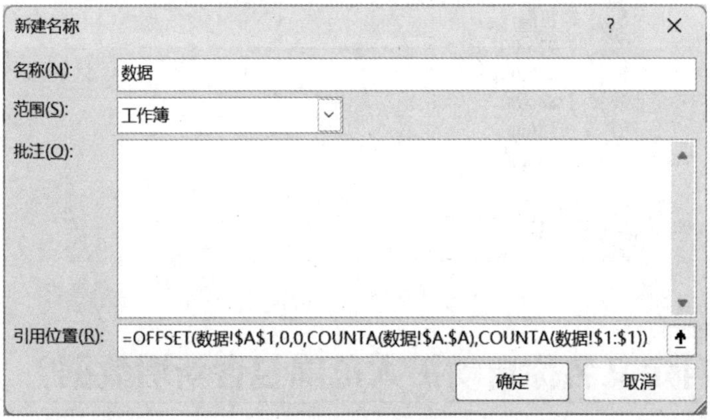

图 22-10

公式 "=OFFSET(数据 !$A$1,0,0,COUNTA(数据 !$A:$A),COUNTA(数据 !$1:$1))" 的运算逻辑为：将 A1 单元格作为参考单元格，向下偏移 0 行，向右偏移 0 列，引用行数等于 A 列中非空单元格的数量，引用列数等于第 1 行中非空单元格的数量。由于使用了 COUNTA 函数计算第 4 个参数和第 5 个参数的值，因此，当原始数据的范围扩展时，OFFSET 函数的引用范围会相应扩展。在编写此公式时，要注意 $ 符号的运用，以确保指定的范围不会出现偏差。

接下来我们检验一下效果。在任意空白单元格中输入公式"=SUM(数据)"，可得到 A1:D10 单元格区域内的所有数值之和，即 448 278。向工作表中添加新数据：在 A11 单元格中输入"Meredith"，在 B11 单元格中输入"10000"，在 E1 单元格中输入"错误"，在 E11 单元格中输入"1000"。此时公式"=SUM(数据)"的计算结果已自动更新为 459 278——计入了新增加的数字 10 000 和 1 000。

公司的月度销售数量折线图能自动根据新数据绘图吗？

如图 22-11 所示，示例文件"22- 动态图表 .xlsx"记录了公司产品的每月销售数量，并基于这些数据生成了 XY 散点图。

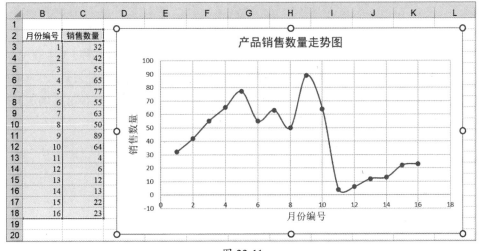

图 22-11

新的月度销售数据会被添加到第 19 行，后续数据也将逐行加入。我们希望图表能自动包含新数据，这就需要使用 OFFSET 函数创建能动态更新引用位置的自定义名称——"月份编号"和"销售数量"，并将其作为图表的数据源，以达到动态更新图表的目的。以后输入新数据时，自定义名称的引用位置将自动扩展至包含最新的销售数据，图表也会随数据源的更新而自动更新。

首先，创建一个名为"销售数量"的自定义名称。在【公式】选项卡中，单击【定义的名称】组中的【定义名称】按钮，打开【新建名称】对话框。在【名称】框中输入"销售数量"，在【范围】下拉列表中选择【工作簿】选项，在【引用位置】框中输入公式"=OFFSET(动态图表 !$C$3,0,0,COUNT(动态图表 !$C:$C),1)"，如图 22-12 所示，最后单击【确定】按钮。上述公式将引用起始位置为 C3 单元格的一列数据，不进行行与列的偏移，引用行数等于 C 列中包含数字的单元格的数量，引用列数为 1。在 C 列中新增数据时，新数据将被自动包含在"销售数量"的引用位置中。

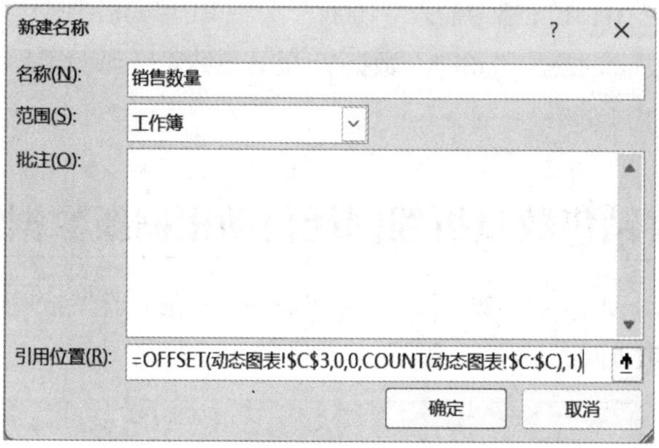

图 22-12

接下来，为 B 列数据创建自定义名称。打开【新建名称】对话框，在【名称】框中输入"月份编号"，从【范围】下拉列表中选择【工作簿】选项，在【引用位置】框中输入公式"=OFFSET（动态图表 !$B$3,0,0,COUNTA(动态图表 !$B:$B),1)"，如图 22-13 所示，然后单击【确定】按钮。

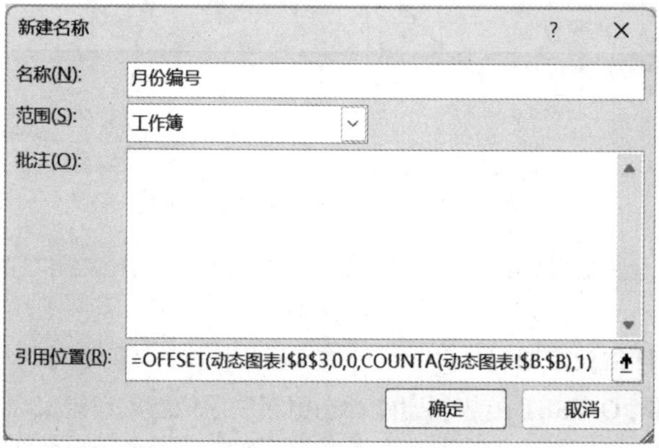

图 22-13

现在单击 XY 散点图中的任意数据点，在编辑栏中可看到公式"=SERIES(动态图表 !$C$2, 动态图表 !$B$3:$B$18, 动态图表 !$C$3:$C$18,1)"。这个公式是 Excel 根据我们在创建图表时选定的静态数据源编写的，如果想将数据源改为动态更新，需要用前面创建的自定义名称替换静态的单元格区域引用地址，即将公式改为"=SERIES(动态图表 !$C$2,'22- 动态图表 .xlsx'! 月份编号 ,'22- 动态图表 .xlsx'! 销售数量 ,1)"。在第 19 行以及下面添加一些新数据，你会发现新数据被显示在了图表中。需要注意的是，新数据与原有数据之间不能有空行，否则图表不会自动更新。

第 23 章
INDIRECT 函数

INDIRECT 函数可能是 Excel 中最难掌握的函数之一。但是，如果掌握了 INDIRECT 函数的应用技巧，许多看似困难的问题可能会迎刃而解。

本质上，INDIRECT 函数执行由文本字符串指定的引用，并返回引用的单元格包含的内容。示例文件"23-INDIRECT 函数 .xlsx"演示了 INDIRECT 函数的用法（如图 23-1 所示）。在 C4 单元格中输入公式"=INDIRECT(A4)"，返回值为 6，因为函数的参数是"A4"，A4 单元格中的文本字符串是"B4"，所以函数返回 B4 单元格中的值——6。同样，在 C5 单元格中输入公式"=INDIRECT(A5)"，A5 单元格中的内容是文本字符串"B5"，所以公式的返回值是 B5 单元格中的内容，即 9。

▲	A	B	C	D	E
2					
3		值	INDIRECT函数返回值		
4	B4	6		6 =INDIRECT(A4)	
5	B5	9		9 =INDIRECT(A5)	
6					

图 23-1

如何在不更改公式本身的情况下调整公式中的引用？

Excel 公式通常包含对单元格、单元格区域的引用。与其在公式中修改相关引用代码，不如将引用关系单独写出来放在其他单元格中，这样就可以很容易地改变对单元格或单元格区域的引用而不修改公式。

本案例的数据包含在示例文件"23- 引用并求和 .xlsx"中，如图 23-2 所示，B4:H16 单元格区域中记录了 12 个月内 6 种产品的销售数据。

如要计算每种产品在 2 月至 12 月期间的总销量，最简单的方法是在 C18 单元格中输入公式"=SUM(C6:C16)"，并将公式复制到 D18:H18 单元格区域。但是，如果想更改统计周期，例如改为计算 3 月至 12 月的总销量，就需要将 C18 单元格中的公式改为"=SUM(C7:C16)"，并将公式复制到 D18:H18 单元格区域。使用这种方法的缺点是每次都要将 C18 单元格中的公式复制到 D18:H18 单元格区域，并且不查看公式的话就不知道如何修改。

▲	B	C	D	E	F	G	H
1			起始值	终止值			
2			6	16			单位：件
3		C	D	E	F	G	H
4	月份	产品1销量	产品2销量	产品3销量	产品4销量	产品5销量	产品6销量
5	1	28	86	79	31	84	58
6	2	38	7	61	1	20	2
7	3	91	48	73	8	80	14
8	4	33	32	24	77	29	80
9	5	82	70	41	29	57	90
10	6	75	40	15	92	55	91
11	7	52	21	26	45	59	21
12	8	19	6	35	67	40	81
13	9	11	18	68	11	52	78
14	10	90	30	52	32	30	1
15	11	47	86	46	0	38	55
16	12	69	71	75	65	53	52
17							
18	小计	607	429	516	427	513	565
19		=SUM(INDIRECT(C$3&$D$2&":"&C$3&$E$2))					
20							

图 23-2

INDIRECT 函数提供了另一种解决方法。在 D2 和 E2 单元格中设置计算公式的起始参数和终止参数。有了这两个参数，就可以不更改 C18:H18 单元格区域中的 INDIRECT 函数公式，更新 D2 和 E2 这两个单元格中的数据，就能汇总需要的月份的销量了。在 C18 单元格中输入公式"=SUM(INDIRECT(C$3&$D$2&":"&C$3&$E$2))"，并将公式复制到 D18:H18 单元格区域，以后只需修改 D2 和 E2 单元格里的参数来设置起始月和终止月，C18:H18 单元格区域即可返回各产品在指定统计周期内的销量。

如果想了解本例中的公式的具体运算逻辑，可以使用以下技巧：选中公式中的一部分（例如"C$3"），然后按【F9】键，Excel 将显示选中部分的计算结果（"C$3"的计算结果为"C"）。记住，查看后按【Esc】键恢复公式的正常显示状态。

INDIRECT 函数中的每个引用返回的都是对应单元格中的内容，引用 $C$3 返回"C"，引用 $D$2 返回"6"，引用 $E$2 返回"16"。连接符"&"用于连接前后的字符。C18 单元格中的公式会被解析为"=SUM(C6:C16)"，D18 单元格中的公式会被解析为"=SUM(D6:D16)"，这正是我们想要的结果。如果想统计 4 月到 6 月各产品的总销量，只需在 D2 单元格中输入"8"，在 E2 单元格中输入"10"，C18 单元格中的公式就会进行 33+82+75=190 的运算。

如何将多个工作表中的指定数据列在一张工作表中？

示例文件"23- 引用多表 .xlsx"中包含 7 个工作表（Sheet1~Sheet7），每个工作表的 D1 单元格记录的是某特定月份的产品销量，Sheet1 的 D1 单元格中是第 1 个月的销量——1，Sheet2 的 D1 单元格中是第 2 个月的销量——4，以此类推（如图 23-3 所示）。

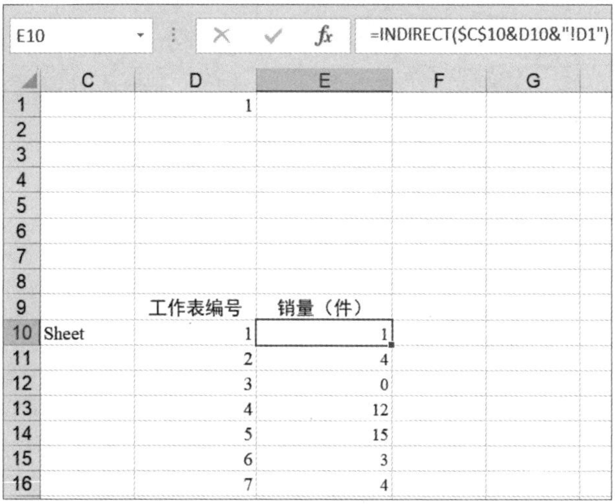

图 23-3

如果想将每个月的销量都汇总显示在一个工作表中，一种烦琐的方法是使用公式"=Sheet1!D1"获得第 1 个月的销量，使用公式"=Sheet2!D1"获得第 2 个月的销量，以此类推，直到获得第 7 个月的销量。想象一下，假设有 100 个月的数据，用这种方法会非常麻烦。

一个更简捷的方法是在 Sheet1 的 C10 单元格中输入"Sheet"，在 D10 至 D16 单元格中依次输入数字 1~7，并在 E10 单元格中输入公式"=INDIRECT($C$10&D10&"!D1")"。在这个公式中，Excel 会将"$C$10"解析为"Sheet"，将"D10"解析为"1"，公式就变成了"=Sheet1!D1"，然后返回 D1 单元格中的内容——1。将 E10 单元格中的公式复制到 E11:E16 单元格区域，即可得到 7 个月的销量。

如何让公式不随插入操作自动扩展求值区域？

假设使用公式"=SUM(A5:A10)"计算 A5:A10 单元格区域中的所有值之和，在第 5 行和第 10 行之间的某个位置插入一个空行，求和公式会自动更新为"=SUM(A5:A11)"。如何修改公式，以便插入空行时，公式不对求值区域进行扩展，仍对 A5:A10 单元格区域中的值进行求和？

　　示例文件"23-求值区域.xlsx"演示了对 A5:A10 单元格区域中的所有值进行求和的几种方法，如图 23-4 所示。这些方法看似相似，但其实不完全相同。在 A12 单元格中输入传统求和公式"=SUM(A5:A10)"，公式计算 6 + 7 + 8 + 9 + 1 + 2，得到返回值 33。在 E10 单元格中输入公式"=SUM($A$5:$A$10)"，其运算逻辑也是 6 + 7 + 8 + 9 + 1 + 2，得到的返回值也是 33。如果在第 5 行和第 10 行之间插入一个空行，A13（原 A12）和 E11（原 E10）单元格中的公式都会自动扩展求值区域，对 A5:A11 单元格区域中的值进行求和。

	A	B	C	D	E	F
2						
3			起始参数	终止参数		
4			5	10		
5	6					
6	7					
7	8					
8	9					
9	1				绝对引用	相对引用
10	2				33	33
11					=SUM($A$5:$A$10)	= SUM(INDIRECT("A5:A10"))
12	33					
13	=SUM(A5:A10)					
14						

图 23-4

　　INDIRECT 函数也支持至少两种方法对单元格区域中的值进行求和。在 F10 单元格中输入公式"=SUM(INDIRECT("A5:A10"))"，Excel 会将""A5:A10""视为字符串。因此，当 A5:A10 单元格区域中被插入一个空行时，公式不会自动扩展求值区域，仍对 A5:A10 单元格区域中的值进行求和。

　　另一种方法是在 C6 单元格中输入公式"=SUM(INDIRECT("A"&C4&":A"&D4))"，Excel 会将"C4"解析为"5"，将"D4"解析为"10"，整个公式会被解析为"=SUM(A5:A10)"。在第 5 行和第 10 行之间插入空行对此公式没有影响，因为"C4"仍被解析为"5"，"D4"仍被解析为"10"。

　　图 23-5 展示了在第 7 行下方插入空行后的各公式计算结果。由于传统的两个 SUM 函数公式（不使用 INDIRECT 函数）会将计算区域扩展成 A5:A11 单元格区域，返回值是 33；使用 INDIRECT 函数的两个 SUM 函数公式不会扩展计算区域，因此 A11 单元格中的值——2 未参与计算，返回值是 31。

	A	B	C	D	E	F
2						
3			起始参数	终止参数		
4			5	10		
5	6		使用INDIRECT函数			
6	7		31			
7	8		=SUM(INDIRECT("A"&C4&":A"&D4))			
8						
9	9					
10	1				绝对引用	相对引用
11	2				33	31
12					=SUM($A$5:$A$11)	=SUM(INDIRECT("A5:A10"))
13	33					
14	=SUM(A5:A11)					
15						

图 23-5

如何使用 INDIRECT 函数识别公式中的自定义名称?

假设我们已在某工作表中命名了多个自定义名称，分别对应不同季度的产品销量（参见示例文件"23- 引用自定义名称 .xlsx"），如图 23-6 所示。例如，名称"第一季度"对应 D4:E6 单元格区域，包含的数据为第一季度各产品的销量。

	D	E	F	G	H	I	J
2		销量（件）					
3	第一季度						
4	Office	63					
5	Windows	66					
6	Xbox	70					
7							
8	第二季度						
9	Office	93					
10	Windows	90					
11	Xbox	99					
12							
13	第三季度						
14	Office	77					
15	Windows	58					单位：件
16	Xbox	60			Office	Windows	Xbox
17				第一季度	63	66	70
18	第四季度			第二季度	93	90	99
19	Office	97		第三季度	77	58	60
20	Windows	56		第四季度	97	56	95
21	Xbox	95					

图 23-6

现在需要构建一个可以轻松复制的公式，以将位于工作表左侧的一维表转变为位于工作表右侧的二维表。如果在 H17 单元格中输入公式 "=VLOOKUP(H$16,$G17,2,FALSE)"，并将公式复制到 H17:J20 单元格区域，会得到错误值 "#N/A"。造成无法得到有效值的原因是：Excel将 G17 等单元格中的内容识别为文本字符串，而不是自定义名称。要解决此问题，只需将 H17单元格中的公式改为 "=VLOOKUP(H$16,INDIRECT($G17),2,FALSE)"，然后将公式复制到H17:J20 单元格区域即可。在这个公式里，"INDIRECT($G17)" 被解析为自定义名称 "第一季度"。这样，我们就轻松生成了记录 4 个季度所有产品销量的二维表。

如何将多个工作表中的数据汇总到一个工作表中？

示例文件 "23- 汇总 .xlsx" 中记录了各地区的产品销量，"东区""南区""西区""北区""中区"工作表的 E7:E9 单元格区域中的销量数据来源于各地区的销售明细表。如何快捷地将各地区的销量数据汇总到一个工作表中？

首先，新建一个工作表并命名为 "汇总"，然后在工作表中输入图 23-7 所示的表头及参数字符。

	C	D	E	F	G	H	I
4							
5			=东区!E7				单位：台
6			东区	南区	西区	北区	中区
7	E7	轿车	100	200	500	100	80
8	E8	卡车	150	150	400	50	120
9	E9	越野车	200	100	200	25	100
10							

图 23-7

然后，在 E7 单元格中输入公式 "=INDIRECT(E$6&"!"&$C7)"，并将公式复制到 E7:I9 单元格区域。Excel 会将这个公式解析为 "= 东区 !E7"，可获取东区的轿车销量数据，复制到其他单元格可获取各地区每种产品的销量数据。

接下来对上述方法进行一些调整。再新建一个工作表，命名为 "汇总 2"，在 C7 单元格中输入公式 "=ADDRESS(ROW(),COLUMN()+2)"，并将公式复制到 C8:C9 单元格区域。此时，C7:C9 单元格区域包含的是对 E 列的第 7、8、9 行的绝对引用。ADDRESS 函数返回的是单元格地址。"ROW()" 返回的是当前单元格的行号，"COLUMN()+2" 返回的是以当前单元格为基准，右移两列后的列标，即 C 列右侧的第 2 列——E 列。在 E7 单元格中输入公式 "=INDIRECT(E$6&"!"&$C7)"，并将公式复制到 E7:I9 单元格区域，得到各地区每种产品的销量数据，如图 23-8 所示。

	C	D	E	F	G	H	I
4							
5			=东区!E7				单位：台
6			东区	南区	西区	北区	中区
7	$E$7	轿车	100	200	500	100	80
8	$E$8	卡车	150	150	400	50	120
9	$E$9	越野车	200	100	200	25	100
10							

图 23-8

如何快捷列出工作簿中的所有工作表名称？

假设有一个工作簿包含 100 个甚至更多个工作表，要想从这些工作表中提取数据，先要使用一种高效的方法列出所有工作表的名称。下面以示例文件"23- 工作表名称 .xlsm"为例介绍具体操作过程。

1. 切换到【公式】选项卡，单击【定义的名称】组中的【定义名称】按钮。

2. 打开【新建名称】对话框，在【名称】框中键入"worksheet"（这里必须输入英文），在【引用位置】框中输入公式"=GET.WORKBOOK(1)"（这里必须输入英文），如图 23-9 所示。

 提示　"GET.WORKBOOK(1)"是一个宏命令，所以表格文件会被保存为 xlsm 格式。

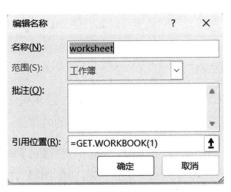

图 23-9

3. 在当前工作表的空白单元格区域横向选择足够多的单元格（有多少个工作表就选择多少个单元格）。如果不清楚当前工作簿中有多少个工作表，可以使用 SHEETS() 函数查看。本例只有 3 个工作表，但为了演示操作方法，在 H13 单元格中输入了公式"=SHEETS()"。

4. 在选择的单元格区域（本例为 H15:J15 单元格区域）中输入"=worksheet"，然后按【Ctrl+Shift+Enter】组合键生成数组公式（查阅本书第 35 章可以了解更多有关数组公式的内容），即可获取各工作表的信息。方括号中是当前工作簿的名称，后面紧跟着的字符是各工作表的名称，如图 23-10 所示。

	H	I	J
11			
12	**包含多少个工作表?**		
13		3 =SHEETS()	
14			
15	[23-9-1.xlsm]Bob	[23-9-1.xlsm]Allen	[23-9-1.xlsm]Jill
16	{=worksheet}	{=worksheet}	{=worksheet}
17	Bob	Allen	Jill
18	=RIGHT(H15,LEN(H15)-FIND("]",H15,1))	=RIGHT(I15,LEN(I15)-FIND("]",I15,1))	=RIGHT(J15,LEN(J15)-FIND("]",J15,1))
19			

图 23-10

若要单独获取工作表名称，需要使用本书第 6 章介绍过的 RIGHT 和 FIND 函数提取字符。在 H17 单元格中输入公式"=RIGHT(H15,LEN(H15)-FIND("]",H15,1))"，并将公式复制到 I16:J16 单元格区域，即可得到各个工作表的名称。

如何在工作簿中创建带超链接的工作表目录?

在一个包含许多工作表的工作簿中查阅数据有时候是很困难的，如能创建一个带超链接的工作表目录，将会解决不少麻烦。

在开始创建工作表目录之前，我们需要理解如何使 INDIRECT 函数能正确处理包含空格的工作表名称。打开示例文件"23- 空格 .xlsx"，此工作簿包含两个工作表，其名称都包含一个空格："Data Table"和"Goal Seek"。

如图 23-11 所示，在 D9 单元格中输入工作表名称，在 E9 单元格中输入一个单元格地址，F10 单元格中的公式就会返回指定工作表的指定单元格中的内容。

F11 单元格中的公式为"=INDIRECT(D9&"!"&E9)"，返回了错误值，因为这个公式没有考虑到工作表名称中存在空格。F10 单元格中的公式为"=INDIRECT("'"&D9&"'"&"!"&E9)"，其中的"'"代表空格，使得公式返回了正确的结果——"Goal Seek"工作表 C1 单元格中的内容——5。F9 单元格中的公式为"=INDIRECT("'"&D9&"'"&"!b4")"，返回的是在 D9 单元格中指定的工作表的 B4 单元格中的内容。

▲	B	C	D	E	F	G	H	I
1		5						
2								
3								
4	7							
5								
6			Data Table					
7			Goal Seek					
8			Sheet	Cell				
9			Goal Seek	C1		7	=INDIRECT("'"&D9&"'"&"!b4")	
10						5	=INDIRECT("'"&D9&"'"&"!"&E9)	
11					#REF!	=INDIRECT(D9&"!"&E9)		
12								

图 23-11

创建工作表目录需要用到 HYPERLINK、CELL 和 INDIRECT 函数。CELL 函数用于返回有关单元格的格式、位置或内容的信息。示例文件 "23-CELL 函数 .xlsm" 中有一些 CELL 函数的应用案例，如图 23-12 所示。

▲	C	D
1		
2		
3	5	
4		
5	$C$3	=CELL("address",C3)
6	3	=CELL("col",C3)
7	5	=CELL("contents",C3)
8	D:\PHEI\[23-12-1.xlsm]Goal Seek	=CELL("filename",C3)
9	3	=CELL("row",C3)
10		

图 23-12

先使用前面介绍过的方法提取出工作簿中所有工作表的名称（本例为 3 个工作表，名称为 "Pivot Talbe"、"Goal Seek" 和 "Sheet1"）。然后在 F13 单元格中输入公式 "=HYPERLINK("#"&CELL("address",INDIRECT("'"&E13&"'"!$A$1")),E13)"，并将公式复制到 F14 和 F15 单元格，返回结果如图 23-13 所示。

▲	E	F	G	H	I	J	K	L
12								
13	Pivot Table	Pivot Table	=HYPERLINK("#"&CELL("address",INDIRECT("'"&E13&"'"!$A$1")),E13)					
14	Goal Seek	Goal Seek	=HYPERLINK("#"&CELL("address",INDIRECT("'"&E14&"'"!$A$1")),E14)					
15	Sheet1	Sheet1	=HYPERLINK("#"&CELL("address",INDIRECT("'"&E15&"'"!$A$1")),E15)					
16								

图 23-13

上述公式中的符号 "#" 指代当前工作簿；INDIRECT 函数的返回值被作为 CELL 函数的参数，从而将链接对象设为 "Pivot Table" 工作表的 A1 单元格；公式末尾的 "E13" 指定了超链接的显示文本为对应工作表的名称。这时，单击 F13:F15 单元格区域中的任何超链接都能跳转至对应工作表的 A1 单元格。

第 24 章
条件格式

通过条件格式功能，我们可以让 Excel 根据单元格的内容是否满足指定条件自动设定单元格格式。例如，将学生考试成绩列表中大于 90 的分数用红色标注。

对单元格区域设置了条件格式后，Excel 会持续检查该区域中的每个单元格以确认其中的数值是否满足指定的各个条件，然后将满足某条件的单元格设置为对应的格式，如果单元格中的内容不满足任何条件，则该单元格格式保持不变。

条件格式的设置选项在【开始】选项卡的【样式】组中（如图 24-1 所示），单击【条件格式】按钮可以打开下拉菜单（如图 24-2 所示）。

图 24-1

图 24-2

下拉菜单中的选项介绍如下。

【突出显示单元格规则】：当所选单元格区域内的单元格内容满足以下条件之一时，单元格会被设为指定的格式。

◎ 在特定数值范围内。

◎ 匹配特定的文本字符串。

◎ 在特定日期范围内（相对于当前日期）。

◎ 重复出现（或仅出现一次）。

【最前 / 最后规则】：当所选单元格区域内的单元格数值满足以下条件之一时，单元格会被设为指定的格式。

◎ 位列所选单元格区域内所有数值的前 N 名，或后 N 名。

◎ 排名位于所选单元格区域内所有数值最前或最后某个百分比范围之内。

◎ 高于或低于所选单元格区域内所有数值的平均值。

【数据条】：根据所选单元格区域内的单元格数值的大小赋予不同长度的条形。例如，较大的数值用较长的数据条表示。

【色阶】：根据所选单元格区域内的单元格数值的大小赋予不同的颜色。例如，最小值显示为红色，最大值显示为蓝色，中间值从小到大显示为从红色向蓝色的过渡色。

【图标集】：为所选单元格区域内的单元格数值中的较大值、较小值和中间值添加不同的图标，最多可以使用多达 5 个图标来标识不同范围内的数值。例如，用上箭头图标标识较大值，用右箭头图标标识中间值，用下箭头图标标识较小值。

【新建规则】：自行设定条件，或编写公式作为条件，当单元格内容符合自定义条件时，该单元格会被设为指定的格式。例如，可以设置如果单元格的数值大于其上方单元格的数值，则为此单元格数值应用绿色；如果单元格的数值是当前列中的第 5 大值，则为此单元格的数值应用红色，等等。

【清除规则】：清除选定单元格区域或整个工作表中的条件格式规则。

【管理规则】：在打开的对话框中查看、编辑和删除选定单元格区域中的条件格式规则，也可以创建新规则或调整已有条件格式规则的应用顺序。

如何直观表现近些年的全球气温变化趋势？

【最前 / 最后规则】选项很适合本案例。打开示例文件 "24- 气温 .xlsx"，该文件记录了 1880 年至 2020 年全球平均气温与 1901 年至 2000 年的全球平均气温相比的偏差（以摄氏度为单位）。例如，某年的偏差为 0.1 表示该年的全球平均气温比 1991 年至 2000 年的全球平均气温高 0.1℃。

如果已出现了全球变暖情况，那么近年来的偏差数字应高于前几年的数字。为了确定近年来的全球气温是否升高了，我们需要在 B 列中用红色标识出排名前 20 的偏差值，以及在 C 列中用红色标识出位居前 10% 的偏差值，具体步骤为：

1. 选择 B6:B146 单元格区域。

2. 在【开始】选项卡的【样式】组中，单击【条件格式】按钮，从下拉菜单中选择【最前 / 最后规则】选项，在子菜单中选择【前 10 项】选项。

3. 打开【前 10 项】对话框，将左边的数值改为 "20"，保留【浅红填充色深红色文本】这个默认选项（如图 24-3 所示），然后单击【确定】按钮。

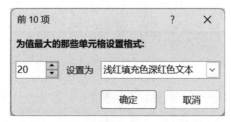

图 24-3

排名前 20 的偏差值已变为深红色，所在单元格已被填充为醒目的浅红色。我们现在可以轻易地发现，最热的 20 年都出现在 1997 年之后。如果没有这些标识，我们可能会认为自 2001 年以来只有两三年能排进前 20 名。

> 单击【前 10 项】对话框中右边下拉列表框的箭头按钮，会显示一个列表，其中包括【自定义格式】选项。选择这个选项会打开【设置单元格格式】对话框，在那里可以自定义单元格格式。

现在，用红色突出显示 C 列中排名前 10% 的偏差值。

1. 选择 C6:C146 单元格区域。

2. 在【开始】选项卡的【样式】组中，单击【条件格式】按钮，从下拉菜单中选择【最前 / 最后规则】选项，在子菜单中选择【前 10%】选项。

3. 保持【前 10%】对话框中的默认设置，单击【确定】按钮。

进行以下操作，用绿色突出显示 C 列中排名后 10% 的偏差值。

1. 选择 C6:C146 单元格区域。

2. 在【开始】选项卡的【样式】组中，单击【条件格式】按钮，从下拉菜单中选择【最前 / 最后规则】选项，在子菜单中选择【最后 10%】选项。

3. 打开【最后 10%】对话框，在左边的数值框中保持默认的 "10" 不变，在右边的下拉列表中选择【绿填充色深绿色文本】选项，然后单击【确定】按钮。

接下来，在 D 列中用绿色标注高于该列平均值的偏差值，用红色标注低于该列平均值的偏差值。

1. 选择 D6:D146 单元格区域。

2. 在【开始】选项卡的【样式】组中，单击【条件格式】按钮，从下拉菜单中选择【最前 / 最后规则】选项，在子菜单中选择【高于平均值】选项。

3. 在【高于平均值】对话框中，从下拉列表中选择【绿填充色深绿色文本】选项，然后单击【确定】按钮。

4. 在【开始】选项卡的【样式】组中，单击【条件格式】按钮，从下拉菜单中选择【最前 / 最后规则】选项，在子菜单中选择【低于平均值】选项。

5. 在【低于平均值】对话框中，从下拉列表中选择【浅红填充色深红色文本】选项，然后单击【确定】按钮。

结果如图 24-4 所示。

由添加了颜色标识的表格可推断出，自 1977 年以来，每年的全球平均气温都高于这 140 多年来的全球平均气温。如果没使用颜色标识数据，我们可能还意识不到全球气温的变化趋势。这个案例也表明了条件格式是一个功能强大的可视化工具。

	A	B	C	D
5	年份	最高前20名	前10%与后10%	与平均气温的偏差
6	1880	-0.05	-0.05	-0.05
7	1881	0.07	0.07	0.07
8	1882	-0.15	-0.15	-0.15
9	1883	-0.2	-0.2	-0.2
123	1997	0.43	0.43	0.43
124	1998	0.77	0.77	0.77
125	1999	0.47	0.47	0.47
126	2000	0.64	0.64	0.64
127	2001	0.59	0.59	0.59
128	2002	0.58	0.58	0.58
129	2003	0.58	0.58	0.58
130	2004	0.6	0.6	0.6
131	2005	0.72	0.72	0.72
132	2006	0.52	0.52	0.52
133	2007	0.73	0.73	0.73
134	2008	0.49	0.49	0.49
135	2009	0.63	0.63	0.63
136	2010	0.86	0.86	0.86
137	2011	0.63	0.63	0.63
138	2012	0.73	0.73	0.73
139	2013	0.59	0.59	0.59
140	2014	0.81	0.81	0.81
141	2015	0.81	0.81	0.81
142	2016	1.12	1.12	1.12
143	2017	0.92	0.92	0.92
144	2018	0.84	0.84	0.84
145	2019	0.96	0.96	0.96
146	2020	1.04	1.04	1.04

图 24-4

如何突出显示特定的单元格?

示例文件“24- 突出显示 .xlsx”展示了“突出显示单元格规则”的使用方法。假设需要用红色突出显示 C2:C11 单元格区域中的重复值，操作步骤如下：

1. 选择 C2:C11 单元格区域。

2. 单击【开始】选项卡【样式】组中的【条件格式】按钮，在弹出的下拉菜单中选择【突出显示单元格规则】选项，然后在子菜单中选择【重复值】选项。

3. 打开【重复值】对话框，保持默认设置，即选择【重复】和【浅红填充色深红色文本】选项，然后单击【确定】按钮。

此时，所选单元格区域中重复出现的姓名（John 和 Josh）所在单元格都自动显示为浅红色填充色、深红色文本，如图 24-5 所示。

	C	D	E	F
1	重复值	包含 "Eric"	最近几天	
2	John	John	2023/6/1	
3	Eric	Eric	2023/6/15	=TODAY()-1
4	James	James	2023/6/11	=TODAY()-5
5	John	John	2023/5/15	
6	Erica	Erica	2023/6/14	
7	JR	JR	2023/2/3	
8	Adam	Adam	2023/5/12	
9	Josh	Josh	2022/6/17	
10	Babe	Babe	2022/8/1	
11	Josh	Josh	2021/9/2	
12				

图 24-5

假设需要用红色突出显示 D2:D11 单元格区域中包含文本"Eric"的单元格，操作步骤如下：

1. 选择 D2:D11 单元格区域。

2. 单击【开始】选项卡【样式】组中的【条件格式】按钮，在弹出的下拉菜单中选择【突出显示单元格规则】选项，然后在子菜单中选择【文本包含】选项。

3. 打开【文本包含】对话框，在左侧框中输入"Eric"，右侧框中的【浅红填充色深红色文本】选项不做修改，然后单击【确定】按钮。

如图 24-5 所示，包含文本"Eric"和"Erica"的单元格都被突出显示了。

 "文本包含"功能不区分英文字母的大小写，因此在本例中输入"eric"也能得到相同的结果。

E2:E11 单元格区域包含一组日期值，E3 单元格中为公式"=TODAY()-1"，因此始终显示昨天的日期（制作此案例的日期为 2023 年 6 月 16 日），E4 单元格中为公式"=TODAY()-5"，因此始终显示 5 天前的日期。假设想用绿色突出显示日期为昨天的单元格，用红色突出显示日期在 7 天内的单元格，按如下步骤操作：

1. 选择要设置条件格式的 E2:E11 单元格区域。

2. 单击【开始】选项卡【样式】组中的【条件格式】按钮，在弹出的下拉菜单中选择【突出显示单元格规则】选项，然后在子菜单中选择【发生日期】选项。

3. 打开【发生日期】对话框，在左侧框中选择【昨天】选项，在右侧框中选择【绿填充色深绿色文本】选项，然后单击【确定】按钮。

4. 单击【开始】选项卡【样式】组中的【条件格式】按钮，在弹出的下拉菜单中选择【突出显示单元格规则】选项，然后在子菜单中选择【发生日期】选项。

5. 打开【发生日期】对话框，在左侧框中选择【最近 7 天】选项，在右侧框中选择【浅红填充色深红色文本】选项，然后单击【确定】按钮。

后创建的条件格式规则在执行时优先于先创建的条件格式规则（后面将学习如何调整执行时的应用顺序），因此在本例中，包含昨天日期的单元格显示为红色而不是绿色。

如何查看或编辑条件格式规则？

创建条件格式规则后，可以在【条件格式规则管理器】对话框中查看，具体方法如下：

1. 选择需要查看条件格式规则的单元格或单元格区域（本例为 E2:E11 单元格区域）。

2. 单击【开始】选项卡【样式】组中的【条件格式】按钮，在弹出的下拉菜单中选择【管理规则】选项，打开【条件格式规则管理器】对话框。

如图 24-6 所示，"最近 7 天"条件格式规则会在"昨天"条件格式规则之前应用。

图 24-6

在【条件格式规则管理器】对话框中，还可以执行以下操作：

◎ 创建新规则：单击【新建规则】按钮可以创建新的规则。

◎ 编辑规则：选择列表中需要编辑的规则，然后单击【编辑规则】按钮（或直接在列表中双击规则），打开【编辑格式规则】对话框进行编辑。

◎ 删除规则：选择列表中需要删除的规则，然后单击【删除规则】按钮。

◎ 调整规则应用顺序：选择需要调整应用顺序的规则，然后单击【上移】或【下移】按钮更改其在列表中的先后位置。

为了实践【条件格式规则管理器】对话框的使用，我们先复制当前工作表：右击工作表名称，在弹出的菜单中选择【移动或复制】选项，打开【移动或复制工作表】对话框，勾选【建立副本】复选框并单击【确定】按钮。将新建的工作表副本的名称修改为“调整优先级”，然后选择 E2:E11 单元格区域，打开【条件格式规则管理器】对话框，选择“昨天”规则，单击【上移】按钮。“昨天”规则现在优先级高于“过去 7 天”规则了，如图 24-7 所示，因此 E3 单元格将显示为绿色而不是红色，如图 24-8 所示（可打开配套示例文件查看彩色效果）。

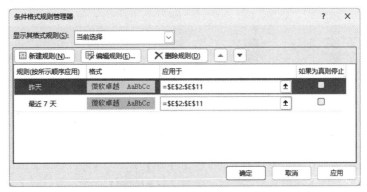

图 24-7

	C	D	E	F
1	重复值	包含“Eric”	最近几天	
2	John	John	2023/6/1	
3	Eric	Eric	2023/6/15	=TODAY()-1
4	James	James	2023/6/11	=TODAY()-5
5	John	John	2023/5/15	
6	Erica	Erica	2023/6/14	
7	JR	JR	2023/2/3	
8	Adam	Adam	2023/5/12	
9	Josh	Josh	2022/6/17	
10	Babe	Babe	2022/8/1	
11	Josh	Josh	2021/9/2	
12				

图 24-8

如何用数据条可视化展示单元格数值?

当表格中有很多数值时，通过可视化工具能有效展示数值的大小。数据条、色阶和图标集都是展现数值之间差异和联系的优秀工具。

示例文件“24- 数据条 .xlsx”演示了数据条工具的用法，如图 24-9 所示。在完成此示例时，先选择 D6:D15 单元格区域，单击【开始】选项卡【样式】组中的【条件格式】按钮，在弹出的下拉菜单中选择【数据条】选项，在子菜单中选择【渐变填充】栏的【蓝色数据条】选项，创建图 24-9 中 D 列所示的效果。默认情况下，最短的数据条与所选范围内的最小数值相对应，最长的数据条与最大数值相对应，数据条的长短与数值大小成正比（例如，数值 8 对应的数据条的长度是数值 4 对应的数据条的长度的两倍）。

	D	E	F	G
4	最小值	<=3	百分比20%	百分点值20%
5	最大值	>=8	百分比80%	百分点值80%
6	1	1	1	1
7	3	3	3	3
8	3.5	3.5	3.5	3.5
9	4	4	4	4
10	5	5	5	5
11	6	6	6	6
12	7	7	7	7
13	8	8	8	8
14	17	17	17	17
15	21	21	21	21

图 24-9

选择单元格区域后，单击【开始】选项卡【样式】组中的【条件格式】按钮，在弹出的下拉菜单中选择【数据条】选项，在子菜单中选择【其他规则】选项，可打开【新建格式规则】对话框。在此对话框中，可以对新格式规则进行设置，例如单元格数值满足什么条件才显示数据条（不满足条件则不显示数据条），以及哪些单元格显示最长的数据条。

 选择单元格区域后，打开【条件格式规则管理器】对话框，双击已有规则，打开【编辑格式规则】对话框，也可对规则进行设置。

为 E6:E15 单元格区域设置条件格式规则：数值小于或等于 3 的单元格不显示数据条，数值大于或等于 8 的单元格显示最长的数据条，如图 24-10 所示。设置完成后，E 列中数值小于或等于 3 的单元格都不显示数据条，数值大于或等于 8 的单元格都显示最长的数据条，数值介于 3 和 8 之间的单元格显示不同长度的数据条。

 在【编辑格式规则】对话框或【新建格式规则】对话框中，勾选【仅显示数据条】复选框，指定单元格区域将不显示数值、只显示相应的数据条。

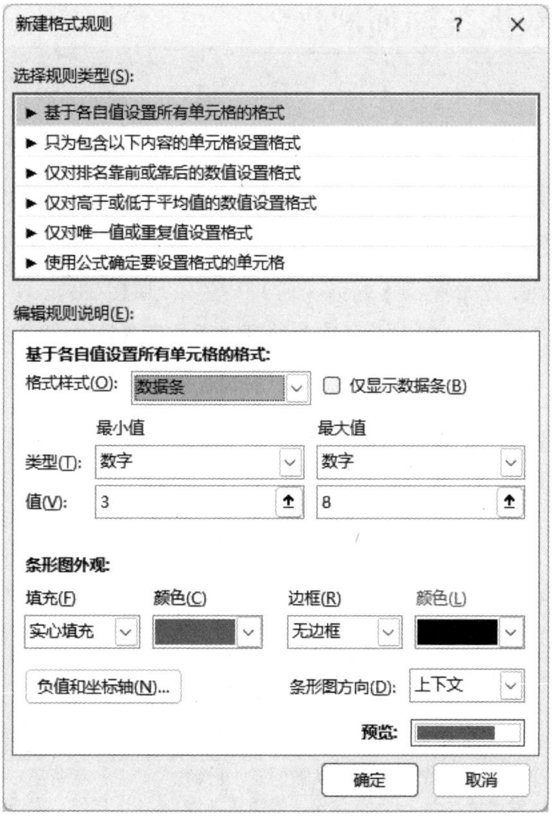

新建格式规则

选择规则类型(S)：

▶ 基于各自值设置所有单元格的格式
▶ 只为包含以下内容的单元格设置格式
▶ 仅对排名靠前或靠后的数值设置格式
▶ 仅对高于或低于平均值的数值设置格式
▶ 仅对唯一值或重复值设置格式
▶ 使用公式确定要设置格式的单元格

编辑规则说明(E)：

基于各自值设置所有单元格的格式：

格式样式(O)： 数据条   □ 仅显示数据条(B)

　　　　　最小值　　　　　　最大值

类型(T)： 数字　　　　　数字

值(V)： 3　　　　　　8

条形图外观：

填充(F)　　颜色(C)　　边框(R)　　颜色(L)
实心填充　　　　　　无边框

负值和坐标轴(N)...　　　　条形图方向(D)： 上下文

　　　　　　　　　　　　　　预览：

　　　　　　　　　　　　　确定　　　取消

图 24-10

　　为 F6:F15 单元格区域设置条件格式规则：若数值的大小位居所有数值的大小范围中最小的 20%，对应单元格不显示数据条；若数值的大小位居所有数值的大小范围中最大的 20%，对应单元格显示最长的数据条。换句话说：若数值小于或等于 5（计算过程为 $1 + 0.2 \times (21 - 1)$），对应单元格不显示数据条；若数值大于或等于 17（计算过程为 $1 + 0.8 \times (21 - 1)$），对应单元格显示最长的数据条。

　　为 G6:G13 单元格区域设置条件格式规则：最小的 20% 个值（一共 10 个值，最小的 2 个为 1 和 3），对应单元格不显示数据条；最大的 20% 个值（最大的 2 个为 17 和 21），对应单元格显示最长的数据条。

提示　在【编辑格式规则】对话框或【新建格式规则】对话框中，【条形图方向】下拉列表中的选项用于指定数据条是从左到右还是从右到左。

负值对应的数据条如何展现？

在 Microsoft 365 中，负值对应的数据条方向与正值对应的数据条方向可以相反也可以相同，打开【编辑格式规则】对话框或【新建格式规则】对话框可以对相关选项进行设置。

打开【编辑格式规则】对话框的方法为：单击【开始】选项卡【样式】组中的【条件格式】按钮，在弹出的下拉菜单中选择【管理规则】选项，打开【条件格式规则管理器】对话框，选择列表中需要编辑的规则，然后单击【编辑规则】按钮（或直接在列表中双击规则）。打开【新建格式规则】对话框的方法为：单击【开始】选项卡【样式】组中的【条件格式】按钮，在弹出的下拉菜单中选择【数据条】选项，在子菜单中选择【其他规则】选项。

在【编辑格式规则】对话框或【新建格式规则】对话框中，单击【负值和坐标轴】按钮，打开【负值和坐标轴设置】对话框，可对包含负值的单元格中的数据条进行设置。其中，【坐标轴设置】选区中的三个单选按钮用于指定坐标轴的原点在单元格中的位置。

示例文件 "24- 正负值数据条 .xlsx" 展示了包含正负值的数据条的样子，如图 24-11 所示。其中，H 列和 K 列中的数据条使用了自动坐标轴设置，正值对应的数据条被自动分配了更大的单元格空间，因为正值的数值范围比负值更大。

	D	E	F	G	H	I	J	K
1	从左向右，中点值			从右向左，自动			从左往右，自动	
2	年份	发退货（件）		年份	发退货（件）		年份	发退货（件）
3	2000	-5		2000	-5		2000	-5
4	2001	56		2001	56		2001	500
5	2002	85		2002	85		2002	500
6	2003	-31		2003	-31		2003	-31
7	2004	-26		2004	-26		2004	-26
8	2005	-40		2005	-40		2005	-40
9	2006	85		2006	85		2006	200
10	2007	34		2007	34		2007	34
11	2008	50		2008	50		2008	50
12	2009	-46		2009	-46		2009	-46
13	2010	4		2010	4		2010	4
14	2011	47		2011	47		2011	47
15	2012	-5		2012	-5		2012	-5
16	2013	44		2013	44		2013	44
17								

图 24-11

如何使用不同色阶实现数据可视化？

使用"色阶"功能可以批量对满足一定条件的单元格进行颜色填充，用不同颜色来表现各单元格中的数值之间的对比关系。示例文件"24- 色阶 .xlsx"展示了"三色刻度"格式样式的效果，如图 24-12 所示（表格中隐藏了第 19 至第 80 行的数据），其设置方法如下：

	A	B	C	D
7	年份	股票	债券	国库券
8	1928	43.81%	3.08%	0.84%
9	1929	-8.30%	3.16%	4.20%
10	1930	-25.12%	4.55%	4.54%
11	1931	-43.84%	2.31%	-2.56%
12	1932	-8.64%	1.07%	8.79%
13	1933	49.98%	0.96%	1.86%
14	1934	-1.19%	0.30%	7.96%
15	1935	46.74%	0.23%	4.47%
16	1936	31.94%	0.15%	5.02%
17	1937	-35.34%	0.12%	1.38%
18	1938	29.28%	0.11%	4.21%
76	1996	23.82%	5.14%	1.43%
77	1997	31.86%	4.91%	9.94%
78	1998	28.34%	5.16%	14.92%
79	1999	20.89%	4.39%	-8.25%
80	2000	-9.03%	5.37%	16.66%
81	2001	-11.85%	5.73%	5.57%
82				

图 24-12

1. 选择 E6:G93 单元格区域（股票、债券及国库券的历年收益率）。

2. 单击【开始】选项卡【样式】组中的【条件格式】按钮，在弹出的下拉菜单中选择【色阶】选项，然后在子菜单中选择【其他规则】选项，打开【新建格式规则】对话框。

3. 在【编辑规则说明】选区中，展开【格式样式】下拉列表，选择【三色刻度】选项，如图 24-13 所示，单击【确定】按钮。

所选区域中的各个单元格，根据其中的收益率的高低，被标记为不同颜色：红色代表最低的收益率；在单元格中的值接近所有收益率的中位数时，颜色逐渐变为黄色；当单元格中的值高于所有收益率的中位数时，颜色逐渐从黄色变为绿色；绿色代表最高的收益率。

图 24-13

> 本例中，大部分绿色和红色与股票的收益率有关，因为股票的收益率波动远大于债券和国库券。大多数债券和国库券的收益率被标注为黄色，说明这类投资的收益率波动不大，风险较小，但也难以实现高收益。

接下来认识一下"双色刻度"格式样式，如图 24-14 所示。在 Excel 中，可以从【色阶】子菜单中选择内置搭配方案选项（例如【红 - 白色阶】或【白 - 绿色阶】选项等），也可以打开【新建格式规则】对话框创建自定义色阶规则。

	D	E	F
3	色阶		
4	最小值	<=3	百分点值20%
5	最大值	>=8	百分点值80%
6	1	1	1
7	2	2	1
8	3	3	2
9	4	4	2
10	5	5	4
11	6	6	5
12	7	7	5
13	8	8	7
14	9	9	9
15	10	10	10
16			

图 24-14

◎ 选择 D6:D15 单元格区域，打开【新建格式规则】对话框设置"双色刻度"参数。最小值部分，类型设为"最低值"，颜色设为白色；最大值部分，类型设为"最高值"，颜色设为蓝色。随着数值的增大，单元格的填充色会逐渐加深。

◎ 选择 E6:E15 单元格区域，打开【新建格式规则】对话框设置"双色刻度"参数。最小值部分，类型设为"数字"，值设为 3，颜色设为白色；最大值部分，类型设为"数字"，值设为 8，颜色设为蓝色。数值小于或等于 3 的单元格，填充色为白色；数值大于或等于 8 的单元格，填充色为蓝色；中间的数值，单元格的填充色由浅蓝过渡到蓝色。

◎ 选择 F6:F15 单元格区域，打开【新建格式规则】对话框设置"双色刻度"参数。最小值部分，类型设为"百分点值"，值设为 20，颜色设为白色；最大值部分，类型设为"百分点值"，值设为"80%"，颜色设为蓝色。包含最小的两个数值的单元格，填充色为白色；包含最大的两个数值的单元格，填充色为蓝色；中间的数值，单元格的填充色由浅蓝过渡到蓝色。

如何使用图标集实现数据可视化？

示例文件"24- 图标集 .xlsx"展示了如何使用图标集表现数值之间的差异，如图 24-15 所示。一个图标集通常由三五个符号组成，我们可以设置各图标与指定单元格区域中的各值相关联的条件。例如，用下箭头图标标记较小的值，用上箭头图标标记较大的值，用水平箭头图标标记中间的值。

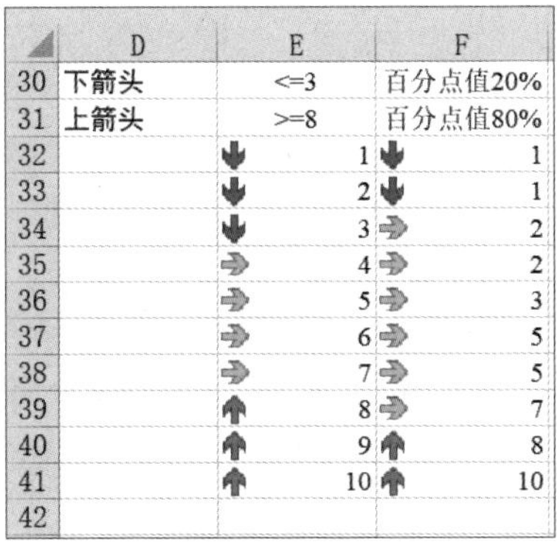

	D	E	F
30	下箭头	<=3	百分点值20%
31	上箭头	>=8	百分点值80%
32		⬇ 1	⬇ 1
33		⬇ 2	⬇ 1
34		⬇ 3	➡ 2
35		➡ 4	➡ 2
36		➡ 5	➡ 3
37		➡ 6	➡ 5
38		➡ 7	➡ 5
39		⬆ 8	⬆ 7
40		⬆ 9	⬆ 8
41		⬆ 10	⬆ 10
42			

图 24-15

对 E 列中的数值设置图标集条件格式的方法如下：

1. 选择 E32:E41 单元格区域。

2. 单击【开始】选项卡【样式】组中的【条件格式】按钮，在弹出的下拉菜单中选择【图标集】选项，然后在子菜单中选择【其他规则】选项，打开【新建格式规则】对话框。

3. 展开【图标样式】下拉列表，选择【三向箭头（彩色）】选项。

4. 在【编辑规则说明】选区中，依此展开两个【类型】下拉列表，都选择【数字】选项。

5. 在第 1 个【值】框中输入"8"，在第 2 个【值】框中输入"4"，如图 24-16 所示。

6. 单击【确定】按钮关闭对话框。

图 24-16

对 F 列中的数值设置图标集条件格式的方法与上面介绍的方法大同小异，只是条件规则为：所选区域中最大的 20% 个值（本例共 10 个值，取最大的 2 个值）用上箭头图标标记，最小的 20% 个值用下箭头图标标记，中间的值用水平箭头图标标记。具体设置参见图 24-17。

 在【新建格式规则】对话框中，单击【反转图标次序】按钮，可调整图标集中的各图标与较大、较小值的默认对应关系，例如，改为用上箭头图标标记较小的值，用下箭头图标标记较大的值。若勾选【仅显示图标】复选框，则单元格内不显示数值，仅显示图标。

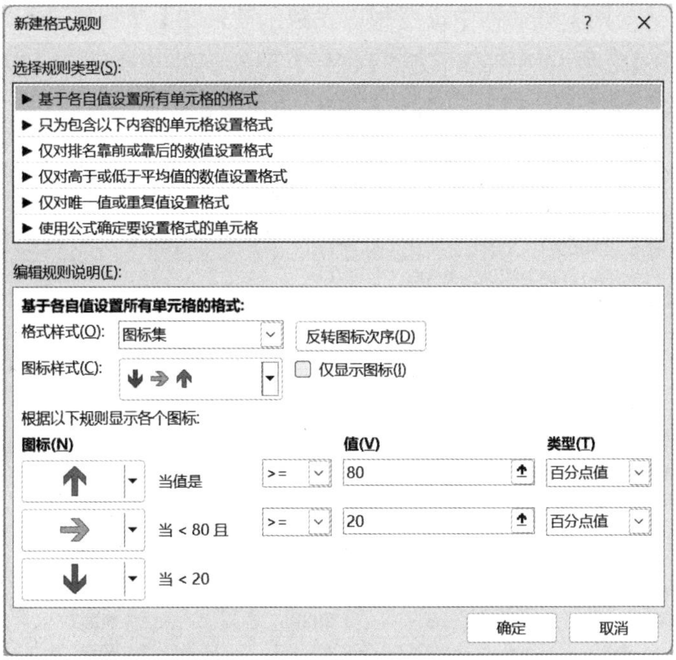

图 24-17

Microsoft 365 支持自定义图标集中的图标。在示例文件“24- 收益率 .xlsx”中，使用灰色上箭头图标标记了位列前三分之一的年收益率，使用红色下箭头图标标记了位列后三分之一的年收益率，而位列中间三分之一的年收益率无任何标记，如图 24-18 所示。

	A	B	C	D
7	年份	股票	债券	国库券
8	1928	↑ 43.81%	3.08%	↓ 0.84%
9	1929	↓ -8.30%	3.16%	4.20%
10	1930	↓ -25.12%	4.55%	4.54%
11	1931	↓ -43.84%	2.31%	↓ -2.56%
12	1932	↓ -8.64%	↓ 1.07%	↑ 8.79%
13	1933	↑ 49.98%	↓ 0.96%	↓ 1.86%
14	1934	↓ -1.19%	↓ 0.30%	↑ 7.96%
15	1935	↑ 46.74%	↓ 0.23%	4.47%
80	2000	↓ -9.03%	5.37%	↑ 16.66%
81	2001	↓ -11.85%	5.73%	5.57%
82	2002	↓ -22.10%	↑ 17.84%	3.83%
83	2003	↑ 28.68%	↓ 1.45%	↓ 1.65%
84	2004	↑ 10.88%	↑ 8.51%	↓ 1.02%
85	2005	4.91%	↑ 7.81%	↓ 1.20%
86	2006	↑ 15.79%	↓ 1.19%	2.98%
87	2007	5.49%	↑ 9.88%	4.66%
88	2008	↓ -37.00%	↑ 25.87%	↓ 1.60%
89	2009	↑ 26.46%	↓ -14.90%	↓ 0.10%
90				

图 24-18

在【新建格式规则】对话框中进行相应设置，首先在【图标样式】下拉列表中选择
【三向箭头（灰色）】选项，然后在左下方的【图标】下拉列表中更换图标，将第 2 个图标设置为
"无单元格图标"，将第 3 个图标改为红色下箭头（如图 24-19 所示）。

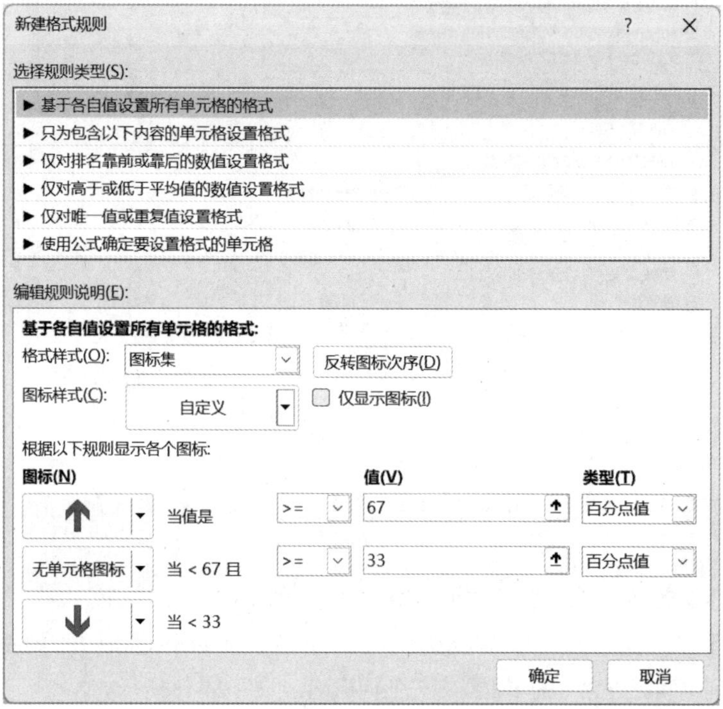

图 24-19

如何用不同颜色标记股价的涨跌？

示例文件 "24- 标准普尔 .xlsx" 记录了 1871 年 1 月至 2002 年 10 月标准普尔 500 指数的月
度数据，以及每月相对上一月的涨幅。本例中，我们将标准普尔 500 指数数据视为一只股票的价格，
并将超过 3% 的涨幅数据用红色标记，将超过 3% 的跌幅数据用绿色标记，如图 24-20 所示。

8	A 日期	B 股价	C 涨幅
9	1871年1月	4.44	
10	1871年2月	4.5	1.35%
11	1871年3月	4.61	2.44%
12	1871年4月	4.74	2.82%
13	1871年5月	4.86	2.53%
14	1871年6月	4.82	-0.82%
15	1871年7月	4.73	-1.87%
16	1871年8月	4.79	1.27%
17	1871年9月	4.84	1.04%
18	1871年10月	4.59	-5.17%
19	1871年11月	4.64	1.09%
20	1871年12月	4.74	2.16%
21	1872年1月	4.86	2.53%
22	1872年2月	4.88	0.41%
23	1872年3月	5.04	3.28%
24	1872年4月	5.18	2.78%
25	1872年5月	5.18	0.00%
26	1872年6月	5.13	-0.97%
27	1872年7月	5.1	-0.58%
28	1872年8月	5.04	-1.18%
29	1872年9月	4.95	-1.79%
30	1872年10月	4.97	0.40%

图 24-20

实现此效果的操作步骤为：

1. 选中 C10 单元格（包含月度涨幅数据的第 1 个单元格），按【Ctrl+Shift+↓】组合键，选择所有包含月度涨幅数据的单元格。

2. 单击【开始】选项卡【样式】组中的【条件格式】按钮，在弹出的下拉菜单中选择【突出显示单元格规则】选项，选择子菜单中的【大于】选项。

3. 在【大于】对话框的左侧框中输入"3%"，在右侧下拉列表中选择【浅红填充色深红色文本】选项，如图 24-21 所示，单击【确定】按钮。

图 24-21

此时，C 列中所有包含的月度涨幅数据大于 3% 的单元格都被标记为红色。接下来，设置用绿色标记跌幅超过 3% 的数据。

4. 在 C 列的单元格仍处于选择状态的情况下，单击【开始】选项卡【样式】组中的【条件格式】

按钮，在弹出的下拉菜单中选择【突出显示单元格规则】选项，选择子菜单中的【小于】选项。

5. 在【小于】对话框的左侧框中输入"-3%"，在右侧下拉列表中选择【绿填充色深绿色文本】选项，单击【确定】按钮。

至此，大于 3% 的所有月度涨幅数据都被标记为红色（例如 C23 单元格），低于 –3% 的所有月度涨幅数据都被标记为绿色（例如 C18 单元格），而所包含的月度涨幅数据不满足上述任一条件的单元格仍保持原格式。

6. 若要查看某单元格或单元格区域已应用的条件格式，可选择该单元格或单元格区域，然后单击【开始】选项卡【样式】组中的【条件格式】按钮，在弹出的下拉菜单中单击【管理规则】选项。

7. 在弹出的【条件格式规则管理器】对话框中，展开【显示其格式规则】下拉列表，选择【当前选择】选项，即可查看已应用的规则，如图 24-22 所示。查看完成后，单击【确定】按钮关闭【条件格式规则管理器】对话框，

图 24-22

在某些情况下，可以通过【设置单元格格式】对话框设置单元格的条件格式。在【条件格式规则管理器】对话框中，选择需要设置格式的规则，然后单击【编辑规则】按钮，打开【编辑格式规则】对话框，若所选的规则支持格式设置，此对话框的底部会有一个【格式】按钮。单击【格式】按钮将打开【设置单元格格式】对话框，尽管此时不允许对单元格的字体和字号等进行调整，但我们可以通过【填充】选项卡对满足条件的单元格的颜色进行调整，以及通过【边框】选项卡对满足条件的单元格设置边框样式和颜色。

以下是有关条件格式的一些有用提示：

◎ 若要清除应用于某单元格或单元格区域的所有条件格式，只需选择该单元格或单元格区域，单击【开始】选项卡【样式】组中的【条件格式】按钮，在弹出的下拉菜单中选择【清除规则】选项，然后在子菜单中选择【清除所选单元格的规则】选项。

◎ 若要选择工作表中所有应用了条件格式的单元格，可按【F5】键打开【定位】对话框，单击【定位条件】按钮，在打开的【定位条件】对话框中选择【条件格式】单选按钮，然后单击【确定】按钮。

◎ 若要编辑条件格式规则，单击【开始】选项卡【样式】组中的【条件格式】按钮，在弹出的下拉菜单中选择【管理规则】选项，打开【条件格式规则管理器】对话框，展开【显示其格式规则】下拉列表，选择【当前工作表】选项，然后在下面的列表框中双击需要编辑的规则。

◎ 如果要删除条件格式规则，打开【条件格式规则管理器】对话框，显示当前工作表中的所有规则，然后在下面的列表框中选择要删除的规则，单击【删除规则】按钮。

需要注意，本例定义了两条规则，用绿色突出符合条件的单元格的规则排在第一位（因为它是后创建的）。在【条件格式规则管理器】对话框中，各规则按排列顺序依次发挥作用。在本案例中，两条规则的先后顺序并不重要，因为没有单元格可以同时满足这两条规则的条件。但是，在有些案例中，各规则之间有可能存在冲突，那时，排在前面的规则优先生效，所以需要仔细考虑各规则的排列顺序。

如何用不同颜色标记营业额的环比增减？

示例文件"24- 营业额 .xlsx"记录了某公司 1995 年 4 季度至 2021 年 1 季度期间每季度的营业额（以百万元为单位）。想设置条件格式，用不同颜色标记各季度相对上一季度营业额的增减：当某季度的营业额环比增长时，用红色填充对应单元格；当某季度的营业额环比降低时，用绿色填充对应单元格，如图 24-23 所示。

对于本例，可以通过【新建格式规则】对话框中的【使用公式确定要设置格式的单元格】选项指定一个公式，以此让 Excel 判断指定单元格是否需要应用预先设定的格式。在进行操作之前，让我们先了解一下 Excel 如何进行逻辑判断。打开示例文件"24- 逻辑判断 .xlsx"，在 B4 单元格中输入公式"=B3<2"，如果 B3 单元格中的值小于 2，则 B4 单元格会返回"TRUE"，否则返回"FALSE"。图 24-24 还展示了其他示例，诸如使用了 AND、OR 和 NOT 函数的公式。

4	C 年份	D 季度	E 营业额（百万元）
5	1995	4	0.511
6	1996	1	0.875
7	1996	2	2.23
8	1996	3	4.173
9	1996	4	8.468
10	1997	1	16.005
11	1997	2	27.855
12	1997	3	37.887
13	1997	4	66.04
14	1998	1	87.361
15	1998	2	115.982
16	1998	3	153.649
17	1998	4	252.893
18	1999	1	293.643
19	1999	2	314.376
20	1999	3	355.778
21	1999	4	676.042
22	2000	1	573.889
23	2000	2	577.876
24	2000	3	637.858
25	2000	4	972.36
26	2001	1	700.356
27	2001	2	667.625
28	2001	3	639.281
29	2001	4	1115.171
30	2002	1	847.422

图 24-23

◎ B6 单元格中的公式为 "=OR(B3<3,C3>5)"，只要 B3 单元格中的值小于 3，或 C3 单元格中的值大于 5，两个条件满足其中之一，B6 单元格的返回值即为 "TRUE"。

◎ B7 单元格中的公式为 "=AND(B3=3,C3>5)"，只有 C3 单元格中的值大于 5，且 B3 单元格中的值等于 3，两个条件同时满足，B7 单元格才会返回 "TRUE"。本案例中，B3 单元格中的值不等于 3，不满足这个条件，因此 B7 单元格的返回值为 "FALSE"。B8 单元格中的公式为 "=AND(B3>3,C3>5)"，由于两个条件同时满足，因此得到返回值 "TRUE"。

◎ B9 单元格中的公式为 "=NOT(B3<2)"，返回值为 "TRUE"，因为 "B3<2" 与实际不符，否定的否定为肯定，因此返回值为 "TRUE"。

	A	B	C
2			
3		4	6
4	B3<2	FALSE	
5	B3>3	TRUE	
6	OR(B3<3,C3>5)	TRUE	
7	AND(B3=3,C3>5)	FALSE	
8	AND(B3>3,C3>5)	TRUE	
9	NOT(B3<2)	TRUE	
10			

图 24-24

现在，让我们使用公式来设置单元格区域的条件格式。请按照下列步骤操作：

1. 选择要应用条件格式的单元格区域，本例为 E6:E105 单元格区域。

2. 单击【开始】选项卡【样式】组中的【条件格式】按钮，在弹出的下拉菜单中选择【管理规则】选项，打开【条件格式规则管理器】对话框。

3. 单击【新建规则】按钮，打开【新建格式规则】对话框。

4. 在【选择规则类型】列表框中选择【使用公式确定要设置格式的单元格】选项，并在【为符合此公式的值设置格式】框中输入以"="开头的公式（针对所选单元格区域的首个单元格进行逻辑判断）。只有当公式的返回值为"TRUE"时，才会对相应单元格应用设定的格式。

 提示 输入的逻辑判断公式会被复制到所选单元格区域的其余部分，因此需要恰当地使用"$"符号，以确保公式可以被正确应用到每个单元格中。

5. 单击【格式】按钮，打开【设置单元格格式】对话框，指定要应用的格式。

6. 单击【确定】按钮，返回【新建格式规则】对话框，再次单击【确定】按钮。

回到示例文件"24- 营业额 .xlsx"，季度营业额环比增长的话，用红色标记，格式规则设置如图 24-25 所示。

图 24-25

本例中输入的公式为"=E6>E5"，不能使用"$"符号，否则公式被复制到其他单元格时会出现不正确的效果。

继续创建新规则，季度营业额环比降低的话，用绿色填充相应单元格，操作步骤如下：

1. 选择要应用条件格式的单元格区域，本例为 E6:E105 单元格区域。

2. 打开【条件格式规则管理器】对话框。

3. 单击【新建规则】按钮，打开【新建格式规则】对话框。

4. 在【选择规则类型】列表框中选择【使用公式确定要设置格式的单元格】选项，并在【为符合此公式的值设置格式】框中输入公式"=E6<E5"。

5. 单击【格式】按钮，打开【设置单元格格式】对话框。

6. 在【填充】选项卡中，将填充颜色设置为绿色，然后单击【确定】按钮返回【新建格式规则】对话框，再次单击【确定】按钮。

图 24-26 所示为设置完成的【条件格式规则管理器】对话框。

图 24-26

如何用颜色突出显示日期数据中的周末日期？

示例文件"24-周末.xlsx"中包含多个日期数据，想将其中所有的周六和周日用红色标记出来。首先需要区分哪些是周末日期，为此在 D6 单元格中输入公式"=WEEKDAY(C6,2)"，其中的参数"2"表示一周中的周一为第一个工作日，返回 1，以此类推。将此公式复制到 D7:D69 单元格区域，则 C 列的日期为周六的，D 列中的返回值为 6，而周日对应的返回值为 7，如图 24-27 所示。

	C	D	E
3	周一，1；周二，2……以此类推		
4			
5	日期	周几	
6	2003/2/8	6	
7	2007/1/2	2	
8	2005/1/2	7	
9	2005/10/25	2	
10	2004/10/10	7	
11	2006/10/13	5	
12	2006/9/26	2	
13	2006/9/25	1	
14	2005/11/1	2	
15	2006/11/29	3	
16	2005/2/16	3	
17	2007/7/27	5	
18	2004/3/24	3	
19	2008/10/6	1	
20	2007/4/11	3	
21	2004/2/3	2	
22	2009/1/22	4	
23	2006/10/29	7	
24	2005/6/9	4	
25	2008/8/16	6	

图 24-27

1. 选择 D6:D69 单元格区域。

2. 单击【开始】选项卡【样式】组中的【条件格式】按钮，在弹出的下拉菜单中选择【新建规则】选项，打开【新建格式规则】对话框。

3. 在【选择规则类型】列表框中选择【使用公式确定要设置格式的单元格】选项，并在【为符合此公式的值设置格式】框中输入公式"=OR(D6=6,D6=7)"。

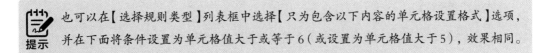

提示　也可以在【选择规则类型】列表框中选择【只为包含以下内容的单元格设置格式】选项，并在下面将条件设置为单元格值大于或等于6（或设置为单元格值大于5），效果相同。

4. 单击【格式】按钮，打开【设置单元格格式】对话框。

5. 在【填充】选项卡中，将填充颜色设置为红色，然后单击【确定】按钮返回【新建格式规则】对话框，如图 24-28 所示，再次单击【确定】按钮。

图 24-28

如何根据球员场上位置突出显示其对应级别评分？

某篮球教练根据各球员的身体素质和技术能力，分别给出了适合当后卫、前锋或中锋的级别评分（由高到低表示为 1~10）。如何根据每个球员的场上位置突出显示其对应的位置级别评分？

示例文件"24- 篮球队 .xlsx"包含每个球员目前的场上位置（1 代表后卫，2 代表前锋，3 代表中锋），以及在不同位置的级别评分（由教练给出）。现在想根据各球员的场上位置，用红色标记出来其在该位置上的级别评分，如图 24-29 所示。

具体操作步骤为：

1. 选择 C3:E22 单元格区域（每个球员在各个位置的级别评分数据）。

2. 单击【开始】选项卡【样式】组中的【条件格式】按钮，在弹出的下拉菜单中选择【管理规则】选项，打开【条件格式规则管理器】对话框。

3. 单击【新建规则】按钮，打开【新建格式规则】对话框。

4. 在【选择规则类型】列表框中选择【使用公式确定要设置格式的单元格】选项，并在【为符合此公式的值设置格式】框中输入公式"=$A3=C$1"。

5. 单击【格式】按钮，打开【设置单元格格式】对话框。

6. 在【填充】选项卡中，将填充颜色设置为红色，然后单击【确定】按钮返回【新建格式规则】对话框，如图 24-30 所示，再次单击【确定】按钮。

▲	A	B	C	D	E	F
1			1	2	3	
2	场上位置	球员编号	后卫级别	前锋级别	中锋级别	
3	1	1	1	9	2	1：后卫
4	1	2	4	3	9	2：前锋
5	2	3	7	3	7	3：中锋
6	2	4	9	8	8	
7	2	5	5	8	9	
8	3	6	2	7	2	
9	3	7	7	6	6	
10	3	8	4	4	3	
11	3	9	3	8	10	
12	3	10	6	1	4	
13	2	11	6	7	5	
14	2	12	2	6	5	
15	2	13	8	6	9	
16	1	14	1	1	3	
17	1	15	3	6	8	
18	2	16	4	10	1	
19	2	17	8	5	1	
20	2	18	1	7	7	
21	3	19	9	2	7	
22	3	20	10	3	10	
23						

图 24-29

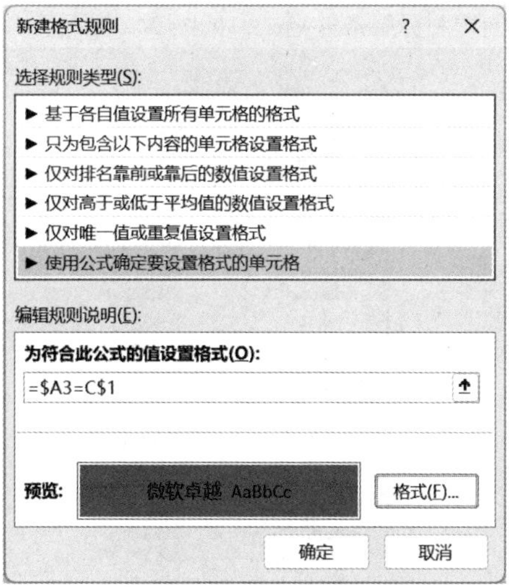

图 24-30

公式 "=$A3=C$1" 的作用是，将各球员的场上位置（编号）与第 1 行中的列标题（"1"、"2" 或 "3"）分别进行比较，返回 "TRUE" 或 "FALSE"。如果球员的场上位置为 1，则 C

列中的对应级别评分（即该球员的后卫级别评分）将显示为红色；如果球员的场上位置为 2，则 D 列中的对应级别评分（即该球员的前锋级别评分）将显示为红色；如果球员的场上位置为 3，则 E 列中的对应级别评分（即该球员的中锋级别评分）将显示为红色。请注意，如果在输入的公式中未正确使用 "$" 符号，则该公式无法被正确地复制到下面和右面的单元格中。

 提示 对于 Microsoft 365 来说，在确定某单元格是否应用条件格式的公式中，允许引用其他工作表中的数据。

【如果为真则停止】复选框有什么作用？

在【条件格式规则管理器】对话框中，每一条规则的右边都有一个【如果为真则停止】复选框。勾选此复选框后，当某一单元格符合当前规则的条件时，下面的所有其他规则将被忽略。

示例文件 "24- 收入数据 .xlsx" 演示了【如果为真则停止】复选框的用法。此文件记录了 1984 年至 2010 年美国各州的收入中位数，其中，2010 年收入中位数最高的 10 个州已用上箭头图标标记，而其他州没有任何标记，如图 24-31 所示。实现这个效果的关键是将第 1 条规则设置为：对于收入中位数最低的 40 个州，不设置任何格式，并勾选【如果为真则停止】复选框；然后创建第 2 条规则，为整列数据创建图标集条件格式，如图 24-32 所示。

	A		C
3			2010
4	州		收入
5			（中位数）
6	Alabama		$40,976
7	Alaska	↑	$58,198
8	Arizona		$47,279
9	Arkansas		$38,571
10	California		$54,459
11	Colorado	↑	$60,442
12	Connecticut	↑	$66,452
13	Delaware		$55,269
14	Florida		$44,243
15	Georgia		$44,108
16	Hawaii	↑	$58,507
17	Idaho		$47,014
18	Illinois		$50,761
19	Indiana		$46,322
20	Iowa		$49,177
21	Kansas		$46,229
22	Kentucky		$41,236
23	Louisiana		$39,443
24	Maine		$48,133
25	Maryland	↑	$64,025
26	Massachusetts	↑	$61,333

图 24-31

图 24-32

第 2 条规则的设置如图 24-33 所示。请注意，前 20% 的州即 10 个州（50×20% = 10）。其余设置并不重要。

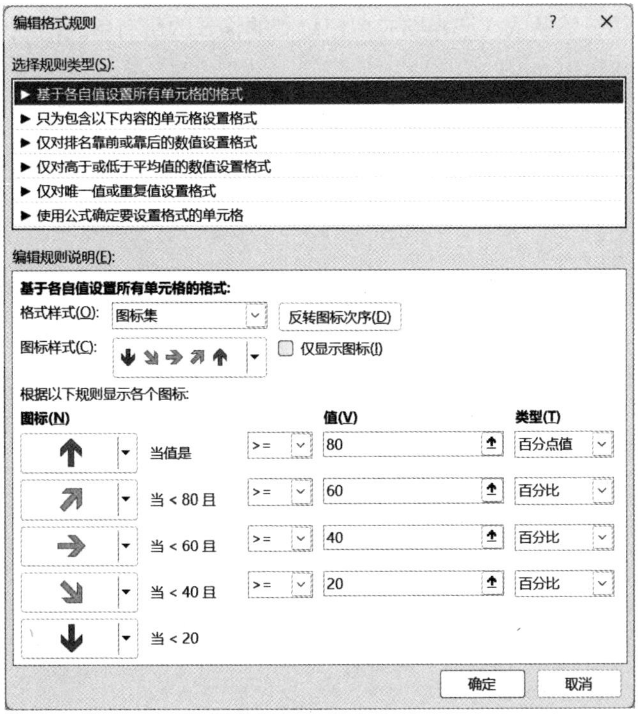

图 24-33

如何使用格式刷复制条件格式？

使用 Excel 的"格式刷"按钮，可以将工作表中已有的单元格格式（包括通过条件格式功能应用的格式）复制到任何其他单元格或单元格区域。使用时，先选择要复制其格式的单元格或单元格区域，然后单击【开始】选项卡【剪贴板】组中的【格式刷】按钮，如图 24-34 所示，再选择要应用已复制的格式的单元格或单元格区域。

图 24-34

如果要将格式复制到多个不相邻的单元格或单元格区域，选择源单元格或单元格区域后，双击【格式刷】按钮，然后依次选择要应用已复制的格式的所有单元格或单元格区域，最后单击【格式刷】按钮退出复制状态。

第 25 章
表和切片器

很多人在使用 Excel 时，会输入新数据然后手工编写公式、设置表格外观、创建图表……处理数据量大、结构复杂的表格时很辛苦！幸运的是，Excel 的表组件能有效提高相关的工作效率。

如何实现在表中输入新数据时自动应用样式和公式？

示例文件"25- 表 .xlsx"中记录了 6 名销售人员的销售数据，包括产品销售数量和金额，如图 25-1 所示。新增的数据将从第 12 行开始输入。此外，计划在 H 列中用公式计算每位销售人员的平均单价（即金额除以数量）。如何方便地为表格设置一个简单大方的样式，并实现在输入新数据时自动复制或更新公式？

	E	F	G
4		单位：件	单位：元
5	姓名	数量	金额
6	John	814	39886
7	Adam	594	26136
8	Dixie	528	13200
9	Tad	806	20956
10	Erica	826	27258
11	Gabrielle	779	28044
12			

图 25-1

通过插入表格，可以在添加数据时自动应用样式和公式，操作步骤如下：

1. 选择当前的数据，包括表头，本例为 E5:G11 单元格区域。

2. 单击【插入】选项卡【表格】组中的【表格】按钮，或者按【Ctrl+T】组合键。

3. 在弹出的【创建表】对话框中勾选【表包含标题】复选框（默认情况下可能处于选中状态），然后单击【确定】按钮。

此时，选中的数据（E5:G11 单元格区域）被自动应用了一套漂亮的表格样式。而且，向表中输入新数据时，当前的样式会被自动应用。

选择当前表中的任意单元格，Excel 功能区中会显示【表设计】选项卡，如图 25-2 所示，其中有许多表格样式和相关选项可用。我们可以在这个选项卡中选择添加新数据时自动应用的样式。

图 25-2

注意，表的列标题显示有下拉按钮，如图 25-3 所示。通过这些下拉按钮可对表的内容进行排序或筛选（本章稍后会介绍有关筛选的内容）。

	E	F	G
4		单位：件	单位：元
5	姓名	数量	金额
6	John	814	39886
7	Adam	594	26136
8	Dixie	528	13200
9	Tad	806	20956
10	Erica	826	27258
11	Gabrielle	779	28044
12			

图 25-3

在默认情况下，新生成的表会被命名为"表 1"。可以在【表设计】选项卡的【属性】组中，将【表名称】框中的默认名称改为"sales"。切换到【公式】选项卡，单击【定义的名称】组中的【名称管理器】按钮，打开【名称管理器】窗口，可以看到 E6:G11 单元格区域已被命名为"sales"。这个功能的便利之处是这个自定义名称的范围能够自动扩展，即能自动包含在表的底部插入的新行或在表的右侧添加的新列。在第 22 章中，我们已学过通过 OFFSET 函数创建动态的自定义名称范围，但相比之下，本例所用的方法更便捷。

假设需要在 D15 单元格计算总金额，先输入"=sum(s"（不区分大小写），Excel 会弹出一个下拉列表，列出所有以 s 开头的自定义名称和函数名称供选择。此时可以双击下拉列表中的【sales】选项完成输入，也可以用键盘上的下方向键选择需要的选项，然后按【Tab】键完成自动输入。在 D15 单元格中输入"=sum(sales"后，输入左方括号"["（如图 25-4 所示），在弹出的下拉列表中双击【金额】选项，然后输入右方括号"]"。完整公式为"=SUM(sales[金额])"，返回值为 155 480。（本章稍后会介绍在这个下拉列表中以"#"符号开头的选项的用法。）

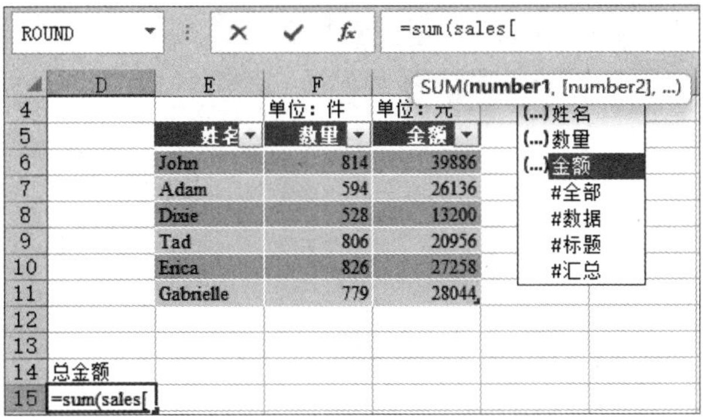

图 25-4

在表中添加新的数据行后，相关的公式在计算时会自动包含这些数据。为了证实这一点，我们在第 12 行添加新数据——Amanda 以 5 000 元的价格售出了 400 件产品，总金额计算公式将自动更新，返回值增至 160 480 元，如图 25-5 所示，而且表格的样式也自动应用到了第 12 行。

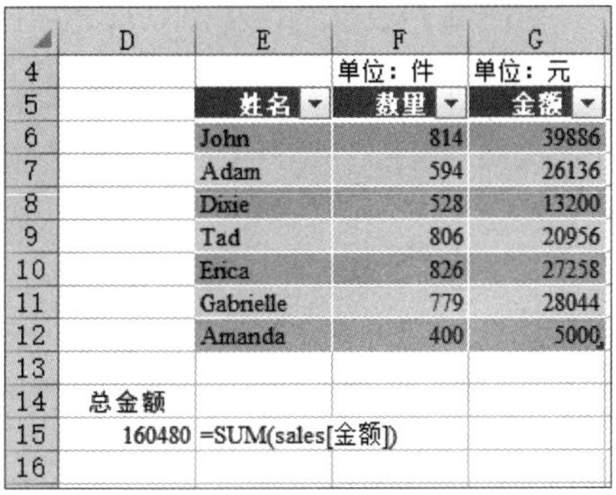

图 25-5

接下来在 H 列中计算每位销售人员的平均单价。先在 H5 单元格中输入"单价"作为列标题，然后在 H6 单元格中输入"="，接着单击 G6 单元格，再输入"/"并单击 F6 单元格，按【Enter】键。H6 单元格内的公式显示为"=[@ 金额]/[@ 数量]"，并且，Excel 自动将此公式复制到 H7:H12 单元格区域，如图 25-6 所示。这个公式比"=G6/F6"之类的公式更容易理解，不用查看引用的单元格是什么内容即可知道这个公式就是计算当前行中的金额值除以当前行的数量值。

	D	E	F	G	H
4			单位：件	单位：元	单位：元
5		姓名 ▼	数里 ▼	金额 ▼	单价 ▼
6		John	814	39886	49
7		Adam	594	26136	44
8		Dixie	528	13200	25
9		Tad	806	20956	26
10		Erica	826	27258	33
11		Gabrielle	779	28044	36
12		Amanda	400	5000	12.5
13					
14	总金额				
15	160480	=SUM(sales[金额])			
16					

图 25-6

选择当前表中的任意单元格都可激活【表设计】选项卡，其中的主要选项如下：

◎ 【表名称】框：用于重命名表，位于【属性】组。本例中，将默认的表名称（"表 1"）更改为 "sales"。

◎ 【调整表格大小】按钮：用于重新设置表的数据区域，位于【属性】组。

◎ 【删除重复值】按钮：用于删除包含重复值的行，位于【工具】组。例如对于本例，单击此按钮打开【删除重复值】对话框，选择【姓名】复选框，可确保 E 列中不会出现重复姓名。

◎ 【转换为区域】按钮：用于将当前表转换为普通的单元格区域，并删除表结构，位于【工具】组。

◎ 【标题行】复选框：用于确定是否显示标题行，位于【表格样式选项】组。

◎ 【汇总行】复选框：本章后面将介绍相关功能。

◎ 【第一列】复选框：用于确定是否对表的第一列应用特殊格式。

◎ 【最后一列】复选框：用于确定是否对表的最后一列应用特殊格式。

◎ 【镶边行】复选框：用于确定是否对表中的偶数行应用与奇数行不同的格式。

◎ 【镶边列】复选框：用于确定是否对表中的奇数列应用与偶数列不同的格式。

◎ 【表格样式】组：列出了多种预设的表格样式供选择。如果表的数据区域扩展或收缩了，Excel 会自动调整表格样式。

如何让图表根据新增数据自动更新?

假设有一个表格,按月记录了多年的天然气价格,而且已根据此数据创建了一个折线图,以便直观显示价格的波动。以后在表格中添加新的价格数据时,能否让图表自动更新?

如图 25-7 所示,示例文件"25- 天然气 .xlsx"记录了 2002 年 7 月至 2004 年 12 月的天然气价格(单位为美元 / 千立方英尺)。我们可以选择 B5:C34 单元格区域,按【Ctrl+T】组合键创建表。然后根据此表格创建折线图,单击【插入】选项卡【图表】组中的【插入折线图或面积图】按钮,在弹出的菜单中选择【带数据标记的折线图】选项,创建的折线图如图 25-8 所示。

	B	C
3	单位:美元 / 千立方英尺	
4	月份	天然气价格
5	2002年7月	3.278
6	2002年8月	2.976
7	2002年9月	3.288
8	2002年10月	3.686
9	2002年11月	4.126
10	2002年12月	4.14
11	2003年1月	4.988
12	2003年2月	5.66
13	2003年3月	9.133
14	2003年4月	5.146
15	2003年5月	5.123
16	2003年6月	5.945
17	2003年7月	5.291
18	2003年8月	4.693
19	2003年9月	4.927
20	2003年10月	4.43
21	2003年11月	4.459
22	2003年12月	4.86
23	2004年1月	6.15
24	2004年2月	5.775
25	2004年3月	5.15
26	2004年4月	5.365
27	2004年5月	5.935
28	2004年6月	6.68
29	2004年7月	6.141
30	2004年8月	6.048
31	2004年9月	5.082
32	2004年10月	5.723
33	2004年11月	7.626
34	2004年12月	7.976

图 25-7

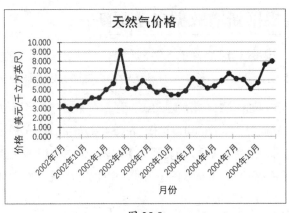

图 25-8

接下来，复制这个工作表（右击当前工作表的名称，在弹出的快捷菜单中选择【移动或复制】选项，打开【移动或复制工作表】对话框，勾选【建立副本】复选框，单击【确定】按钮），并将新工作表命名为"新数据"。在"新数据"工作表中添加 2005 年 1 月至 2006 年 7 月的数据，表格区域扩展至第 53 行。此时"新数据"工作表中的折线图已自动包含了新增的数据，如图 25-9 所示。

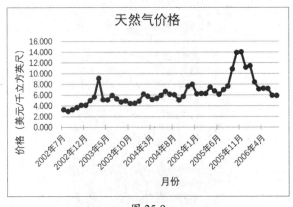

图 25-9

如何快捷根据指定条件汇总数据？

示例文件"25- 销售数据 .xlsx"记录了某化妆品销售公司的销售数据，包括每笔交易的销售人员姓名、交易日期、产品名称、销售数量、销售额和所属地区，如图 25-10 所示。经常需要根据多个条件汇总数据，例如某销售人员在某地区销售的某产品的总销售额，如何快捷获得汇总数据？

	订单编号	销售人员	交易日期	产品名称	销售数量	销售额	所属地区
4	1	Betsy	2004/4/1	唇彩	45	¥137.20	南部
5	2	Hallagan	2004/3/10	粉底液	50	¥152.01	北部
6	3	Ashley	2005/2/25	口红	9	¥28.72	北部
7	4	Hallagan	2006/5/22	唇彩	55	¥167.08	西部
8	5	Zaret	2004/6/17	唇彩	43	¥130.60	北部
9	6	Colleen	2005/11/27	眼线	58	¥175.99	北部
10	7	Cristina	2004/3/21	眼线	8	¥25.80	北部
11	8	Colleen	2006/12/17	唇彩	72	¥217.84	北部
12	9	Ashley	2006/7/5	眼线	75	¥226.64	南部
13	10	Betsy	2006/8/7	唇彩	24	¥73.50	东部
14	11	Ashley	2004/11/29	睫毛膏	43	¥130.84	东部
15	12	Ashley	2004/11/18	唇彩	23	¥71.03	西部
16	13	Emilee	2005/8/31	唇彩	49	¥149.59	西部
17	14	Hallagan	2005/1/1	眼线	18	¥56.47	南部
18	15	Zaret	2006/9/20	粉底液	-8	¥-21.99	东部
19	16	Emilee	2004/4/12	睫毛膏	45	¥137.39	东部
20	17	Colleen	2006/4/30	睫毛膏	66	¥199.65	南部
21	18	Jen	2005/8/31	唇彩	88	¥265.19	北部
22	19	Jen	2004/10/27	眼线	78	¥236.15	南部
23	20	Zaret	2005/11/27	唇彩	57	¥173.12	北部
24	21	Zaret	2006/6/2	睫毛膏	12	¥38.08	西部
25	22	Betsy	2004/9/24	眼线	28	¥86.51	北部

图 25-10

将此数据转换成 Excel 的表，就可以计算"销售数量"和"销售额"列的合计值，并且能够使用筛选器获得符合要求的子集的合计值。具体操作步骤为：

1. 选择销售数据区域中的任意单元格，按【Ctrl+T】组合键创建表。

2. 在打开的【创建表】对话框中，【表数据的来源】框显示了 Excel 自动选取的单元格区域，即 $E$3:$K$1894。若数据来源确认无误，单击【确定】按钮。此时销售数据所在单元格区域被应用了表格样式，并且向下滚动浏览表格时标题行始终可见。

3. 选择表中的任意单元格，在【表设计】选项卡的【表格样式选项】组中勾选【汇总行】复选框。默认情况下，Excel 将在表格右下角的单元格（本例为 K1895 单元格）中返回 K 列的汇总值（本例对 K 列的单元格进行了计数）。

4. 选择 I1895 单元格（"销售数量"列的汇总单元格），单击单元格右侧的下拉按钮，在弹出的筛选器面板中选择【求和】选项。

5. 参照步骤 4 将 J1895 单元格设置为对"销售额"列进行求和。根据汇总数据可知，总销售金额为 239 912.67 元，总销售数量为 78 707 件，如图 25-11 所示。

订单编号	销售人员	交易日期	产品名称	销售数量	销售额	所属地区
1878	1884 Hallagan	2006/5/22	唇彩	89	¥269.40	西部
1879	1885 Ashley	2006/5/11	唇彩	12	¥37.84	西部
1880	1886 Cristina	2005/8/9	睫毛膏	89	¥269.15	南部
1881	1887 Zaret	2005/4/21	唇彩	61	¥185.31	北部
1882	1888 Colleen	2005/7/18	眼线	24	¥73.81	西部
1883	1889 Emilee	2006/11/25	眼线	76	¥229.92	西部
1884	1890 Cici	2005/6/15	粉底液	16	¥49.75	东部
1885	1891 Betsy	2005/4/10	粉底液	39	¥119.19	东部
1886	1892 Cici	2006/2/23	睫毛膏	92	¥278.43	西部
1887	1893 Cici	2004/7/31	粉底液	20	¥61.92	北部
1888	1894 Colleen	2004/5/15	唇彩	60	¥181.87	东部
1889	1895 Emilee	2005/11/27	眼线	15	¥47.16	东部
1890	1896 Ashley	2005/2/14	粉底液	36	¥109.84	西部
1891	1897 Colleen	2005/11/5	唇彩	46	¥140.41	西部
1892	1898 Zaret	2004/1/15	口红	72	¥217.84	西部
1893	1899 Hallagan	2006/11/3	眼线	28	¥85.66	南部
1894	1900 Cristina	2006/6/13	眼线	54	¥164.49	北部
1895	汇总			78,707	¥239,912.67	1891

图 25-11

6. 假设想知道 Ashley 和 Hallagan 在东部地区销售的口红的总数量，只需单击 F3 单元格（"销售人员"列标题单元格）的下拉按钮，在弹出的筛选器面板中取消对【全选】复选框的勾选，然后勾选【Ashley】和【Hallagan】复选框，如图 25-12 所示，单击【确定】按钮。

图 25-12

7. 单击"产品名称"列标题单元格的下拉按钮，在筛选器面板中取消对【全选】复选框的勾选，然后勾选【口红】复选框，单击【确定】按钮。

8. 单击"所属地区"列标题单元格的下拉按钮，在筛选器面板中取消对【全选】复选框的勾选，然后勾选【东部】复选框，单击【确定】按钮。

图 25-13 所示为筛选后的结果：Ashley 和 Hallagan 在东部地区卖出了 564 支口红，总金额为 1 716.56 元。

	订单编号	销售人员	交易日期	产品名称	销售数量	销售额	所属地区
282	288	Ashley	2005/9/11	口红	-8	¥-21.91	东部
565	571	Hallagan	2006/7/27	口红	60	¥182.29	东部
670	676	Hallagan	2004/2/6	口红	8	¥25.64	东部
702	708	Ashley	2005/1/23	口红	71	¥215.14	东部
968	974	Ashley	2006/10/12	口红	72	¥218.06	东部
1142	1148	Ashley	2006/1/10	口红	42	¥127.87	东部
1173	1179	Ashley	2005/4/10	口红	70	¥211.69	东部
1186	1192	Hallagan	2004/2/6	口红	40	¥122.55	东部
1282	1288	Ashley	2004/11/29	口红	84	¥254.12	东部
1332	1338	Ashley	2006/9/9	口红	50	¥152.31	东部
1423	1429	Hallagan	2005/3/30	口红	24	¥73.62	东部
1469	1475	Ashley	2005/12/19	口红	51	¥155.18	东部
1895	汇总				564	¥1,716.56	12

图 25-13

如何使用切片器对数据进行筛选？

使用切片器不仅能对数据透视表进行筛选（详见本书第 38 章），还能对表的内容进行筛选。切片器的优点是可以在使用过程中轻松查看自定义的筛选条件。

打开示例文件"25- 销售数据 .xlsx"，选择表中的任意单元格，在【插入】选项卡的【筛选器】组中单击【切片器】按钮，打开【插入切片器】对话框，在此选择要创建哪个字段的切片器，本例勾选【销售人员】、【产品名称】和【所属地区】复选框，如图 25-14 所示，单击【确定】按钮。

图 25-14

我们可以在切片器面板上单击选项来对表格数据进行筛选，例如，在"销售人员"切片器面板中单击【多选】按钮，然后选择【Ashley】和【Hallagan】选项，在"所属地区"切片器面板中选择【东部】选项，在"产品名称"切片器面板中选择【口红】选项，即可筛选出 Ashley 和 Hallagan 在东部的口红销售数据，如图 25-15 所示，与图 25-13 所示的筛选结果一样。单击切片器面板上的【清除筛选器】按钮可以取消该切片器对数据的筛选。

3	订单编号	销售人员	交易日期	产品名称	销售数量	销售额	所属地区
282	288	Ashley	2005/9/11	口红	-8	¥-21.91	东部
565	571	Hallagan	2006/7/27	口红	60	¥182.29	东部
670	676	Hallagan	2004/2/6	口红	8	¥25.64	东部
702	708	Ashley	2005/1/23	口红	71	¥215.14	东部
968	974	Ashley	2006/10/12	口红	72	¥218.06	东部
1142	1148	Ashley	2006/1/10	口红	42	¥127.87	东部
1173	1179	Ashley	2005/4/10	口红	70	¥211.69	东部
1186	1192	Hallagan	2004/2/6	口红	40	¥122.55	东部
1282	1288	Ashley	2004/11/29	口红	84	¥254.12	东部
1332	1338	Ashley	2006/9/9	口红	50	¥152.31	东部
1423	1429	Hallagan	2005/3/30	口红	24	¥73.62	东部
1469	1475	Ashley	2005/12/19	口红	51	¥155.18	东部
1895	汇总				564	¥1,716.56	12

销售人员	产品名称	所属地区
Ashley	唇彩	北部
Betsy	粉底液	东部
Cici	睫毛膏	南部
Colleen	口红	西部
Cristina	眼线	
Emilee		
Hallagan		
Jen		

图 25-15

单击选中某个切片器后，可以用鼠标拖动边框上的控制点调整面板的大小，或者拖动其标题栏调整面板位置。而且，功能区上会显示【切片器】选项卡，通过其中的选项可以对切片器面板进行样式、排列和大小等方面的调整。

有时候我们会在基于切片器进行合计计算时碰到一些麻烦。下面以示例文件"25-求和.xlsx"为例进行介绍，该表记录了某公司在国内和海外市场的营业额，图 25-16 展示了其中的部分数据。

15	年份	地区	1月	2月	3月	9月	10月	11月	12月
16	2010	国内	¥177,000.00	¥107,000.00	¥101,000.00	¥158,000.00	¥128,000.00	¥190,000.00	¥113,000.00
17	2010	海外	¥74,000.00	¥71,000.00	¥60,000.00	¥56,000.00	¥66,000.00	¥51,000.00	¥70,000.00
18	2011	国内	¥149,000.00	¥128,000.00	¥141,000.00	¥121,000.00	¥171,000.00	¥172,000.00	¥183,000.00
19	2011	海外	¥63,000.00	¥75,000.00	¥61,000.00	¥72,000.00	¥55,000.00	¥61,000.00	¥67,000.00
20	2012	国内	¥184,000.00	¥103,000.00	¥172,000.00	¥124,000.00	¥110,000.00	¥126,000.00	¥127,000.00
21	2012	海外	¥67,000.00	¥58,000.00	¥59,000.00	¥57,000.00	¥55,000.00	¥52,000.00	¥64,000.00
22	2013	国内	¥109,000.00	¥173,000.00	¥140,000.00	¥180,000.00	¥196,000.00	¥122,000.00	¥110,000.00
23	2013	海外	¥74,000.00	¥51,000.00	¥65,000.00	¥50,000.00	¥62,000.00	¥75,000.00	¥70,000.00
24	2014	国内	¥112,000.00	¥136,000.00	¥200,000.00	¥192,000.00	¥123,000.00	¥123,000.00	¥149,000.00
25	2014	海外	¥51,000.00	¥74,000.00	¥52,000.00	¥55,000.00	¥64,000.00	¥58,000.00	¥65,000.00
26	2015	国内	¥113,000.00	¥181,000.00	¥139,000.00	¥109,000.00	¥176,000.00	¥165,000.00	¥185,000.00
27	2015	海外	¥59,000.00	¥57,000.00	¥74,000.00	¥52,000.00	¥72,000.00	¥67,000.00	¥65,000.00

图 25-16

假设需要汇总某年指定地区的总营业额。首先，在 O2 单元格中输入公式"=SUM(表 1[[1 月]:[12 月]])"，返回值为 14 977 000 元，这是所有营业额数值的求和结果。

接下来，在工作表中插入"年份"和"地区"切片器，并筛选出国内 2010 和 2011 年的营业额数据，如图 25-17 所示。此时 O2 单元格中的公式的返回值仍为 14 977 000 元，这明显是不正确的！造成这个问题的原因是 Excel 没有在求和计算过程中忽略被筛选掉的数据。

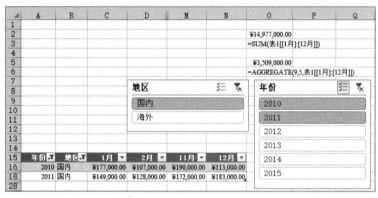

图 25-17

在 O5 单元格中输入公式"=AGGREGATE(9,5, 表 1[[1 月]:[12 月]])"，返回值为 3 509 000 元，与筛选结果的合计值一致。在此公式中，AGGREGATE 函数的第 1 个参数 9 代表进行求和计算，第 2 个参数 5 代表忽略被切片器隐藏的行。

如何在工作簿中快捷引用表的某部分数据？

示例文件"25- 结构化引用 .xlsx"演示了如何在表的外部引用表中的某部分数据，如图 25-18 所示，这类引用通常被称为结构化引用。

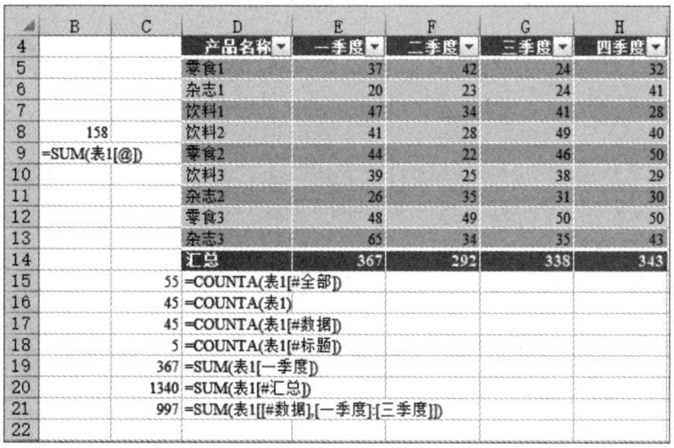

图 25-18

在公式中对表的某部分数据进行引用时，可以使用 Excel 提供的符号（本章前面提到过，在公式中输入表名及 "[" 符号时，Excel 会弹出下拉列表列出多种可引用该表某部分数据的符号供选择）。下面对常用符号进行介绍：

◎ **表名**：引用表中不包括标题行和汇总行的所有单元格。

◎ **# 全部**：引用表中包括标题行和汇总行的所有单元格。

◎ **# 数据**：引用表中除第 1 行和汇总行外的所有单元格。

◎ **# 标题**：仅引用标题行。

◎ **# 汇总**：仅引用汇总行。如果表中没有汇总行，则返回空单元格区域。

◎ **@- 此行**：引用当前行中的所有内容。相应地，若引用列标题，则代表引用该列中除标题和汇总值外的所有内容。

下面对示例文件 "25- 结构化引用 .xlsx" 中用到的公式进行说明：

◎ C15 单元格中的公式为 "=COUNTA(表 1[# 全部])"，返回值为 55，表示该表包含 55 个非空单元格。

◎ C16 单元格中的公式为 "=COUNTA(表 1)"，返回值为 45，标题行和汇总行的非空单元格数量没有被计算。

◎ C17 单元格中的公式为 "=COUNTA(表 1[# 数据])"，返回值为 45，引用的范围为 D5:H13 单元格区域。

◎ C18 单元格中的公式为 "=COUNTA(表 1[# 标题])"，返回值为 5，引用的范围为标题行，即 D4:H4 单元格区域。

◎ C19 单元格中的公式为 "=SUM(表 1[一季度])"，返回值为 367，引用的范围为 E5:E13 单元格区域。

◎ C20 单元格中的公式为 "=SUM(表 1[# 汇总])"，返回值为 1 340，引用的范围为汇总行（D14:H14）。

◎ C21 单元格中的公式为 "=SUM(表 1[[# 数据],[一季度]:[三季度]])"，表示对表中的 "一季度" 至 "三季度" 列所有数值进行求和，引用的范围为 E5:G13 单元格区域。由此可知，两个列标题用冒号分隔表示引用的是这两列及之间的所有单元格。

◎ B8 单元格中的公式为 "=SUM(表 1[@])"，表示对第 8 行中的数据进行求和，具体计算过程为：41 + 28 + 49 + 40= 158。

当向表中添加新数据时，这些公式的实际引用范围及返回值都会自动更新。

条件格式是否能自动应用于添加到表中的新数据？

Excel 的内置条件格式会自动应用于表中新增的数据，但对于使用公式创建的条件格式规则来说，想让新增数据能自动应用相关格式并不是一件容易的事。

来看一个案例，查看示例文件"25- 条件格式 .xlsx"的"原数据"工作表，E 列中已有一个条件格式规则，最大的 3 个值所在的单元格会被突出显示。可以看到，E7、E12 和 E13 这 3 个单元格的填充颜色被自动修改了，如图 25-19 所示。

▲	D 产品名称 ▼	E 一季度 ▼	F 二季度 ▼	G 三季度 ▼	H 四季度 ▼
5	零食1	37	42	24	32
6	杂志1	20	23	24	41
7	饮料1	47	34	41	28
8	饮料2	41	28	49	40
9	零食2	44	22	46	50
10	饮料3	39	25	38	29
11	杂志2	26	35	31	30
12	零食3	48	49	50	50
13	杂志3	65	34	35	43
14					

图 25-19

在 E14 单元格中输入了"90"后，如图 25-20 所示，E14 单元格的值成了这列中的最大值并被突出显示，原来被突出显示的 E7 单元格恢复原样，因为它不再是 E 列中最大的三个数值之一。由此可见，Excel 内置的条件格式可以自动对表中的新增数据起效。

▲	D 产品名称 ▼	E 一季度 ▼	F 二季度 ▼	G 三季度 ▼	H 四季度 ▼
5	零食1	37	42	24	32
6	杂志1	20	23	24	41
7	饮料1	47	34	41	28
8	饮料2	41	28	49	40
9	零食2	44	22	46	50
10	饮料3	39	25	38	29
11	杂志2	26	35	31	30
12	零食3	48	49	50	50
13	杂志3	65	34	35	43
14	饮料4	90	45	34	23
15					

图 25-20

再来看看如何使用公式创建能自动应用于新增数据的条件格式规则。假设要突出显示 F 列中最大的数值，先选择 F5:F14 单元格区域，然后单击【开始】选项卡【样式】组中的【条件格式】按钮，在下拉菜单中选择【新建规则】选项，打开【新建格式规则】对话框，在【选择规则类型】列表框中选择【使用公式确定要设置格式的单元格】选项。在【为符合此公式的值设置格式】框中输入公式"=F5=MAX($F$5:$F$14)"，并单击【格式】按钮设置用于突出显示单元格的填充颜色或边框样式，如图 25-21 所示，最后单击【确定】按钮。

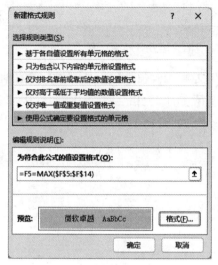

图 25-21

接下来，在第 15 行添加新数据，测试格式是否能自动应用于新的数据行。

复制包含表引用的公式为什么会得到错误结果？

示例文件"25-公式复制 .xlsx"记录了一些篮球运动员的统计数据，假设需要计算指定球队中每个位置所有球员的总得分。在处理过程中，遇到了一些麻烦，如图 25-22 所示。

前面学习过，通过将数据转换为表，可以让公式自动更新以包含新增数据，而且可以在公式中方便地引用表中需要的内容。B9 单元格中的公式为"=SUMIFS(表 1[得分], 表 1[球队],$A9, 表 1[位置],B$8)"，能够返回正确的结果。但通过拖动填充柄将此公式复制到 B9:F14 单元格区域后，C、D、E、F 列的公式返回的都是 0，这显然是错误的。检查 C9:F9 单元格区域中的公式，发现产生错误的原因是复制公式时，对列标题的引用出现了错误的自动更新，从而导致后几列的公式返回了错误的结果。

解决此问题的方案是用快捷键复制并粘贴公式。选择 B22 单元格并按【Ctrl+C】组合键复制其中的公式。然后，选择 B22:F27 单元格区域，按【Ctrl+V】组合键粘贴公式。这样，公式中对表的列标题的引用都是固定的了，从而能够返回需要的结果。

▲	A	B	C	D	E	F	G	H	I	J	K	L	M
1	【使用填充柄，出错】												
2	B9	=SUMIFS(表1[得分],表1[球队],$A9,表1[位置],B$8)						编号▼	姓名 ▼	位置▼	球队▼	得分▼	篮板▼
3	C9	=SUMIFS(表1[篮板],表1[得分],$A9,表1[球队],C$8)						1	Alex Abrines	得分后卫	OKC	355	179
4	D9	=SUMIFS(表1[编号],表1[篮板],$A9,表1[得分],D$8)						2	Quincy Acy	大前锋	TOT	205	580
5	E9	=SUMIFS(表1[姓名],表1[编号],$A9,表1[篮板],E$8)						2	Quincy Acy	大前锋	DAL	13	481
6	F9	=SUMIFS(表1[位置],表1[姓名],$A9,表1[编号],F$8)						2	Quincy Acy	大前锋	BRK	192	374
7								3	Steven Adams	中锋	OKC	810	767
8		得分后卫	大前锋	中锋	小前锋	控球后卫		4	Arron Afflalo	得分后卫	SAC	476	466
9	ATL	1290	0	0	0	0		5	Alexis Ajinca	中锋	NOP	140	288
10	BOS	1097	0	0	0	0		6	Cole Aldrich	中锋	MIN	99	123
11	BRK	1642	0	0	0	0		7	LaMarcus Aldridge	大前锋	SAS	1108	233
12	CHI	1476	0	0	0	0		8	Lavoy Allen	大前锋	IND	151	653
13	CHO	2214	0	0	0	0		9	Tony Allen	得分后卫	MEM	572	661
14	CLE	1350	0	0	0	0		10	Al-Farouq Aminu	小前锋	POR	420	466
15								11	Chris Andersen	中锋	CLE	28	576
16								12	Alan Anderson	小前锋	LAC	83	772
17	【使用复制-粘贴，正确】							13	Justin Anderson	小前锋	TOT	423	133
18	B22	=SUMIFS(表1[得分],表1[球队],$A22,表1[位置],B$8)						13	Justin Anderson	小前锋	DAL	329	609
19	C22	=SUMIFS(表1[得分],表1[球队],$A22,表1[位置],C$8)						13	Justin Anderson	小前锋	PHI	94	536
20								14	Kyle Anderson	得分后卫	SAS	188	510
21		得分后卫	大前锋	中锋	小前锋	控球后卫		15	Ryan Anderson	大前锋	HOU	907	468
22	ATL	1290	1603	1228	1601	1616		16	Giannis Antetokounm	小前锋	MIL	1609	692
23	BOS	1097	754	1571	1278	3034		17	Carmelo Anthony	小前锋	NYK	1566	636
24	BRK	1642	1187	1711	1746	1237		18	Joel Anthony	中锋	SAS	18	463
25	CHI	1476	1559	1073	2163	1093		19	Trevor Ariza	小前锋	HOU	816	467
26	CHO	2214	1587	984	633	2026		20	Darrell Arthur	大前锋	DEN	235	751
27	CLE	1350	1096	1156	2297	1833		21	Omer Asik	中锋	NOP	85	154
28								22	D.J. Augustin	控球后卫	ORL	582	111

图 25-22

第 26 章
控件

Excel 支持在工作表中添加各种方便实用的表单控件，包括按钮、滚动条、选项按钮、组合框和列表框等。表单控件与 ActiveX 控件不同，后者通常在 Microsoft Visual Basic for Applications（VBA）编程环境中使用。要使用这些表单控件，需要先激活功能区中的【开发工具】选项卡，单击【控件】组的【插入】按钮打开下拉菜单，在此可以单击图标插入多种控件。

 如果功能区中没有显示【开发工具】选项卡，需要切换到【文件】选项卡，单击左下角的【选项】选项，打开【Excel 选项】对话框，在左侧的列表框中选择【自定义功能区】选项，然后在右侧的列表框中勾选【开发工具】复选框，最后单击【确定】按钮。

图 26-1 所示为本章将会涉及的控件（参见示例文件 "26- 控件 .xlsx"）。

组合框	▼	列表框	^
复选框	☑		
			∨
选项按钮	◉		
数值	▲	滚动条	^
调节钮	▼		
			∨

图 26-1

如何通过按钮调节参数值快捷查看公式计算结果？

敏感性分析通常会涉及多个关键假设条件参数，例如第 1 年的产品销量、年度销量增长率、第 1 年的产品价格和第 1 年的产品单位成本。有没有办法能快捷调整这些参数值，以便查看对净现值计算结果的影响？

我们在第 19 章学习过，使用方案管理器可以调整一组输入参数，以查看输出结果的变化。遗憾的是，方案管理器只支持每次输入一种方案的整套参数，这使得创建多种方案或调节某一个参数不那么方便。

假设现在需要计算某项目的净现值（NPV），该计算模型的 4 个关键假设条件参数是：第 1 年销量、销量增长率、第 1 年价格和第 1 年单位成本。这些参数的取值范围如表 26-1 所示。

表 26-1 净现值计算模型的假设条件参数取值范围

参数	数值下限	数值上限
第 1 年销量 / 件	5 000	30 000
销量增长率	0%	50%
第 1 年价格 / 元	6	20
第 1 年单位成本 / 元	2	15

使用方案管理器来输入多组参数并观察计算结果的变化非常麻烦，使用"数值调节钮"控件完成此类任务就会简单很多。数值调节钮可与指定单元格链接，单击上箭头或下箭头按钮时，与之链接的单元格中的值会在设定的最大值和最小值之间变化，而引用了该单元格的公式（例如计算净现值的公式）返回的结果也会随之变化。

图 26-2 为示例文件"26- 数值调节钮 .xlsx"中的净现值计算模型，我们将在表中插入数值调节钮控件，从而方便地在自定义的取值范围内改变第 1 年销量、销量增长率、第 1 年价格和第 1 年单位成本的值。

	A	B	C	D	E	F
1		所得税率	40%			
2		第1年销量（件）	10000			
3		销量增长率	48%		48	
4		第1年价格	¥9.00			
5		第1年单位成本	¥6.00			
6		内部收益率	15%			
7		成本增长率	5%			
8		价格增长率	3%			
9	年	1	2	3	4	5
10	销量（件）	10000	14800	21904	32417.92	47978.5216
11	价格	¥9.00	¥9.27	¥9.55	¥9.83	¥10.13
12	单位成本	¥6.00	¥6.30	¥6.62	¥6.95	¥7.29
13	销售额	¥90,000.00	¥137,196.00	¥209,141.58	¥318,815.43	¥486,002.24
14	总成本	¥60,000.00	¥93,240.00	¥144,894.96	¥225,166.77	¥349,909.16
15	税前利润	¥30,000.00	¥43,956.00	¥64,246.62	¥93,648.66	¥136,093.08
16	所得税额	¥12,000.00	¥17,582.40	¥25,698.65	¥37,459.46	¥54,437.23
17	税后利润	¥18,000.00	¥26,373.60	¥38,547.97	¥56,189.20	¥81,655.85
18						
19	NPV	¥133,664.07				
20						

图 26-2

插入数值调节钮的操作步骤为：

1. 选择要插入数值调节钮控件的行（本例为第 2 至第 5 行）。

2. 在选中的行上单击鼠标右键，从弹出的快捷菜单中选择【行高】选项打开【行高】对话框，在【行高】框中输入新的值来增加选中行的高度（本例设为 30），并单击【确定】按钮。

3. 在【开发工具】选项卡的【控件】组中单击【插入】按钮展开下拉菜单，单击【表单控件】栏中的【数值调节钮】按钮。

4. 此时，鼠标光标变为 "+" 形状。在合适的位置（例如 D2 单元格中）拖动鼠标绘制控件，一个数值调节钮即出现在表中，我们将通过这个控件来调整第 1 年销量的值。

绘制数值调节钮时按住【Alt】键，可以使控件的形状和大小自动与所在单元格相符。插入控件之后，按住【Ctrl】键单击控件将进入编辑状态，可以调整其大小或位置：当指针显示为四向箭头时，可以移动控件的位置；当指针显示为双向箭头时，可以调整控件的大小。

5. 继续添加更多数值调节钮。用鼠标右键单击 D2 单元格中的数值调节钮，从快捷菜单中选择【复制】选项，然后用鼠标右键单击 D3 单元格中的空白位置，从快捷菜单中选择【粘贴】选项。

6. 重复步骤 5，在 D4 和 D5 单元格中也粘贴相同的数值调节钮。现在表中一共有 4 个数值调节钮了，如图 26-3 所示。

	A	B	C	D
1		所得税率	40%	
2		第1年销量（件）	10000	
3		销量增长率	48%	
4		第1年价格	¥9.00	
5		第1年单位成本	¥6.00	
6		内部收益率	15%	
7		成本增长率	5%	
8		价格增长率	3%	

图 26-3

7. 接下来为每个数值调节钮设置与目标单元格的链接。例如，要将 D2 单元格中的数值调节钮链接到 C2 单元格，先用鼠标右键单击 D2 单元格中的数值调节钮，从快捷菜单中选择【设置控件格式】选项，打开【设置控件格式】对话框。

8. 在【控制】选项卡中设置控件的属性，具体如下所述（如图 26-4 所示），然后单击【确定】按钮。

◎ **当前值**：设置为"10000"。此参数用于设定链接单元格的初始值，不如其他参数重要。

◎ **最小值**：设置为"5000"。此参数用于设定链接单元格的最小值，即通过控件能得到的最小数值。

◎ **最大值**：设置为"30000"。此参数用于设定链接单元格的最大值。

◎ **步长**：设置为"1000"。此参数用于设定每次单击控件时链接单元格的值的增减量。

◎ **单元格链接**：设置为"$C$2"。此参数用于指定控件链接到哪个单元格。

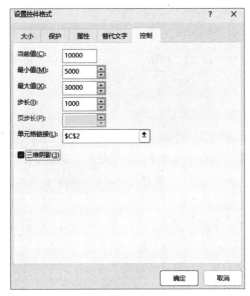

图 26-4

9. 设置 D3 和 D4 单元格中的数值调节钮，具体参数如表 26-2 所示。

表 26-2 控件参数

参数	D4 单元格 （第 1 年价格）	D5 单元格 （第 1 年单位成本）
当前值	9	6
最小值	6	2
最大值	20	15
步长	1	1
单元格链接	$C$4	$C$5

设置完成后，单击 D4 单元格中的控件可以使第 1 年价格在 6 元至 20 元之间以 1 元为增减幅度变化，单击 D5 单元格中的控件可以使第 1 年单位成本在 2 元至 15 元之间以 1 元为增减幅度变化。

10.D3 单元格中的数值调节钮与销量增长率之间的链接设置相对复杂一些。计划实现的效果是，单击数值调节钮控件可以使销量增长率在 0% 至 50% 之间以 1%（即 0.01）为增减幅度变化，但数值调节钮控件的参数可设定的最小步长值为 1。因此，我们需要将数值调节钮控件与一个存放中间值的单元格链接起来，例如 E3 单元格，并在 C3 单元格中输入公式"=E3/100"。这样，E3 单元格的值可以在 1 至 50 之间变化，而 C3 单元格的值则相应在 1% 至 50% 之间变化。

11. 设置 D3 单元格中的控件的属性，当前值为"48"，最小值为"0"，最大值为"50"，步长为"1"，单元格链接为"$E$3"。

通过单击数值调节钮控件中的箭头按钮，可以轻松查看假设条件的改变如何影响模型的计算结果（本例中为项目的净现值）。例如，通过观察可以发现，销售增长率每提高 1%，净现值就会增长约 2000 元。

滚动条控件与数值调节钮控件的作用非常相似，两者的主要区别在于：用鼠标拖动滚动条上的滑块时，所链接单元格的值会快速变化；通过修改滚动条控件的"页步长"参数值，可以控制单击滚动条滑块上下的空白位置时，所链接单元格的值的变化幅度。

 在某些情况下，可能无法通过右击控件打开快捷菜单来打开【设置控件格式】对话框。这时，可以先按住【Ctrl】键单击控件，然后在【开发工具】选项卡的【控件】组中单击【属性】按钮来打开【设置控件格式】对话框。

如何通过复选框控制条件格式的启用或禁用？

复选框是一个表单控件，被勾选时返回值为"TRUE"，未被勾选时返回值为"FALSE"。复选框控件可用作启用或禁用某特定功能的开关，例如启用或禁用指定条件格式。

示例文件"26- 复选框 .xlsx"记录了某公司每月的销量数据，假如我们需要将位列前 5 名的销量数字用红色突出显示，将位列后 5 名的销量数字用绿色突出显示，并通过一个复选框控件控制是否启用这两个条件格式。首先，在 G4 单元格中输入公式"=LARGE(销量 ,5)"，得到排名第 5 位的销量值。接着，在 H4 单元格中输入公式"=SMALL(销量 ,5)"，得到排名倒数第

5 位的销量值，如图 26-5 所示。

▲	D	E	F	G	H
1					
2					
3	销量（件）			第5名	倒数第5名
4	1010			1050	584
5	619			=LARGE(销量,5)	=SMALL(销量,5)
6	524				
7	1114				
8	619				
9	1097				
10	627				
11	578				
12	947				
13	1020				
14	1046				
15	678				
16	510				
17	674				
18	756				
19	665				
20	609				

图 26-5

接下来在表中创建一个复选框控件，并将其设置为在 F1 单元格中返回 "TRUE" 或 "FALSE"，具体操作步骤如下：

1. 在【开发工具】选项卡的【控件】组中单击【插入】按钮展开下拉菜单，单击【表单控件】栏中的【复选框】按钮。

2. 此时，鼠标光标变为 "+" 形状。在合适的位置（例如 G9 单元格中）拖动鼠标绘制控件，一个复选框即出现在表中。

3. 用鼠标右键单击复选框控件，从快捷菜单中选择【编辑文字】选项，进入控件文字编辑状态，将复选框右边的默认文字改为 "启用条件格式"（可能需要调整控件的大小，以完整显示所有文字）。

4. 用鼠标右键单击复选框控件，从快捷菜单中选择【设置控件格式】选项。

5. 在打开的【设置控件格式】对话框中，选择【已选择】单选按钮，然后在【单元格链接】框中输入 "$F$1"，如图 26-6 所示，单击【确定】按钮。

图 26-6

现在，勾选此复选框时，F1 单元格中会显示"TRUE"；取消勾选复选框时，F1 单元格中会显示"FALSE"。

在本例中，复选框用于控制是否为销售数据所在单元格应用条件格式，因此需要设置相应的条件格式规则，操作步骤如下：

1. 选择 D4:D29 单元格区域。

2. 单击【开始】选项卡【样式】组中的【条件格式】按钮，在下拉菜单中选择【新建规则】选项，打开【新建格式规则】对话框。

3. 在【选择规则类型】列表框中，选择【使用公式确定要设置格式的单元格】选项，并在【为符合此公式的值设置格式】框中输入公式"=AND($F$1,D4>=$G$4)"。

4. 单击【格式】按钮打开【设置单元格格式】对话框，切换到【填充】选项卡，在【背景色】选区中选择一种红色，单击【确定】按钮返回【新建格式规则】对话框，如图 26-7 所示，然后单击【确定】按钮关闭对话框。这样，位列前 5 名的销量值所在单元格都变为红色。

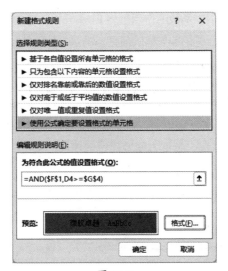

图 26-7

接着设置条件格式规则让位列后 5 名的销量值所在单元格变为绿色，操作步骤如下：

1. 保持 D4:D29 单元格区域的选中状态，再次打开【新建格式规则】对话框。

2. 在【选择规则类型】列表框中，选择【使用公式确定要设置格式的单元格】选项，并在【为符合此公式的值设置格式】框中输入公式 "=AND($F$1,$D4<=$H$4)"，并将填充颜色设置为绿色，如图 26-8 所示。

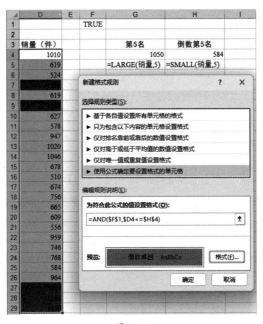

图 26-8

在两个规则的公式中，AND 函数的作用是将 F1 单元格的值为 "TRUE" 设为必须满足的条件，只要未勾选表中的复选框，无论单元格的值是否满足其他条件，底色都不会变为绿色或红色。

如何通过单选按钮选择公式的输入参数？

假设某产品存在三种价格——高价、标准价、低价，如果能用单选按钮（在 Excel 中被称为 "选项按钮" ）来实现对价格的选择，就能方便地通过选择单选按钮获得对应的返回值，从而让工作表根据对应的价格进行其他计算，如图 26-9 所示。

	A	B	C	D	E	F	G	H
4					1			
5								
6	类型	价格			类型	价格		
7	高价	¥8.00			高价	¥8.00		
8	标准价	¥6.00			=INDEX(A7:A9,E4,1)	=VLOOKUP(E7,A7:B9,2,FALSE)		
9	低价	¥3.00						
10								
11	选择价格							
12	◉ 高价							
13	○ 标准价							
14	○ 低价							
15								
16								

图 26-9

对于本例（示例文件 "26- 选项按钮 .xlsx" ），在表中创建了一组选项按钮控件，以及一个用来放置选项按钮控件的分组框控件，操作步骤如下：

1. 在【开发工具】选项卡的【控件】组中单击【插入】按钮展开下拉菜单，单击【表单控件】栏中的【分组框】按钮。

2. 拖动鼠标绘制控件，本例将控件放置在 A11:B15 单元格区域。

3. 用鼠标右键单击分组框控件，在快捷菜单中选择【编辑文字】选项，将分组框控件的默认文本更改为 "选择价格"。

4. 在【开发工具】选项卡的【控件】组中单击【插入】按钮展开下拉菜单，单击【表单控件】栏中的【选项按钮】按钮，在已创建的分组框控件中绘制一个选项按钮控件。重复此操作，在分组框控件中绘制另外两个选项按钮控件，每个选项按钮控件对应一个价格类型。

5. 用鼠标右键单击第 1 个选项按钮控件，在快捷菜单中选择【编辑文字】选项，将控件重命名为 "高价"。

6. 用鼠标右键单击第 1 个选项按钮控件，在快捷菜单中选择【设置控件格式】选项，打开【设置控件格式】对话框，在【控制】选项卡的【单元格链接】框中输入"$E$4"，然后单击【确定】按钮。

7. 重复步骤 5 和 6，将其他两个选项按钮重命名为"标准价"和"低价"，都链接到 E4 单元格。

现在，分组框控件中的所有选项按钮控件都链接到同一个单元格，选择第 1 个选项按钮时 E4 单元格的返回值为 1，选择第 2 个选项按钮时 E4 单元格的返回值为 2，选择第 3 个选项按钮时 E4 单元格的返回值为 3。通常，在一个分组框控件中选择第 n 个选项按钮时，链接单元格的返回值为整数 n。

E7 单元格中的公式为"=INDEX(A7:A9,E4,1)"，用于获取与所选选项按钮对应的价格类型；F7 单元格中的公式为"=VLOOKUP(E7,A7:B9,2,FALSE)"，用于获取与所选选项按钮对应的价格。

如何通过组合框和列表框快捷输入数据？

向表中手工输入数据有时会出错，若经常需要输入一些已知的数据，可以改为从一个列表中选择需要的数据，从而避免因数据输入错误带来的麻烦。通过 Excel 的组合框和列表框控件，可以实现在表中设置列表供用户选择要输入的数据，而不必手工输入数据。（本书第 37 章将介绍有关数据验证的内容，相关技术可进一步提升通过在列表中做选择输入的数据的准确性。）

来看一个实例，计算某公司的员工在某天的工时数（参见示例文件"26- 组合框 .xlsx"）。员工每天的工时数是预先确定好的，记录在 E8:F14 单元格区域中。本例将在表中插入组合框和列表框控件，我们从控件提供的列表中可以选择一周中的日期选项，控件链接的单元格中将会显示对应的编号。例如，在组合框控件的下拉列表中选择第 1 个选项，链接的单元格中将显示"1"，选择第 2 个选项，链接的单元格中将显示"2"，以此类推。

本例的具体操作步骤如下：

1. 在【开发工具】选项卡的【控件】组中单击【插入】按钮展开下拉菜单，单击【表单控件】栏中的【组合框】按钮，在 B3 单元格上拖动鼠标绘制一个组合框控件。

2. 在【开发工具】选项卡的【控件】组中单击【插入】按钮展开下拉菜单，单击【表单控件】栏中的【列表框】按钮，在 B9:B12 单元格区域上拖动鼠标绘制一个列表框控件。

3. 用鼠标右键单击组合框控件，从快捷菜单中选择【设置控件格式】选项，打开【设置控件格式】对话框。

4.在【数据源区域】框中输入"$E$8:$E$14"，指定下拉列表中显示的选项；在【单元格链接】框中输入"$A$3"，指定控件的返回值在哪个单元格显示。然后单击【确定】按钮。

5.用鼠标右键单击列表框控件，从快捷菜单中选择【设置控件格式】选项，打开【设置控件格式】对话框。

6.在【数据源区域】框中输入"$E$8:$E$14"，在【单元格链接】框中输入"$A$9"，在【选定类型】选区中选择【单选】单选按钮，然后单击【确定】按钮。

现在，让我们验证一下效果。在组合框控件的下拉列表中选择【星期二】选项，在列表框控件的列表中选择【星期一】选项，A3 单元格的返回值为 2，A9 单元格的返回值为 1。

在 E3 单元格中输入公式"=INDEX(E8:E14,A3,1)"，得到与在组合框控件中所选的选项对应的日期。在 F3 单元格中输入公式"=VLOOKUP(E3,$E$8:$F$14,2,FALSE))"，得到与在组合框控件中所选的日期选项对应的工时数，如图 26-10 所示。E4 和 F4 单元格中的公式用于获取在列表框控件中所选的选项对应的数据。

▲	A	B	C	D	E	F	G	H
1								
2		组合框			一周中的日期	工时（小时）		
3	2	星期二 ▼		组合框	星期二	7		
4				列表框	星期一	6		
5					=INDEX(E8:E14,A9,1)	=VLOOKUP(E4,$E$8:$F$14,2,FALSE)		
6								
7					一周中的日期	工时（小时）		
8		列表框			星期一	6		
9	1	星期一			星期二	7		
10		星期二	■		星期三	8		
11		星期三			星期四	9		
12		星期四			星期五	5		
13					星期六	4		
14					星期日	5		

图 26-10

第 27 章
从文本导入数据

笔者曾参与开发了一个对 NBA 球员进行评分的系统。这个系统被多个球队采用，包括达拉斯小牛队和纽约尼克斯队。赛季中的每一个比赛日，该系统的一个 FORTRAN 程序都会产生许多数据，例如以文本形式保存的某球队在比赛中的各种场上阵容的评分。在本章中，我们将学习如何将这类文本文件导入 Excel 以进行数据分析。

如何导入文本类数据？

有时候我们需要将 Word 文档或 TXT 文件中的数据导入 Excel 并进行数据分析。要将 Word 文档导入 Excel，应首先将其另存为 TXT 文件（扩展名为 .txt），然后在 Excel 中通过文本导入向导导入该文件。

Excel 的文本导入向导提供了两种方法对文本文件中的数据进行分列。

◎ 固定宽度：Excel 会自动检测并判断数据的分列位置。我们也可以忽略 Excel 的提示，手动输入一个值作为分列依据的宽度。

◎ 分隔符：指定一个字符作为分隔符，通常是逗号、空格或加号等，Excel 会在该字符出现的位置将数据分隔成不同列。

本章的示例文件"27- 球员评分 .txt"中，记录了 2002—2003 赛季达拉斯小牛队的几场比赛中每种场上阵容的出场时间，以及该阵容的评分。例如，文件的首行数据显示，在对阵萨克拉门托国王队的比赛中，Bell、Finley、LaFrentz、Nash 和 Nowitzki 这一阵容总共上场 9.05 分钟，评分为 19.79——比 NBA 的平均水平还差。

下面显示了该示例文件中的部分数据：

```
Bell Finley LaFrentz Nash Nowitzki -19.79 695# 9.05m SAC DAL* Finley
Nash Nowitzki Van Exel Williams -11.63 695# 8.86m SAC DAL* Finley
LaFrentz Nash Nowitzki Van Exel 102.98 695# 4.44m SAC DAL* Bradley
Finley Nash Nowitzki Van Exel -44.26 695# 4.38m SAC DAL* Bradley
Nash Nowitzki Van Exel Williams 9.71 695# 3.05m SAC DAL* Bell Finley
```

```
LaFrentz Nowitzki Van Exel -121.50 695# 2.73m SAC DAL* Bell LaFrentz
Nowitzki Van Exel Williams 27.35 695# 2.70m SAC DAL* Bradley Finley
Nowitzki Van Exel Williams 86.87 695# 2.45m SAC DAL* Bradley Nash
Van Exel Williams Rigaudeau -54.55 695# 2.32m SAC DAL*
```

本例的需求是把这些数据导入 Excel 中，并且将每种阵容的球员姓名、出场时间以及该阵容的评分等信息分别存放到不同的列中。

球员 Van Exel（全名是 Nick Van Exel）的名字将会引发一个问题，如果使用空格作为分隔符将数据分解为多列，那么"Van Exel"将会占用两列。这样会导致包含"Van Exel"的阵容的数据，在分列后比其他阵容的数据多一列，好几列会错位。为了解决这个问题，可以先通过 Word 等文字处理软件的替换功能将"Van Exel"都替换为"Exel"，以便在以空格为分隔符导入 Excel 时，该姓名数据只占一列。

进行替换操作后，数据的前几行现在如下所示：

```
Bell Finley LaFrentz Nash Nowitzki -19.79 695# 9.05m SAC DAL* Finley
Nash Nowitzki Exel Williams -11.63 695# 8.86m SAC DAL* Finley
LaFrentz Nash Nowitzki Exel 102.98 695# 4.44m SAC DAL* Bradley
Finley Nash Nowitzki Exel -44.26 695# 4.38m SAC DAL* Bradley Nash
Nowitzki Exel Williams 9.71 695# 3.05m SAC DAL* Bell Finley LaFrentz
Nowitzki Exel -121.5 695# 2.73m SAC DAL* Bell LaFrentz Nowitzki
Exel Williams 39.35 695# 2.70m SAC DAL* Bradley Finley Nowitzki
Exel Williams 86.87 695# 2.45m SAC DAL* Bradley Nash Exel Williams
Rigaudeau -54.55 695# 2.32m SAC DAL*
```

如果原始数据文件是 Word 文档，在将其导入 Excel 之前必须先另存为 TXT 文件，操作步骤如下：

1. 在 Word 中打开数据文件。

2. 切换到【文件】选项卡，选择【另存为】选项，在子菜单中选择【浏览】选项。

3. 在打开的对话框中，将【文件名】框中的默认名称修改为需要的内容，在【保存类型】下拉列表中选择【纯文本（*.txt）】选项，单击【保存】按钮。

4. 在打开的【文件转换】对话框中，选择【文本编码】选区中的【Windows（默认）】单选按钮，单击【确定】按钮。

5. 关闭 Word。

在 Excel 中导入示例文件"27- 球员评分 .txt"的操作步骤如下：

1. 切换到【文件】选项卡，选择【打开】子菜单中的【浏览】选项。

2. 在打开的【打开】对话框中，导航到包含示例文件的文件夹，展开右下角的【文件类型】下拉列表，选择【所有文件】选项。

3. 选择需要打开的文本文件，然后单击【打开】按钮，Excel 会启动文本导入向导，如图 27-1 所示。

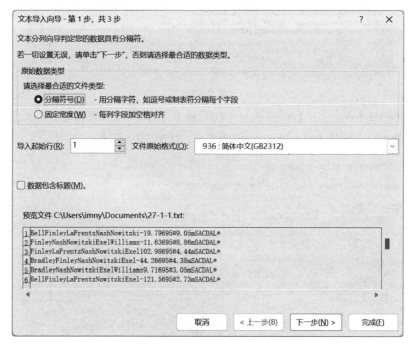

图 27-1

【文本导入向导 - 第 1 步，共 3 步】对话框的【原始数据类型】选区中包含两个单选按钮：【分隔符号】和【固定宽度】。若选择【固定宽度】单选按钮，并单击【下一步】按钮，将打开图 27-2 所示的【文本导入向导 - 第 2 步，共 3 步】对话框，在此可以建立、清除或移动分列线，以调整对数据的分列设置。

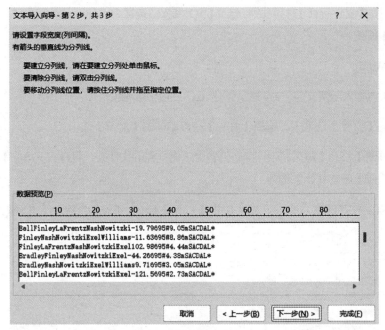

图 27-2

4. 本例不选择【固定宽度】单选按钮，而是选择【分隔符号】单选按钮，并单击【下一步】按钮，打开图 27-3 所示的【文本导入向导 - 第 2 步，共 3 步】对话框。

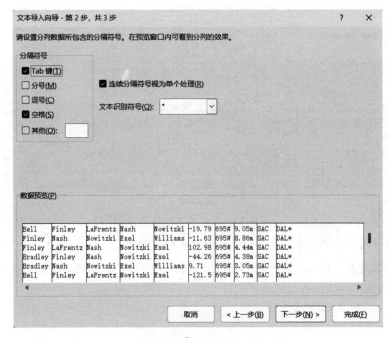

图 27-3

5. 在【分隔符号】选区中，勾选【Tab 键】复选框（若取消勾选此复选框，许多 Excel 加载项可能无法正常工作），然后勾选【空格】复选框。最后，勾选【连续分隔符号视为单个处理】复选框，并单击【下一步】按钮。

6. 在【文本导入向导 - 第 3 步，共 3 步】对话框中，选择【列数据格式】选区中的【常规】单选按钮，如图 27-4 所示，这样文本文件中的数值将被转换成数字格式的数据，日期值将被转换为日期格式的数据，其他类型的字符将被转换为文本格式的数据。单击【完成】按钮，文本文件中的数据即被导入 Excel。

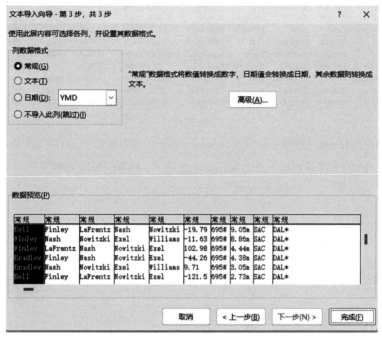

图 27-4

导入 Excel 的数据如图 27-5 所示，每个球员的姓名都被列在单独的列中（从 A 列到 E 列），每个阵容的评分被列在 F 列中，每场比赛的编号被列在 G 列中，每个阵容的出场时间被列在 H 列中，I 列和 J 列为两支参赛球队的队名。

	A	B	C	D	E	F	G	H	I	J
1	Bell	Finley	LaFrentz	Nash	Nowitzki	-19.79	695#	9.05m	SAC	DAL*
2	Finley	Nash	Nowitzki	Exel	Williams	-11.63	695#	8.86m	SAC	DAL*
3	Finley	LaFrentz	Nash	Nowitzki	Exel	102.98	695#	4.44m	SAC	DAL*
4	Bradley	Finley	Nash	Nowitzki	Exel	-44.26	695#	4.38m	SAC	DAL*
5	Bradley	Nash	Nowitzki	Exel	Williams	9.71	695#	3.05m	SAC	DAL*
6	Bell	Finley	LaFrentz	Nowitzki	Exel	-121.5	695#	2.73m	SAC	DAL*
7	Bell	LaFrentz	Nowitzki	Exel	Williams	39.35	695#	2.70m	SAC	DAL*
8	Bradley	Finley	Nowitzki	Exel	Williams	86.87	695#	2.45m	SAC	DAL*
9	Bradley	Nash	Exel	Williams	Rigaudeau	-54.55	695#	2.32m	SAC	DAL*
10	Finley	LaFrentz	Exel	Williams	Rigaudeau	-26.4	695#	1.73m	SAC	DAL*
11	Bradley	Finley	Nash	Nowitzki	Williams	91.89	695#	1.70m	SAC	DAL*
12	Bell	Finley	Nash	Nowitzki	Exel	34.18	695#	1.05m	SAC	DAL*
13	LaFrentz	Nash	Nowitzki	Exel	Williams	-50.9	695#	1.02m	SAC	DAL*
14	Bell	Bradley	Finley	Nash	Nowitzki	1.42	695#	1.00m	SAC	DAL*
15	Bradley	Finley	Exel	Williams	Rigaudeau	46.75	695#	0.93m	SAC	DAL*
16	Bell	Bradley	Nowitzki	Exel	Williams	-314.43	695#	0.60m	SAC	DAL*
17	Bell	Finley	LaFrentz	Nash	Nowitzki	123.62	686#	6.05m	UTA	DAL*
18	Finley	LaFrentz	Nash	Nowitzki	Exel	62.3	686#	5.80m	UTA	DAL*
19	LaFrentz	Nash	Nowitzki	Exel	Williams	-10.09	686#	5.68m	UTA	DAL*
20	Bell	Bradley	Finley	Nash	Nowitzki	-30.32	686#	5.60m	UTA	DAL*
21	Bell	Finley	Nowitzki	Exel	Williams	-42.93	686#	4.75m	UTA	DAL*

图 27-5

　　将文件另存为 Excel 工作簿（扩展名为 .xlsx）后，就可以使用 Excel 的强大功能来对球队各种阵容的表现进行分析了。例如，对比 Nowitzki 在场上、场下时球队的表现。

第 28 章
Power Query 编辑器

业务分析师需要一种简单快捷的方法将数据从网站、文本文件、数据库或其他数据源导入 Excel，而且需要对这些数据进行编辑或格式转换，以及对数据进行更新，以便与数据源保持同步。

本章将介绍可用于将数据从其他数据源导入 Excel 的各种工具。我们在 Excel 的【数据】选项卡的【获取和转换数据】组中可以找到多个按钮，如图 28-1 所示，由此可以轻松访问网站、表格、图片等多种数据源。单击【获取数据】按钮，弹出的菜单中显示了 Excel 支持的多种数据源的对应选项，如图 28-2 所示。

图 28-1

图 28-2

本章还将介绍 Power Query 编辑器的强大功能，通过它能高效地导入、编辑和转换数据。图 28-3 所示为 Power Query 编辑器的主界面。

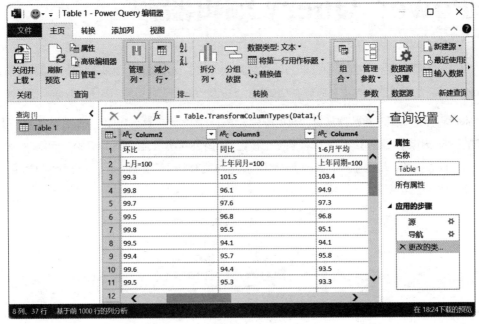

图 28-3

如何将网页中的数据导入 Excel？

假设需要在 Excel 中对美国各大城市的人口数据进行分析，计划将网站[1]上的统计数据导入 Excel，将州名和城市名（用逗号分隔）放入一列，对应的人口数值放入另一列，当网站上的数据变化时要能同步更新 Excel 中的数据，操作步骤如下：

1. 新建一个空白 Excel 工作簿。

2. 在【数据】选项卡的【获取和转换数据】组中，单击【自网站】按钮，弹出【从 Web】对话框。

3. 在【URL】框中输入数据所在的网址，如图 28-4 所示，单击【确定】按钮。

---

1 在原版书中，本案例的数据来自维基百科，建议读者在实践时选用其他方便访问且权威的网站，例如国家统计局网站，那里能找到很多适合本例的数据。——译者注

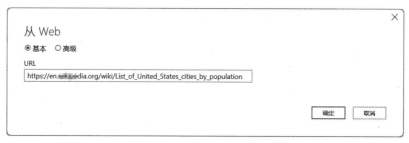

图 28-4

4. 在弹出的【访问 Web 内容】对话框中，保持默认设置不变，如图 28-5 所示，单击【连接】按钮。

图 28-5

5. 弹出的【导航器】窗口左侧列出了网站包含的所有表。单击列表中的【Table 2】选项，窗口的右侧会显示该表中的内容，如图 28-6 所示。

6. 单击【导航器】窗口右下角的【转换数据】按钮，启动 Power Query 编辑器并在主界面中显示根据所选数据创建的查询表。

7. 在功能区中切换到【转换】选项卡，如图 28-7 所示。

8. 本例只需要表中第 2 列至第 4 列数据，不需要其他列的数据，因此需要删除其他列。首先，用鼠标右键单击 "2022 rank" 列 [1] 的列标题，在快捷菜单中选择【删除】选项，将该列删除。然后，选择 "2022 estimate" 列右侧的所有列，在其中的任意列标题上单击鼠标右键，在快捷菜单中选择【删除列】选项，将选择的多列删除。

9. 选择 "City" 和 "State" 列，在【转换】选项卡的【文本列】组中单击【合并列】按钮。

―――――――――

1 因为网站上的数据可能会更新，因此读者在实际操作时可能会发现表格中的列名与本书中的描述不一样。

图 28-6

图 28-7

在【合并列】对话框中，展开【分隔符】下拉列表，选择【逗号】选项，然后在【新列名】框中为合并后的列命名，本例输入"City and State"，如图 28-8 所示，单击【确定】按钮。

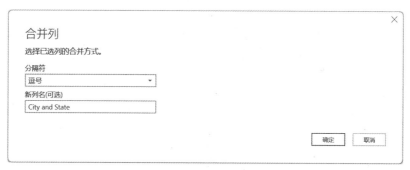

图 28-8

10. 进行以上处理后的查询表如图 28-9 所示。单击【主页】选项卡，单击【关闭】组中的【关闭并上载】按钮。

图 28-9

11. Power Query 编辑器将查询表导入 Excel，如图 28-10 所示，根据需要为此工作簿命名并保存，以便后续进行相关分析处理。

以后，在此查询表中的任意单元格上单击鼠标右键，选择快捷菜单中的【刷新】选项，

Excel 就会从数据源（当初指定的网址）获取最新信息，并按照我们在此查询表中设置的格式刷新数据。

图 28-10

如何将二维表转换为一维表？

示例文件 "28-降维-1.xlsx" 记录了 6 种产品 1 月至 4 月的销售数据（如图 28-11 所示）。假设需要将此表转换为一维表，即每个产品的单月销售数据单独占一行，所有条目按产品的名称排序。而且，当在数据源表中添加新的销售数据时，这个一维表可以通过刷新数据保持同步更新。

使用 Power Query 编辑器的 "逆透视列" 功能可以完成这个任务，具体操作步骤如下：

1. 选择 G3:K9 单元格区域，按【Ctrl+T】组合键将其转换为表。

2. 保持 G3:K9 单元格区域的选中状态，切换到【数据】选项卡，单击【获取和转换数据】组中的【来自表格 / 区域】按钮（Excel 版本不同，此按钮的名称不同）。

3. 数据被导入 Power Query 编辑器，切换到【转换】选项卡。

4. 选择"1 月"、"2 月"、"3 月"和"4 月"列，单击【任意列】组中的【逆透视列】按钮，原表被转换为一维表。

5. 单击"产品"列的标题右边的下拉按钮，在筛选器面板中选择【升序排序】选项；单击"属性"列的标题右边的下拉按钮，在筛选器面板中选择【升序排序】选项。

6. 在【主页】选项卡中，单击【关闭】组中的【关闭并上载】按钮。

7. 返回 Excel 主界面，Power Query 编辑器生成的查询表显示在新的工作表中。在数据源表中添加一行新数据，例如 5 月份的糖果销售额 125 元。在查询表中的任意单元格上单击鼠标右键，选择快捷菜单中的【刷新】选项。可以看到，新添加的数据出现在查询表中了，并且所在位置也符合排序规则，如图 28-12 所示。

	G	H	I	J	K
2					
3	产品	1月	2月	3月	4月
4	沙拉	¥74.10	¥112.20	¥105.00	¥110.20
5	曲奇	¥82.70	¥112.30	¥69.40	¥52.70
6	蛋糕	¥54.90	¥68.60	¥85.80	¥93.20
7	咖啡	¥78.10	¥55.10	¥85.80	¥58.90
8	苏打水	¥97.70	¥76.60	¥118.30	¥59.80
9	三明治	¥55.10	¥94.90	¥108.10	¥89.50
10					

图 28-11

	A	B	C
1	产品	属性	值
2	三明治	1月	55.1
3	三明治	2月	94.9
4	三明治	3月	108.1
5	三明治	4月	89.5
6	咖啡	1月	78.1
7	咖啡	2月	55.1
8	咖啡	3月	85.8
9	咖啡	4月	58.9
10	曲奇	1月	82.7
11	曲奇	2月	112.3
12	曲奇	3月	69.4
13	曲奇	4月	52.7
14	沙拉	1月	74.1
15	沙拉	2月	112.2
16	沙拉	3月	105
17	沙拉	4月	110.2
18	糖果	5月	125
19	苏打水	1月	97.7
20	苏打水	2月	76.6
21	苏打水	3月	118.3
22	苏打水	4月	59.8
23	蛋糕	1月	54.9
24	蛋糕	2月	68.6
25	蛋糕	3月	85.8
26	蛋糕	4月	93.2

图 28-12

如何基于一维表创建二维表？

示例文件"28- 创建表 -1.xlsx"中有一个一维表，记录了一些产品的各月销售数据，如图 28-13 所示，假设需要基于此数据创建一个二维表，操作步骤如下：

1. 选择 A1:C36 单元格区域，按【Ctrl+T】组合键将此区域转换为表。

2. 保持 A1:C36 单元格区域的选中状态，在【数据】选项卡的【获取和转换数据】组中单击【来自表格 / 区域】按钮（Excel 版本不同，此按钮的名称不同）。

3. 所选数据被导入 Power Query 编辑器，选择"属性"和"值"列。

4. 切换到【转换】选项卡，单击【任意列】组中的【透视列】按钮。

5. 在打开的【透视列】对话框中保持默认设置不变，单击【确定】按钮，数据表被转换为二维表。

6. 选择"产品"列，切换到【主页】选项卡，单击【排序】组中的【升序排序】按钮。

7. 在【主页】选项卡中，单击【关闭】组中的【关闭并上载】按钮，Power Query 编辑器生成的查询表被导入 Excel，另存此工作簿。

8. 在数据源表中添加一行新数据，例如一月苏打水的销量为 25（单位为"瓶"）。然后在查询表中的任意单元格上单击鼠标右键，选择快捷菜单中的【刷新】选项，结果如图 28-14 所示，新增加的数据已显示在表中。

	A	B	C
1	产品	属性	值
2	蛋糕	一月	6
3	蛋糕	二月	7
4	蛋糕	三月	19
5	蛋糕	四月	12
6	蛋糕	五月	1
7	曲奇	一月	5
8	曲奇	二月	4
9	曲奇	三月	15
10	曲奇	四月	16
11	曲奇	五月	2
12	派	一月	11
13	派	二月	12
14	派	三月	6
15	派	四月	2
16	派	五月	3
17	咖啡	一月	20
18	咖啡	二月	11

图 28-13

	A	B	C	D	E	F
1	产品	一月	二月	三月	四月	五月
2	三明治	18	11	6	8	7
3	咖啡	20	11	13	16	4
4	曲奇	5	4	15	16	2
5	派	11	12	6	2	3
6	烤饼	12	8	4	3	6
7	苏打水	25				
8	蛋糕	6	7	19	12	1
9	面包	3	2	13	2	5
10						

图 28-14

如何补全表格中省略的重复数据？

示例文件"28-NBA-1.xlsx"记录了一些 NBA 球员的场均统计数据，一个球队的球员数据存放在连续的行中，球队名称仅在该区域的首行出现一次，如图 28-15 所示。现在的需求是，将各行数据的球队名称补全，并把数据表转换为每个球员的每种场均数据占一行，然后对所有数据按球队名称和球员姓名升序排序。

	A	B	C	D	E	F	G	H
1	球员	位置	球队	篮板	助攻	抢断	盖帽	得分
2	Jaylen Adams	控球后卫	亚特兰大老鹰	1.8	1.9	0.4	0.1	3.2
3	Justin Anderson	小前锋		1.8	0.5	0.5	0.3	3.7
4	Kent Bazemore	得分后卫		3.9	2.3	1.3	0.6	11.6
5	DeAndre' Bembry	得分后卫		4.4	2.5	1.3	0.5	8.4
6	Vince Carter	小前锋		2.6	1.1	0.6	0.4	7.4
7	John Collins	大前锋		9.8	2	0.4	0.6	19.5
8	wayne	控球后卫		20	22	0	0	50
9	Deyonta Davis	中锋		4	0.6	0.3	0.6	4
10	Dewayne Dedmon	中锋		7.5	1.4	1.1	1.1	10.8
11	Tyler Dorsey	得分后卫		1.6	0.6	0.3	0	3.3
12	Daniel Hamilton	得分后卫		2.5	1.2	0.3	0.1	3
25	Aron Baynes	中锋	波士顿凯尔特人	4.7	1.1	0.2	0.7	5.6
26	Jaylen Brown	得分后卫		4.2	1.4	0.9	0.4	13
27	PJ Dozier	得分后卫		2.8	0.8	0.3	0	3.2

图 28-15

本例的操作步骤如下：

1. 选择工作表中的数据，按【Ctrl+T】组合键将此区域转换为表。

2. 保持数据的选中状态，切换到【数据】选项卡，单击【获取和转换数据】组中的【来自表格/区域】按钮（Excel 版本不同，此按钮的名称不同）。

3. 所选数据被导入 Power Query 编辑器，单击"球队"列标题选择该列。

4. 在【转换】选项卡的【任意列】组中，单击【填充】按钮，在弹出的菜单中选择【向下】选项，该列中的空白单元格被填充了正确的球队名称。

5. 选择表中的后 5 列（场均统计数据列），单击【转换】选项卡【任意列】组中的【逆透视列】按钮，即可将每个球员的每种场均数据分行列出。

6. 选择"球队"列，单击【主页】选项卡【排序】组中的【升序排序】按钮；选择"球员"列，重复前述步骤。

7. 在【主页】选项卡中，单击【关闭】组中的【关闭并上载】按钮，返回 Excel 主界面，

Power Query 编辑器生成的查询表如图 28-16 所示。

此后，在数据源区域中添加新的球员数据后，刷新这个 Power Query 编辑器生成的查询表，即可看到被自动拆分为多行的新添加的球员场均统计数据。

	A	B	C	D	E
1	球员	位置	球队	属性	值
2	Alex Len	中锋	亚特兰大老鹰	盖帽	0.9
3	Alex Len	中锋	亚特兰大老鹰	篮板	5.5
4	Alex Len	中锋	亚特兰大老鹰	助攻	1.1
5	Alex Len	中锋	亚特兰大老鹰	抢断	0.4
6	Alex Len	中锋	亚特兰大老鹰	得分	11.1
7	Alex Poythress	大前锋	亚特兰大老鹰	得分	5.1
8	Alex Poythress	大前锋	亚特兰大老鹰	篮板	3.6
9	Alex Poythress	大前锋	亚特兰大老鹰	盖帽	0.5
10	Alex Poythress	大前锋	亚特兰大老鹰	助攻	0.8
11	Alex Poythress	大前锋	亚特兰大老鹰	抢断	0.2
12	B.J. Johnson	小前锋	亚特兰大老鹰	抢断	0.3
13	B.J. Johnson	小前锋	亚特兰大老鹰	助攻	0
14	B.J. Johnson	小前锋	亚特兰大老鹰	篮板	1.3
15	B.J. Johnson	小前锋	亚特兰大老鹰	得分	3.5
16	B.J. Johnson	小前锋	亚特兰大老鹰	盖帽	0
17	Daniel Hamilton	得分后卫	亚特兰大老鹰	盖帽	0.1
18	Daniel Hamilton	得分后卫	亚特兰大老鹰	得分	3
19	Daniel Hamilton	得分后卫	亚特兰大老鹰	抢断	0.3
20	Daniel Hamilton	得分后卫	亚特兰大老鹰	篮板	2.5
21	Daniel Hamilton	得分后卫	亚特兰大老鹰	助攻	1.2

图 28-16

如何将一列中的两种数据拆开？

示例文件"28- 数据拆分 -1.xlsx"为某五金店的销售数据，其中的数据记录方式和格式不合理。在每条销售数据中，产品代码和产品名称在一个单元格中，销售人员姓名和销售日期在另一个单元格中，如图 28-17 所示。

目前的需求是：在一个新表中，把产品代码、产品名称、销售人员姓名和销售日期分别放在不同的列中，所有数据按销售人员姓名和产品名称升序排序，如图 28-18 所示，而且在原表中新添加销售数据后，新表能通过刷新同步更新信息。

要实现上述目标，操作步骤如下：

1. 选择原工作表中的数据，按【Ctrl+T】组合键将此区域转换为表。

2. 保持数据的选中状态，切换到【数据】选项卡，单击【获取和转换数据】组中的【来自表格 / 区域】按钮（Excel 版本不同，此按钮的名称不同），将数据导入 Power Query 编辑器。

3. 在 Power Query 编辑器中选择"产品代码及名称"列，在【主页】选项卡的【转换】组中单击【拆分列】按钮，在下拉菜单中选择【按字符数】选项。

	A	B	C
1	产品代码及名称	销售姓名及日期	金额
2	206wrench	Vivian-1/14/2022	¥261.20
3	483saw	Taylor-1/5/2023	¥428.60
4	311chisel	Greg-6/20/2020	¥300.10
5	502drill	Anna-10/6/2020	¥292.00
6	111screwdriver	John-8/3/2020	¥298.70
7	565drill	Mae-10/25/2021	¥179.60
8	316screwdriver	Britney-2/16/2023	¥110.20
9	566vise	Vivian-1/16/2022	¥239.70
10	212washer	Emily-4/29/2021	¥498.90
11	231nut	Bruce-8/27/2020	¥410.70
12	796ax	Bruce-1/23/2022	¥385.30
13	794nut	Anna-1/13/2021	¥465.10
14	129nail	Emily-1/5/2023	¥363.80
15	711nail	Emily-10/30/2020	¥278.40

图 28-17

	A	B	C	D	E
1	产品代码	产品名称	销售	日期	金额
2	309	ax	Albert	2022/5/1	256
3	228	ax	Albert	2020/10/17	248.5
4	653	ax	Albert	2020/7/23	271.9
5	304	chisel	Albert	2022/8/16	175.7
6	338	chisel	Albert	2021/1/28	370
7	207	drill	Albert	2021/9/23	155.1
8	346	drill	Albert	2020/9/18	183.2
9	251	drill	Albert	2020/6/22	388.7
10	457	drill	Albert	2022/11/21	180.7
11	666	hacksaw	Albert	2021/6/10	341.1
12	212	hacksaw	Albert	2020/12/7	209.6
13	298	hacksaw	Albert	2020/6/15	394.9
14	373	hacksaw	Albert	2021/3/18	178.7
15	319	hammer	Albert	2022/1/4	188.5
16	732	mallet	Albert	2022/12/7	138.7
17	670	mallet	Albert	2022/8/2	338.6
18	174	nail	Albert	2022/4/26	487.9
19	539	nail	Albert	2022/1/21	210.9
20	723	nail	Albert	2022/7/25	408.5

图 28-18

4. 打开【按字符数拆分列】对话框，在【字符数】框中输入"3"，选择【一次，尽可能靠左】单选按钮，单击【确定】按钮。

5. 原来的"产品代码及名称"列被拆分为 2 列。用鼠标右键单击第 1 个新列的列标题，在快捷菜单中选择【重命名】选项，将该列的列标题重命名为"产品代码"。使用相同的方法把第 2 个新列重命名为"产品名称"。

6. 选择"销售姓名和日期"列，在【主页】选项卡的【转换】组中单击【拆分列】按钮，在下拉菜单中选择【按分隔符】选项。

7. 打开【按分隔符拆分列】对话框，展开【选择或输入分隔符】下拉列表，选择【自定义】选项，并在下方的空白框中输入"-"，单击【确定】按钮。

8. 原来的"销售姓名和日期"列被拆分为 2 列。将第 1 个新列的列标题重命名为"销售"，将第 2 个新列的列标题重命名为"日期"。

9. 选择"销售"列，单击【主页】选项卡【排序】组中的【升序排序】按钮；选择"产品名称"列，重复前述操作。

10. 单击【主页】选项卡【关闭】组中的【关闭并上载】按钮，将处理后的查询表导入 Excel，另存此工作簿。

11. 在数据源表中添加姓名为"AAA"的销售人员的销售数据，回到 Power Query 编辑器生成的查询表中并刷新，可以看到新数据行被正确插入表的第 1 行。

编辑查询表

　　要对查询表进行编辑，先选择表中的任意单元格，Excel 功能区中会出现【查询】选项卡，单击【查询】选项卡【编辑】组中的【编辑】按钮，打开 Power Query 编辑器，右侧【查询设置】窗格的【应用的步骤】列表框中会显示在此表中进行过的所有操作（如图 28-19 所示）。在【应用的步骤】列表框中，可以删除任何操作步骤，或调整某操作的设置。在 Excel 的【数据】选项卡中，单击【查询和连接】组中的【查询和连接】按钮，将显示【查询 & 连接】窗格，在其中可以选择要进行编辑的查询表。

图 28-19

如何将文件夹中的所有文件合并到单个文件中？

　　使用 Power Query 编辑器可以合并指定文件夹中所有指定类型的文件。这个功能的便利之处在于，若某分析工作用到的数据来自一些 Excel 表格，借助 Power Query 编辑器，可以实现用于数据分析的查询表与数据源保持同步，通过刷新就可以使各数据源表中的变化在查询表中得以正确体现。

　　本章的配套文件中包含一个文件夹"2020"，其中有两个表格文件，分别记录了某五金店 2020 年上半年及下半年的销售数据。使用 Power Query 编辑器合并这两个表的数据的操作步骤如下：

　　1. 新建一个空白 Excel 工作簿。

2.在【数据】选项卡的【获取和转换数据】组中，单击【获取数据】按钮，在下拉菜单中选择【来自文件】选项，然后在子菜单中选择【从文件夹】选项。

3.在打开的【浏览】对话框中，找到并选中示例文件所在的文件夹"2020"，单击【打开】按钮。

4.Excel 打开一个窗口显示指定文件夹中包含的表格文件，单击右下角的【组合】按钮展开下拉菜单，选择【合并和加载】选项。

 如果需要转换数据，可以在下拉菜单中选择【合并和转换】选项。

5.Excel 打开【合并文件】窗口，如图 28-20 所示，在【示例文件】下拉列表中选择【第一个文件】选项，在下面的列表框中选择【Table 1】选项，单击【确定】按钮。新建的 Excel 工作簿中出现合并自两个表格的 1088 行数据，如图 28-21 所示。此后，如果在任何数据源表中添加新数据，刷新合并后的查询表，即可将新数据更新至查询表中。

图 28-20

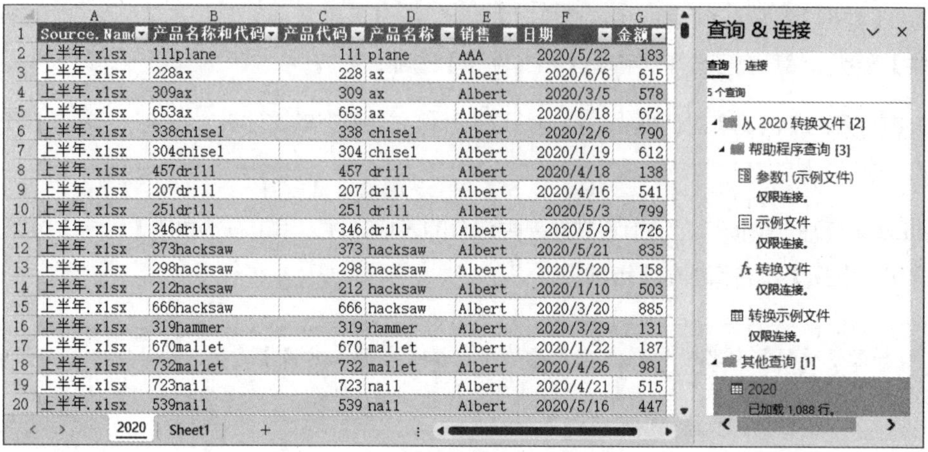

图 28-21

如何对表中符合条件的值批量进行指定运算？

示例文件 "28- 销售价格 -1.xlsx" 为某公司的某产品建议销售价格表，其中包含日期和建议销售价格两列数据，如图 28-22 所示。假设想将其中属于 5 月的日期对应的价格都降低 5%，可以通过下列步骤完成任务。这个解决方案的关键是使用 Power Query 编辑器的 "自定义列" 功能创建一个计算最终价格的公式。

	A	B
1	日期	价格
2	2014/1/30	¥8.20
3	2013/4/17	¥6.90
4	2015/9/12	¥6.80
5	2014/3/23	¥9.70
6	2015/8/24	¥7.10
7	2017/4/18	¥6.50
8	2014/12/4	¥10.00
9	2013/6/15	¥6.20
10	2015/3/3	¥9.30
11	2015/3/12	¥5.30
12	2010/9/19	¥9.30
13	2009/8/28	¥5.20
14	2012/9/20	¥8.60
15	2013/8/26	¥8.40
16	2013/3/26	¥6.20
17	2017/8/7	¥5.10
18	2014/11/25	¥6.30

图 28-22

1. 选择表中的数据，按【Ctrl+T】组合键将该区域转换为表。

2. 保持数据的选中状态，切换到【数据】选项卡，单击【获取和转换数据】组中的【来自

表格 / 区域】按钮（Excel 版本不同，此按钮的名称不同），将数据导入 Power Query 编辑器。

3. 在 Power Query 编辑器中选择"日期"列，切换到【转换】选项卡，单击【日期 & 时间列】组中的【日期】按钮，在下拉菜单中选择【仅日期】选项。此操作将删除所选数据中除日期外的其他信息，例如时间信息等。

4. 用鼠标右键单击"日期"列的标题，在快捷菜单中选择【重复列】选项。

5. 选择刚生成的"日期 - 复制"列，在【转换】选项卡中单击【日期 & 时间列】组中的【日期】按钮，选择【月份】子菜单中的【月份】选项。现在此列数据被转换为月份编号，"1"代表"1月"，"5"代表"5月"，以此类推。将此列重命名为"月份"。

6. 在【添加列】选项卡的【常规】组中单击【自定义列】按钮。

7. 在【自定义列】对话框中设置新列名和公式，如图 28-23 所示，单击【确定】按钮创建"新价格"列。

图 28-23

8. 在【主页】选项卡中，单击【关闭】组中的【关闭并上载】按钮，将处理后的查询表导入 Excel，另存此工作簿。可以看到，5 月对应的价格都降低了 5%，例如第 31 行的数据（如图 28-24 所示）。

	A	B	C	D
1	日期	价格	月份	新价格
26	2015/1/5	6	1	6
27	2016/9/30	8.7	9	8.7
28	2015/1/17	7.4	1	7.4
29	2013/7/16	7.4	7	7.4
30	2017/8/1	6.1	8	6.1
31	2011/5/28	5.5	5	5.225
32	2012/12/28	6.8	12	6.8
33	2012/7/7	8.1	7	8.1
34	2014/1/25	8.6	1	8.6
35	2009/10/27	8.1	10	8.1
36	2017/8/3	6.5	8	6.5

图 28-24

如何将多个表的数据合并到一个表中？

示例文件"28- 数据追加 -1.xlsx"中包含 3 个工作表，分别记录了某公司在北京、上海、广州 3 个城市的多笔订单金额，如图 28-25 所示。现在需要将这些工作表的数据合并到一个新表中，此外，当以后在原来的工作表中添加新订单数据后，在新表中能够同步更新。要满足此需求，可以使用 Power Query 编辑器的"追加"功能，操作步骤如下：

	A	B	C
1	城市	金额	
2	北京	¥90.00	
3	北京	¥100.00	
4	北京	¥110.00	
5	北京	¥120.00	
6	北京	¥130.00	
7	北京	¥140.00	
8	北京	¥150.00	

北京 | 上海 | 广州

图 28-25

1. 分别选择各工作表中的所有数据，按【Ctrl+T】组合键将该区域转换为表。

2. 在"北京"工作表中选中所有数据，切换到【数据】选项卡，单击【获取和转换数据】组中的【来自表格 / 区域】按钮（Excel 版本不同，此按钮的名称不同），将数据导入 Power Query 编辑器。

3. 在【主页】选项卡的【关闭】组中单击【关闭并上载】下拉按钮，在展开的下拉菜单中选择【关闭并上载至】选项。

4. 打开【导入数据】对话框，在【请选择该数据在工作簿中的显示方式】选区中选择【仅创建连接】单选按钮，然后单击【确定】按钮。

5. 依次在"上海"和"广州"工作表中重复步骤 2~4 的操作。

6. 在 Excel 主界面右侧的【查询 & 连接】窗格中，用鼠标右键单击任意查询项（例如"表 1"，即对应"北京"工作表的查询项），在快捷菜单中选择【追加】选项。

7. 在打开的【追加】对话框中，选择【三个或更多表】单选按钮。

8. 在【可用表】列表框中，按住【Ctrl】键单击选中【表 2】和【表 3】选项，单击【添加】按钮，将"上海"和"广州"工作表对应的查询项添加到【要追加的表】列表框中，如图 28-26 所示，单击【确定】按钮。

图 28-26

9.Power Query 编辑器生成了一个名为"追加 1"的新查询表，其中包含 3 个查询表中的数据（按照前面在【追加】对话框的【要追加的表】列表框中设置的先后顺序排列）。

10. 在【主页】选项卡的【关闭】组中单击【关闭并上载】下拉按钮，在展开的下拉菜单中选择【关闭并上载至】选项。

11. 打开【导入数据】对话框，在【请选择该数据在工作簿中的显示方式】选区中选择【表】单选按钮，在【数据的放置位置】选区中选择【新工作表】单选按钮，单击【确定】按钮。

12. 合并了 3 个工作表数据的新查询表被导入 Excel，另存此工作簿。

13. 在一个数据源工作表中添加一行新数据（例如，在"北京"工作表中添加一条金额为

1000 元的记录），然后刷新查询表，新增记录会作为北京数据的最后一行显示在查询表中，如图 28-27 所示。

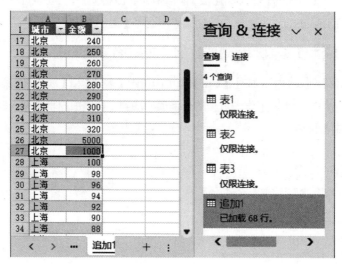

图 28-27

第 29 章 合并计算

某公司的业务分析师经常会收到来自多个子公司或不同地区的具有相同格式的统计数据（例如每月产品销售数据）。为了了解公司的整体盈利情况，分析师需要将这些数据合并到单个 Excel 工作表中。通过在多个包含需要合并数据的工作表区域创建数据透视表可以完成此类任务。本章介绍另一种合并数据的方法，即使用 Excel 的“合并计算”功能（对应按钮位于【数据】选项卡的【数据工具】组中），此功能可以确保各个源数据表中的数据变化能够自动体现在合并后的工作表中。

如何合并多地区的销售数据并统计各产品的总销量?

某公司在多个地区销售产品，每个地区的工作人员会记录每种产品的各月销量。如何轻松创建一个主工作表，自动合并各个地区的销售数据并统计各产品的每月总销量?

示例文件“29- 东部 .xlsx”记录了 1 月、2 月和 3 月产品 A~ 产品 H 在东部地区的月销量（如图 29-1 所示），示例文件“29- 西部 .xlsx”记录了西部地区的各产品月销量（如图 29-2 所示）。我们需要创建一个工作表合并东部地区和西部地区的数据，并按月列出每个产品的总销量。

	A	B	C	D	E
1	产品	1月	2月	3月	
2	A	205	263	20	
3	B	164	-17	146	
4	C	278	177	179	
5	D	156	214	240	
6	D	72	134	48	
7	D	7	256	104	
8	A	141	87	148	
9	A	2	-15	135	
10	A	-44	47	72	
11	B	7	-81	2	
12	E	25	120	171	
13	E	197	90	124	
14	E	221	121	48	
15	A	84	103	134	
16	G	-13	250	51	
17	D	-5	159	70	
18	E	136	152	28	
19					

东部月销

图 29-1

	A	B	C	D	E
1	产品	1月	2月	3月	
2	A	173	1	256	
3	A	208	201	224	
4	B	176	33	350	
5	B	190	249	215	
6	D	162	74	156	
7	D	90	150	170	
8	D	112	284	141	
9	G	154	217	113	
10	G	152	200	275	
11	G	277	183	372	
12	H	131	71	266	
13	F	294	211	249	
14	F	146	125	5	
15	A	115	214	141	
16	F	157	241	73	
17	A	125	227	135	
18	A	314	189	180	
19	C	189	154	101	
20	C	313	182	68	
21	C	389	247	257	
22	B	353	151	99	
23	C	62	162	238	
24	D	173	153	270	
25					

西部月销

图 29-2

执行数据合并操作时，在屏幕上同时显示需要操作的两个表格会很方便。要达到此目的，先打开两个工作簿文件，然后在任一程序窗口中，单击【视图】选项卡【窗口】组中的【并排查看】按钮。此时的屏幕显示如图 29-3 所示。

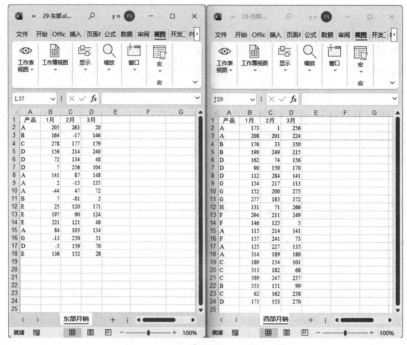

图 29-3

接下来新建一个空白工作簿，在【视图】选项卡的【窗口】组中单击【全部重排】按钮，打开【重排窗口】对话框，选择【平铺】单选按钮，然后单击【确定】按钮关闭对话框。

合并数据的操作步骤如下：

1. 新建空白工作簿后，单击【数据】选项卡【数据工具】组中的【合并计算】按钮，打开【合并计算】对话框。

2. 打开【函数】下拉列表选择【求和】选项，本例将按月把每种产品在各地区的销量相加。

 若选择【计数】选项，将按月计算每种产品的交易订单数；若选择【最大值】选项，将按月统计每种产品销量的最大值。

3. 在【引用位置】框中输入要合并的东部地区销售数据所在单元格区域的地址，然后单击

【添加】按钮。

4. 在【引用位置】框中输入要合并的西部地区销售数据所在单元格区域的地址，然后单击【添加】按钮。

5. 在【标签位置】选区中，勾选【首行】和【最左列】复选框，这样可以确保 Excel 依据所选单元格区域的首行和最左列单元格中的内容来合并数据。

6. 勾选【创建指向源数据的链接】复选框，使所选单元格区域中的更改能被更新到合并后的工作表中。

7. 设置完毕的【合并】对话框如图 29-4 所示，单击【确定】按钮。

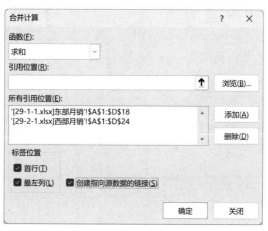

图 29-4

创建的新工作表如图 29-5 所示。可以看到，2 月售出 1 317 件产品 A，1 月售出 597 件产品 F，等等。

	A	B	C	D	E	F
1			1月	2月	3月	
3	H		131	71	266	
7	F		597	577	327	
18	A		1323	1317	1445	
24	B		890	335	812	
30	C		1231	922	843	
39	D		767	1424	1199	
44	E		579	483	371	
49	G		570	850	811	
50						

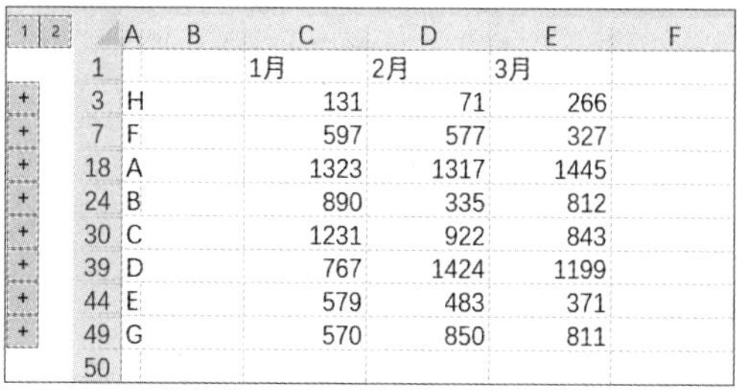

图 29-5

测试一下自动更新功能，将示例文件“29- 东部 .xlsx”中 C2 单元格的数值，即产品 A 的 2 月销量，由 263 更改为 363。在合并后的工作表中，产品 A 的 2 月销量相应地增加了 100（从 1

317 增加到 1 417）。发生此变化的原因是，在【合并计算】对话框中勾选了【创建指向源数据的链接】复选框。（顺便说一下，如果单击工作表中名称框下方的【2】按钮，就会看到 Excel 是如何对数据进行分类合并的。）

　　当然，也可以在数据透视表和数据透视图向导中将数据源指定为"多重合并计算数据区域"（参见第 38 章），或使用数据模型（参见第 39 章），来实现不同工作表中的数据的合并。

　　如果经常需要将新数据添加到源工作簿（例如本例中的"29- 东部 .xlsx"和"29- 西部 .xlsx"）中，最好将包括数据的单元格区域命名为表（以后，新增的数据将被自动包含在合并的数据中），或者使用第 22 章介绍的动态更新引用位置的方法。

第 30 章
直方图和帕累托图

汇总大型数据集的能力非常重要。在 Excel 中，最常用的数据汇总工具是直方图、描述统计和数据透视表。

本章将讨论如何使用直方图来展现汇总数据。在 Excel 2016 之前，我们必须借助数据分析插件创建直方图。这个方法的弊端是当数据源的数据发生变化时，直方图不会随之自动更新。自 Excel 2016 发布以来，我们就可以方便地创建能自动更新数据的精美直方图了。

 第 31 章将介绍描述统计的相关内容，第 38 章将介绍数据透视表的相关内容。

如何创建直方图？

直方图是展示数据分布情况的常用工具。直方图能够展示有多少观测值（数据点的另一种说法）落在不同的数值区间内。例如，根据某公司的股票月收益率数据绘制的直方图能够显示该公司的股票收益率有多少个月在 0% 至 10% 这个区间内，又有多少个月在 11% 至 20% 这个区间内，等等。在 Excel 中，直方图的分组数据所在区间被称为接收区域（bin range）。

让我们看一下如何创建直方图。示例文件"30- 股票 .xlsx"包含 1990 年至 2000 年一些公司的股票月收益率数据，包括思科和通用汽车等公司的股票，如图 30-1 所示。可以看到，1990年 3 月（第 52 行），思科的股价增长了 1.075%。

使用 Excel 创建直方图时，需要先定义接收区域，即数值上下限。可以让 Excel 自动设置，也可以由用户自定义。Excel 自动设置的接收区域往往不符合大众的习惯，例如 -12.53% 至 4.52%。因此，建议自行定义接收区域。

定义直方图的接收区域，就是为数据设置边界。定义接收区域的一个好方法是将数值的范围（最小值和最大值之间）划分为 8 到 15 个等间距的区间。思科股票的每月收益率在 -30% 到40% 之间，因此本例将 -30% 设为最小值，将 40% 设为最大值，中间以 10% 为间隔，将整个数值范围划分为 8 个区间。

	A	B	C	D	E	F
49				最小值	-0.240320429	-0.202509
50				最大值	0.276619107	0.338983
51	日期	微软	通用电气	英特尔	通用汽车	思科
52	1990年3月	0.121518984	0.040485829	0.037267081	0.022284122	0.010753
53	1990年4月	0.047404062	-0.003891051	-0.053892214	-0.035422344	0.010638
54	1990年5月	0.258620679	0.083515622	0.221518993	0.115819208	0.042105
55	1990年6月	0.04109589	0.005444646	-0.025906736	-0.020565553	0.070707
56	1990年7月	-0.125	0.034296028	-0.05319149	-0.020997375	-0.037736
57	1990年8月	-0.075187966	-0.13438046	-0.25	-0.131367296	-0.029412
58	1990年9月	0.024390243	-0.113387093	-0.003745318	-0.088050313	-0.090909
59	1990年10月	0.011904762	-0.04587156	0.007518797	0.013793103	0.311111
60	1990年11月	0.13333334	0.052884616	0.119402982	0.013605442	0.338983
61	1990年12月	0.041522492	0.057260275	0.026666667	-0.05821918	0.136076
62	1991年1月	0.303986698	0.115468413	0.188311681	0.054545455	0.303621
63	1991年2月	0.057324842	0.070468754	0.043715846	0.100689657	-0.042735
64	1991年3月	0.022891566	0.023897059	-0.020942409	-0.044303797	-0.129464
65	1991年4月	-0.067137808	0.016157989	0.053475935	-0.052980132	0.220513
66	1991年5月	0.108585857	0.09908127	0.131979689	0.217482507	0.084034
67	1991年6月	-0.068906605	-0.042071197	-0.165919289	-0.055072464	-0.054264
68	1991年7月	0.078899086	-0.010135135	0.010752688	-0.024539877	0.286885
69	1991年8月	0.159863949	0.022184301	0.053191491	-0.033962265	0.156051
70	1991年9月	0.043988269	-0.066644408	-0.146464646	-0.016447369	-0.096419

图 30-1

本例的具体操作步骤如下：

1. 在 H54:H62 单元格区域中依次输入"思科""0.4""0.3""0.2""0.1""0"
"-0.1""-0.2""-0.3"。

2. 在【数据】选项卡的【分析】组中，单击【数据分析】按钮，打开【数据分析】对话框。
对话框中列出了许多统计用的分析工具。

 如果在【数据】选项卡中找不到【数据分析】组，切换到【文件】选项卡，选择左下
方的【选项】选项，打开【Excel 选项】对话框，选择左侧列表框中的【加载项】选项，
在对话框下部展开【管理】下拉列表，选择【Excel 加载项】选项，然后单击【转到】
按钮。在打开的【加载项】对话框中，勾选【可用加载宏】列表框中的【分析工具库】
复选框（注意不是【分析工具库 - VBA】复选框），然后单击【确定】按钮。

3. 在【分析工具】列表框中选择【直方图】选项，单击【确定】按钮，打开【直方图】对话框，
如图 30-2 所示。

4. 在【输入区域】框中输入"$F$51:$F$181"（或者单击【输入区域】框右侧的 ↑ 按钮，
在表格中拖动鼠标选择 F51:F181 单元格区域，再单击 ▥ 按钮返回对话框）。创建直方图时，要
确认包括标题行在内的所有数据都被选中。当所选区域的第 1 行不是标题时，生成的直方图的

X 轴会将数值作为轴标签，这样会令人产生困惑。

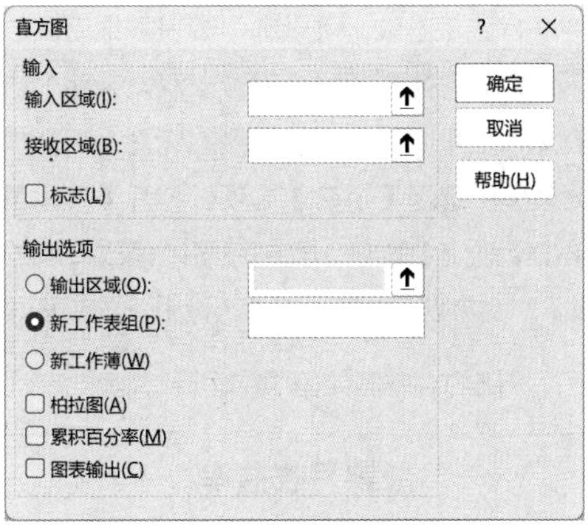

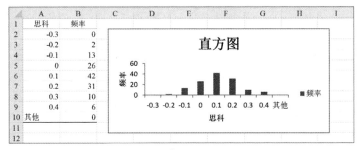

图 30-2

5. 在【接收区域】框中输入"$H$54:$H$62"，这部分数据是为直方图设定的各数值分区的边界，从 –30% 至 40%，跨度为 10%。

6. 勾选【标志】复选框，将前面设置的输入区域和接收区域的第 1 行作为图表的标签。

7. 在【输出选项】选区中，选择【新工作表组】单选按钮，并在右边的框中输入"直方图"，指定新工作表的名称。

8. 勾选【图表输出】复选框，否则 Excel 将不会创建图表。

9. 单击【确定】按钮，生成如图 30-3 所示的直方图。

图 30-3

直方图的默认样式中，代表频率数据的各个箱体（就是图表中像柱子一样的长条矩形）之间存在空隙。消除这些间隙的方法为：用鼠标右键单击图表上的任意箱体，在弹出的快捷菜单中选择【设置数据系列格式】选项，打开【设置数据系列格式】窗格，将【系列选项】选项下面的【间隙宽度】数值框的值设为 0%。

如果某些箱体的列标签没有显示出来，可以选中图表并拖动其边框上的控制柄（边框四角和四边中央的小圆圈，鼠标光标指向控制柄时会显示为双向箭头），来加大图表区的宽度。我们还可以通过缩小图表上的文字字号以显示自动隐藏的标签，相应步骤为：用鼠标右键单击图表的坐标轴，在弹出的快捷菜单中选择【字体】选项，打开【字体】对话框，在【大小】数值框中将字号设置为 8 磅，单击【确定】按钮。我们还可以修改图表的默认标题，例如，单击图表区中的默认标题"直方图"，文字四周出现虚线框后，即可对原标题文字进行修改。

对图表进行适当调整后，本例的直方图如图 30-4 所示。

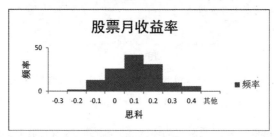

图 30-4

通过直方图可以看到，思科股票的月收益率最有可能落在 0% 至 10% 这个区间，箱体越矮，表明落在对应区间的可能性越小。如图 30-5 所示，直方图的左侧会显示一份关于数值在各分区出现频率的摘要。通过这份摘要我们可以了解到，思科股票有 2 个月的收益率在 -30% 至 -20% 这一区间，有 13 个月的收益率在 -20% 至 -10% 这一区间。

	A	B
1	思科	频率
2	-0.3	0
3	-0.2	2
4	-0.1	13
5	0	26
6	0.1	42
7	0.2	31
8	0.3	10
9	0.4	6
10	其他	0

图 30-5

需要注意的是，如果在源数据中添加了新的收益率数据，或者原有的数据被修改了，直方图不会自动更新，除非重新生成直方图才能反映新的内容。

在 Excel 2016 及后续版本中，软件提供了创建更美观的直方图的简便方法，并且支持根据数据的变化自动更新直方图。来看一个案例，如图 30-6 所示，示例文件"30- 智商 .xlsx"记录了 1173 名学生的智商数据。

	E
4	IQ
5	95
6	105
7	93
8	103
9	103
10	129
11	95
12	98
13	94
14	106
15	102
16	96
17	112
18	106
19	106

图 30-6

操作步骤如下：

1. 选择 E4:E1177 单元格区域，按【Ctrl+T】组合键创建表（在【创建表】对话框中勾选【表包含标题】复选框）。

2. 选择所有数据（包括 E4 单元格）。

3. 在【插入】选项卡的【图表】组中，单击【插入统计图表】按钮，在弹出菜单中选择【直方图】选项，如图 30-7 所示。

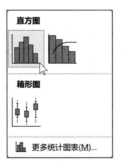

图 30-7

4. 这样即可得到一个漂亮的直方图。使用【图表设计】选项卡中的选项，可以设置直方图的外观。本例在【图表样式】组中选择了预设的样式"样式 3"，在每个箱体上显示了对应的数据点个数，从而去掉了纵坐标轴，整体显得简洁大方，如图 30-8 所示。

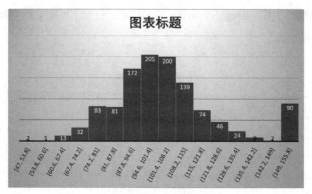

图 30-8

5. 如果需要，可以更改接收区域的定义，设置数值分区的上下边界。例如，用鼠标右键单击横坐标轴，在弹出的快捷菜单中选择【设置坐标轴格式】选项，打开【设置坐标轴格式】窗格。

6. 勾选【下溢箱】复选框，在右边的框中输入"50"（将第 1 个箱体的下边界设置为 50）；勾选【溢出箱】复选框，在右边的框中输入"150"（将最后 1 个箱体的上边界设置为 150）；选择【箱宽度】单选按钮，将其值设为 10，如图 30-9 所示。

图 30-9

图 30-10 所示为调整后的直方图。

 在【设置坐标轴格式】窗格中展开【数字】选项，可以对坐标轴标签的数据类型进行定义。例如，针对货币类数据，在【类别】下拉列表中选择【货币】选项。

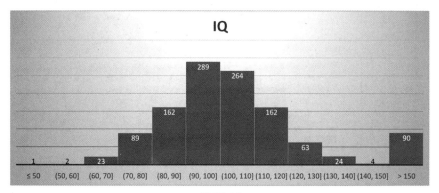

图 30-10

本例的直方图表明，有 90 名学生的智商超过 150（这真是一个聪明的团体）。而且，若在源数据中添加更多智商数据，直方图会自动更新以包含这些新数据。

直方图有哪些常见形态？

由于数据集的特性不同，基于数据集创建的直方图会呈现多种形态，最常见的有：

◎ 对称

◎ 右偏（正偏差）

◎ 左偏（负偏差）

◎ 多个峰值

下面就让我们来了解一下这几种形态，相关数据参见示例文件"30- 直方图 .xlsx"。

对称

对称，指直方图呈现左右对称的形态，全图唯一峰值位于中心位置，峰值左侧的图表形状与右侧的图表形状大致相同。例如，测试结果直方图通常呈现对称形态，如图 30-11 所示，紧邻峰值的左右两个箱体（智商 95~105 对应的箱体和智商 115~125 对应的箱体）高度大致相同，这两个箱体外侧紧邻的箱体（智商 85~95 对应的箱体和智商 125~135 对应的箱体）的高度也大致相同……

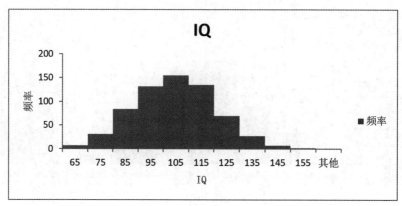

图 30-11

右偏（正偏差）

如果直方图具有单个峰值，并且峰值右侧的值延伸得比峰值左侧的值更长，则称该直方图呈现右偏的形态。许多经济数据集，例如家庭或个人收入统计值，具有正偏差特性。图 30-12 显示了一个基于家庭收入数据绘制的呈现右偏形态的直方图。

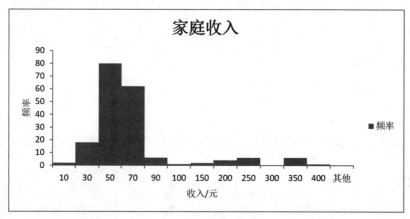

图 30-12

左偏（负偏差）

如果直方图具有单个峰值，并且峰值左侧的值延伸得比峰值右侧的值更长，则称该直方图呈现左偏的形态。孕期天数就是一个典型的左偏直方图。如图 30-13 所示，从受孕到分娩的时长大多大于 280 天，可能性第 2 高的天数区间为 260 至 280 天，可能性最低的天数区间为 200 天以内。

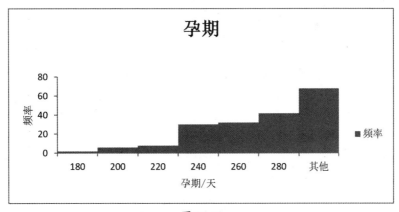

图 30-13

多个峰值

当直方图具有多个峰值时，通常意味着来自两个或多个群体的数据被绘制在了一起。例如，基于两台机器生产的电梯导轨的直径数据创建的直方图如图 30-14 所示（数据集在示例文件“30-双峰 .xlsx”中）。在此直方图中，数据被分成两个单独的组，很可能每组数据对应一台机器生产的电梯导轨。假设所需的电梯导轨直径为 0.55 英寸，那么可以得出结论，一台机器生产的电梯导轨太细，而另一台机器生产的电梯导轨太粗。实际使用中，应该依据每台机器生产的电梯导轨数据，分别绘制直方图。由此可见，直方图也是质量控制中的有力工具。

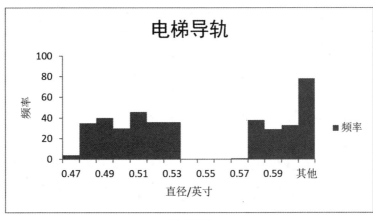

图 30-14

如何通过对比直方图分析数据？

分析师经常需要研究、分析不同数据集之间的异同或联系，例如分析通用汽车公司和思科公司的股票月收益率之间的差异。要完成这个任务，可以采用如下方案：分别基于两个数据集创建直方图，将两者的接收区域和箱宽度设为相同参数，然后将两个直方图上下对齐放在一起观察，如图 30-15 所示。

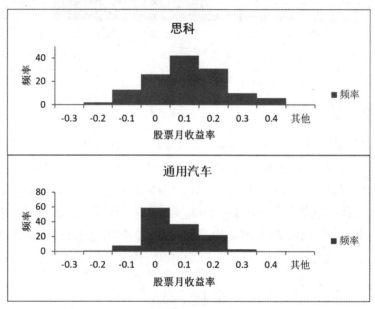

图 30-15

通过比较这两个直方图，可以得出两个结论：

◎ 思科股票的表现优于通用汽车股票，因为前者直方图的峰值位置在后者直方图的峰值位置的右侧，而且前者直方图中的右侧部分延伸得更远。

◎ 与通用汽车股票相比，思科股票的月收益率更多样，或者说分布得更广泛。通用汽车股票的直方图中，峰值箱体对应着 59 个月的收益率，而思科股票的直方图的峰值箱体仅对应着 42 个月的收益率。这表明，对于思科股票来说，更多的月收益率落在峰值区间以外，月收益率有更多的可能性。

 第 31 章将介绍如何借助描述统计和箱形图来研究这两个公司的股票的月收益率之间的差异。

如何创建帕累托图？

帕累托图是一种包含柱形图和折线图的组合图表，单个值用降序排列的柱形表示，累积值用折线表示。

帕累托图常用于说明著名的帕累托法则（又称 80/20 法则、二八定律等），该法则强调在一个系统中少数项目或变量对整体起到更大的作用，最初由意大利经济学家维尔弗雷多·帕累托（Vilfredo Pareto，1848—1923）提出。例如：

◎ 20% 的产品创造了 80% 的利润。

◎ 20% 的人拥有 80% 的社会财富。

◎ 80% 的技术服务需求是由 20% 的故障引起的。

◎ 20% 的网站获得了 80% 的点击量。

示例文件"30- 帕累托 .xlsx"记录了某公司 100 种产品的销售额，如图 30-16 所示。

	E	F
3	产品	销售额
4	产品1	¥30.00
5	产品2	¥340.00
6	产品3	¥11.60
7	产品4	¥37.20
8	产品5	¥25.20
9	产品6	¥8.40
10	产品7	¥38.00
11	产品8	¥38.40
12	产品9	¥9.60
13	产品10	¥29.20
14	产品11	¥14.80
15	产品12	¥10.00
16	产品13	¥22.40

图 30-16

要基于此数据集创建帕累托图，首先需要选择 E3:F103 单元格区域，单击【插入】选项卡【图表】组中的【插入统计图表】按钮，在下拉菜单中选择【排列图】选项（在【直方图】选项的右边，参见图 30-7）。在生成的帕累托图中，各产品销售额用降序排列的柱形表示，并带有一条表示产品累计销售额百分比的折线（如图 30-17 所示）。可以看到，20 种最畅销的产品产生了约 80% 的销售额。当然，如果基于源数据创建表，则以后新增的数据会被自动更新到图表中。

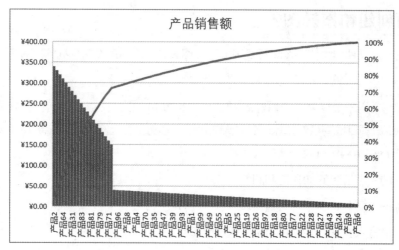

图 30-17

Excel 提供了一些预设图表样式，可以在【图表设计】选项卡的【图表样式】组中选择需要的样式选项。例如，图 30-18 所示为应用了"样式 3"的效果，图表带有灰色背景。

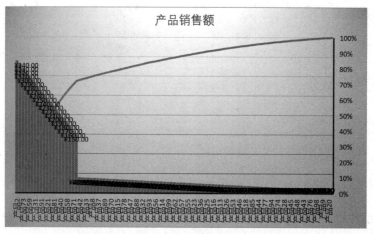

图 30-18

第31章
描述统计

第 30 章介绍了如何使用直方图描述数据集，本章将介绍如何使用数据的特征来描述数据集，如均值、中位数、标准差和方差等，相关功能被 Microsoft 365 归类为描述统计。

要获取一组数据的描述统计指标，需要切换到【数据】选项卡，在【分析】组中单击【数据分析】按钮，在打开的【数据分析】对话框中选择【描述统计】选项，然后单击【确定】按钮，并在【描述统计】对话框中设置需要的参数，单击【确定】按钮即可获得描述统计指标。

 如果在【数据】选项卡中找不到【数据分析】组，切换到【文件】选项卡，选择左下方的【选项】选项，打开【Excel 选项】对话框，选择左侧列表框中的【加载项】选项，在对话框下部展开【管理】下拉列表，选择【Excel 加载项】选项，然后单击【转到】按钮。在打开的【加载项】对话框中，勾选【可用加载宏】列表框中的【分析工具库】复选框（注意不是【分析工具库 – VBA】复选框），然后单击【确定】按钮。

使用 Excel 函数也可以获取描述统计指标。此外，本章还将介绍如何使用箱形图来展现和比较数据。

如何定义数据集的典型值？

为了学习描述统计的使用方法，让我们打开示例文件"31- 股票 .xlsx"，此文件记录了一段时间内思科和通用汽车这两家公司股票的月收益率。下面基于这些数据生成一组描述统计指标，操作步骤如下：

1. 选择 E51:F181 单元格区域，切换到【数据】选项卡，在【分析】组中单击【数据分析】按钮。

2. 在打开的【数据分析】对话框中选择【描述统计】选项，单击【确定】按钮，打开【描述统计】对话框。

3. 在【分组方式】选项中选择【逐列】单选按钮，表示两只股票的数据是分列显示的。

4. 勾选【标志位于第一行】复选框，E 行的单元格内容将被视为列标题，而不是数据。

5. 在【输出选项】选区中选择【输出区域】单选按钮，并在右侧的框中填入"$I$53"，表示在 I53 单元格为起点的区域中输出数据。

6. 勾选【汇总统计】复选框，表示需要返回两只股票的各项描述统计指标，如图 31-1 所示。

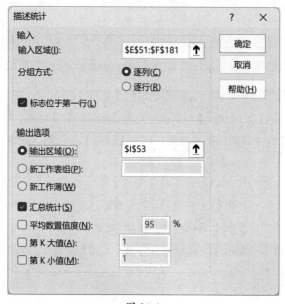

图 31-1

7. 单击【确定】按钮，Excel 显示的计算结果如图 31-2 所示。

通用汽车		思科	
平均	0.009277	平均	0.055573
标准误差	0.007864	标准误差	0.010701
中位数	-0.00542	中位数	0.05007
众数	#N/A	众数	0.051429
标准差	0.089664	标准差	0.12201
方差	0.00804	方差	0.014887
峰度	0.474825	峰度	-0.319515
偏度	0.22394	偏度	0.10465
区域	0.51694	区域	0.541492
最小值	-0.24032	最小值	-0.202509
最大值	0.276619	最大值	0.338983
求和	1.206006	求和	7.224442
观测数	130	观测数	130

图 31-2

下面解读一下描述统计指标，这些数据定义了股票月收益率的典型值或中位数。在描述统计的输出结果中，有 3 个和中位数有关的指标。

◎ 均值[1]：数据集的均值，代表样本中所有观测值的平均值。如果数据值为 x_1, x_2, $\cdots$, x_n，则计算均值的公式如下。

$$\bar{x} = \frac{1}{n} \sum x_i$$

此处，n 表示样本包含的观测值的个数，x_i 代表样本中第 i 个观测值。查表可知，思科股票的平均月收益率约为 5.6%。所有的数值与均值的偏差之和为 0，因此我们可以将数据集的均值视为数据的平衡点。在 Excel 中，可以使用 AVERAGE 函数获取样本的均值。

◎ 中位数：按从最小到最大的顺序列出数据集的所有值时，位于队列中心点的那个值被称为中位数。如果数据集包含的观测值的个数是奇数，则中位数之前与之后的观测值一样多。例如，对于一个包含 9 个观测值的数据集，中位数是第 5 小（或者大）的观测值。如果数据集包含的观测值的个数是偶数，可以简单地对两个中间值求平均值。例如在本例中，思科股票月收益率的中位数为 5%。使用 MEDIAN 函数可以获取样本的中位数。

◎ 众数：数据集的众数是指出现次数最多的观测值。如果没有哪个值多次出现，则该数据集不存在众数。对于本例中的通用汽车股票来说，1990 年至 2000 年的月收益率没有重复值，因此不存在众数；对于思科股票来说，月收益率的众数约为 5.14%。

在 Excel 2010 之前的版本中，可以使用 MODE 函数获取一组数据中最常出现或重复的值。如果没有某值多次出现，MODE 函数会返回 "#N\A"。当数据集存在多个众数时，MODE 函数会返回找到的第 1 个众数。

Excel 2010 引入了两个新函数。

◎ MODE.SNGL：此函数的功能与早期版本 Excel 中的 MODE 函数完全相同。

◎ MODE.MULT：这是一个数组函数，会遍历数据集中的所有值。我们将在第 35 章了解有关数组函数的更多信息。

示例文件 "31-MODE 函数 .xlsx" 演示了与众数有关的 3 个函数的用法，如图 31-3 所示。

本例的数据集包含两个众数（3 和 5）。在 F5 单元格中输入传统的 MODE 函数公式 "=MODE(D5:D11)"，Excel 返回找到的第 1 个众数——3。在 F6 单元格中输入公 "=MODE.SNGL(D5:D11)"，返回的结果与 MODE 函数相同。

---

1 在 Excel 的描述统计报告中，称呼此指标为"平均"。

	D	E	F	G	H	I
3	3和5是众数					
4						
5	3		3	=MODE(D5:D11)		
6	4		3	=MODE.SNGL(D5:D11)		
7	5					
8	3		3	{=MODE.MULT(D5:D11)}		
9	2		5	{=MODE.MULT(D5:D11)}		
10	1					
11	5		3	{=MODE.MULT(D5:D11)}		
12			5	{=MODE.MULT(D5:D11)}		
13			#N/A	{=MODE.MULT(D5:D11)}		
14						
15			3	{=MODE.MULT(D5:D11)}		
16						

图 31-3

选择 F8:F9 单元格区域，输入公式"=MODE.MULT(D5:D11)"，然后按【Ctrl+Shift+Enter】组合键，Excel 在 F8 和 F9 单元格中分别返回 3 和 5。选择 F11:F13 单元格区域，输入相同的公式，然后按【Ctrl+Shift+Enter】组合键，Excel 在 F11 和 F12 单元格中分别返回 3 和 5，但在 F13 单元格中返回了空值。这是因为在本例的数据集中没有第 3 个众数。选择 F15 单元格并输入相同的公式，然后按【Ctrl+Shift+Enter】组合键，因为只选择了一个单元格作为输出结果的放置区域，所以 Excel 只返回了第 1 个结果——3。

对于对称数据集来说，均值、中位数和众数相等。在实际操作中，很少使用众数来衡量一个数据集的中心位置。那么，均值和中位数哪个更适合用于衡量一个数据集的中心位置？从本质上讲，如果数据集没有表现出高度偏斜，则均值是衡量中心位置的最佳指标。否则，应使用中位数衡量中心位置。如果数据集高度偏斜，极值的存在会使均值的含义扭曲。在这种情况下，中位数更适合用来衡量数据集的典型值。例如，在美国政府的报告中，描述家庭收入用的是中位数而不是均值，因为家庭收入数据是高度正偏斜的。

在 Excel 描述统计输出的报告中，可以通过偏度值了解数据集是否高度偏斜：

◎ 偏度大于 1，表示高度正偏斜。

◎ 偏度小于 –1，表示高度负偏斜。

◎ 偏度介于 -1 和 1 之间，表示相对对称。

由此可知，通用汽车和思科股票的月收益率数据存在轻微正偏斜。由于这两个数据集的偏度都小于 1，因此均值比中位数更适合用于衡量收益率。在 Excel 中，可以使用 SKEW 函数计算数据集的偏度。

顺便说一句，峰度并不是一个非常重要的指标，尽管它也出现在 Excel 描述统计返回的报告中（参见图 31-2）。峰度接近 0，表示数据分布曲线的形态接近正态分布曲线（也称标准钟形曲线）。峰度为正数，表示数据分布曲线的峰比较尖，比正态分布曲线要陡峭；峰度为负数，表示数据分布曲线的峰比较平，比正态分布曲线要平缓。在 Excel 中，可以使用 KURT 函数获得数据集的峰度。

如何衡量数据的分布情况？

假设有两项投资摆在我们面前，每项投资的平均年收益率都为 20%。在决定选择哪项投资之前，需要知道投资的收益率或风险。衡量一个数据集中的数据分布情况（或离散程度）的重要指标是样本方差、样本标准差和极差。

下面来认识样本方差和样本标准差。样本方差 S^2 的计算公式为：

$$\frac{1}{n-1}\Sigma(x_i - \bar{x})^2$$

可以将样本方差视为各变量值与样本均值的偏差平方和的平均值。直观上看，似乎应该除以 n 才能得到正确的偏差平方和平均值，但由于技术原因，我们需要除以 $n-1$。将偏差平方和除以 $n-1$，可确保样本方差是对抽样数据样本的总体真实方差的无偏估计。

样本标准差（S）是样本方差（S^2）的平方根。

下面以数字 1、3 和 5 的计算为例进行说明：

$$S^2 = \frac{1}{3-1}[(1-3)^2 + (3-3)^2 + (5-3)^2] = 4$$

由于 4 的平方根为 2，因此 1、3 和 5 的样本标准差为 2。

对于示例文件"31- 股票 .xlsx"中的数据，思科股票的月收益率的样本标准差为 12.2%，样本方差为 0.015%2。"%2"很难理解，因此我们通常会查看样本标准差。对于通用汽车这只股票来说，其样本标准差为 8.97%。

在 Excel 2007 或更早版本中，可以使用 VAR 函数计算数据集的样本方差，使用 STDEV 函数计算样本标准差。在 Microsoft 365 中，仍然可以使用这些函数。自 Excel 2010 起，新增了功能相同的函数 VAR.S 和 STDEV.S，以及用于计算总体方差的 VAR.P 函数和计算总体标准差的 STDEV.P 函数。要计算总体方差或总体标准差，只需将 S^2 计算公式中的分母由 $n-1$ 改为 n。

极差就是数据集中的最大值与最小值之间的差值。在本案例中，思科股票的月收益率的极差为 54%，通用汽车股票的月收益率的极差是 52%。

均值和样本标准差能提供什么信息？

假设数据集的直方图遵循高斯或正态分布，经验法则（一组相关的数学规则）能够告诉我们以下结论：

◎ 大约 68% 的观测值介于 $x-S$ 和 $x+S$ 之间。

◎ 大约 95% 的观测值介于 $x-2S$ 和 $x+2S$ 之间。

◎ 大约 99.7% 的观测值介于 $x-3S$ 和 $x+3S$ 之间。

例如，我们可以预测，约 95% 的思科股票月收益率介于 –19% 到 30% 之间，推导过程为：

$$均值 -2× 样本标准差 =0.056-2×0.122=-19\%$$

$$均值 +2× 样本标准差 =0.056+2×0.122=30\%$$

任何距离均值超过两个样本标准差的观测值都被称为异常值。以思科股票的月收益率为例，130 个观测值中有 9 个是异常值（约占 7%）。通常，经验法则对于高度偏斜的数据集不太适用，但对于相对对称的数据集通常很适用。

找出异常值的出现原因，对我们来说有很大的参考价值。我们应努力让有益的异常值更多出现，让有害的异常值更少出现。

使用条件格式突出显示异常值

在分析数据时，突出显示数据集中的异常值很有用，如图 31-4 所示。

例如，要突出显示思科股票月收益率的异常值，操作步骤为：

1. 在 J69 和 J70 单元格中分别计算出异常值的下限（$x_{mean}-2S$）及上限（$x_{mean}+2S$）。

2. 选择数据所在的单元格区域（F52:F181）。

3. 单击【开始】选项卡【样式】组中的【条件格式】按钮，在下拉菜单中选择【新建规则】选项。

	E	F	G
49	-0.240	-0.203	
50	0.277	0.339	
51	通用汽车	思科	
52	0.022	0.011	
53	-0.035	0.011	
54	0.116	0.042	
55	-0.021	0.071	
56	-0.021	-0.038	
57	-0.131	-0.029	
58	-0.088	-0.091	
59	0.014	0.311	
60	0.014	0.339	
61	-0.058	0.136	
62	0.055	0.304	
63	0.101	-0.043	
64	-0.044	-0.129	
65	-0.053	0.221	
66	0.217	0.084	

图 31-4

4. 在打开的【新建格式规则】对话框中，选择【选择规则类型】列表框中的【使用公式确定要设置格式的单元格】选项。

5. 在【为符合此公式的值设置格式】框中输入公式"=OR(F52<$J$69,F52>$J$70)"，并单击对话框右下角的【格式】按钮设置需要的格式，如图 31-5 所示，单击【确定】按钮。

图 31-5

此条件格式规则的作用是，当单元格中的值高于或低于思科股票月收益率均值的 2 倍时，将指定的格式（在本例中为黄色底色）应用于单元格。这个条件格式会自动应用于选定的单元格区域，所有异常值都会通过在对应单元格中填充黄色底色被突出显示。

如何使用描述统计指标分析数据集？

我们可以通过 Excel 的描述统计指标来分析数据集之间的差异，例如对比思科股票和通用汽车股票的月收益率数据。通过观察这两个数据集的特征、指标值和数据分布情况，可以得出以下结论：

◎ 通过观察均值或中位数，可知思科股票的月收益率通常高于通用汽车股票的月收益率。

◎ 通过观察标准差、方差和极差，可知思科股票的月收益率波动程度比通用汽车股票的月收益率更大。

◎ 思科股票和通用汽车股票的月收益率都呈现轻微的正偏斜。通用汽车股票的月收益率分布曲线的峰值高于正态分布曲线的峰值，思科股票的月收益率分布曲线的峰值低于正态分布曲线的峰值。

在本章的后面，我们将学习如何通过箱形图更直观地分析数据。

如何轻松找到数据集中指定百分位排名的值？

在 Excel 2010 推出之前，可以使用 PERCENTILE 和 PERCENTRANK 函数确定观测值在数据集中的相对位置。在 Excel 2010 中，新增了 4 个相关的函数：

◎ PERCENTILE.INC

◎ PERCENTILE.EXC

◎ PERCENTRANK.INC

◎ PERCENTRANK.EXC

其中，PERCENTILE.INC 和 PERCENTRANK.INC 函数的功能与之前的 PERCENTILE 和 PERCENTRANK 函数相同。

示例文件"31- 百分位 .xlsx"演示了这些函数的用法，如图 31-6 所示。

	C	D	E	F	G	H
2		PERCENTRANK	PERCENTRANK			
3	数据	EXC	INC			
4	10	0.062	0	PERCENTILE	EXC	INC
5	20	0.125	0.071	0.1	16	24
6	30	0.187	0.142	0.2	32	38
7	40	0.25	0.214	0.3	48	52
8	50	0.312	0.285	0.4	64	66
9	60	0.375	0.357	0.5	80	80
10	70	0.437	0.428	0.6	96	94
11	80	0.5	0.5	0.7	112	108
12	90	0.562	0.571	0.8	128	122
13	100	0.625	0.642	0.9	204	136
14	110	0.687	0.714			
15	120	0.75	0.785			
16	130	0.812	0.857			
17	140	0.875	0.928			
18	300	0.937	1			

图 31-6

PERCENTILE、PERCENTILE.INC 和 PERCENTILE.EXC 函数可返回数据集中指定百分位排名的值，语法结构为（以 PERCENTILE.INC 函数为例）：

PERCENTILE.INC(数据 , k)

其中，"数据"代表包含所有数据的数组，或保存数据的单元格区域地址，k 为介于 0 和 1 之间的百分位数。对于一个由 n 个数据组成的数据集，PERCENTILE 和 PERCENTILE.INC 函数会返回数据集中的第 p（$0<p<1$）百分位数，即排名为 $1+(n-1)p$ 的值。

例如，在 H13 单元格中输入公式"=PERCENTILE.INC(C4:C18,F13)"。这个公式的含义是获取 C4:C18 单元格区域中的第 90 百分位数，$1+(15-1)×0.9$，即排名为 13.6 的值。也就是说，假设数据按升序排序，公式将返回排名第 13 的值（C16 单元格，130）和排名第 14 的值（C17 单元格，140）之间、位于 60% 处的值，即 $130+(140-130)×0.6$，结果为 136。

PERCENTILE.EXC 函数会返回数据集中的第 p 百分位数，即排名 $(n+1)p$ 的值。假设 p 为 0.9，$(15+1)×0.9$，即返回排名为 14.4 的值。也就是说，第 90 百分位数（假设数据按升序排序）就是指第 14 位（140）和第 15 位（300）之间的 40% 处，$140+(300-140)×0.4$，结果为 204。

这两个函数返回截然不同的结果。如果这组数据是从大量数据中抽样得到的，可以假设，我们看到的数据有约 10% 的概率大于 136。但现在，15 个数据中有 2 个大于 130，可见数据集的第 90 百分位数是 136 似乎并不合理，第 90 百分位数是 204 似乎更合理。

因此，建议使用带".EXC"后缀的函数，而不是带".INC"后缀的函数。请注意，带".EXC"后缀的函数在运算过程中不包含第 0 和第 100 百分位数。

PERCENTRANK、PERCENTRANK.INC 和 PERCENTRANK.EXC 函数返回观测值相对数据集中所有值的百分位排名。例如，PERCENTRANK.EXC 的语法结构为：

PERCENTRANK.EXC(数据 ，值)

对于 PERCENTRANK 和 PERCENTRANK.INC 函数，都用 $(k-1)/(n-1)$ 计算数据集中第 k 小的值的百分位排名。

在 E4 单元格中，PERCENTRANK.INC 函数（PERCENTRANK 函数）的计算结果是 0（数据 10 的排名为 0），因为这个数据对应的 $k=1$。对于 PERCENTRANK.EXC 函数，第 k 小的数据的排名计算公式为 $k/(n+1)$。在 D4 单元格中，PERCENTRANK.EXC 函数返回的排名为 0.062（1/16≈0.0625，默认保留 3 位小数，其他位省略）。百分位排名 6.25% 看起来比 0% 更符合实际情况，因为 10 这个数据不像是从更大的数据集中抽取到的最小数据。

 PERCENTILE 和 PERCENTRANK 函数容易混淆。简单来说，PERENTILE 函数返回一个数据值，而 PERCENTRANK 函数返回一个百分位值。

如何轻松找到数据集中第 2 大或第 2 小的值？

在 Excel 中，使用公式 "=LARGE(范围 ,k)" 可以获得数据集内第 k 大的值，使用公式 "=SMALL(范围 ,k)" 可以获得数据集内第 k 小的值。打开示例文件 "31-TRIMMEAN 函数 .xlsx"，在 H1 单元格中输入公式 "=LARGE(C4:C62,2)"，得到的返回值是 C4:C62 单元格区域中第 2 大的值——99，在 H2 单元格中输入公式 "=SMALL(C4:C62,2)"，得到的返回值是 C4:C62 单元格区域中第 2 小的值——80，如图 31-7 所示。

	C	D	E	F	G	H
1					第2大的值	99
2					第2小的值	80
3	得分	RANK. EQ	RANK. AVG		TRIMMEAN, 10%	90.04
4	93	20	21.5		TRIMMEAN, 5%	90.02
5	84	48	49			
6	88	38	39			
7	100	1	1			
8	86	45	45.5			
9	86	45	45.5			
10	95	12	14			
11	92	24	24.5			
12	88	38	39			
13	94	17	18			
14	97	5	6.5			
15	91	26	27			
16	92	24	24.5			
17	95	12	14			

图 31-7

如何获取某数值在数据集中的排名?

RANK 函数可返回给定数值在数据集中的排名,其语法结构为:

RANK(查找值 , 查找区域 , [排序方式])

其中,"查找值"为需要获得排名的数值,"查找区域"为包含数值列表的数组或对其的引用地址,"排序方式"为 0 或省略,表示返回按降序排列的排名,为 1 表示返回按升序排列的排名。

Excel 2010 引入了 RANK.EQ 函数,这个函数的功能及语法结构与 RANK 函数相同。

在 示 例 文 件 "31-TRIMMEAN 函 数 .xlsx" 中, D4 单 元 格 中 的 公 式 为 "=RANK.EQ(C4,$C$4,$C$62,0)",将此公式复制到 D5:D62 单元格区域。D4:D62 单元格区域中的返回值为各个得分的排名。例如,C7 单元格中的 100 是最高分,RANK.EQ 函数的返回值为 1,表示第 1 名,C21 单元格和 C22 单元格中的值都是 98,排名为并列第 3 名。

RANK.AVG 函数与 RANK 函数的语法结构相同,但对于排名并列的情况,RANK.AVG 函数会返回所有排名相同的值所占的名次值的平均值。例如,本例中有 4 个 97 分,并列第 5 名,但实际占用了第 5 至第 8 共 4 个名次,RANK.AVG 函数为每个得分返回排名值 6.5(参见示例文件"31-TRIMMEAN 函数 .xlsx"中的 E 列)。

什么是数据集的切尾均值?

数据严重偏斜时,数据集的均值会失去参考意义。在这种情况下,我们通常会使用中位数来衡量数据集的典型值。但是,中位数不受数据中许多变化的影响。例如,观察下面两个数据集。

◎ 数据集 1: –5, –3, 0, 1, 3, 5, 7, 9, 11, 13, 15

◎ 数据集 2: –20, –18, –15, –10, –8, 5, 6, 7, 8, 9, 10

这两个数据集具有相同的中位数——5,但第 2 个数据集的典型值应该低于第 1 个数据集。

切尾均值(trimmed mean)指去除了数据集中最大和最小的值之后求得的均值。与均值相比,切尾均值受极值(extreme value)的影响较少;但与中位数相比,切尾均值受极值的影响较大。Excel 的 TRIMMEAN 函数的语法结构为:

TRIMMEAN(数据范围 , 百分比)

TRIMMEAN 函数的计算逻辑为，从数据集中删除指定数量（按给定百分比计算，最大的值和最小的值各占一半）的值之后计算均值。例如，在 TRIMMEAN 函数中指定的百分比参数为 10 时，表示删除数据集中最大的 5% 和最小的 5% 的值，然后计算均值。在示例文件"31-TRIMMEAN 函数 .xlsx"的 H3 单元格中输入公式"=TRIMMEAN(C4:C62,0.1)"，即可得出删除 C4:C62 单元格区域中 3 个最高得分和 3 个最低得分之后的均值——90.04。在 H4 单元格中输入公式"=TRIMMEAN(C4:C62,0.05)"，可得出删除 C4:C62 单元格区域中 1 个最高得分和 1 个最低得分之后的均值——90.02（如图 31-7 所示）。0.05×59=2.95，2.95/2=1.475，四舍五入为 1，表示删除 1 个最高得分和 1 个最低得分。

如何快捷获取指定单元格区域中数据的统计信息？

选择示例文件"31-TRIMMEAN 函数 .xlsx"中的 C4:C8 单元格区域，Excel 会在主界面状态栏的右半部分显示所选单元格区域中数据的统计信息。我们可以自定义状态栏中显示的信息的种类。例如，用鼠标右键单击状态栏，在弹出的快捷菜单中勾选【最小值】和【最大值】复选项。此时，根据统计信息可知，C4:C8 单元格区域中数据的平均值为 90.2，数据个数为 5，最小值为 84，最大值为 100，求和结果为 451，如图 31-8 所示。

平均值: 90.2　计数: 5　最小值: 84　最大值: 100　求和: 451

图 31-8

为什么金融分析师常用几何平均值衡量投资收益率？

示例文件"31-GEOMEAN 函数 .xlsx"记录了两只虚构股票的年收益率（参见图 31-9）。

	B	C	D	E	F
4		股票1	股票2		
5	第1年	5%	-50%		
6	第2年	5%	70%		
7	第3年	5%	-50%		
8	第4年	5%	70%		
9	平均值	5%	10%		
10					
11					
12	1+收益率	105%	50%		
13		105%	170%		
14		105%	50%		
15		105%	170%		
16	几何平均值	5.00%	-7.80%		
17			=GEOMEAN(D12:D15)-1		
18					

图 31-9

由表格中的数据可知，股票 1 的平均年收益率为 5%（C9 单元格），股票 2 的平均年收益率为 10%（D9 单元格）。由此看来，股票 2 似乎是更好的投资对象。然而，如果我们仔细想想，股票 2 可能会出现这样的情况：某一年亏 50%，而下一年赚 70%，如此往复。这意味着对于股票 2 来说，某年投入的 1 元钱有可能在两年后变成 0.85 元（1×1.7×0.5=0.85）。然而，股票 1 看起来永远不会赔钱，所以它显然是相对而言更好的投资对象。

通过几何平均值衡量平均年收益率，有助于得出更合理的结论（对于本例来说，即股票 1 是更好的投资对象）。n 个数的几何平均值是各数连乘积的 n 次方根。例如，1 和 4 的几何平均值是 4 的平方根（即 2），而 1、2 和 4 的几何平均值是 8 的立方根（也是 2）。

要使用几何平均值来衡量某项投资的平均年收益率，需先将每个年收益率数值加 1，然后求几何平均值，再将结果数值减 1，即可得到平均年收益率估计值。

可以使用 GEOMEAN 函数计算指定单元格区域内所有数字的几何平均值。对于本例，要衡量股票的平均年收益率，操作步骤如下：

1. 在 C12 单元格中输入公式"=1+C5"，并将公式复制到 C13:D15 单元格区域，将每个年收益率数值加 1。

2. 在 C16 单元格中输入公式"=GEOMEAN(C12:C15)-1"，并将公式复制到 D16 单元格。

股票 1 的平均年收益率估计值为 5%，股票 2 的平均年收益率估计值为 -7.8%。请注意，假如股票 2 连续两年的收益率都是 -7.8%，则 1 元会变成 1×(1–0.078)2=0.85 元，这与前面的分析相符。

如何使用箱形图汇总和比较数据集？

回顾我们在第 30 章学习过的内容，直方图是一种显示数据集中的数据在不同数值区间内的分布情况的图表。相比之下，下面要学习的箱形图（又称箱线图、盒须图等）是一种以图形方式显示数据集的 5 个重要度量值的图表。这些度量值包括：

◎ 最小值（下限值）

◎ 最大值（上限值）

◎ 下四分位数（第 25 百分位数）

◎ 中位数（第 50 百分位数）

◎ 上四分位数（第 75 百分位数）

箱形图中的箱体高度用四分位距（Interquartile Range，IQR）来表示，其计算方法为：
提示 第 75 百分位数 – 第 25 百分位数。

下面通过箱形图来分析一个经典的数据集——1969 年美国征兵抽签号码，数据见示例文件"31- 箱形图 .xlsx"。在征兵抽签时，写有一年 366 个日期（含 2 月 29 日）的纸片被分别放入塑料球中，然后将塑料球放入一个容器中搅拌以充分打乱顺序。第 1 个被抽取的日期对应号码 1，第 2 个被抽取的日期对应号码 2，以此类推。对于适龄男性，出生日期对应的号码为 1 的人首先被征召，然后是号码为 2 的人……

在表格中，A7:B373 单元格区域记录了所有抽签号码（B 列）和对应的日期（A 列，设置为日期格式，仅显示月份）。选择此单元格区域后，按下列步骤操作：

1. 打开【插入】选项卡，单击【图表】组中的【插入统计图表】按钮，然后在弹出的菜单中单击【箱形图】按钮，如图 31-10 所示。

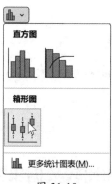

图 31-10

2. 选择 Excel 自动生成的图表，在【图表设计】选项卡【图表样式】组的列表框中可以选择合适的预设样式，本例选择【样式 2】选项。

3. 将鼠标指针悬停在图表的数据点上，当屏幕提示显示为"系列'号码'点……"时，单击鼠标右键，在弹出的快捷菜单中选择【设置数据系列格式】选项。

4. 在【设置数据系列格式】窗格中，确保勾选了【显示离群值点】复选框。这样，距离箱体两端超过 1.5×IQR 的点都将被视为离群值。

5. 确保勾选了【显示平均值标记】（显示图表上的"×"标记）和【显示中线】（显示连接各个"×"标记的线条）复选项。

6. 修改图表的标题文字，并根据需要进行适当的外观调整，效果如图 31-11 所示。

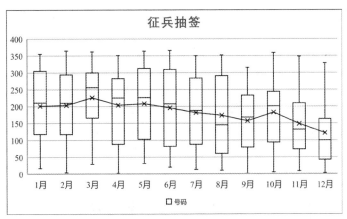

图 31-11

图表中，每个月的箱形图包含如下信息（图 31-12 显示了 1 月的各项数据）。

◎ 箱体顶部（305）为上四分位数（第 75 百分位数）。

◎ 箱体底部（118）为下四分位数（第 25 百分位数）。

◎ 水平线（211）代表中位数（第 50 百分位数）。

◎ 上影线顶端（355）为最大值（最大数据点，即第 75 百分位数 +1.5×IQR）。

◎ 下影线底端（17）为最小值（最小数据点，即第 25 百分位数 -1.5×IQR）。

	A	B	C	D	E	F
7	日期	号码				
8	1月	305				
9	1月	159		1月中位数	211	=MEDIAN(Jan)
10	1月	251		1月平均值	201.161	=AVERAGE(Jan)
11	1月	215		1月下四分位数	118	=QUARTILE.EXC(Jan,1)
12	1月	101		1月上四分位数	305	=QUARTILE.EXC(Jan,3)
13	1月	224		1月最大值	355	=MAX(Jan)
14	1月	306		1月最小值	17	=MIN(Jan)
15	1月	199				
16	1月	194		四分位距（IQR）	187	=E12-E11
17	1月	325		1.5×IQR	280.5	=1.5*E16
18	1月	329		上端离群值截止值	585.5	=E12+E17
19	1月	221		下端离群值截止值	-162.5	=E11-E17
20	1月	318				
21	1月	238				
22	1月	17				
23	1月	121				
24	1月	235				
25	1月	140				

图 31-12

观察本例的箱形图可发现：各月的平均值和中位数似乎在不断降低。这表明一年中较晚的日期对应着较高的征召顺位，并且抽签不是随机的。更先进的统计方法，例如重采样（resampling）可用于验证抽签的随机性。对于这次征兵抽签随机性失败的普遍认识是，年初日期的球被最先放入，年末日期的球被最后放入，并且球没有被充分搅拌。1970 年美国改进了征兵抽签方式，并且对球进行了更彻底的搅拌，没有发现随机性的问题。

图 31-13 是箱形图的另一个应用示例（示例文件"31-股票箱形图.xlsx"），通过该图可以比较前面讨论过的思科和通用汽车股票的收益率。

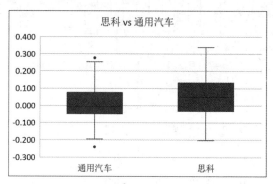

图 31-13

我们可以从这个箱形图中得出以下三个结论：

◎ 思科股票的箱体比通用汽车股票的箱体位置高，所以就平均值而言，思科股票的表现比通用汽车股票好。

◎ 思科股票的箱体比通用汽车股票的箱体长，而且思科股票的上下影线比通用汽车股票的长，这意味着思科股票比通用汽车股票存在更多的波动性。

◎ 两个箱体的上下影线的长度都几乎相同，而且两者的平均值和中位数都几乎重合，这说明两只股票的数据集都表现出对称性。

图 31-14 展示了如何使用箱形图基于多个变量对多个对象进行比较（示例文件"31-多箱体.xlsx"）。

此箱形图显示了某学校不同校区的英语、数学和历史考试成绩，我们可以从中快速获取以下信息：

◎ 每个学区的英语考试成绩中都有两个异常值（偏高）。

◎ 学区二的学生在各科考试中的整体表现都是最好的，而学区四的学生在各科考试中的整体表现都是最差的。

◎ 所有学区的箱体和上下影线的长度都是相似的，说明各学区的每科考试成绩的分布情况都是接近的。

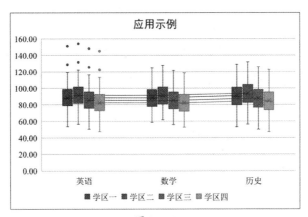

图 31-14

第 32 章
排序

几乎每个 Excel 用户都用到过排序功能，例如按字母顺序或数值大小对数据列进行排序。Excel 能实现的排序操作远不限于此，本章会介绍一些案例让大家了解其强大的排序功能。在 Excel 的【数据】选项卡的【排序和筛选】组中，可以找到主要的排序功能组件。

 第 36 章将介绍如何使用强大的 SORT 和 SORTBY 动态数组函数进行排序。

如何进行多条件排序？

某化妆品销售公司的销售数据如图 32-1 所示（具体数据见示例文件 "32- 化妆品 .xlsx" 的 "化妆品销售数据" 工作表），其中主要包含下列信息：

◎ 订单编号

◎ 销售人员

◎ 交易日期

◎ 产品名称

◎ 销售数量

◎ 销售额

◎ 所属地区

现在要对销售数据进行排序，使其满足以下条件：

◎ 所有销售记录按销售人员的姓名升序排列（首字母从 A 到 Z），即 Ashley 的所有记录排在前面，Zaret 的所有记录排在最后面。

◎ 每位销售人员的销售记录按产品名称升序排列。

◎ 每位销售人员的每种产品的销售记录按销售数量降序排列。

◎ 若某销售人员的某种产品存在销售数量相同的多条记录，则按交易日期升序排列。

	E	F	G	H	I	J	K
3	订单编号	销售人员	交易日期	产品名称	销售数量	销售额	所属地区
4	1	Betsy	2004/4/1	唇彩	45	¥137.20	南部
5	2	Hallagan	2004/3/10	粉底液	50	¥152.01	北部
6	3	Ashley	2005/2/25	口红	9	¥28.72	北部
7	4	Hallagan	2006/5/22	唇彩	55	¥167.08	西部
8	5	Zaret	2004/6/17	唇彩	43	¥130.60	北部
9	6	Colleen	2005/11/27	眼线笔	58	¥175.99	北部
10	7	Cristina	2004/3/21	眼线笔	8	¥25.80	北部
11	8	Colleen	2006/12/17	唇彩	72	¥217.84	北部
12	9	Ashley	2006/7/5	眼线笔	75	¥226.64	南部
13	10	Betsy	2006/8/7	唇彩	24	¥73.50	东部
14	11	Ashley	2004/11/29	睫毛膏	43	¥130.84	东部
15	12	Ashley	2004/11/18	唇彩	23	¥71.03	西部
16	13	Emilee	2005/8/31	唇彩	49	¥149.59	西部
17	14	Hallagan	2005/1/1	眼线笔	18	¥56.47	南部
18	15	Zaret	2006/9/20	粉底液	-8	¥-21.99	东部
19	16	Emilee	2004/4/12	睫毛膏	45	¥137.39	东部
20	17	Colleen	2006/4/30	睫毛膏	66	¥199.65	南部

图 32-1

提示　Excel 2007 之前的版本只支持三个条件的排序，而现在可以在一次排序中设置多达 64 个条件。

根据以上条件进行排序的操作步骤如下：

1. 单击选中 E3 单元格，然后依次按【Ctrl+Shift+→】和【Ctrl+Shift+↓】组合键，选择 E3:K1894 单元格区域（也可以先单击选中要选择的单元格区域中的任意单元格，然后按【Ctrl+Shift+*】组合键）。

2. 切换到【数据】选项卡，在【排序和筛选】组中单击【排序】按钮，打开【排序】对话框，如图 32-2 所示。

3. 由于所选单元格区域的首行为数据列的标题，因此需要勾选【排序】对话框右上角的【数据包含标题】复选框。

4. 将【列】下拉列表框设置为【销售人员】选项，将此字段作为排序的主要关键字。

5. 保持【排序依据】下拉列表框的默认设置——【单元格值】选项。

6. 保持【次序】下拉列表框的默认设置——【升序】选项。这样，记录将按销售人员的姓名升序排列（从 A 到 Z）。

7. 下面设置按产品名称升序排列。单击【排序】对话框中的【添加条件】按钮，添加一行次要关键字设置项。

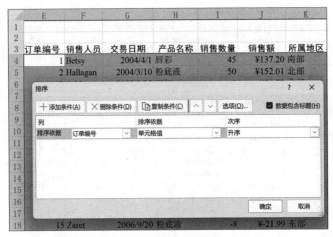

图 32-2

8. 将【列】下拉列表框设置为【产品名称】选项，对应的【排序依据】和【次序】下拉列表框均保持默认设置。

9. 接着设置按销售数量降序排列。单击【排序】对话框中的【添加条件】按钮，再添加一行次要关键字设置项。

10. 将【列】下拉列表框设置为【销售数量】选项，对应的【排序依据】下拉列表框保持默认设置——【单元格值】选项，将【次序】下拉列表框设置为【降序】选项。

11. 最后设置按交易日期升序排列。单击【排序】对话框中的【添加条件】按钮，再添加一行次要关键字设置项。

12. 将【列】下拉列表框设置为【交易日期】选项，对应的【排序依据】和【次序】下拉列表框均保持默认设置，如图 32-3 所示，单击【确定】按钮。

图 32-3

销售数据的排序结果如图 32-4 所示。

	E	F	G	H	I	J	K
3	订单编号	销售人员	交易日期	产品名称	销售数量	销售额	所属地区
4	1587	Ashley	2005/1/12	唇彩	95	¥286.76	西部
5	1795	Ashley	2005/10/3	唇彩	93	¥280.87	东部
6	1012	Ashley	2005/5/13	唇彩	89	¥269.19	西部
7	1678	Ashley	2006/7/5	唇彩	89	¥268.72	东部
8	1094	Ashley	2004/8/22	唇彩	84	¥254.21	南部
9	957	Ashley	2005/12/30	唇彩	83	¥251.09	东部
10	831	Ashley	2006/12/6	唇彩	80	¥241.71	南部
11	906	Ashley	2005/3/30	唇彩	79	¥239.34	北部
12	354	Ashley	2005/10/14	唇彩	79	¥239.76	南部
13	1363	Ashley	2005/12/19	唇彩	79	¥238.21	南部
14	182	Ashley	2004/5/4	唇彩	78	¥236.14	北部
15	1494	Ashley	2005/10/14	唇彩	71	¥215.36	西部
16	950	Ashley	2004/10/27	唇彩	70	¥212.46	南部
17	1586	Ashley	2004/9/24	唇彩	66	¥199.70	北部
18	169	Ashley	2004/2/17	唇彩	63	¥191.11	东部
19	232	Ashley	2004/6/6	唇彩	63	¥190.91	北部
20	1140	Ashley	2006/12/17	唇彩	60	¥181.87	东部

图 32-4

可以看到，Ashley 的销售记录排在前面，其中，先是唇彩的销售记录，粉底液的紧跟其后，以此类推。同类产品的销售记录按销售数量从大到小排列，在销售数量相同的情况下，按交易日期从早到晚排列（如第 6 行和第 7 行）。

在【排序】对话框中可以轻松添加排序条件（单击【添加条件】按钮）、删除排序条件（单击【删除条件】按钮）、复制自定义的排序条件（单击【复制条件】按钮），以及调整各排序条件的优先级。如果未勾选【数据包含标题】复选框，则主要关键字和次要关键字的【列】下拉列表框中将显示列标题，如"列 E"。若需要在排序时区分字母的大小写，可以单击【选项】按钮，在打开的【排序选项】对话框中勾选【区分大小写】复选框。

是否能根据单元格或字体的颜色进行排序？

在 Microsoft 365 中，根据单元格或字体的颜色进行排序非常简单。在示例文件 "32- 化妆品 .xlsx" 的"化妆品销售数据"工作表中，"销售人员"列（F 列）中的几个单元格的底色被设为了不同颜色，例如订单编号为 33 的记录中，销售人员的姓名——CiCi 被标记为红色，订单编号为 23 的记录中，销售人员的姓名——Colleen 被标记为黄色，订单编号为 105 的记录中，销售人员的姓名——Cristina 被标记为绿色。假设需要把用绿色标记的记录排在最前面，接着是用黄色标记的记录，然后是用红色标记的记录，其他没有用颜色标记的记录排在后面，操作步骤如下：

1. 选择要排序的单元格，即 E3:K1894 单元格区域。

2. 切换到【数据】选项卡，在【排序和筛选】组中单击【排序】按钮，打开【排序】对话框。

3. 确保勾选了【数据包含标题】复选框。

4. 在【列】栏中展开【排序依据】下拉列表，选择【销售人员】选项。

5. 展开右边的【排序依据】下拉列表，选择【单元格颜色】选项（若在此处选择【字体颜色】选项，则会依据单元格中的字体颜色排序）。

6. 展开当前行的【次序】下拉列表，选择绿色色块，右边的下拉列表框保持默认设置（即【在顶端】选项）。

7. 添加一个条件，在【列】栏中展开【次要关键字】下拉列表，选择【销售人员】选项。重复步骤 5 和步骤 6，但选择黄色色块。

8. 添加一个条件，重复步骤 7，但选择红色色块。此时的【排序】对话框如图 32-5 所示。

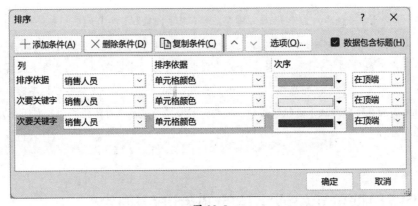

图 32-5

9. 单击【确定】按钮，排序后的表格如图 32-6 所示。

	E	F	G	H	I	J	K
3	订单编号	销售人员	交易日期	产品名称	销售数量	销售额	所属地区
4	105	Cristina	2004/9/13	口红	51	¥155.30	北部
5	165	Hallagan	2005/12/19	粉底液	25	¥76.99	东部
6	86	Jen	2005/8/9	眼线笔	-2	¥-4.24	东部
7	23	Colleen	2006/2/1	睫毛膏	25	¥77.31	北部
8	14	Hallagan	2005/1/1	眼线笔	18	¥56.47	南部
9	33	Cici	2004/6/17	睫毛膏	41	¥125.27	西部
10	1587	Ashley	2005/1/12	唇彩	95	¥286.76	西部
11	1795	Ashley	2005/10/3	唇彩	93	¥280.87	东部
12	1012	Ashley	2005/5/13	唇彩	89	¥269.19	西部
13	1678	Ashley	2006/7/5	唇彩	89	¥268.72	东部
14	1094	Ashley	2004/8/22	唇彩	84	¥254.21	南部
15	957	Ashley	2005/12/30	唇彩	83	¥251.09	东部
16	831	Ashley	2006/12/6	唇彩	80	¥241.71	南部

图 32-6

可以依据条件格式图标对数据进行排序吗？

我们在第 24 章中学习了使用图标集实现数据可视化，若要依据这些图标对数据进行排序，只需在【排序】对话框中的【排序依据】下拉列表中选择【条件格式图标】选项（要打开【排序】对话框，可单击【数据】选项卡【排序和筛选】组中的【排序】按钮），然后在【次序】下拉列表中指定排在最前面的图标，再添加条件并指定排在第 2 位的图标，以此类推。

含中文数字的月份数据如何正确排序？

示例文件“32- 化妆品 .xlsx”的“月份”工作表中，有一列含中文数字的月份数据，如图 32-7 所示。按默认设置进行升序或降序排序，结果并非实际的月份先后顺序。如何对其进行排序，以便能从“一月”开始按顺序显示？

排序的具体操作步骤如下：

1. 选择 D6:D15 单元格区域。

2. 在功能区上切换到【数据】选项卡，在【排序和筛选】组中单击【排序】按钮，打开【排序】对话框。

3. 勾选对话框右上角的【数据包含标题】复选框，【列】栏中的【排序依据】下拉列表框的值自动变为【月份】选项。

4. 保留右边的【排序依据】下拉列表框的默认设置，即【单元格值】选项。

	C	D	E
4			
5		**月份**	
6		八月	
7		二月	
8		二月	
9		二月	
10		二月	
11		三月	
12		四月	
13		五月	
14		一月	
15		一月	
16			

图 32-7

5. 展开【次序】下拉列表，选择【自定义序列】选项，打开【自定义序列】对话框。

6. 在左侧的【自定义序列】列表框中选择【一月，二月，三月……】选项（此列表框中包含多种预设的自定义序列选项供选择，例如星期几序列和甲、乙、丙序列等）。

7. 在【自定义序列】对话框中单击【确定】按钮，返回【排序】对话框，如图 32-8 所示。

图 32-8

8. 在【排序】对话框中单击【确定】按钮，排序结果如图 32-9 所示。

	C	D	E
4			
5		月份	
6		一月	
7		一月	
8		二月	
9		二月	
10		二月	
11		二月	
12		三月	
13		四月	
14		五月	
15		八月	
16			

图 32-9

> 可以在【自定义序列】对话框中新建自定义序列。在左边的【自定义序列】列表框中
> 选择【新序列】选项，然后在右边的【输入序列】列表框中按顺序逐行输入各个序列
> 内容。单击【添加】按钮，新的序列选项即出现在左侧的【自定义序列】列表框中。

如何不打开【排序】对话框对数据进行排序？

打开【排序】对话框对数据进行排序比较麻烦，如何简单快捷地对数据进行排序？下面让我们再次打开示例文件"32- 化妆品 .xlsx"中的"化妆品销售数据"工作表，对其中的销售数据进行排序：首先按销售人员的姓名排序，其次按产品名称排序，接着按销售数量排序，最后按交易日期从远到近排序。

具体操作方法如下：

1. 首先选择最不重要的列进行排序，在本例中为"交易日期"列，即 G3:G1894 单元格区域。

2. 在功能区上切换到【数据】选项卡，单击【排序和筛选】组左上角的【升序】按钮（如图 32-10 所示）。此操作将对数字类数据进行升序排序，以使最小的数字或最早的日期位于最上面，文本类数据也会依据这个规则进行排序，即 A 在 B 之前，以此类推。

图 32-10

3.Excel 打开【排序提醒】对话框，默认选中了【扩展选定区域】单选按钮。直接单击【排序】按钮，对所有列的数据进行排序。

4. 接着选择第二个不重要的列进行排序，在本例中为"销售数量"列，最大的销售数量数据排在最上面。

5. 单击【数据】选项卡【排序和筛选】组中的【降序】按钮（在【升序】按钮的下方）。这样将对数字类数据进行降序排序，最大的数字或最近的日期位于最上面，对于文本类数据，Z 在 Y 之前，以此类推。（同样，在弹出的【排序提醒】对话框中选中【扩展选定区域】单选按钮。）

6. 选择"产品名称"列进行排序，重复步骤 2 和 3。

7. 选择"销售人员"列进行排序，重复步骤 2 和 3。

以上操作可实现图 32-4 所示的排序效果。

是否可以创建自定义列表实现拖动填充相应内容？

假设某公司在世界多个城市设有办事处，城市列表如图 32-11 所示（参见示例文件"32- 自定义列表 .xlsx"）。

	F	G	H
6		圣保罗	
7		上海	
8		纽约	
9		帕洛阿尔托	
10		西雅图	
11		老挝	
12		伦敦	
13		悉尼	
14			

图 32-11

现在根据如下步骤创建自定义列表：

1. 在功能区上切换到【文件】选项卡，选择界面左下角的【选项】选项。

2. 打开【Excel 选项】对话框，单击左侧列表框中的【高级】选项，在界面右侧向下拖动垂直滚动条，显示【常规】栏，单击【编辑自定义列表】按钮。

3. 在打开的对话框中，单击【从单元格中导入序列】框右侧的⬆按钮收起对话框，在工作表中选择 G6:G13 单元格区域，然后单击⬇按钮展开对话框，并单击【导入】按钮。

如图 32-12 所示，G6:G13 单元格区域中的城市名称显示在【输入序列】列表框中，对应选项显示在【自定义序列】列表框的列表底部。

图 32-12

4. 在【自定义序列】列表框中选择刚创建的选项，单击【确定】按钮。

此时，在工作表的任意单元格中输入自定义列表中的某城市名称，例如"圣保罗"，将鼠标指针悬停在该单元格右下角的填充柄上（指针变为加号形状），按住左键向下拖动鼠标，即可按自定义列表中的顺序依次在各单元格中填入各城市的名称。如果向下拖动覆盖的单元格数量多于自定义列表中的项目数量，将循环填入自定义列表的内容。

是否可以按行排序？

如图 32-13 所示，示例文件"32- 化妆品 .xlsx"的"按行排序"工作表横向列出了各条销售数据（从 E 列至 N 列），而不是纵向分行列出。如何按交易日期的先后顺序（从最远到最近）对这些数据进行排序？

具体操作步骤为：

1. 选择 F4:N6 单元格区域（忽略第 1 列数据）。

2. 切换到功能区的【数据】选项卡，单击【排序和筛选】组中的【排序】按钮，打开【排序】对话框。

	E	F	G	H	I	J	K	L	M	N
4	销售人员	Hallagan	Colleen	Ashley	Cici	Cristina	Hallagan	Ashley	Jen	Ashley
5	交易日期	2005/1/1	2006/2/1	2006/8/18	2004/6/17	2004/9/13	2005/12/19	2005/4/10	2005/8/9	2005/11/5
6	产品名称	眼线笔	睫毛膏	眼线笔	睫毛膏	口红	粉底液	眼线笔	眼线笔	眼线笔
7										

图 32-13

3. 单击【选项】按钮，打开【排序选项】对话框。

4. 选择【按行排序】单选按钮，如图 32-14 所示，然后单击【确定】按钮。

图 32-14

5. 展开【行】栏中的【排序依据】下拉列表，选择【行 5】选项。

6. 保持【排序依据】下拉列表框的默认设置，即【单元格值】选项。

7. 展开【次序】下拉列表，选择【升序】选项，然后单击【确定】按钮。

所选数据按交易日期的先后升序排序的效果如图 32-15 所示。

	E	F	G	H	I	J	K	L	M	N
4	销售人员	Cici	Cristina	Hallagan	Ashley	Jen	Ashley	Hallagan	Colleen	Ashley
5	交易日期	2004/6/17	2004/9/13	2005/1/1	2005/4/10	2005/8/9	2005/11/5	2005/12/19	2006/2/1	2006/8/18
6	产品名称	睫毛膏	口红	眼线笔	眼线笔	眼线笔	眼线笔	粉底液	睫毛膏	眼线笔
7										

图 32-15

是否可以按字母的大小写进行排序？

在示例文件 "32- 化妆品 .xlsx" 的 "大小写" 工作表中，销售人员的姓名首字母有的是大写的，有的是小写的，如图 32-16 所示。假设现在想按销售人员姓名升序排序，而且首字母小写的姓名出现在首字母大写的姓名之前，该如何操作？

	E	F	G	H	I	J	K
4	订单编号	销售人员	交易日期	产品名称	销售数量	销售额	所属地区
5	1	Betsy	2004/4/1	唇彩	45	137.20	南部
6	2	Hallagan	2004/3/10	粉底液	50	152.01	北部
7	3	Ashley	2005/2/25	口红	9	28.72	北部
8	4	hallagan	2006/5/22	唇彩	55	167.08	西部
9	5	Zaret	2004/6/17	唇彩	43	130.60	北部
10	6	Colleen	2005/11/27	眼线笔	58	175.99	北部
11	7	Cristina	2004/3/21	眼线笔	8	25.80	北部
12	8	Colleen	2006/12/17	唇彩	72	217.84	北部
13	9	ashley	2006/7/5	眼线笔	75	226.64	南部
14	10	Betsy	2006/8/7	唇彩	24	73.50	东部
15	11	ashley	2004/11/29	睫毛膏	43	130.84	东部
16	12	Ashley	2004/11/18	唇彩	23	71.03	西部
17							

图 32-16

对于此问题，只需在【排序】和【排序选项】对话框中参照图 32-17 进行设置即可。排序结果如图 32-18 所示。

图 32-17

	E	F	G	H	I	J	K
4	订单编号	销售人员	交易日期	产品名称	销售数量	销售额	所属地区
5	9	ashley	2006/7/5	眼线笔	75	226.64	南部
6	11	ashley	2004/11/29	睫毛膏	43	130.84	东部
7	3	Ashley	2005/2/25	口红	9	28.72	北部
8	12	Ashley	2004/11/18	唇彩	23	71.03	西部
9	1	Betsy	2004/4/1	唇彩	45	137.20	南部
10	10	Betsy	2006/8/7	唇彩	24	73.50	东部
11	6	Colleen	2005/11/27	眼线笔	58	175.99	北部
12	8	Colleen	2006/12/17	唇彩	72	217.84	北部
13	7	Cristina	2004/3/21	眼线笔	8	25.80	北部
14	4	hallagan	2006/5/22	唇彩	55	167.08	西部
15	2	Hallagan	2004/3/10	粉底液	50	152.01	北部
16	5	Zaret	2004/6/17	唇彩	43	130.60	北部
17							

图 32-18

第33章
数据筛选与重复值删除

Microsoft 365 提供了多项新的筛选功能。例如，使用 FILTER 函数可以更方便快捷地筛选数据，使用 UNIQUE 函数可以快速筛选出一列中的某个唯一值，或从多列中筛选出符合要求的数据组合。本书第 36 章将会讨论这两个函数，而本章的重点是学习从 Excel 早期版本中保留下来的筛选工具。

"33- 化妆品 .xlsx"是本章各案例将要用到的示例文件，其中记录了某化妆品销售公司的 1891 条交易记录，每条记录包含以下信息：

◎ 订单编号

◎ 销售人员

◎ 交易日期

◎ 产品名称

◎ 销售数量

◎ 销售额

◎ 所属地区

图 33-1 所示为示例文件的部分数据。

以下是在阅读本章时需要记住的一些关键点：

◎ 数据区域（本例为 C4:I1894 单元格区域）中的每一列（C 列至 I 列）被称为一个字段。

◎ 所有数据加上各列的标题组成了一个数据集。

◎ 数据集中的每一行数据被称为一条记录。

◎ 每个字段都要有对应的字段名称（即各列的标题）。例如，F 列的字段名称是"产品名称"。

本章的案例将演示如何使用 Excel 的自动筛选功能。

	C	D	E	F	G	H	I
3	订单编号	销售人员	交易日期	产品名称	销售数量	销售额	所属地区
4	1	Betsy	2004/4/1	唇彩	45	¥137.20	南部
5	2	Hallagan	2004/3/10	粉底液	50	¥152.01	北部
6	3	Ashley	2005/2/25	口红	9	¥28.72	北部
7	4	Hallagan	2006/5/22	唇彩	55	¥167.08	西部
8	5	Zaret	2004/6/17	唇彩	43	¥130.60	北部
9	6	Colleen	2005/11/27	眼线笔	58	¥175.99	北部
10	7	Cristina	2004/3/21	眼线笔	8	¥25.80	北部
11	8	Colleen	2006/12/17	唇彩	72	¥217.84	北部
12	9	Ashley	2006/7/5	眼线笔	75	¥226.64	南部
13	10	Betsy	2006/8/7	唇彩	24	¥73.50	东部
14	11	Ashley	2004/11/29	睫毛膏	43	¥130.84	东部
15	12	Ashley	2004/11/18	唇彩	23	¥71.03	西部
16	13	Emilee	2005/8/31	唇彩	49	¥149.59	西部
17	14	Hallagan	2005/1/1	眼线笔	18	¥56.47	南部
18	15	Zaret	2006/9/20	粉底液	-8	¥-21.99	东部
19	16	Emilee	2004/4/12	睫毛膏	45	¥137.39	东部
20	17	Colleen	2006/4/30	睫毛膏	66	¥199.65	南部

图 33-1

如何筛出某销售人员在指定地区的某产品销售记录？

下面以筛选 Jen 在东部地区的口红销售记录为例进行介绍，打开示例文件 "33- 化妆品 .xlsx" 的 "数据" 工作表，参照以下步骤操作：

1. 单击选中数据集中的任意单元格，切换到【数据】选项卡，在【排序和筛选】组中单击【筛选】按钮。

此时，数据集的每列标题单元格中都显示了一个下拉按钮（如图 33-2 所示），我们可以使用这些下拉按钮进行数据筛选。

	C	D	E	F	G	H	I
3	订单编号 ▾	销售人员 ▾	交易日期 ▾	产品名称▾	销售数量 ▾	销售额 ▾	所属地区 ▾
4	1	Betsy	2004/4/1	唇彩	45	¥137.20	南部
5	2	Hallagan	2004/3/10	粉底液	50	¥152.01	北部
6	3	Ashley	2005/2/25	口红	9	¥28.72	北部
7	4	Hallagan	2006/5/22	唇彩	55	¥167.08	西部
8	5	Zaret	2004/6/17	唇彩	43	¥130.60	北部
9	6	Colleen	2005/11/27	眼线笔	58	¥175.99	北部
10	7	Cristina	2004/3/21	眼线笔	8	¥25.80	北部

图 33-2

2. 单击 "销售人员" 列标题单元格中的下拉按钮，打开如图 33-3 所示的筛选器面板。

图 33-3

3. 取消勾选【全选】复选框，然后勾选【Jen】复选框并单击【确定】按钮。

4. 单击"产品名称"列标题单元格中的下拉按钮，在筛选器面板中取消勾选【全选】复选框，然后勾选【口红】复选框并单击【确定】按钮。

5. 单击"所属地区"列标题单元格中的下拉按钮，在筛选器面板中取消勾选【全选】复选框，然后勾选【东部】复选框并单击【确定】按钮。

现在，表格中就只显示 Jen 在东部地区销售口红的记录了，如图 33-4 所示。

	C	D	E	F	G	H	I
3	订单编号	销售人员	交易日期	产品名称	销售数量	销售额	所属地区
503	509	Jen	2005/3/19	口红	6	¥20.04	东部
509	515	Jen	2004/2/17	口红	67	¥202.62	东部
691	697	Jen	2006/3/6	口红	36	¥110.26	东部
763	769	Jen	2005/1/23	口红	12	¥37.85	东部
846	852	Jen	2006/7/27	口红	34	¥103.40	东部
1232	1238	Jen	2004/9/24	口红	92	¥277.63	东部
1781	1787	Jen	2005/8/31	口红	24	¥74.61	东部
1815	1821	Jen	2006/5/22	口红	67	¥203.18	东部
1895							

图 33-4

如何筛出多位销售人员在多个地区的多个产品销售记录?

假如想筛选 Cici 和 Colleen 在东部和南部地区的口红和睫毛膏的销售记录,只需在"销售人员"列的筛选器面板中勾选【Cici】和【Colleen】复选框,在"产品名称"列的筛选器面板中勾选【口红】和【睫毛膏】复选框,在"所属地区"列的筛选器面板中勾选【东部】和【南部】复选框。图 33-5 展示了筛选结果(部分)。

	C 订单编号	D 销售人员	E 交易日期	F 产品名称	G 销售数量	H 销售额	I 所属地区
20	17	Colleen	2006/4/30	睫毛膏	66	¥199.65	南部
84	90	Cici	2006/6/13	口红	-3	¥-7.62	南部
106	112	Cici	2004/11/18	睫毛膏	38	¥115.86	南部
139	145	Cici	2004/9/24	睫毛膏	89	¥269.40	东部
143	149	Cici	2005/3/8	口红	37	¥113.65	东部
174	180	Colleen	2004/5/26	口红	60	¥182.02	东部
191	197	Colleen	2004/2/6	睫毛膏	-5	¥-12.90	东部
201	207	Colleen	2004/2/6	睫毛膏	60	¥181.94	东部
237	243	Colleen	2004/7/9	口红	-3	¥-7.40	南部
239	245	Cici	2004/7/9	睫毛膏	5	¥17.20	东部
244	250	Colleen	2006/11/3	睫毛膏	64	¥194.25	东部
253	259	Colleen	2005/2/14	口红	65	¥196.49	南部
255	261	Cici	2006/7/16	睫毛膏	-1	¥-1.93	南部
317	323	Colleen	2006/3/17	口红	43	¥130.95	南部

图 33-5

如何将筛选结果另存到其他工作表中?

首先,在当前工作簿中创建一个新的空白工作表。可以用鼠标右键单击任意工作表的标签(在 Excel 界面左下角),在打开的快捷菜单中选择【插入】选项,打开【插入】对话框,选择【工作表】选项并单击【确定】按钮;也可以单击工作表标签右侧的【新工作表】按钮(显示为"+"的按钮)。接着,选中需要另存的筛选结果,按【Ctrl+C】组合键复制这些单元格,切换到新工作表后按【Ctrl+V】组合键,将数据粘贴到空白工作表中。最后,双击新建的工作表的标签,将工作表的名称更改为合适的内容。

 提示   将筛选结果复制到新工作表中后,列标题上的筛选器(下拉按钮)将消失,表示并非筛选状态。而且,有些列的单元格宽度可能会不足以完整显示单元格内容,需要我们手动调整单元格宽度。

如何取消筛选？

要想取消筛选、显示所有数据，只需在应用了筛选的列标题单元格中单击下拉按钮（显示有一个小漏斗标志），在筛选器面板中选择【从……中清除筛选器】选项。这样清除的是筛选，而不是标题单元格中的【筛选器】按钮（即显示小漏斗标志的下拉按钮）。若要删除所有【筛选器】按钮，切换到【数据】选项卡，在【排序和筛选】组中单击【筛选】按钮即可。

如何根据数值的大小进行数据筛选？

假如要筛出销售额大于 280 元且销售数量大于 90 件的销售记录，可按如下步骤操作：

1. 切换到【数据】选项卡，在【排序和筛选】组中单击【筛选】按钮。

2. 在"销售数量"列标题单元格中单击下拉按钮，打开图 33-6 所示的筛选器面板。

图 33-6

3. 单击【数字筛选】选项，在子菜单中选择【大于】选项，如图 33-7 所示。

等于(E)...

不等于(N)...

大于(G)...

大于或等于(O)...

小于(L)...

小于或等于(Q)...

介于(W)...

前 10 项(T)...

高于平均值(A)

低于平均值(O)

自定义筛选(F)...

图 33-7

Excel 打开【自定义自动筛选】对话框，在这里可以设置多种有关数字的筛选。

4. 在右上角的下拉列表框中键入"90"，如图 33-8 所示，然后单击【确定】按钮。

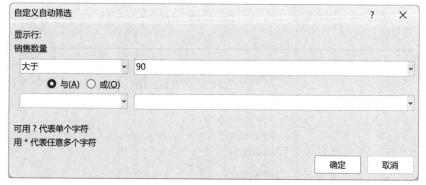

图 33-8

5. 打开"销售额"列的筛选器面板，选择【数字筛选】子菜单中的【大于】选项。

6. 在【自定义自动筛选】对话框右上角的下拉列表框中键入"280"，然后单击【确定】按钮。

图 33-9 展示了筛选结果（部分），显示的销售记录都同时满足销售数量大于 90 件、销售额大于 280 元这两个筛选条件。

	订单编号	销售人员	交易日期	产品名称	销售数量	销售额	所属地区
3							
40	46	Ashley	2005/8/9	睫毛膏	93	¥280.69	东部
57	63	Cici	2004/6/17	眼线笔	95	¥287.76	北部
64	70	Emilee	2004/12/21	眼线笔	95	¥287.05	北部
65	71	Ashley	2005/11/16	口红	93	¥280.77	西部
165	171	Betsy	2005/10/14	粉底液	93	¥280.17	西部
217	223	Betsy	2004/9/13	粉底液	94	¥283.74	西部
284	290	Emilee	2005/11/16	粉底液	94	¥283.85	北部
289	295	Betsy	2006/7/27	睫毛膏	94	¥284.14	西部
314	320	Jen	2004/5/15	眼线笔	94	¥283.88	东部
338	344	Ashley	2004/5/26	睫毛膏	94	¥283.62	北部
340	346	Colleen	2004/11/18	唇彩	95	¥286.86	西部
406	412	Jen	2005/6/4	睫毛膏	93	¥281.17	南部
450	456	Cici	2006/10/1	睫毛膏	94	¥283.45	西部

图 33-9

如何根据年份信息进行数据筛选？

假如要筛出交易日期在 2005 年或 2006 年的所有销售记录，可以按如下步骤操作：

1. 切换到【数据】选项卡，在【排序和筛选】组中单击【筛选】按钮。

2. 单击"交易日期"列标题单元格中的下拉按钮，打开图 33-10 所示的筛选器面板。

图 33-10

3. 取消勾选【全选】复选框，勾选【2005】和【2006】复选框，单击【确定】按钮。筛选结果如图 33-11 所示（部分），只显示了交易日期在 2005 年或 2006 年的销售记录。

	C	D	E	F	G	H	I
3	订单编号	销售人员	交易日期	产品名称	销售数量	销售额	所属地区
6	3	Ashley	2005/2/25	口红	9	¥28.72	北部
7	4	Hallagan	2006/5/22	唇彩	55	¥167.08	西部
9	6	Colleen	2005/11/27	眼线笔	58	¥175.99	北部
11	8	Colleen	2006/12/17	唇彩	72	¥217.84	北部
12	9	Ashley	2006/7/5	眼线笔	75	¥226.64	南部
13	10	Betsy	2006/8/7	唇彩	24	¥73.50	东部
16	13	Emilee	2005/8/31	唇彩	49	¥149.59	西部
17	14	Hallagan	2005/1/1	眼线笔	18	¥56.47	南部
18	15	Zaret	2006/9/20	粉底液	-8	¥-21.99	东部
20	17	Colleen	2006/4/30	睫毛膏	66	¥199.65	南部
21	18	Jen	2005/8/31	唇彩	88	¥265.19	北部
23	20	Zaret	2005/11/27	唇彩	57	¥173.12	北部

图 33-11

在图 33-10 所示的下拉菜单中选择【日期筛选】选项，可弹出图 33-12 所示的子菜单，其中提供了多种有关日期的预设筛选项，而且，选择【自定义筛选】选项，可以在打开的对话框中设定日期范围作为筛选条件。

| 等于(E)... |
| 之前(B)... |
| 之后(A)... |
| 介于(W)... |
| 明天(T) |
| 今天(O) |
| 昨天(D) |
| 下周(K) |
| 本周(H) |
| 上周(L) |
| 下月(M) |
| 本月(S) |
| 上月(N) |
| 下季度(Q) |
| 本季度(U) |
| 上季度(R) |
| 明年(X) |
| 今年(I) |
| 去年(Y) |
| 本年度截止到现在(A) |
| 期间所有日期(P)　　　> |
| 自定义筛选(F)... |

图 33-12

如何根据月份信息进行数据筛选？

假设要筛出交易日期在 2005 年最后三个月或 2006 年前三个月的所有销售记录，可按如下步骤操作：

1. 切换到【数据】选项卡，在【排序和筛选】组中单击【筛选】按钮。

2. 在"交易日期"列标题单元格中单击下拉按钮，打开图 33-10 所示的筛选器面板，取消勾选【全选】复选框。

3. 单击【2005】复选框左侧的【+】图标，展开月份列表。

4. 勾选【十月】、【十一月】和【十二月】复选框。

5. 单击【2006】复选框左侧的【+】图标，展开月份列表。

6. 勾选【一月】、【二月】和【三月】复选框，单击【确定】按钮。

图 33-13 所示为筛选结果（部分）。

	C	D	E	F	G	H	I
3	订单编号	销售人员	交易日期	产品名称	销售数量	销售额	所属地区
9	6	Colleen	2005/11/27	眼线笔	58	¥175.99	北部
23	20	Zaret	2005/11/27	唇彩	57	¥173.12	北部
26	23	Colleen	2006/2/1	睫毛膏	25	¥77.31	北部
30	32	Cristina	2006/3/28	唇彩	53	¥161.46	北部
33	39	Cici	2006/2/23	粉底液	-9	¥-24.63	西部
53	59	Cristina	2005/12/8	唇彩	8	¥26.24	北部
55	61	Colleen	2005/11/16	粉底液	62	¥189.25	北部
61	67	Hallagan	2005/11/5	粉底液	63	¥191.37	南部
65	71	Ashley	2005/11/16	口红	93	¥280.77	西部
70	76	Colleen	2006/3/6	粉底液	-2	¥-3.94	西部
75	81	Jen	2006/1/10	唇彩	69	¥208.69	东部
82	88	Zaret	2005/12/19	眼线笔	26	¥80.30	南部
93	99	Colleen	2006/1/21	唇彩	75	¥226.74	南部
94	100	Betsy	2005/10/3	眼线笔	74	¥224.23	西部

图 33-13

如何根据文本内容进行数据筛选？

假设要筛出姓名以字母 C 开头的销售人员的所有销售记录，可按如下步骤操作：

1. 切换到【数据】选项卡，在【排序和筛选】组中单击【筛选】按钮。

2. 打开"销售人员"列的筛选器面板，选择【文本筛选】选项，然后选择子菜单中的

【开头是】选项。

3.在打开的【自定义自动筛选】对话框右上角的下拉列表框中键入字母"C",如图 33-14 所示,然后单击【确定】按钮。

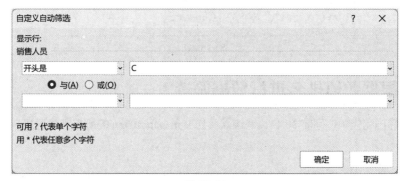

图 33-14

如何根据单元格颜色进行数据筛选?

假设要在所有销售记录中把产品名称被标记为橙色的筛出来,可按如下步骤操作:

1.切换到【数据】选项卡,在【排序和筛选】组中单击【筛选】按钮。

2.打开"产品名称"列的筛选器面板,选择【按颜色筛选】选项,然后在弹出的子菜单中选择需要作为筛选依据的填充颜色(该列存在几种填充颜色,这里就会显示对应数量的颜色选项),如图 33-15 所示。

图 33-15

图 33-16 所示为筛选结果。

	C	D	E	F	G	H	I
3	订单编号	销售人员	交易日期	产品名称	销售数量	销售额	所属地区
11	8	Colleen	2006/12/17	唇彩	72	¥217.84	北部
238	244	Cristina	2005/2/25	眼线笔	8	¥25.55	东部
283	289	Jen	2005/7/7	口红	88	¥266.05	西部
1895							

图 33-16

如何根据数值排名进行数据筛选？

假设要筛出销售额位列前 30 名且销售人员为 Hallagan 或 Jen 的所有销售记录，可按如下步骤操作：

1. 切换到【数据】选项卡，在【排序和筛选】组中单击【筛选】按钮。

2. 打开"销售人员"列的筛选器面板，取消勾选【全选】复选框，勾选【Hallagan】和【Jen】复选框，然后单击【确定】按钮。

3. 打开"销售额"列的筛选器面板，选择【数字筛选】选项，然后在子菜单中选择【前 10 项】选项，打开【自动筛选前 10 个】对话框，如图 33-17 所示。

图 33-17

4. 在中间的数值框中键入"30"，左右两个下拉列表框保持默认设置，单击【确定】按钮。

提示　在【自动筛选前 10 个】对话框中，还可以将右侧的下拉列表框设置为【百分比】选项，或者将左侧的下拉列表框设置为【最小】选项，在中间的数值框里可以填写任意值，从而实现多种数值筛选。

筛选结果如图 33-18 所示。可以看到，位列销售额前 30 名的销售记录中有 5 条记录是 Hallagan 或 Jen 的。

3	订单编号	销售人员	交易日期	产品名称	销售数量	销售额	所属地区
314	320	Jen	2004/5/15	眼线笔	94	¥283.88	东部
722	728	Hallagan	2006/6/13	唇彩	95	¥286.68	北部
797	803	Hallagan	2006/8/18	粉底液	95	¥287.80	北部
1259	1265	Hallagan	2006/4/8	唇彩	95	¥286.76	北部
1619	1625	Hallagan	2005/7/29	眼线笔	95	¥287.15	西部
1895							

图 33-18

如何轻松删除某列中的重复值？

假设想获取一个包含所有销售人员姓名的列表（没有重复人名），可按如下步骤操作：

1. 单击选中数据集中的任意单元格，切换到【数据】选项卡，在【数据工具】组中单击【删除重复值】按钮，打开【删除重复值】对话框，如图 33-19 所示。

图 33-19

2. 单击【取消全选】按钮，然后在列表框中勾选【销售人员】复选框，单击【确定】按钮。

 若在此列表框中勾选多个字段选项，可得到这几个字段的各种组合方式，在工作表中会保留每种组合第 1 次出现的那条记录。

3.Excel 弹出提示框告知已删除重复值及相关记录，以及保留的记录数量等，如图 33-20 所示。单击【确定】按钮关闭提示框。此时，工作表中将仅剩下每位销售人员的第 1 条销售记录，其他所有行已被永久删除。

图 33-20

 使用"删除重复值"功能会删除某些数据，建议操作前保存数据副本。

数据变更后如何刷新筛选结果？

要在数据变更后刷新筛选结果，只需用鼠标右键单击筛选结果中的任何单元格，在快捷菜单中选择【筛选】选项，然后在子菜单中选择【重新应用】选项，对数据所做的任何更改都将反映在筛选结果中。

可以在不显示筛选器图标的情况下快速筛选数据吗？

在 Excel 界面标题栏的最左边，可以找到快速访问工具栏，如图 33-21 所示。在这里，可以自行添加常用的工具按钮，例如【自动筛选】按钮，以便使用起来更方便。

图 33-21

要将【自动筛选】按钮添加到快速访问工具栏中，可按如下步骤操作：

1. 切换到【文件】选项卡，选择左下方的【选项】选项，打开【Excel 选项】对话框。

2. 在左侧的列表框中选择【快速访问工具栏】选项，对话框右侧的列表框中将显示快速访问工具栏的当前配置，如图 33-22 所示。

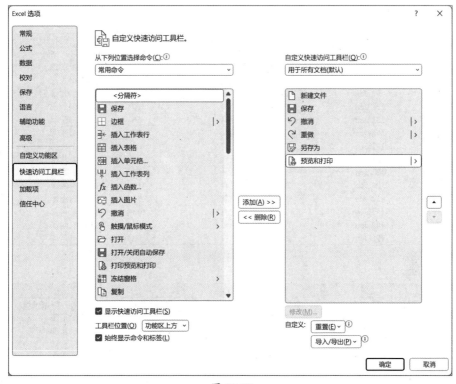

图 33-22

3. 打开【从下列位置选择命令】下拉列表，选择【不在功能区中的命令】选项。

4. 在对话框中间的列表框中选择【自动筛选】选项，单击【添加】按钮，将【自动筛选】选项添加到右侧的列表框中，然后单击【确定】按钮。

现在，在数据集中选择一个单元格，然后单击快速访问工具栏上的【自动筛选】按钮，即可依据所选单元格中的内容进行数据筛选。例如，在"产品名称"列中选择一个内容为"睫毛膏"的单元格，然后单击快速访问工具栏中的【自动筛选】按钮，即可筛出有关睫毛膏的所有销售记录。

接下来，在"销售人员"列中选择一个内容为"Jen"的单元格，然后单击快速访问工具栏中的【自动筛选】按钮，即可在有关睫毛膏的所有销售记录中筛出销售人员为 Jen 的记录，如图 33-23 所示。

还有更方便的操作！假设要筛出所有销售数量大于 90 件的销售记录：首先，在"销售数量"列的任意空白单元格（例如 G1895 单元格）中键入">90"，保持对此单元格的选择状态，单击快速访问工具栏中的【自动筛选】按钮。筛选结果（部分）如图 33-24 所示。

3	订单编号	销售人员	交易日期	产品名称	销售数量	销售额	所属地区
54	60	Jen	2004/10/27	睫毛膏	89	¥269.09	东部
74	80	Jen	2005/3/30	睫毛膏	16	¥49.46	西部
86	92	Jen	2004/5/26	睫毛膏	33	¥100.33	北部
116	122	Jen	2006/7/27	睫毛膏	10	¥32.30	西部
125	131	Jen	2004/11/29	睫毛膏	56	¥168.87	东部
182	188	Jen	2004/5/4	睫毛膏	79	¥239.34	西部
185	191	Jen	2004/2/6	睫毛膏	63	¥191.03	北部
279	285	Jen	2006/8/18	睫毛膏	-5	¥-12.92	北部
316	322	Jen	2005/6/26	睫毛膏	27	¥83.64	东部
384	390	Jen	2004/5/15	睫毛膏	18	¥55.93	北部
406	412	Jen	2005/6/4	睫毛膏	93	¥281.17	南部
451	457	Jen	2006/3/6	睫毛膏	63	¥190.84	东部
480	486	Jen	2005/3/30	睫毛膏	44	¥134.31	西部
489	495	Jen	2006/2/23	睫毛膏	90	¥271.34	东部

图 33-23

3	订单编号	销售人员	交易日期	产品名称	销售数量	销售额	所属地区
40	46	Ashley	2005/8/9	睫毛膏	93	¥280.69	东部
57	63	Cici	2004/6/17	眼线笔	95	¥287.76	北部
64	70	Emilee	2004/12/21	眼线笔	95	¥287.05	北部
65	71	Ashley	2005/11/16	口红	93	¥280.77	西部
91	97	Cristina	2006/11/25	粉底液	92	¥278.16	南部
92	98	Jen	2004/4/12	唇彩	92	¥277.54	东部
165	171	Betsy	2005/10/14	粉底液	93	¥280.17	西部
168	174	Jen	2004/3/10	口红	91	¥275.24	南部
217	223	Betsy	2004/9/13	粉底液	94	¥283.74	西部
284	290	Emilee	2005/11/16	粉底液	94	¥283.85	北部
289	295	Betsy	2006/7/27	睫毛膏	94	¥284.14	西部
314	320	Jen	2004/5/15	眼线笔	94	¥283.88	东部
338	344	Ashley	2004/5/26	睫毛膏	94	¥283.62	北部

图 33-24

如何依据不连续的数值区间进行数据筛选？

前面的多条件筛选案例基本都基于相互之间为“与”（AND）关系的筛选条件。例如，在“销售人员”列中筛选“Jen”，在“产品名称”列中筛选“睫毛膏”，得到“销售人员”字段为“Jen”且“产品名称”字段为“睫毛膏”的所有记录。需要时，也可以使用互为“或者”（OR）关系的条件进行数据筛选。例如，在“销售人员”列的筛选器面板中勾选【Colleen】和【Jen】复选框，将筛出 Colleen 或 Jen 的所有销售记录。

对于一些比较复杂的、需要依据互为“或者”关系的多个条件的筛选，可以使用自定义自动筛选功能。例如，假设要筛出销售数量大于或等于 95 件、小于或等于 10 件的所有销售记录，先打开"销售数量"列的筛选器面板，选择【数字筛选】选项，在子菜单中选择【自定义筛选】选项，然后在打开的【自定义自动筛选】对话框中设置筛选条件，如图 33-25 所示。图 33-26 所示为筛选结果（部分）。

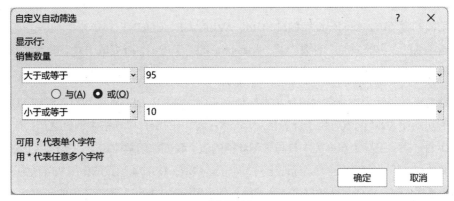

图 33-25

3	订单编号	销售人员	交易日期	产品名称	销售数量	销售额	所属地区
6	3	Ashley	2005/2/25	口红	9	¥28.72	北部
10	7	Cristina	2004/3/21	眼线笔	8	¥25.80	北部
18	15	Zaret	2006/9/20	粉底液	-8	¥-21.99	东部
33	39	Cici	2006/2/23	粉底液	-9	¥-24.63	西部
39	45	Emilee	2006/9/20	唇彩	2	¥7.85	东部
44	50	Zaret	2004/11/18	唇彩	1	¥5.60	西部
50	56	Cristina	2004/4/12	唇彩	8	¥26.91	南部
53	59	Cristina	2005/12/8	唇彩	8	¥26.24	北部
57	63	Cici	2004/6/17	眼线笔	95	¥287.76	北部
59	65	Ashley	2005/4/10	唇彩	-6	¥-15.94	北部
62	68	Zaret	2006/7/16	唇彩	0	¥2.37	西部
64	70	Emilee	2004/12/21	眼线笔	95	¥287.05	北部
69	75	Jen	2005/1/23	粉底液	-7	¥-18.53	北部
70	76	Colleen	2006/3/6	粉底液	-2	¥-3.94	西部
80	86	Jen	2005/8/9	眼线笔	-2	¥-4.24	东部

图 33-26

有关依据互为"或者"关系的条件进行筛选的更多内容，请参阅第 34 章，其中讨论了 Excel 的高级筛选功能，也可以参阅第 36 章，其中介绍了好用的 FILTER 函数。

第 34 章
数据集统计函数

在前面的章节中，我们已经接触过 SUM、AVERAGE、COUNT、MAX 和 MIN 等函数。如果在这些函数的名称前面加上前缀"D"（database 的首字母），就变成了对应的数据集统计函数的名称。

这些数据集统计函数和普通统计函数有什么不同？例如，DSUM 函数具有哪些 SUM 函数不具备的功能？ SUM 函数可用于计算指定单元格区域内的所有单元格中的值之和，而 DSUM 函数支持通过条件来指定数据集中参与求和计算的值。我们在函数中设定的条件用于在数据集中把需要参与求和计算的各条记录标记出来，对于这些值，DSUM 函数的作用与普通的 SUM 函数的作用基本一致。对于其他数据集统计函数，则应用这些"标记"进行不同的计算。

假设要基于某化妆品公司的一份销售数据表（示例文件"34- 化妆品 .xlsx"）进行分析，表中记录了每笔交易的如下信息（如图 34-1 所示）：

◎ 订单编号　　　　　　◎ 销售数量

◎ 销售人员　　　　　　◎ 销售额

◎ 交易日期　　　　　　◎ 所属地区

◎ 产品名称

	订单编号	销售人员	交易日期	产品名称	销售数量	销售额	所属地区
4	1	Betsy	2004/4/1	唇彩	45	¥137.20	南部
5	2	Hallagan	2004/3/10	粉底液	50	¥152.01	北部
6	3	Ashley	2005/2/25	口红	9	¥28.72	北部
7	4	Hallagan	2006/5/22	唇彩	55	¥167.08	西部
8	5	Zaret	2004/6/17	唇彩	43	¥130.60	北部
9	6	Colleen	2005/11/27	眼线笔	58	¥175.99	北部
10	7	Cristina	2004/3/21	眼线笔	8	¥25.80	北部
11	8	Colleen	2006/12/17	唇彩	72	¥217.84	北部
12	9	Ashley	2006/7/5	眼线笔	75	¥226.64	南部
13	10	Betsy	2006/8/7	唇彩	24	¥73.50	东部
14	11	Ashley	2004/11/29	睫毛膏	43	¥130.84	东部
15	12	Ashley	2004/11/18	唇彩	23	¥71.03	西部
16	13	Emilee	2005/8/31	唇彩	49	¥149.59	西部
17	14	Hallagan	2005/1/1	眼线笔	18	¥56.47	南部
18	15	Zaret	2006/9/20	粉底液	-8	¥-21.99	东部
19	16	Emilee	2004/4/12	睫毛膏	45	¥137.39	东部
20	17	Colleen	2006/4/30	睫毛膏	66	¥199.65	南部
21	18	Jen	2005/8/31	唇彩	88	¥265.19	北部
22	19	Jen	2004/10/27	眼线笔	78	¥236.15	南部
23	20	Zaret	2005/11/27	唇彩	57	¥173.12	北部
24	21	Zaret	2006/6/2	睫毛膏	12	¥38.08	西部
25	22	Betsy	2004/9/24	眼线笔	28	¥86.51	北部

图 34-1

例如，通过 DSUM 函数和适当的条件，可以统计 2004 年在东部地区的所有订单中，唇彩的总销售额是多少。DSUM 函数的语法结构是：

$$DSUM(数据集 ， 字段 ， 条件)$$

其中的参数说明如下：

◎ **数据集**：构成数据集的单元格区域，其中每列的第 1 行为列标签。

◎ **字段**：参与计算的值所在的列。可以使用双引号引用列标签，例如在本例中，可以在公式中输入""销售额""来引用 L 列；也可以通过某列在数据集中的相对位置来引用该列，假设在第 1 个参数中指定了 H:M 单元格区域为函数计算用的数据集，则 1 代表 H 列，6 代表 M 列。

◎ **条件**：条件所在的单元格区域（下面简称"条件区域"）的地址。在该区域中，第 1 行必须包含一个或多个列标签（此规则的唯一例外是计算型条件，本章的几个示例会用到计算型条件）。设定条件的关键是要明白，在条件区域中，多个条件处于同一行表示"并且"关系（AND），多个条件不处于同一行表示"或者"关系（OR）。

如何统计某销售人员某产品的总销售额？

假设要计算 Jen 售出的唇彩的总销售额，在 N5 单元格中输入公式"=DSUM(数据集 ,5,O4:P5)"，即可得到答案，如图 34-2 所示（后面的一些案例也将参考此插图）。

在示例文件"34- 化妆品 .xlsx"中，已将 H3:M1894 单元格区域定义为"数据集"，即本章一些案例使用的数据集。本例需统计的值位于"销售额"字段，即数据集中的第 5 列。在本例中，O4:P5 单元格区域为条件区域，其中指定了"销售人员"字段的统计条件为"Jen"，"产品名称"字段的统计条件为"唇彩"。

我们也可以在 N5 单元格中输入公式"=DSUM(数据集 ," 销售额 ",O4:P5)"，将得到同样的结果。试试使用 SUMIFS 函数进行统计，在 N6 单元格中输入公式"=SUMIFS(销售额 ,销售人员 ,"Jen",产品名称 ," 唇彩 ")"，也能得到相同的结果。（注意：公式中的"销售额"、"销售人员"和"产品名称"均为自定义名称。）

	N	O	P	Q	R
4	Jen售出的唇彩的总销售额	销售人员	产品名称		
5	¥5,461.61	Jen	唇彩		
6	¥5,461.61				
7	Jen在东部售出的口红的每单平均销量	销售人员	产品名称	所属地区	
8	42.25	Jen	口红	东部	
9	42.25				
10	Emilee的、东部的所有订单的总销售额	销售人员	所属地区		
11	¥76,156.48	Emilee			
12			东部		
13	Colleen和Zaret在东部的口红总销售额	销售人员	所属地区	产品名称	
14	¥1,073.20	Colleen	东部	口红	
15	¥1,073.20	Zaret	东部	口红	
16	除东部外的口红订单数量	产品名称	所属地区		
17	164	口红	<>东部		
18	Jen的2004年口红总销售额	销售人员	产品名称	交易日期	交易日期
19	¥1,690.79	Jen	口红	>=2004/1/1	<2005/1/1
20	¥1,690.79				

图 34-2

能否指定销售人员、产品名称和所属地区计算平均销量？

在 N8 单元格中输入公式 "=DAVERAGE(数据集 ,4,O7:Q8)"，可以得到 Jen 在东部地区售出的口红的每单平均销售数量。公式中的 "4" 指数据集的第 4 列，即 "销售数量" 字段。在公式中，将 O7:Q8 单元格区域设为条件区域，指定了 "销售人员" 字段的统计条件为 "Jen"、"产品名称" 字段的统计条件为 "口红"、"所属地区" 字段的统计条件为 "东部"。DAVERAGE 函数能够对根据统计条件筛选出来的行进行求平均值计算，在本例中的求值对象为 "销售数量" 字段。图 34-2 显示了公式的结果：在东部地区的口红订单中，Jen 平均每单售出了 42.25 支口红。在单元格 N9 中输入公式 "=AVERAGEIFS(销售数量 , 销售人员 ,"Jen", 产品名称 ," 口红 ", 所属区域 ," 东部 ")"，也可得到相同的结果。

如何将满足指定条件之一的值筛出来求和并汇总？

假设要计算销售人员为 Emilee 或者所属地区为东部的所有订单的总销售额，在 N11 单元格中输入公式 "=DSUM(数据集 ,5,O10:P12)"，即可得到答案——76 156.48 元（如图 34-2 所示）。在公式中，将 O10:P12 单元格区域设为条件区域，指定了 "销售人员" 字段的统计条件为 "Emilee"，"所属地区" 字段的统计条件为 "东部"。因为两个条件不在同一行，所以相互之间的关系为 "或者"（OR），即满足所有条件之一的行会被筛出来参与计算。值得一提的是，强大的 DSUM 函数会对同时符合多个条件的字段值自动去重，以免这部分值被重复计算。也正是由于参与计算的字段值可能存在重复情况，这个任务无法用 SUMIFS 函数完成。

如何统计多位销售人员在指定地区的口红总销售额？

在 N14 单元格中输入公式"=DSUM(数据集 ,5,O13:Q15)"，可以得到 Colleen 和 Zaret 在东部地区的口红总销售额——1 073.20 元，如图 34-2 所示。在公式中，将 O13:Q15 单元格区域设为条件区域。其中，O14:Q14 单元格区域指定了统计条件为 Colleen 在东部地区的口红订单，O15:Q15 单元格区域指定了统计条件为 Zaret 在东部地区的口红订单。两个条件位于不同的行中，代表将分别筛选符合各个条件的行进行计算并求和。在 N15 单元格中输入公式"=SUMIFS(销售额 , 销售人员 ,"Colleen", 产品名称 ," 口红 ", 所属区域 ," 东部 ")+SUMIFS(销售额 , 销售人员 ,"Zaret", 产品名称 ," 口红 ", 所属区域 ," 东部 ")"，也可得到相同的结果。

如何统计东部之外地区的口红订单数量？

在 N17 单元格中输入公式"=DCOUNT(数据集 ,4,O16:P17)"，可以得到返回值 164，表示除东部地区外的口红订单数量为 164 单，如图 34-2 所示。DCOUNT 函数用于统计符合条件的行数，条件表达式"<> 东部"会被函数理解为"非东部"。对于本例，使用 COUNTIFS 函数可以得到相同的结果。

值得注意的是，DCOUNT 函数只对数值进行计数，引用的列必须由数值组成。公式中的第个 2 参数——4 指定了进行求值的字段（即"销售数量"列）。如果将公式改为"=DCOUNT(数据集 ,3,O16:P17)"，返回值为 0，因为引用的第 3 列（"产品名称"列）不包含数值。若要实现引用第 3 列也返回有效结果，可以使用 DCOUNTA 函数。公式"=DCOUNTA(数据集 ,3,O16:P17)"能够返回有效结果，因为 DCOUNTA 函数可以对文本或数值进行计数。

如何按时间区间统计销售额？

假设要计算 Jen 在 2004 年的所有口红订单的总销售额，解决这个问题的关键是在条件区域中指定需要筛选出哪个时间区间的字段值。为此，在条件区域中设置两个有关"交易日期"字段的条件，第 1 个条件为">=2004/1/1"，第 2 个条件为"<2005/1/1"，即可筛选出 2004 年的所有订单。在 N19 单元格中输入公式"=DSUM(数据集 ,5,O18:R19)"，返回结果为 Jen 在 2004年 1 月 1 日（含）至 2005 年 1 月 1 日（不含）售出的口红总销售额——1 690.79 元（如图 34-2

所示）。在 N20 单元格中输入使用 SUMIFS 函数的公式"=SUMIFS(销售额,交易日期,">=2004/1/1", 交易日期,"<=2004/12/31",产品名称," 口红 ",销售人员,"Jen")"，可以得到相同的结果。

如何统计平均售价高于某值的产品数量？

假设要统计售出的产品中有多少件的销售价格高于 3.2 元。这个问题涉及计算型条件，当执行计算后得到的结果符合指定的统计条件时，计算型条件为真，否则为假。Excel 会检查每一行的数据内容，看是否满足"大于 3.2 元"这个统计条件。

设置计算型条件时，条件区域的第 1 行不能是数据集的字段名，因此不能使用表中第 4 行的"产品名称""销售人员"等标签。在本例中，计算型条件是一个根据数据集第 1 行数据判断产品平均售价是否大于或等于 3.2 元并返回"TRUE"或"FALSE"的公式。在条件区域（O22 单元格）中输入公式"=(L4/K4)>=3.2"，判断平均售价是否大于或等于 3.2 元。

由于数据集中的第 1 行数据不满足此条件，O22 单元格的返回值为"FALSE"。在 DSUM 公式中，Excel 将对平均售价大于或等于 3.2 元的所有行进行标记。在 N22 单元格中输入公式 "=DSUM(数据集 ,4,O21:O22)"，得到返回值是 1 127——平均售价大于或等于 3.2 元的产品数量，如图 34-3 所示。

	N	O	P	Q
21	=DSUM(数据集,4,O21:O22)	大交易额		
22	1127	FALSE	=(L4/K4)>=3.2	

图 34-3

如何统计各销售人员售出的各产品总销售额？

使用 DSUM 函数可以完成这个任务，在条件区域中针对"产品名称"和"销售人员"进行条件设置后，函数会在数据集中循环浏览符合统计条件的所有可能组合并计算各种组合的总销售额。具体操作步骤为：

1. 在 X26 单元格中输入任何一位销售人员的姓名，例如"Betsy"，在 Y26 单元格中输入任意一种产品的名称，例如"眼线笔"。

2. 在 Q25 单元格中输入公式"=DSUM(数据集 ,5,X25:Y26)"，得到 Betsy 售出的眼线笔的总销售额。

3. 在 Q26:Q33 单元格区域中输入每位销售人员的姓名，在 R25:V25 单元格区域中输入每种产品的名称。

4. 选择 Q25:V33 单元格区域，在【数据】选项卡的【预测】组中，单击【模拟分析】按钮，在弹出的下拉菜单中选择【模拟运算表】选项。

5. 打开【模拟运算表】对话框，在【输入引用行的单元格】框中输入"Y26"，在【输入引用列的单元格】框中输入"X26"，单击【确定】按钮。

模拟运算表运行时，销售人员姓名会被逐一放置到 X26 单元格中，不同的产品名称也会被逐一放置到 Y26 单元格中。图 34-4 所示为模拟运算表返回的结果数据，R26:V33 单元格区域中列出的是每种组合的总销售额，例如 T32 单元格中的数值为 Ashley 售出的口红的总销售额。

	O	P	Q	R	S	T	U	V
25	模拟运算表		6046.534282	唇彩	粉底液	口红	睫毛膏	眼线笔
26			Betsy	5675.65	8043.49	3968.61	4827.25	6046.53
27			Hallagan	5603.12	6985.73	3177.87	5703.35	6964.62
28			Zaret	5670.33	6451.65	2448.71	3879.95	8166.75
29			Colleen	5573.32	6834.77	2346.41	6746.53	3389.63
30			Cristina	5297.98	5290.99	2401.67	5461.65	5397.27
31			Jen	5461.61	5628.65	3953.30	6887.17	7010.44
32			Ashley	6053.68	4186.06	3245.44	6617.10	5844.95
33			Emilee	5270.25	5313.79	2189.14	4719.30	7587.39
34								

图 34-4

本案例演示了模拟运算表如何与数据集统计函数结合使用，这样可以快速生成大量统计数据。对于此案例，可以在 R37 单元格中输入公式 "=SUMIFS(销售额 , 销售人员 ,$Q37, 产品名称 ,R$36)"，并将公式复制到 R37:V44 单元格区域，也可以返回同样的结果。

设置数据集统计函数的条件时有什么技巧吗？

这里列出一些有助于正确设置数据集统计函数的条件的小技巧。为描述方便，假设要基于包含文本型数据的 H 列进行计算。

◎ *Allie*：在 H 列中标记所有包含文本字符串 "Allie" 的记录。

◎ A?X：在 H 列中标记所有开头字母为 A、第 3 个字母为 X 的所有记录（第 2 个字符可以是任意字符）。

◎ <>*B*：在 H 列中标记所有不含文本字符串 B 的记录。

假设要基于包含数值型数据的 I 列进行计算：

◎ >100：标记 I 列中大于 100 的值。

◎ <>100：标记 I 列中不等于 100 的值。

◎ >=1000：标记 I 列中大于或等于 1000 的值。

"&" 运算符可用于引用条件区域中的其他条件。例如，如图 34-5 所示，在 T10 单元格中输入条件值 "160"，在 T7 单元格中输入公式 "=">"&T10"，在 T12 单元格中输入公式 "=DSUM(数据集 ,5,S6:T7)"，得到的返回值为 18 212.09，即属于 Betsy 的、销售额大于 160 元的所有订单的总销售额。

	S	T	U	V	W
6	销售人员	销售额			
7	Betsy	>160	=">"&T10		
8					
9					
10		160			
11					
12		18212.09	=DSUM(数据集,5,S6:T7)		
13					

图 34-5

如何根据交易日期和产品代码快速获得相关的销售额？

假设有一个数据集（参见示例文件 "34-DGET 函数 .xlsx"），记录了一些订单信息，包括销售额、交易日期、产品代码三个字段。指定交易日期和产品代码，就可以使用 DGET 函数获取对应订单的销售额。

DGET 函数用于从数据集中提取符合指定条件的单个值，其语法结构为：

DGET(数据集 ， 字段列号 ， 条件)

如果 DGET 函数没有找到符合条件的值，将返回 "#VALUE!"；如果数据集中有多个值都符合条件，则返回 "#NUM!"。

假设想知道交易日期为 2006 年 1 月 9 日、销售的产品的代码为 62426 的订单的销售额，可以在 G9 单元格中输入公式 "=DGET(B7:D28,1,G5:H6)"，如图 34-6 所示。公式中，第 1 个参数指定了数据集所在的位置，第 2 个参数指定了要返回符合条件的记录的第 1 列（即 "销售额" 字段）中的值，G5:H6 单元格区域为条件区域，其中指定了查找条件：交易日期为 2006 年 1 月 9 日，产品代码为 62426。

	B	C	D	E F	G	H
5					交易日期	产品代码
6					2006年1月9日	62426
7	销售额	交易日期	产品代码			
8	¥986.00	2000/2/2	89550		销售额	
9	¥490.00	2003/4/12	34506		777	
10	¥196.00	1999/2/6	57664		=DGET(B7:D28,1,G5:H6)	
11	¥513.00	2005/9/25	25449			
12	¥120.00	2006/7/12	26461			
13	¥993.00	2008/6/9	73945			
14	¥934.00	2006/7/30	78607			
15	¥383.00	1999/12/5	8605			
16	¥686.00	2001/2/6	33684			
17	¥779.00	2006/5/17	81984			
18	¥211.00	2008/10/17	4530			
19	¥414.00	2000/8/6	72489			
20	¥309.00	2003/11/17	66050			
21	¥777.00	2006/1/9	62426			
22	¥520.00	2001/10/21	34422			
23	¥209.00	2001/2/28	41064			
24	¥115.00	2006/6/15	29231			
25	¥979.00	2005/12/11	9625			
26	¥692.00	1999/10/16	66644			
27	¥922.00	2002/3/8	3346			
28	¥272.00	2002/11/4	38858			

图 34-6

如何从数据集中提取符合多个条件的记录?

假设要从销售数据表中提取符合如下条件的订单记录:

◎ 销售人员为 Emilee 或 Jen。

◎ 交易日期为 2005 年的上半年。

◎ 销售的产品为粉底液。

◎ 产品的平均价格高于 3.2 元。

对于此案例,使用 Excel 的自动筛选功能无法得到需要的结果。要进行类似本案例的复杂查询,需要使用 Excel 的高级筛选功能,设置查询范围,指定条件区域,然后告诉 Excel 将提取的记录存放到什么位置。

本例的条件区域(O4:S6 单元格区域)如图 34-7 所示,数据参见示例文件"34- 高级筛选 .xlsx"。

	O	P	Q	R	S
4	销售人员	交易日期	交易日期	平均价格	产品名称
5	Jen	>=2005/1/1	<=2005/6/30	FALSE	粉底液
6	Emilee	>=2005/1/1	<=2005/6/30	FALSE	粉底液

图 34-7

R5 和 R6 单元格中的公式为 "=(L4/K4)>=3.2"（本章前面用到过类似的公式）。另外，值得注意的是，计算型条件的列标签不能是字段名称。所以，本例使用 "平均价格" 作为计算型条件列的标签。在 O5:S5 单元格区域中设置的条件为：销售人员为 Jen，交易日期介于 2005 年 1 月 1 日（含）和 2005 年 6 月 30 日（含）之间，产品名称为 "粉底液"，产品平均价格为 3.2 元及以上。在 O6:S6 单元格区域中设置的条件为：销售人员为 Emilee，其他同上。请记住，在多行中设置的条件，相互之间是 "或者" 关系（OR）。

进行高级筛选的操作步骤为：

1. 单击数据集内的任意单元格。

2. 在【数据】选项卡上的【排序和筛选】组中，单击【高级】按钮，打开【高级筛选】对话框。

3. 选择【将筛选结果复制到其他位置】单选按钮。

4. 在【列表区域】框中输入 "G3:M1895"，指定需要查询的数据。

5. 在【条件区域】框中输入 "O4:S6"，指定条件区域。

6. 在【复制到】框中输入 "O14"，指定筛选结果的保存位置，如图 34-8 所示。

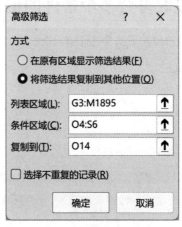

图 34-8

7. 单击【确定】按钮。

图 34-9 所示为 4 条符合条件的记录。

	O	P	Q	R	S	T	U
14	订单编号	销售人员	交易日期	产品名称	销售数量	销售额	所属地区
15	392	Jen	2005/2/25	粉底液	8	¥26.31	南部
16	479	Emilee	2005/5/24	粉底液	2	¥7.68	东部
17	1035	Emilee	2005/4/10	粉底液	8	¥26.40	东部
18	1067	Jen	2005/3/19	粉底液	1	¥4.86	东部

图 34-9

提示

如果勾选【高级筛选】对话框底部的【选择不重复的记录】复选框，则不会返回任何重复记录。例如，假设在 2005 年 3 月 19 日，Jen 在东部地区有两个销售额都是 4.86 元、销售数量都是 1 的粉底液订单，则只会筛选出其中一条记录。

第 35 章
数组公式和函数

在 Excel 中，我们可以使用各种数组公式和函数。我们已经在第 31 章中学习了统计函数 MODE.MULT，在本章中将了解数组函数 TRANSPOSE 和 FREQUENCY，而且将在第 36 章学习 Microsoft 365 的动态数组函数 UNIQUE、SORT、SORTBY、FILTER 和 SEQUENCE。

使用数组公式，可以更快捷、更有效地执行复杂计算，并能将结果输出到单个单元格或单元格区域中。数组公式通常包含两个或更多数组参数，各数组参数必须包含相同数量的行和列。

在 Microsoft 365 之前的 Excel 版本中，使用数组公式时，首先需要指定放置数组公式返回值的区域，在编辑栏中输入公式（输入内容会显示在所选区域的第一个单元格中）后，需同时按下【Ctrl】、【Shift】和【Enter】三键进行确认。不这样操作会导致公式返回的结果不正确或无意义。输入数组公式，然后按【Ctrl+Shift+Enter】组合键，这个过程被称为数组公式的输入。在 Microsoft 365 中，不需要指定数组公式的返回值放置区域，也不需要按【Ctrl+Shift+Enter】组合键输入公式，只需按【Enter】键即可使数组公式正常工作。

如何理解数组公式？

如何理解类似 "=(D2:D7)*(E2:E7)" 和 "=SUM(D2:D7*E2:E7)" 之类的公式？

示例文件 "35-数组公式 .xlsx" 的 "工资总额" 工作表中记录了 6 名员工的工作时长和时薪等数据，如图 35-1 所示。

	C	D	E	F	G	H	I
1	员工	工作时长（小时）	时薪（元）	日薪（元）			
2	John	3	6.00	18.00	{=(D2:D7*E2:E7)}		
3	Jack	4	7.00	28.00	{=(D2:D7*E2:E7)}		
4	Jill	5	8.00	40.00	{=(D2:D7*E2:E7)}		
5	Jane	8	9.00	72.00	{=(D2:D7*E2:E7)}		
6	Jean	6	10.00	60.00	{=(D2:D7*E2:E7)}		
7	Jocelyn	7	11.00	77.00	{=(D2:D7*E2:E7)}		
8	合计			295.00	{=SUM(D2:D7*E2:E7)}		
9							

图 35-1

如果想计算每名员工的日薪，可以简单地在 F2 单元格中输入公式 "=D2*E2"，并将公式复制到 F3:F7 单元格区域。这种方法没什么错误，但使用数组公式能用更优雅的方法解决问题。假如使用的是 Microsoft 365 之前的 Excel 版本，操作步骤为：

1. 选择 F2:F7 单元格区域，作为数组公式的返回值放置区域（计算每名员工的日薪）。

2. 在编辑栏中输入公式"=(D2:D7*E2:E7)"，按【Ctrl+Shift+Enter】组合键确认。

此时，F2:F7 单元格区域中显示了每位员工的日薪。查看这些单元格中的公式，显示为"{=(D2:D7*E2:E7)}"。其中，"{}"为数组公式的标志，告诉 Excel 这是一个数组公式。

在 Microsoft 365 中，选中 F2:F7 单元格区域并在编辑栏中输入公式"=(D2:D7*E2:E7)"后，按【Enter】键确认即可。此时，选中 F2 单元格，可在编辑栏中看到正常显示的公式，而选中 F3 等其他单元格，编辑栏中显示的公式"=(D2:D7*E2:E7)"是灰色的，并且为不可编辑状态。

在编辑栏中拖动鼠标选择公式中的"D2:D7"，按【F9】键，可以看到数组公式的运算过程。此时，"D2:D7"变成了"{3;4;5;8;6;7}"，说明 Excel 提取了 D2:D7 单元格区域的值并创建为一个数组。同样，在编辑栏中选择"E2:E7"，按【F9】键，可以看到"E2:E7"变成了"{6;7;8;9;10;11}"。

公式中的"*"运算符告诉 Excel 进行乘法运算，即两个数组中的对应元素将分别相乘。由于参与运算的两个单元格区域分别包含 6 个单元格，因此 Excel 会创建两个包含 6 个项目的数组；并且，由于我们指定的返回值放置区域包含 6 个单元格，因此每组乘法运算的结果将显示在对应的单元格中（如果指定的返回值放置区域只包含 5 个单元格，那么第 6 组乘法运算的结果将不会显示）。

假设要计算所有员工的工资总额，一种方法是使用公式"=SUMPRODUCT(D2:D7, E2:E7)"。SUMPRODUCT 函数可返回指定单元格区域或数组的乘积之和。对于上述公式，SUMPRODUCT 函数进行的运算相当于：D2*E2+D3*E3+D4*E4+D5*E5+D6*E6+D7*E7。

另一种计算所有员工的工资总额的方法是使用数组公式。假设要将工资总额放置在 F8 单元格中，在该单元格中输入公式"=SUM(D2:D7*E2:E7)"，然后按【Enter】键，即可得到答案——295 元。这个公式的运算过程为：3×6+4×7+5×8+8×9+6×10+7×11=295。

我们可以在编辑栏中查看数组公式的运算过程。选择公式中的"D2:D7*E2:E7"部分，按【F9】键，公式变为"=SUM({18;28;40;72;60;77})"。按【F9】键后，大括号仅显示在所选部分的两端，而不是整个公式的两端。这说明 Excel 创建了一个包含 6 个元素的数组，第 1 个元素为 18（3×6），第 2 个元素为 28（4×7）……最后一个元素为 77（7×11）。然后，Excel 将各元素相加，得到总数 295。

如何让纵向排列的数据横向显示并能同步更新？

在示例文件"35- 数组公式 .xlsx"的"TRANSPOSE"工作表中，A4:A8 单元格区域记录了一组人名，现在需要将这些人名显示在 C3:G3 单元格区域中。如果 A4:A8 单元格区域中的数据永远不会变化，那么我们可以将其复制，并通过在【选择性粘贴】对话框中勾选【转置】复选框来实现目标（阅读第 14 章可了解相关内容）。如果 A4:A8 单元格区域中的数据会变动，使用选择性粘贴功能复制的数据是不会同步更新的，此时可以使用数组函数 TRANSPOSE。

TRANSPOSE 函数可用于转置选定的单元格区域。例如，在 C3 单元格中输入公式"=TRANSPOSE(A4:A8)"，然后按【Ctrl+Shift+Enter】组合键（在 Microsoft 365 中可直接按【Enter】键）确认。以后，A4:A8 单元格区域的数据有任何变化，C3:G3 单元格区域的数据都会自动更新，如图 35-2 所示。

	A	B	C	D	E	F	G	H
1								
2								
3			Julie	Jason	Jack	Jill	Jane	
4	Julie		{=TRANSPOSE(A4:A8)}	{=TRANSPC	{=TRANSPC	{=TRANSPC	{=TRANSPOSE(A4:A8)}	
5	Jason							
6	Jack							
7	Jill							
8	Jane							
9								

图 35-2

如何统计数据中各数值区间的值的数量并能同步更新统计结果？

假设有一份股票月收益率报表，想统计月收益率为 -30% 至 -20%、-20% 至 -10% 及 -10% 至 0% 等的股票数量分别是多少，并且在原始数据更新时能同步更新统计结果，该如何操作？

使用 FREQUENCY 这个数组函数可以完成此任务。该函数可以计算指定数组（由"数据数组"参数指定）的指定数值区间（由"区间临界值数组"参数指定）包含的值的数量，其语法结构为：

FREQUENCY(数据数组 , 区间临界值数组)

如图 35-3 所示，示例文件"35- 数组公式 .xlsx"的"股票月收益率"工作表演示了 FREQUENCY 函数的用法。在表中，A4:A77 单元格区域中的数据为一只虚构股票的月收益率。

	A	B	C	D	E	F	G
1	最小值	-43.84%					
2	最大值	52.56%					
3	月收益率						
4	43.81%			统计值			
5	-8.30%						
6	-25.12%		临界值				
7	-43.84%		-0.4	1	{=FREQUENCY(A4:A77,C7:C17)}		
8	-8.64%		-0.3	1	{=FREQUENCY(A4:A77,C7:C17)}		
9	49.98%		-0.2	2	{=FREQUENCY(A4:A77,C7:C17)}		
10	-1.19%		-0.1	5	{=FREQUENCY(A4:A77,C7:C17)}		
11	46.74%		0	13	{=FREQUENCY(A4:A77,C7:C17)}		
12	31.94%		0.1	11	{=FREQUENCY(A4:A77,C7:C17)}		
13	-35.34%		0.2	13	{=FREQUENCY(A4:A77,C7:C17)}		
14	29.28%		0.3	12	{=FREQUENCY(A4:A77,C7:C17)}		
15	-1.10%		0.4	11	{=FREQUENCY(A4:A77,C7:C17)}		
16	-10.67%		0.5	4	{=FREQUENCY(A4:A77,C7:C17)}		
17	-12.77%		0.6	1	{=FREQUENCY(A4:A77,C7:C17)}		
18	19.17%			0	{=FREQUENCY(A4:A77,C7:C17)}		
19	25.06%						
20	19.03%						

图 35-3

操作步骤如下：

1. 使用 MIN 和 MAX 函数在 B1 和 B2 单元格中计算出最低及最高的月收益率——-43.84% 和 52.56%。参照这两个值可以划分需要统计的数值区间，并在 C 列中输入各区间的临界值，最大临界值为 0.6，最小临界值为 -0.4。

2. 在 D7 单元格中输入公式“=FREQUENCY(A4:A77,C7:C17)”。此公式将 A4:A77 单元格区域指定为数据数组所在区域，将 C7:C17 单元格区域指定为统计区间临界值数组所在区域。根据返回的结果可知，有 1 只股票的月收益率小于或等于 -40%，有 1 只股票的月收益率大于 -40%、小于或等于 -30%，有 13 只股票的月收益率大于 10%、小于或等于 20%……

现在，更改 A 列中的任何数据，D 列中的返回值都会自动更新。如果已将 A 列的数据创建为表（相关内容可参阅本书第 25 章），那么 FREQUENCY 函数会自动将 A 列中的新增数据纳入统计范围。

如何用一个公式计算一组整数的第 2 位数字之和?

在示例文件“35- 数组公式 .xlsx”的“求和”工作表中，A4:A10 单元格区域包含 7 个整数，如图 35-4 所示。假设需要编写一个公式，提取每个整数的第 2 位数字并求和。先不考虑使用单个公式完成任务，直观的方法是：在 B4 单元格中输入公式“=VALUE(MID(A4,2,1))”，并将公式复制到 B5:B10 单元格区域，获取各整数的第 2 位数字，再计算 B4:B10 单元格区域

内的数值之和——27。使用数组公式可以使此过程变得更加简单，在 C7 单元格中输入公式
"=SUM(VALUE(MID(A4:A10,2,1)))"，即可得到正确答案——27。

	A	B	C	D	E	F	G	H	I
3			求和						
4	140	4							
5	85	5							
6	76	6							
7	1610	6	27	{=SUM(VALUE(MID(A4:A10,2,1)))}					
8	302	0							
9	434	3							
10	13	3	27	{=SUM(IF(LEN(A4:A11)>=2,VALUE(MID(A4:A11,2,1)),0))}					
11	1	#VALUE!							
12									

图 35-4

在编辑栏中拖动鼠标选择"MID(A4:A10,2,1)"部分，按【F9】键，可以查看公式的运算过程，
这部分公式变为"{"4";"5";"6";"6";"0";"3";"3"}"，即 A4:A10 单元格区域包含的各整数的第 2 位
数值的文本形式。公式中的 VALUE 函数将这些文本字符串转换为数值格式，然后通过 SUM 函
数求和。

对于此案例，若数组中包含一位整数，会发生什么情况？在 A11 单元格中输入一个一位整
数——1，可以看到，B11 单元格中的返回值为"#VALUE!"。要解决这个问题，在 C10 单元格
中输入公式"=SUM(IF(LEN(A4:A11)>=2,VALUE(MID(A4:A11,2,1)),0))"，这个公式会将一位整
数的提取值转换为数值 0，以使整个公式正常运算。

如何快捷查看在两个名单中都出现过的姓名？

在示例文件"35- 数组公式 .xlsx"的"名单匹配"工作表中包含两个名单，分别位于 D 列
和 E 列，其中各包含很多姓名。如果要确定哪些姓名在两个名单中都出现过，可以在 C5 单元格
中输入公式"=MATCH(D5:D28,E5:E28,0)"。这个数组公式会自动扩展到 C6:C28 单元格区域。
C5 单元格中的公式会将 D5 单元格中的姓名与 E 列中的姓名一一对比，如果存在匹配项，则返
回第一个匹配项在查找区域中的行号，如果不存在匹配项，则返回"#N\A"。同样，C6 单元格
中的公式会将 D6 单元格中的姓名与 E 列中的姓名一一对比……例如，名单 1 中的 Artest 不在名
单 2 中，C 列的对应单元格中显示的是"#N\A"；名单 1 中的 Harrington 在名单 2 中出现过，
首次出现位置是名单的第 2 位，C 列的对应单元格中显示的是"2"，如图 35-5 所示。

为了能更直观地查看对比结果，可以为在两个名单中都出现过的姓名标记"是"，为只
在名单 1 中出现过的姓名标记"否"。在 B5 单元格中输入"=IF(ISERROR(C5:C28)," 否 ",

"是 ")"。这样，C5:C28 单元格区域中包含 "#N\A" 的单元格，B 列中对应的单元格会显示 "否"；C5:C28 单元格区域中包含数值的单元格，B 列中对应的单元格会显示 "是"。值得注意的是，ISERROR 函数的作用是判断指定单元格的内容是否为错误值，当指定单元格中的计算结果无效时返回 "TRUE"，当计算结果有效时返回 "FALSE"。

	B	C	D	E	F	G
4			名单1	名单2		
5	否	#N/A	Artest	BMiller	{=IF(ISERROR(C5:C28),"否","是")}	{=MATCH(D5:D28,E5:E28,0)}
6	否	#N/A	Artest	Harrington	{=IF(ISERROR(C5:C28),"否","是")}	{=MATCH(D5:D28,E5:E28,0)}
7	是	2	Harrington	BMiller	{=IF(ISERROR(C5:C28),"否","是")}	{=MATCH(D5:D28,E5:E28,0)}
8	否	#N/A	Artest	Harrington	{=IF(ISERROR(C5:C28),"否","是")}	{=MATCH(D5:D28,E5:E28,0)}
9	否	#N/A	Artest	Harrington	{=IF(ISERROR(C5:C28),"否","是")}	{=MATCH(D5:D28,E5:E28,0)}
10	否	#N/A	Artest	BMiller	{=IF(ISERROR(C5:C28),"否","是")}	{=MATCH(D5:D28,E5:E28,0)}
11	是	2	Harrington	BMiller	{=IF(ISERROR(C5:C28),"否","是")}	{=MATCH(D5:D28,E5:E28,0)}
12	否	#N/A	Artest	Mercer	{=IF(ISERROR(C5:C28),"否","是")}	{=MATCH(D5:D28,E5:E28,0)}
13	否	#N/A	Artest	Harrington	{=IF(ISERROR(C5:C28),"否","是")}	{=MATCH(D5:D28,E5:E28,0)}
14	否	#N/A	Artest	Harrington	{=IF(ISERROR(C5:C28),"否","是")}	{=MATCH(D5:D28,E5:E28,0)}
15	是	8	Mercer	BMiller	{=IF(ISERROR(C5:C28),"否","是")}	{=MATCH(D5:D28,E5:E28,0)}
16	否	#N/A	Artest	Mercer	{=IF(ISERROR(C5:C28),"否","是")}	{=MATCH(D5:D28,E5:E28,0)}
17	否	#N/A	O'Neal	RMiller	{=IF(ISERROR(C5:C28),"否","是")}	{=MATCH(D5:D28,E5:E28,0)}
18	否	#N/A	O'Neal	BMiller	{=IF(ISERROR(C5:C28),"否","是")}	{=MATCH(D5:D28,E5:E28,0)}
19	否	#N/A	O'Neal	RMiller	{=IF(ISERROR(C5:C28),"否","是")}	{=MATCH(D5:D28,E5:E28,0)}
20	否	#N/A	O'Neal	RMiller	{=IF(ISERROR(C5:C28),"否","是")}	{=MATCH(D5:D28,E5:E28,0)}
21	是	13	RMiller	BMiller	{=IF(ISERROR(C5:C28),"否","是")}	{=MATCH(D5:D28,E5:E28,0)}
22	否	#N/A	O'Neal	RMiller	{=IF(ISERROR(C5:C28),"否","是")}	{=MATCH(D5:D28,E5:E28,0)}

图 35-5

如何快捷计算数组中符合条件的数值的平均值？

在示例文件 "35- 数组公式 .xlsx" 的 "平均值" 工作表中，D5:D785 单元格区域（已定义名称为 "价格"）包含一个价格列表。现在要计算列表中所有大于或等于中位数的数值的平均值。

一个解决方案为：在 F2 单元格中输入公式 "=MEDIAN(价格)"，得到所有价格数值的中位数；然后，在 F3 单元格中输入公式 "=SUMIF(价格，">="&F2，价格)/COUNTIF(价格，">="&F2)"，得到大于或等于中位数的价格数值的平均值，如图 35-6 所示。

更简单的方法是：在 F6 单元格中输入公式 "=AVERAGE(IF(价格 >=MEDIAN(价格), 价格 ,""))"。这是一个数组公式，运算时会遍历指定范围中的所有行，将大于或等于中位数的价格数据提取出来，而将小于中位数的价格数据用空格替代，最后计算所有提取值的平均值。

	D	E	F	G	H	I	J	K
1								
2		中位数	243	=MEDIAN(价格)				
3		答案	324.29771	=SUMIF(价格,">="&F2,价格)/COUNTIF(价格,">="&F2)				
4	价格							
5	224							
6	321	数组公式	324.29771	{=AVERAGE(IF(价格>=MEDIAN(价格),价格,""))}				
7	133							
8	310							
9	370							
10	223							
11	380							
12	253							
13	211							
14	248							
15	146							

图 35-6

如何使用数组函数对销售数据进行统计和分析？

在之前的章节中，我们已经学习了使用 COUNTIFS、SUMIFS 和 AVERAGEIFS 等函数进行数据统计与分析。那如何使用数组函数来完成类似的统计与分析呢？

假设要基于某化妆品公司的一份销售数据表（示例文件"35- 化妆品 .xlsx"）进行分析，表中记录了每笔交易的订单编号、销售人员、交易日期、产品名称、销售数量和销售额，图 35-7 展示了部分数据。

	I	J	K	L	M	N
4	订单编号	销售人员	交易日期	产品名称	销售数量	销售额
5	1	Betsy	2004/4/1	唇彩	45	¥137.20
6	2	Hallagan	2004/3/10	粉底液	50	¥152.01
7	3	Ashley	2005/2/25	口红	9	¥28.72
8	4	Hallagan	2006/5/22	唇彩	55	¥167.08
9	5	Zaret	2004/6/17	唇彩	43	¥130.60
10	6	Colleen	2005/11/27	眼线笔	58	¥175.99
11	7	Cristina	2004/3/21	眼线笔	8	¥25.80
12	8	Colleen	2006/12/17	唇彩	72	¥217.84
13	9	Ashley	2006/7/5	眼线笔	75	¥226.64
14	10	Betsy	2006/8/7	唇彩	24	¥73.50
15	11	Ashley	2004/11/29	睫毛膏	43	¥130.84
16	12	Ashley	2004/11/18	唇彩	23	¥71.03
17	13	Emilee	2005/8/31	唇彩	49	¥149.59
18	14	Hallagan	2005/1/1	眼线笔	18	¥56.47
19	15	Zaret	2006/9/20	粉底液	-8	¥-21.99
20	16	Emilee	2004/4/12	睫毛膏	45	¥137.39
21	17	Colleen	2006/4/30	睫毛膏	66	¥199.65
22	18	Jen	2005/8/31	唇彩	88	¥265.19
23	19	Jen	2004/10/27	眼线笔	78	¥236.15
24	20	Zaret	2005/11/27	唇彩	57	¥173.12

图 35-7

使用第 34 章介绍的数据集统计函数可以轻松对这些销售数据进行处理，也可以使用第 20 章介绍的 COUNTIFS 函数和第 21 章介绍的 SUMIFS 函数等进行统计和分析，而数组函数则为此类任务提供了更为简捷、强大的替代方案。下面列举几个案例。

Jen 售出的产品总数量是多少?

首先，将 J5:J1904 单元格区域定义为"销售人员"，将 M5:M1904 单元格区域定义为"销售数量"。在 E7 单元格中输入公式"=SUMIF(销售人员 ,"Jen", 销售数量)"，可以得出 Jen 售出的产品总数量是 9 537 件。然后，在 E6 单元格中输入公式"=SUM(IF(销售人员 ="Jen", 销售数量 ,0))"，可以得到相同的答案。这个公式创建了一个数组，其中包含 Jen 的每笔交易的销售数量，而其他销售人员的销售数量被置为 0。最后，公式对数组包含的所有数值求和，就得到了 Jen 售出的产品总数量，即 9 537 件，如图 35-8 所示。

	A	B	C	D	E	F	G
5					Jen的总销售数量	Jen销售的口红数量	Jen的总销售数量及口红的总销售数量
6				数组公式	9537	1299	17061
7				一般公式	9537	1299	17061
8							
9					销售人员	产品名称	
10					Jen	口红	
11							
12					销售人员	产品名称	
13					Jen		
14						口红	
15							
16		眼线笔	粉底液	唇彩	口红	睫毛膏	
17	Ashley	1920	1373	1985	1066	2172	
18	Betsy	1987	2726	1857	1305	1582	
19	Cici	1960	2031	1701	1035	2317	
20	Colleen	1107	2242	1831	765	2215	
21	Cristina	1770	1729	1734	788	1790	
22	Emilee	2490	1803	1725	720	1545	
23	Hallagan	2288	2387	1840	1045	1873	
24	Jen	2302	1883	1792	1299	2261	
25	Zaret	2715	2117	1868	800	1268	

图 35-8

Jen 售出了多少支口红?

这个问题涉及两个字段，"销售人员"和"产品名称"。先使用数据集统计函数来求解，在 E9:F10 单元格区域中输入统计条件，然后在 F7 单元格中输入公式"=DSUM(J4:N1904,4,E9:F10)"，返回值为 1 299。再试试数组公式，在 F6 单元格中输入公式"=SUM((J5:J1904="jen")*(L5:L1904=" 口红 ")*M5:M1904)"，可以得到相同的答案。

要想理解 F6 单元格中的数组公式的含义，需要了解一些布尔数组的知识。公式中的

"(J5:J1904="jen")" 会创建一个布尔数组，J5:J1904 单元格区域中的每个条目在该数组中都有一个对应的逻辑值，即单元格中的值等于"Jen"（不区分大小写）的为"TRUE"，不等于"Jen"的为"FALSE"。同样，公式中的"(L5:L1904=" 口红 ")"也会创建一个布尔数组，其中的"TRUE"对应 L5:L1904 单元格区域中值等于"口红"的单元格，而"FALSE"对应值不等于"口红"的单元格。

布尔数组的乘法运算逻辑为：

◎ 真 × 真 = 1

◎ 真 × 假 = 0

◎ 假 × 真 = 0

◎ 假 × 假 = 0

简而言之，可将布尔数组相乘理解为 AND 运算。在本例的公式中，将布尔数组的乘积与 M5:M1904 单元格区域中的值相乘，将产生一个新的数组。在这个数组中，只有销售人员为 Jen、销售的产品为口红的销售数量数据是有效的。对这个数组的各项求和，就得到了 Jen 售出的口红数量——1 299 支。

Jen 的总销售数量和口红的总销售数量一共是多少？

对于这个问题，用数据集统计函数求解的方法是：在 E12:F14 单元格区域输入统计条件（分两行输入，表示"或者"关系），然后在 G7 单元格中输入公式"=DSUM(J4:N1904,4,E12:F14)"，即可得到 Jen 售出的所有产品的总销售数量与所有销售人员售出的口红总数量之和——17 061 件。

使用数组公式求解的方法是：在 G6 单元格中输入公式"=SUM(IF((J5:J1904="jen")+(L5:L1904=" 口红 "),1,0)*M5:M1904)"，返回值与前面的方法得到的相同。公式中的"(J5:J1904="jen")+(L5:L1904=" 口红 ")"创建了两个布尔数组。在第 1 个数组中，仅当订单的销售人员为 Jen 时对应的值为"TRUE"；在第 2 个数组中，仅当订单涉及的产品是口红时对应的值为"TRUE"。布尔数组相加的运算逻辑为：

◎ 假 + 真 = 1

◎ 真 + 真 = 1

◎ 真 + 假 = 1

◎ 假 + 假 = 0

简而言之，可将布尔数组相加理解为 OR 运算。因此，本例的公式将创建一个数组，其中各项对应着各订单，若订单的销售人员为 Jen 或涉及的产品为口红，则将销售数量乘以 1，否则乘以 0。对这个数组的各项求和，就得到了本例需要的统计值。

每位销售人员售出的各产品的数量分别是多少？

使用数组公式求解此类问题很简单。首先在 A17:A25 单元格区域中列出各销售人员的姓名，并在 B16:F16 单元格区域中列出各产品的名称，然后在 B17 单元格中输入公式 "=SUM(($J$5:$J$1904=$A17)*($L$5:$L$1904=B$16)*$M$5:$M$1904)"。此公式可以计算出 Ashley 售出的眼线笔的数量——1 920 支。将公式复制到 C17:F17 单元格区域，得到 Ashley 售出的各产品的数量。接下来，将 B17:F17 单元格区域中的公式复制到 B18:F25 单元格区域，即可计算出每位销售人员售出的各产品的数量。请注意，在 B17 单元格输入的公式中，"$A17" 中的 "$" 符号用于在复制公式时保持对销售人员姓名的绝对引用，"B$16" 中的 "$" 符号用于在复制公式时保持对产品名称的绝对引用。

提示　有的读者可能会问：为什么不直接将 B17 单元格中的公式一步到位地复制到整个表格区域？答案是，我们不能将一个数组公式粘贴到一个同时包含空白单元格和数组公式的区域。例如，在 C10 单元格中有一个数组公式，我们想把它复制到 C10:J15 这个既有空白单元格又有数组公式（C10 单元格）的单元格区域，可以先将公式从 C10 单元格复制到 D10:J10 单元格区域（先完成一行），然后将 C10:J10 单元格区域中的公式复制到 C11:J15 单元格区域。

要想更直观地理解本例的公式，可以选中包含公式的单元格，然后在【公式】选项卡的【公式审核】组中单击【公式求值】按钮，在打开的【公式求值】对话框中，依次单击【求值】按钮，查看该公式是如何一步步进行计算的。

如何使用数组常量？

在 Excel 中，我们可以根据需要创建数组，并在数组公式中使用它们。将各数值放在大括号 "{ }" 中（文本类型的数据需要带半角双引号 """"），即可创建一个数组。而且，数组中的值还可以是逻辑值。在数组常量中不允许使用公式或符号（例如 "$" 或 ","）。

来看一个示例，示例文件 "35- 数组公式 .xlsx" 的 "乘方" 工作表中有一列数值（C4:C9 单元格区域），如图 35-9 所示。假设需要计算这些数值的二次方、三次方及四次方值，只需在 D4 单元格中输入公式"=C4:C9^{2,3,4}"即可，计算结果将出现在 D4:F9 单元格区域。在这个数组公式中，数组常量 {2,3,4} 就是各数值要进行的乘方运算的指数，具体的运算过程是：公式先依次计算 C4:C9 单元格区域中各数值的二次方，将结果放置在 D4:D9 单元格区域中；然后依次计算各数值的三次方，将结果放置在 E4:E9 单元格区域中；最后依次计算各数值的四次方，将结果放置在 F4:F9 单元格区域中。

	C	D	E	F
3	数值	二次方	三次方	四次方
4	2	4	8	16
5	4	16	64	256
6	8	64	512	4096
7	10	100	1000	10000
8	14	196	2744	38416
9	20	400	8000	160000

图 35-9

如何编辑数组公式？

假如一个数组公式在多个单元格中返回了计算结果，我们是无法对其中的单个单元格进行编辑、移动或删除操作的。对于通过按【Ctrl+Shift+Enter】组合键输入的数组公式（公式显示在一对大括号中），可以在放置结果的单元格区域中任选一个单元格，按【F2】键进入编辑状态，对数组公式进行编辑、修改后按【Ctrl+Shift+Enter】组合键确认。这时，该单元格区域所有单元格中的数组公式都会进行同步更新。对于在 Microsoft 365 中通过按【Enter】键输入的数组公式（不显示大括号，而且除单元格区域的第 1 个单元格外，其他单元格中的数组公式都为灰色不可编辑状态），只能在放置结果的单元格区域的第 1 个单元格中对数组公式进行编辑、修改。

如何使用数组公式进行分类汇总？

如图 35-10 所示，示例文件"35- 中位数 .xlsx"记录了某公司在法国、美国和加拿大的多笔订单的销售额。现在需要计算该公司在各国的订单销售额的中位数。

先来计算销往美国的订单的销售额中位数，一个简单方法是创建一个仅包含美国订单销售额的数组（用空格替换其他国家的销售额数值），然后计算此数组所有值的中位数。将 C2:C208 单元格区域定义为"国家"，将 D2:D208 单元格区域定义为"销售额"；然后在 F5:F7 单元格区域中输入三个国家的名称，在 G5 单元格中输入公式"=MEDIAN(IF(国家 =F5, 销售额 ,""))"，这个公式将非美国的订单销售额数值替换为空格，然后计算得到美国订单销售额的中位数——

6 376.5 元。将此公式复制到 G6:G7 单元格区域，即可得到加拿大和法国的订单销售额的中位数。

	C	D	E	F	G
1	国家	销售额			
2	美国	¥5,919.00			
3	加拿大	¥4,005.00			
4	美国	¥6,456.00			销售额中位数
5	法国	¥8,328.00		美国	¥6,376.50
6	加拿大	¥9,426.00		加拿大	¥6,326.00
7	美国	¥5,929.00		法国	¥7,403.00
8	法国	¥7,746.00			
9	加拿大	¥9,292.00			
10	美国	¥8,839.00			
11	法国	¥7,403.00			
12	加拿大	¥3,911.00			
13	美国	¥7,458.00			
14	加拿大	¥8,094.00			
15	法国	¥4,727.00			

图 35-10

如何基于多字段组合计算对应数据的标准差？

如图 35-11 所示，示例文件 "35- 标准差 .xlsx" 记录了 456 条化妆品销售订单的信息，每条记录都包含销售人员、产品名称、销售数量和所属地区数据。现在需要计算每位销售人员在各地区售出各产品的总数量的标准差，即针对各个 "销售人员 / 产品名称 / 所属地区" 组合，计算对应的销售数量的标准差。

具体操作步骤为：

1. 分别选中 G4:J460 单元格区域中的各列数据，在【公式】选项卡的【定义的名称】组中单击【根据所选内容创建】按钮，为各列数据定义名称。

2. 将 G4:J460 单元格区域中的数据复制到新工作表中，删除 "销售数据" 列，然后在【数据】选项卡的【数据工具】组中单击【删除重复值】按钮，以创建一个不包含重复记录的 "销售人员 / 产品名称 / 所属地区" 组合的数据集。

3. 将新创建的数据集粘贴到原工作表的 L6:N51 单元格区域。

4. 在 O7 单元格中输入公式 "=STDEV(IF(销售人员 =L7,IF(产品名称 =M7,IF(所属地区 =N7, 销售数量))))"。

这个公式首先会遍历 "销售人员" 列并创建一个包含 1（如果销售人员是 Ashley）和 0（如果销售人员不是 Ashley）的数组，然后遍历 "产品名称" 列并以产品是否为睫毛膏为判断条件创建一个包含 1 和 0 的数组，最后遍历"所属地区"列并以地区是否为东部为判断条件再创建一个包含 1 和 0 的数组。将这三个数组相乘，即可生成与"Ashley 在东部售出的睫毛膏"这一条件对应的 1/0 数组。这个数组再与"销售数量"列相乘，即可得到 Ashley 在东部售出的所有睫毛膏订单的销售数量值组成的数组。最后，STDEV 函数返回了对应的标准差（约为 29.2）。

5. 将此公式复制到 O8:O51 单元格区域，得到每个组合对应的销售数量标准差。

	销售人员	产品名称	销售数量	所属地区			销售人员	产品名称	所属地区	标准差
4										
5	Ashley	睫毛膏	43	东部						
6	Ashley	睫毛膏	93	东部			销售人员	产品名称	所属地区	标准差
7	Ashley	唇彩	63	东部			Ashley	睫毛膏	东部	29.20046
8	Ashley	睫毛膏	19	东部			Ashley	唇彩	东部	26.32319
9	Ashley	眼线笔	41	东部			Ashley	眼线笔	东部	23.8838
10	Ashley	粉底液	84	东部			Ashley	粉底液	东部	28.5482
11	Ashley	口红	-8	东部			Ashley	口红	东部	28.74022
12	Ashley	眼线笔	76	东部			Betsy	唇彩	东部	26.83129
13	Ashley	唇彩	31	东部			Betsy	口红	东部	26.21341
14	Ashley	粉底液	8	东部			Betsy	睫毛膏	东部	22.94559
15	Ashley	眼线笔	81	东部			Betsy	粉底液	东部	28.26438
16	Ashley	粉底液	12	东部			Betsy	眼线笔	东部	36.03074
17	Ashley	唇彩	50	东部			Cici	唇彩	东部	35.35887
18	Ashley	眼线笔	39	东部			Cici	睫毛膏	东部	34.82632
19	Ashley	睫毛膏	17	东部			Cici	口红	东部	25.92939
20	Ashley	唇彩	32	东部			Cici	眼线笔	东部	19.77361
21	Ashley	口红	71	东部			Cici	粉底液	东部	22.94816
22	Ashley	唇彩	40	东部			Colleen	眼线笔	东部	39.11266
23	Ashley	眼线笔	92	东部			Colleen	口红	东部	23.16679
24	Ashley	眼线笔	41	东部			Colleen	睫毛膏	东部	40.0495
25	Ashley	眼线笔	25	东部			Colleen	粉底液	东部	22.16662

图 35-11

 提示 若想更好地理解本例中的数组公式，可以选中包含公式的单元格，在【公式】选项卡的【公式审核】组中单击【公式求值】按钮，然后在打开的【公式求值】对话框中，依次单击【求值】按钮，查看该公式的运算过程。

如何使用 SUMPRODUCT 函数进行条件计数、条件求和等计算？

使用 SUMPRODUCT 函数可以像数组公式那样进行条件计数和条件求和等许多计算。例如，在本章的前面，我们使用 SUMPRODUCT 函数计算了两个单元格区域中的数值（数组）

的乘积之和。

　　示例文件"35- 家电 .xlsx"记录了某公司在几个国家的家电销售数据，如图 35-12 所示。下面以这些数据为例展示一下 SUMPRODUCT 函数的强大功能。

	A	B	C	D	E
1	月份	产品名称	国家	销售额	预期销售额
2	一月	电视	美国	¥4,000.00	¥5,454.00
3	一月	电视	加拿大	¥3,424.00	¥5,341.00
4	一月	电视	美国	¥8,324.00	¥1,232.00
5	一月	电视	法国	¥5,555.00	¥3,424.00
6	一月	电视	加拿大	¥5,341.00	¥8,324.00
7	一月	电视	美国	¥1,232.00	¥5,555.00
8	一月	电视	法国	¥3,424.00	¥5,341.00
9	一月	电视	加拿大	¥8,324.00	¥1,232.00
10	一月	电视	美国	¥5,555.00	¥3,424.00
11	一月	电视	法国	¥5,341.00	¥8,324.00
12	一月	电视	加拿大	¥1,232.00	¥5,555.00
13	一月	电视	美国	¥3,424.00	¥5,341.00
14	一月	电视	加拿大	¥8,383.00	¥5,454.00
15	一月	电视	法国	¥8,324.00	¥1,232.00
16	一月	电视	加拿大	¥5,555.00	¥3,424.00
17	一月	电视	美国	¥5,341.00	¥8,324.00
18	一月	电视	法国	¥1,232.00	¥5,555.00
19	一月	电视	法国	¥3,523.00	¥9,295.00
20	二月	冰箱	加拿大	¥5,555.00	¥3,424.00

图 35-12

计算销售额低于预期的次数

　　G3 单元格中的公式为"=SUMPRODUCT(--(D2:D208<E2:E208))"，根据返回值可知，有 113 条记录的销售额低于预期，如图 35-13 所示。

	F	G	H	I	J	K
2		销售额低于预期的次数				
3		¥113.00	=SUMPRODUCT(--(D2:D208<E2:E208))			
4						
5		各产品销售额低于预期的次数				
6	电视	39.00	=SUMPRODUCT(--(D2:D208<E2:E208), --(B2:B208=F6))			
7	冰箱	37.00	=SUMPRODUCT(--(D3:D209<E3:E209), --(B3:B209=F7))			
8	洗衣机	37.00	=SUMPRODUCT(--(D4:D210<E4:E210), --(B4:B210=F8))			
9						
10		在各国的交易次数				
11	法国	75.00	=SUMPRODUCT(--($C$2:$C$208=F11))			
12	美国	66.00	=SUMPRODUCT(--($C$2:$C$208=F12))			
13	加拿大	66.00	=SUMPRODUCT(--($C$2:$C$208=F13))			

图 35-13

　　若要更好地理解此公式，可先选中 G3 单元格中，然后单击【公式】选项卡的【公式审核】组中的【公式求值】按钮，打开【公式求值】对话框。单击【求值】按钮可以查看公式的运算过程——对于每条记录，依次对销售额和预期销售额进行比较，当前者小于后者时得到"TRUE"，反之为"FALSE"，完成所有比较之后，得到一个由"TRUE"和"FALSE"组成的数组，如图 35-14 所示。"--"将"TRUE"转换为 1，将"FALSE"转换为 0，最终的数组求和结果为 113。

图 35-14

计算各产品销售额低于预期的次数

　　要分产品计算销售额低于预期的次数，先在 F6:F8 单元格区域中输入 3 个产品名称，然后在 G6 单元格中输入公式 "=SUMPRODUCT(--(D2:D208<E2:E208), --(B2:B208=F6))"，表示当电视这个产品的销售额低于预期时，该条记录在数组中对应的值是"TRUE"。同样，所有的"TRUE"将被转换为 1，"FALSE"被转换为 0，最终可知有 39 笔有关电视的交易的销售额低于预期。将该公式复制到 G7:G8 单元格区域，可得到其他产品的销售额低于预期的次数。

计算在各国的交易次数

　　先在 F11:F13 单元格区域中输入 3 个国家名称，然后在 G11 单元格中输入公式 "=SUMPRODUCT(--($C$2:$C$208=F11))"，公式中的 "$C$2:$C$208=F11" 用于判断 C 列各行中的国家名称是否为"法国"，若是返回"TRUE"，否则返回"FALSE"。然后，"--"将"TRUE"转换为 1，将"FALSE"转换为 0。最后通过对数组中的值求和得到发生在法国的交易次数。将该公式复制到 G12:G13 单元格区域，可计算发生在其他国家的交易次数。

计算各产品的总销售额

在 G16 单元格中输入公式"=SUMPRODUCT(--($B$2:$B$208=F16),$D$2:$D$208)",并将该公式复制到 G17:G18 单元格区域,即可计算每种产品的总销售额,如图 35-15 所示。公式中的"$B$2:$B$208=F16"生成一个由"TRUE"和"FALSE"组成的数组,其中的值就是 B 列各行的值是否为指定的产品名称的判断结果。这个数组与由 D 列(销售额)数据组成的数组相乘,再求和,即可得到指定产品的总销售额。

	F	G	H	I	J	K	L	M
15		各产品总销售额		¥1,026,278.00				
16	电视	¥339,498.00	=SUMPRODUCT(--($B$2:$B$208=F16),$D$2:$D$208)					
17	冰箱	¥342,481.00	=SUMPRODUCT(--($B$2:$B$208=F17),$D$2:$D$208)					
18	洗衣机	¥344,299.00	=SUMPRODUCT(--($B$2:$B$208=F18),$D$2:$D$208)					
19								
20								
21		各产品在各国的总销售额		¥1,026,278.00				
22	电视	法国	¥119,538.00	=SUMPRODUCT(--($B$2:$B$208=F22),--($C$2:$C$208=G22),$D$2:$D$208)				
23	电视	美国	¥115,098.00	=SUMPRODUCT(--($B$2:$B$208=F23),--($C$2:$C$208=G23),$D$2:$D$208)				
24	电视	加拿大	¥104,862.00	=SUMPRODUCT(--($B$2:$B$208=F24),--($C$2:$C$208=G24),$D$2:$D$208)				
25	冰箱	法国	¥121,779.00	=SUMPRODUCT(--($B$2:$B$208=F25),--($C$2:$C$208=G25),$D$2:$D$208)				
26	冰箱	美国	¥100,430.00	=SUMPRODUCT(--($B$2:$B$208=F26),--($C$2:$C$208=G26),$D$2:$D$208)				
27	冰箱	加拿大	¥120,272.00	=SUMPRODUCT(--($B$2:$B$208=F27),--($C$2:$C$208=G27),$D$2:$D$208)				
28	洗衣机	法国	¥127,556.00	=SUMPRODUCT(--($B$2:$B$208=F28),--($C$2:$C$208=G28),$D$2:$D$208)				
29	洗衣机	美国	¥112,418.00	=SUMPRODUCT(--($B$2:$B$208=F29),--($C$2:$C$208=G29),$D$2:$D$208)				
30	洗衣机	加拿大	¥104,325.00	=SUMPRODUCT(--($B$2:$B$208=F30),--($C$2:$C$208=G30),$D$2:$D$208)				

图 35-15

计算各产品在各国的总销售额

H22 单元格中的公式为"=SUMPRODUCT(--($B$2:$B$208=F22),--($C$2:$C$208=G22),$D$2:$D$208)",实现了多条件求和。每个数组代表一个条件的筛选结果,第 1 个数组是根据 B 列各行的值是否为指定产品名称的判断结果生成的,第 2 个数组则完成了对国家的筛选,第 3 个数组是各条记录对应的销售额。3 个数组相乘,再求和,即可得到符合 2 个条件的交易的总销售额。

计算在各国的总销售额

P11 单元格中的公式为"=SUMPRODUCT(--($C$2:$C$208=O11),$D$2:$D$208)",如图 35-16 所示。此公式的计算逻辑与前面的案例相同。

	O	P	Q	R	S	T	U
10	在各国的总销售额		¥1,026,278.00				
11	法国	¥368,873.00	=SUMPRODUCT(--($C$2:$C$208=O11),$D$2:$D$208)				
12	美国	¥327,946.00	=SUMPRODUCT(--($C$2:$C$208=O12),$D$2:$D$208)				
13	加拿大	¥329,459.00	=SUMPRODUCT(--($C$2:$C$208=O13),$D$2:$D$208)				
14							

图 35-16

第 36 章
动态数组函数

本章将介绍 5 个功能强大的动态数组函数：UNIQUE、SORT、SORTBY、FILTER 和 SEQUENCE。使用这些动态数组函数编写的公式，返回的结果值的数量是能够根据数据源的变化而动态变化的，由此可显著简化公式的编写，降低函数的计算量。

如何使用 UNIQUE 函数从一组数据中提取唯一值列表？

UNIQUE 函数可用于从指定列表或单元格区域中提取唯一值列表。如果指定的单元格区域已被创建为表，那么当该表中的内容出现变化时，UNIQUE 函数返回的列表会自动同步更新。

UNIQUE 函数的语法结构是：

UNIQUE(查询范围 ，[提取方向]，[只出现一次])

其中，后两个参数是可选的，其说明如下：

◎ "提取方向"参数为 0（或 FALSE）或省略时，函数将按列提取，提取的是不同行中的不重复值。将此参数设置为 1（或 TRUE）时，函数将按行提取，提取的是不同列中的不重复值。

◎ "只出现一次"参数为 0（或 FALSE）或省略时，函数将提取所有不重复值。如果此参数为 1（或 TRUE），则函数返回只出现过一次的不重复值。

示例文件"36-UNIQUE 函数 .xlsx"展示了几个 UNIQUE 函数的应用示例。在"数据"工作表中，A12 单元格中的公式为"=UNIQUE(D5:E66,0,1)"，返回的是仅在指定数据集（D5:E66 单元格区域）中出现过一次的"销售人员 – 产品名称"组合，如图 36-1 所示。

 数据集中有多个重复出现的组合，例如有两条 Betsy 销售唇彩的记录，因此返回的结果中不包含"Betsy – 唇彩"等组合。

	A	B	C	D	E
4				销售人员	产品名称
5				Betsy	唇彩
6				Hallagan	粉底液
7				Ashley	口红
8				Hallagan	唇彩
9				Zaret	唇彩
10	不重复的销售记录			Colleen	眼线笔
11	=UNIQUE(D5:E66,0,1)			Cristina	眼线笔
12	Ashley	口红		Colleen	唇彩
13	Hallagan	唇彩		Ashley	眼线笔
14	Colleen	眼线笔		Betsy	唇彩
15	Cristina	眼线笔		Ashley	睫毛膏
16	Ashley	眼线笔		Ashley	唇彩
17	Zaret	粉底液		Ashley	唇彩
18	Jen	眼线笔		Hallagan	眼线笔
19	Betsy	眼线笔		Zaret	粉底液
20	Jen	口红		Emilee	睫毛膏
21	Jen	粉底液		Colleen	睫毛膏
22	Cici	粉底液		Jen	唇彩
23	Cici	眼线笔		Jen	眼线笔
24	Colleen	粉底液		Zaret	唇彩

图 36-1

图 36-2 展示了 UNIQUE 函数的 4 个应用示例：

◎ H4 单元格中的公式为"=UNIQUE(D5:D66)"，返回的是所有销售人员清单。

◎ G14 单元格中的公式为"=UNIQUE(E5:E66)"，返回的是所有产品清单。

◎ G21 单元格中的公式为"=UNIQUE(D5:D13,0,1)"，返回的是 D 列第 5 行到第 13 行中仅
出现过一次的销售人员清单。

◎ J5 单元格中的公式为"=UNIQUE(D5:E66)"，返回的是所有"销售人员 - 产品名称"的
组合清单。

	G	H	I	J	K
3		=UNIQUE(D5:D66)			
4		Betsy		=UNIQUE(D5:E66)	
5		Hallagan		Betsy	唇彩
6		Ashley		Hallagan	粉底液
7		Zaret		Ashley	口红
8		Colleen		Hallagan	唇彩
9		Cristina		Zaret	唇彩
10		Emilee		Colleen	眼线笔
11		Jen		Cristina	眼线笔
12		Cici		Colleen	唇彩
13	=UNIQUE(E5:E66)			Ashley	眼线笔
14	唇彩			Ashley	睫毛膏
15	粉底液			Ashley	唇彩
16	口红			Hallagan	眼线笔
17	眼线笔			Zaret	粉底液
18	睫毛膏			Emilee	睫毛膏
19				Colleen	睫毛膏
20	=UNIQUE(D5:D13,0,1)			Jen	唇彩
21	Betsy			Jen	眼线笔
22	Zaret			Zaret	睫毛膏
23	Cristina			Betsy	眼线笔

图 36-2

图 36-3 所示为 UNIQUE 函数的另两个应用示例，提取的是指定区域的不同列中的不重复值。
R6 单元格中的公式为"=UNIQUE(M3:Q3,1"，返回的是 M3:Q3 单元格区域中的所有不重复人名。
R8 单元格中的公式为"=UNIQUE(M3:Q3,1,1)"，返回的是 M3:Q3 单元格区域中只出现过一次
的人名。

	M	N	O	P	Q	R	S	T	U
3	Wayne	Jen	Greg	Vivian	Wayne				
4									
5						=UNIQUE(M3:Q3,1)			
6						Wayne	Jen	Greg	Vivian
7						=UNIQUE(M3:Q3,1,1)			
8						Jen	Greg	Vivian	
9									

图 36-3

在示例文件"36-UNIQUE 函数 .xlsx"的"表"工作表中，A 列和 B 列中的数据已被转换为
表。D6 单元格中的公式为"=UNIQUE(A5:B67)"，返回的是所有不重复的"销售人员 - 产品名
称"组合，如图 36-4 所示。若在表区域（A5:B67 单元格区域）的末尾增加新记录时，UNIQUE
函数的返回结果也会随之更新。

	A	B	C	D	E
4	销售人员	产品名称			
5	Betsy	唇彩		=UNIQUE(A5:B67)	
6	Hallagan	粉底液		Betsy	唇彩
7	Ashley	口红		Hallagan	粉底液
8	Hallagan	唇彩		Ashley	口红
9	Zaret	唇彩		Hallagan	唇彩
10	Colleen	眼线笔		Zaret	唇彩
11	Cristina	眼线笔		Colleen	眼线笔
12	Colleen	唇彩		Cristina	眼线笔
13	Ashley	眼线笔		Colleen	唇彩
14	Betsy	唇彩		Ashley	眼线笔
15	Ashley	睫毛膏		Ashley	睫毛膏
16	Ashley	唇彩		Ashley	唇彩
17	Ashley	唇彩		Hallagan	眼线笔
18	Hallagan	眼线笔		Zaret	粉底液
19	Zaret	粉底液		Emilee	睫毛膏
20	Emilee	睫毛膏		Colleen	睫毛膏

图 36-4

 如果动态数组公式的返回结果会覆盖工作表中已有的数据，Excel 会返回错误值
"#SPILL"。删除原有的数据可以消除这个错误值并使公式得以完整输出计算结果。

如何使用 SORT 和 SORTBY 函数对数据进行排序？

在本书的第 32 章，我们学习了如何使用 Excel 的排序功能（【数据】选项卡的【排序和筛选】组中的【排序】按钮）对数据进行排序，这里学习一下如何使用 Microsoft 365 的新函数 SORT 和 SORTBY 进行排序。

SORT 函数的语法结构为：

SORT(范围 ，[列号]，[方向]，[按列排序])

◎ "范围"参数用于指定数据所在的单元格区域。

◎ "列号"为可选参数，用于指定排序所依据的关键字在哪列。1 代表位于"范围"参数指定的单元格区域中的第 1 列，2 代表单元格区域中的第 2 列……省略此参数时，默认为 1。

◎ "方向"为可选参数，用于指定按升序还是降序进行排序。1 代表升序，-1 代表降序，默认为 1。

◎ "按列排序"为可选参数，1 代表按列排序，0 代表按行排序，默认为 0。

SORTBY 函数用于进行多列排序，其语法结构为：

SORTBY(范围 ，排序依据 ，[方向]，[第 2 排序依据]，[第 2 方向]，…)

其中：

◎ "范围"参数用于指定数据所在的单元格区域。

◎ "排序依据"参数用于指定排序所依据的关键字。

◎ "方向"为可选参数，用于指定按升序还是降序进行排序。1 代表升序，-1 代表降序，默认为 1。

◎ "第 2 排序依据"为可选参数，用于指定第 2 个或更多的排序关键字。

示例文件"36- 排序 .xlsx"中展示了几个用函数进行排序的示例。

◎ 在"排序"工作表中，E4 单元格中的公式为"=SORT(A6:D67,3,-1)"，表示以销售数量为关键字，按从高到低的顺序对所有销售记录进行排序。

◎ I4 单元格中的公式为"=SORTBY(A6:D67,C6:C67,-1,A6:A67,1)"，表示以销售数量为首选关键字，按从高到低的顺序对所有销售记录进行排序，对于销售数量相同的记录，以销售人员的姓名为次要关键字，按从 A 到 Z 的顺序进行排序。例如，在第 11 行至第 13 行的记录中，销售数量都是 80，Excel 就按销售人员的姓名升序排列了这 3 行数据，如图 36-5 所示。

	A	B	C	D	E	F	G	H	I	J	K	L
3					=SORT(A6:D67,3,-1)				=SORTBY(A6:D67,C6:C67,-1,A6:A67,1)			
4					Jen	睫毛膏	95	429.6	Jen	睫毛膏	95	429.6
5	销售人员	产品名称	销售数量	销售额	Jen	睫毛膏	94	339.5	Jen	睫毛膏	94	339.5
6	Betsy	唇彩	88	¥259.90	Betsy	唇彩	88	259.9	Betsy	唇彩	88	259.9
7	Hallagan	粉底液	86	¥108.20	Hallagan	粉底液	86	108.2	Hallagan	粉底液	86	108.2
8	Ashley	口红	29	¥123.00	Zaret	眼线笔	84	461.3	Zaret	眼线笔	84	461.3
9	Hallagan	唇彩	19	¥149.50	Zaret	唇彩	83	304.7	Zaret	唇彩	83	304.7
10	Zaret	唇彩	47	¥447.60	Cristina	粉底液	82	276.7	Cristina	粉底液	82	276.7
11	Colleen	眼线笔	63	¥248.10	Colleen	睫毛膏	80	398.3	Colleen	睫毛膏	80	398.3
12	Cristina	眼线笔	57	¥394.60	Emilee	睫毛膏	80	236.3	Emilee	睫毛膏	80	236.3
13	Colleen	唇彩	73	¥192.50	Hallagan	眼线笔	80	230	Hallagan	眼线笔	80	230
14	Ashley	眼线笔	47	¥234.50	Hallagan	粉底液	78	420.4	Emilee	粉底液	78	140.4
15	Betsy	唇彩	35	¥242.40	Emilee	粉底液	78	140.4	Emilee	粉底液	78	140.4
16	Ashley	睫毛膏	21	¥360.60	Jen	口红	74	325	Jen	口红	74	325
17	Ashley	唇彩	43	¥410.60	Colleen	唇彩	73	192.5	Colleen	唇彩	73	192.5
18	Ashley	唇彩	70	¥360.90	Emilee	睫毛膏	71	465.9	Cristina	唇彩	71	328.1
19	Hallagan	眼线笔	60	¥240.80	Cristina	唇彩	71	328.1	Emilee	睫毛膏	71	465.9
20	Zaret	粉底液	37	¥372.60	Ashley	唇彩	70	360.9	Ashley	唇彩	70	360.9
21	Emilee	睫毛膏	71	¥465.90	Cici	眼线笔	68	111.2	Cici	眼线笔	68	111.2
22	Colleen	睫毛膏	15	¥222.50	Colleen	眼线笔	63	248.1	Colleen	眼线笔	63	248.1

图 36-5

◎ 在"自定义名称"工作表中，已为每列数据定义了名称，名称就是列标签。F5 单元格中的公式为"=SORTBY(A6:D67,INDIRECT(F3),G3)"，表示以 F3 单元格中指定的内容为关键字（INDIRECT 函数用来根据 F3 单元格中的文本来引用对应列作为排序关键字），以 G3 单元格中指定的顺序（-1 或 1，代表降序或升序），对 A6:D67 单元格区域中的数据进行排序，如图 36-6 所示。

	A	B	C	D	E	F	G	H	I
2						排序依据	方向		
3						销售额	1		
4						=SORTBY(A6:D67,INDIRECT(F3),G3)			
5	销售人员	产品名称	销售数量	销售额		Hallagan	粉底液	24	104.6
6	Betsy	唇彩	88	¥259.90		Hallagan	粉底液	86	108.2
7	Hallagan	粉底液	86	¥108.20		Cristina	唇彩	31	111
8	Ashley	口红	29	¥123.00		Cici	眼线笔	68	111.2
9	Hallagan	唇彩	19	¥149.50		Emilee	眼线笔	25	111.6
10	Zaret	唇彩	47	¥447.60		Emilee	唇彩	18	114.4
11	Colleen	眼线笔	63	¥248.10		Ashley	口红	29	123
12	Cristina	眼线笔	57	¥394.60		Emilee	粉底液	78	140.4
13	Colleen	唇彩	73	¥192.50		Betsy	粉底液	21	148.2
14	Ashley	眼线笔	47	¥234.50		Hallagan	唇彩	19	149.5
15	Betsy	唇彩	35	¥242.40		Zaret	唇彩	39	163.4
16	Ashley	睫毛膏	21	¥360.60		Emilee	眼线笔	25	188.3
17	Ashley	唇彩	43	¥410.60		Colleen	唇彩	73	192.5
18	Ashley	唇彩	70	¥360.90		Zaret	眼线笔	62	195.9
19	Hallagan	眼线笔	60	¥240.80		Zaret	睫毛膏	51	216.4
20	Zaret	粉底液	37	¥372.60		Colleen	睫毛膏	15	222.5
21	Emilee	睫毛膏	71	¥465.90		Ashley	睫毛膏	34	223.2
22	Colleen	睫毛膏	15	¥222.50		Hallagan	眼线笔	80	230

图 36-6

如何使用 FILTER 函数对数据进行筛选?

本书第 33 章介绍了如何使用 Excel 的筛选工具(【数据】选项卡的【排序和筛选】组中的【筛选】按钮),自 Microsoft 365 版本起,我们还可以使用 FILTER 函数对数据进行筛选。FILTER 函数的语法结构为:

FILTER(范围 , 条件 , [为空])

◎ "范围"参数用于指定数据所在的单元格区域。

◎ "条件"参数用于指定条件区域。函数会依据指定的条件对"范围"参数指定的单元格区域进行逐行判断,符合条件的行被标记为 TRUE,不符合条件的行被标记为 FALSE,最后将标记为 TRUE 的行作为结果返回。

◎ "为空"是一个可选参数,如果函数没有找到任何满足条件的行,则返回这里指定的字符串。

示例文件"36-FILTER 函数 .xlsx"展示了几个 FILTER 函数的应用示例。

◎ 在"筛选"工作表中,I4 单元格中的公式为"=FILTER(D5:G66,D5:D66="Betsy"," 无 ")",表示筛选出销售人员为 Betsy 的所有记录,如图 36-7 所示。

◎ I16 单元格中的公式为"=FILTER(D5:G66,E5:E66=L13," 无 ")",表示筛选出产品名称与 L13 单元格中的内容相同的所有记录。

	D	E	F	G	H	I	J	K	L
3						=FILTER(D5:G66, D5:D66="Betsy","无")			
4	销售人员	产品名称	销售数量	销售额		Betsy	唇彩	88	259.9
5	Betsy	唇彩	88	¥259.90		Betsy	唇彩	35	242.4
6	Hallagan	粉底液	86	¥108.20		Betsy	眼线笔	41	388.3
7	Ashley	口红	29	¥123.00		Betsy	粉底液	46	371.3
8	Hallagan	唇彩	19	¥149.50		Betsy	唇彩	42	470.5
9	Zaret	唇彩	47	¥447.60		Betsy	粉底液	21	148.2
10	Colleen	眼线笔	63	¥248.10		Betsy	粉底液	49	450.4
11	Cristina	眼线笔	57	¥394.60					
12	Colleen	唇彩	73	¥192.50				产品名称	
13	Ashley	眼线笔	47	¥234.50				粉底液	
14	Betsy	唇彩	35	¥242.40					
15	Ashley	睫毛膏	21	¥360.60		=FILTER(D5:G66,E5:E66=L13,"无")			
16	Ashley	唇彩	43	¥410.60		Hallagan	粉底液	86	108.2
17	Ashley	唇彩	70	¥360.90		Zaret	粉底液	37	372.6
18	Hallagan	眼线笔	60	¥240.80		Hallagan	粉底液	78	420.4
19	Zaret	粉底液	37	¥372.60		Cristina	粉底液	42	364.3
20	Emilee	睫毛膏	71	¥465.90		Betsy	粉底液	46	371.3
21	Colleen	睫毛膏	15	¥222.50		Hallagan	粉底液	24	104.6
22	Jen	唇彩	39	¥325.10		Jen	粉底液	23	259
23	Jen	眼线笔	25	¥410.90		Emilee	粉底液	44	408.1

图 36-7

◎ Q17 单元格中的公式为 "=FILTER(D5:G66,(D5:D66=Q14)*(E5:E66=R14)," 无 ")"，返回的是 Zaret 售出的唇彩的所有记录。公式中的 "(D5:D66=R14)*(E5:E66=S14)" 为数组相乘，标记出了销售人员与 Q14 单元格中的内容相同且产品名称与 R14 单元格中的内容相同的所有记录，如图 36-8 所示。

	O	P	Q	R	S	T	U	V
11	=UNIQUE(E5:E66)							
12	唇彩							
13	粉底液		**销售人员**	**产品名称**				
14	口红		Zaret	唇彩				
15	眼线笔							
16	睫毛膏		=FILTER(D5:G66,(D5:D66=Q14)*(E5:E66=R14),"无")					
17			Zaret	唇彩		47	447.6	
18			Zaret	唇彩		43	449.8	
19			Zaret	唇彩		83	304.7	
20			Zaret	唇彩		39	163.4	
21								
22			=SORT(FILTER(D5:G66,(D5:D66=Q14)*(E5:E66=R14),"无"),4,-1)					
23		Zaret	唇彩		43	449.8		
24		Zaret	唇彩		47	447.6		
25		Zaret	唇彩		83	304.7		
26		Zaret	唇彩		39	163.4		

图 36-8

◎ P23 单元格中的公式为 "=SORT(FILTER(D5:G66,(D5:D66=Q14)*(E5:E66=R14)," 无 "),4,-1)"，表示先筛选出销售人员与 Q14 单元格中的内容相同且产品名称与 R14 单元格中的内容相同的所有记录，然后按销售额由高到低进行排序。

◎ W3 单元格中的公式为 "=FILTER(D4:G66,(D4:D66="Jen")+(D4:D66="Zaret")," 无 ")"，表示返回销售人员为 Jen 或 Zaret 的所有记录，如图 36-9 所示。公式中的 "(D4:D66="Jen")+(D4:D66="Zaret")" 为数组相加，标记出了销售人员为 Jen 或 Zaret 的所有记录。

	W	X	Y	Z	AA	AB
2	=FILTER(D4:G66,(D4:D66="Jen")+(D4:D66="Zaret"),"无")					
3	Zaret	唇彩	47	447.6		
4	Zaret	粉底液	37	372.6		
5	Jen	唇彩	39	325.1		
6	Jen	眼线笔	25	410.9		
7	Zaret	唇彩	43	449.8		
8	Zaret	睫毛膏	43	244.3		
9	Jen	睫毛膏	94	339.5		
10	Jen	口红	74	325		
11	Zaret	唇彩	83	304.7		
12	Zaret	睫毛膏	51	216.4		
13	Jen	粉底液	23	259		
14	Zaret	眼线笔	84	461.3		
15	Zaret	眼线笔	19	319.1		
16	Zaret	唇彩	39	163.4		
17	Zaret	眼线笔	62	195.9		
18	Jen	唇彩	47	362.5		
19	Jen	睫毛膏	95	429.6		

图 36-9

◎ 在"表"工作表中，I12 单元格中的公式为"=FILTER(表 1, 表 1[产品名称]=I6," 无 ")"，
返回了产品名称与 I6 单元格中的内容相同的所有记录，如图 36-10 所示。由于此公式的
数据源是表，因此筛选范围会自动扩展至包含新添加的行。

	销售人	产品名称	销售数	销售额		产品名称		产品名称		
4										
5	Betsy	唇彩	88	¥259.90				唇彩		
6	Hallagan	粉底液	86	¥108.20		产品名称		粉底液		
7	Ashley	口红	29	¥123.00		粉底液		口红		
8	Hallagan	唇彩	19	¥149.50				眼线笔		
9	Zaret	唇彩	47	¥447.60				睫毛膏		
10	Colleen	眼线笔	63	¥248.10						
11	Cristina	眼线笔	57	¥394.60		记录	=FILTER(表1,表1[产品名称]=I6,"无")			
12	Colleen	唇彩	73	¥192.50		Hallagan	粉底液	86	108.2	
13	Ashley	眼线笔	47	¥234.50		Zaret	粉底液	37	372.6	
14	Betsy	唇彩	35	¥242.40		Hallagan	粉底液	78	420.4	
15	Ashley	睫毛膏	21	¥360.60		Cristina	粉底液	42	364.3	
16	Ashley	唇彩	43	¥410.60		Betsy	粉底液	46	371.3	
17	Ashley	唇彩	70	¥360.90		Hallagan	粉底液	24	104.6	
18	Hallagan	眼线笔	60	¥240.80		Jen	粉底液	23	259	
19	Zaret	粉底液	37	¥372.60		Emilee	粉底液	44	408.1	
20	Emilee	睫毛膏	71	¥465.90		Cici	粉底液	60	458.8	
21	Colleen	睫毛膏	15	¥222.50		Hallagan	粉底液	29	443.8	
22	Jen	唇彩	39	¥325.10		Betsy	粉底液	21	148.2	
23	Jen	眼线笔	25	¥410.90		Betsy	粉底液	49	450.4	
24	Zaret	唇彩	43	¥449.80		Cristina	粉底液	82	276.7	
25	Zaret	睫毛膏	43	¥244.30		Colleen	粉底液	49	382.6	
26	Betsy	眼线笔	41	¥388.30		Emilee	粉底液	78	140.4	

图 36-10

如何使用 SEQUENCE 函数生成连续的编号？

SEQUENCE 函数可用于生成一个数值序列，可以指定这个序列在表格中占多少行、多少列，
初始值、各数值之间的增量也可以指定，并且可以不是整数。SEQUENCE 函数的语法结构为：

SEQUENCE(行 , [列], [初始值], [增量])

◎ "行"参数用于指定序列所占的行数。

◎ "列"参数用于指定序列所占的列数，省略时默认为 1。

◎ "初始值"参数用于指定序列的第 1 个值，省略时默认为 1。

◎ "增量"参数用于指定两个值之间的固定增量，省略时默认为 1。

示例文件"36-SEQUENCE 函数 .xlsx"展示了 SEQUENCE 函数的几个应用示例。"序列 1"

工作表包含 3 个简单的表格，如图 36-11 所示。

	C	D	E
6	=SEQUENCE(3,5,1,1)		
7	1	2	
8	6	7	
9	11	12	1
10			
11	=SEQUENCE(3,5)		
12	1	2	
13	6	7	
14	11	12	
15			
16	=SEQUENCE(3,5,1,2)		
17	1	3	
18	11	13	1
19	21	23	2

图 36-11

◎ C7 单元格中的公式为 "=SEQUENCE(3,5,1,1)"，C7:G9 单元格区域中的返回值为整数 1 至 15。

◎ C12 单元格中的公式为 "=SEQUENCE(3,5)"，返回值与上面相同。

◎ C17 单元格中的公式为 "=SEQUENCE(3,5,1,2)"，C17:G19 单元格区域中的返回值为整数 1 至 29 中的奇数。

"序列 2" 工作表中有更多的示例，如图 36-12 所示。

	A	B	C	D	E	F	G	H	I	J	K
8	开始日期	2021/6/8					开始时间	9:00:00			
9	=SEQUENCE(10,1,B8,4)						=SEQUENCE(8,1,H8,1/8)			年利率	10%
10	2021/6/8						9:00:00			贷款额	¥50,000.00
11	2021/6/12						12:00:00				
12	2021/6/16						15:00:00				¥-3,979.13
13	2021/6/20						18:00:00				¥-4,012.29
14	2021/6/24						21:00:00				¥-4,045.72
15	2021/6/28						0:00:00				¥-4,079.44
16	2021/7/2						3:00:00				¥-4,113.43
17	2021/7/6						6:00:00				¥-4,147.71
18	2021/7/10			=SEQUENCE(10000,1)							¥-4,182.28
19	2021/7/14			1							¥-4,217.13
20				2							¥-4,252.27
21				3							¥-4,287.71
22				4							¥-4,323.44
23				5							¥-4,359.47
24				6							
25				7						复核	¥-50,000.00

图 36-12

◎ A10 单元格中的公式为 "=SEQUENCE(10,1,B8,4)"，生成了以指定的日期（在本例中为 2021 年 6 月 8 日）为起始、10 个相隔 4 天的日期。

◎ D19 单元格中的公式为 "=SEQUENCE(10000,1)"，在 D19:D10018 单元格区域中生成了

1 万个整数（1 至 10 000）。

◎ G10 单元格中的公式为 "=SEQUENCE(8,1,H8,1/8)"，生成了以 9:00 为起始、8 个相隔 3 小时（1/8 天）的时间值。

◎ K12 单元格中的公式为 "=PPMT(0.1/12,SEQUENCE(12,1),12,50000,0,0)"，计算的是年利率为 10%、本金为 50 000 元的 12 期等额本息贷款每期偿还的本金金额。K25 单元格中的公式对列出的数值进行了复核（求和），可知各期偿还的本金金额之和等于贷款金额。

在"反转"工作表中，F5:L1895 单元格区域的数据已被定义为"数据"。假设要反转这些数据的排列顺序，可以在 N7 单元格中输入公式 "=SORTBY(数据 ,SEQUENCE(ROWS(数据),1,ROWS(数据),-1))"。在公式的返回结果中，原来的最后 1 行数据变为第 1 行，原来的倒数第 2 行数据变为第 2 行……公式中的 SEQUENCE 函数创建了 1 个由整数 1 900 至 1 组成的数组，最终实现了对原数据的反转排列，如图 36-13 所示。

	F	G	H	I	J	K	L	M	N	O	P	Q	R	S	T
4	订单编号	销售人员	交易日期	产品名称	销售数量	销售额	所属地区								
5	1	Betsy	2004/4/1	唇彩	45	¥137.20	南部								
6	2	Hallagan	2004/3/10	粉底液	50	¥152.01	北部		=SORTBY(数据,SEQUENCE(ROWS(数据),1,ROWS(数据),-1))						
7	3	Ashley	2005/2/25	口红	9	¥28.72	北部		1900	Cristina	2006/6/13	眼线笔	54	164.4873	北部
8	4	Hallagan	2006/5/22	唇彩	55	¥167.08	西部		1899	Hallagan	2006/11/3	眼线笔	28	85.65683	南部
9	5	Zaret	2004/6/17	唇彩	43	¥130.60	北部		1898	Zaret	2004/1/15	口红	72	217.8359	西部
10	6	Colleen	2005/11/27	眼线笔	58	¥175.99	北部		1897	Colleen	2005/11/5	唇彩	46	140.4089	西部
11	7	Cristina	2004/3/21	眼线笔	8	¥25.80	北部		1896	Emilee	2005/2/14	粉底液	36	109.8426	东部
12	8	Colleen	2006/12/17	唇彩	72	¥217.84	北部		1895	Emilee	2005/11/27	眼线笔	15	47.16102	东部
13	9	Ashley	2006/7/5	眼线笔	75	¥226.64	南部		1894	Colleen	2004/5/15	唇彩	60	181.8703	东部
14	10	Betsy	2006/8/7	唇彩	24	¥73.50	东部		1893	Cici	2004/7/31	粉底液	20	61.92386	北部
15	11	Ashley	2004/11/29	睫毛膏	43	¥130.84	东部		1892	Cici	2006/2/23	睫毛膏	92	278.4349	西部
16	12	Ashley	2005/11/18	睫毛膏	23	¥71.03	西部		1891	Betsy	2005/4/10	粉底液	39	119.1888	东部
17	13	Emilee	2005/8/31	唇彩	49	¥149.59	西部		1890	Cici	2005/6/15	粉底液	16	49.75399	东部
18	14	Hallagan	2005/1/1	眼线笔	18	¥56.47	南部		1889	Emilee	2006/11/25	眼线笔	76	229.9178	东部
19	15	Zaret	2006/9/20	粉底液	-8	¥-21.99	东部		1888	Colleen	2005/7/18	眼线笔	24	73.81115	西部
20	16	Emilee	2004/4/12	睫毛膏	45	¥137.39	东部		1887	Zaret	2005/4/21	唇彩	61	185.3148	北部
21	17	Colleen	2006/4/30	睫毛膏	66	¥199.65	南部		1886	Cristina	2005/8/9	睫毛膏	89	269.1475	南部
22	18	Jen	2005/8/31	唇彩	88	¥265.19	北部		1885	Ashley	2006/5/11	唇彩	12	37.83771	西部
23	19	Jen	2004/10/27	眼线笔	78	¥236.15	南部		1884	Hallagan	2006/5/22	唇彩	89	269.3955	西部
24	20	Zaret	2005/11/27	唇彩	57	¥173.12	北部		1883	Betsy	2004/7/20	唇彩	-6	-15.736	东部
25	21	Zaret	2006/6/2	睫毛膏	12	¥38.08	西部		1882	Jen	2004/3/21	粉底液	72	217.9002	北部

图 36-13

第 37 章
数据验证

在 Excel 中输入大量信息时很容易出错，幸运的是，Microsoft 365 的数据验证功能可以帮助我们降低出错的概率。

如何设置输入的数值的取值范围？

在篮球比赛中，一支球队的整场得分通常为 50 至 200 分，但在一个针对多支球队的数据分析中，由于某队的一场比赛得分——100 分被错误地输入为 1 000 分，使得最终的数据分析结果变得一团糟。有没有办法让 Excel 阻止用户犯这类错误？

假设要在 A2:A11 单元格区域中输入各场比赛的主场球队得分，在 B2:B11 单元格区域输入客场球队得分，A2:B11 单元格区域内的值是介于 50 和 200 之间的整数，操作方法为：

1. 选择 A2:B11 单元格区域，在【数据】选项卡的【数据工具】组中，单击【数据验证】按钮，打开【数据验证】对话框。

2. 在【设置】选项卡的【允许】下拉列表中选择【整数】选项。

3. 勾选【忽略空值】复选框。

4. 在【数据】下拉列表中选择【介于】选项。

5. 在【最小值】框中键入 "50"，在【最大值】框中键入 "200"，如图 37-1 所示，单击【确定】按钮。

在设置了数据验证的单元格中输入无效数据时，Excel 会弹出一个报错窗口，默认的提示信息为 "此值与此单元格定义的数据验证限制不匹配"。可以在【数据验证】对话框的【出错警告】选项卡的【错误信息】列表框中输入自定义的提示信息，如图 37-2 所示。

在【数据验证】对话框的【输入信息】选项卡中，可以设置选中单元格后显示的提示信息，例如提示输入者当前单元格允许输入的数据类型或取值范围。该提示信息将以注释的形式显示在所选单元格的右下方。

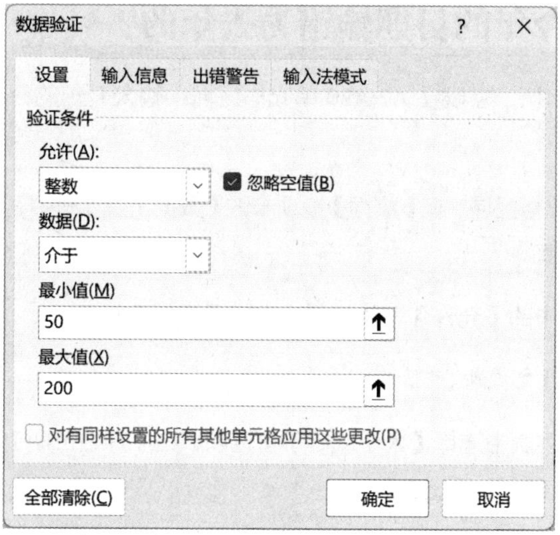

图 37-1

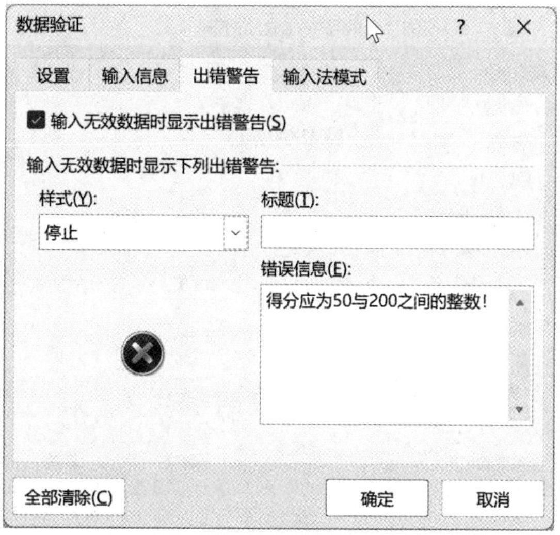

图 37-2

按以上步骤设置完毕后，假如在 B5 单元格中输入了一个不在 50 至 200 范围内的数值并按【Enter】键，Excel 将会弹出图 37-3 所示的提示框。

图 37-3

如何避免把今年的日期输错为去年的?

假设现在是 2035 年初，需要在 A2:A20 单元格区域中输入今年的日期，可按下列步骤设置相关的数据验证选项：

1. 选择 A2:A20 单元格区域，在【数据】选项卡的【数据工具】组中，单击【数据验证】按钮，打开【数据验证】对话框。

2. 在【设置】选项卡的【允许】下拉列表中选择【日期】选项。

3. 勾选【忽略空值】复选框。

4. 在【数据】下拉列表中选择【大于或等于】选项，在【开始日期】框中输入"2035/1/1"，如图 37-4 所示，单击【确定】按钮。

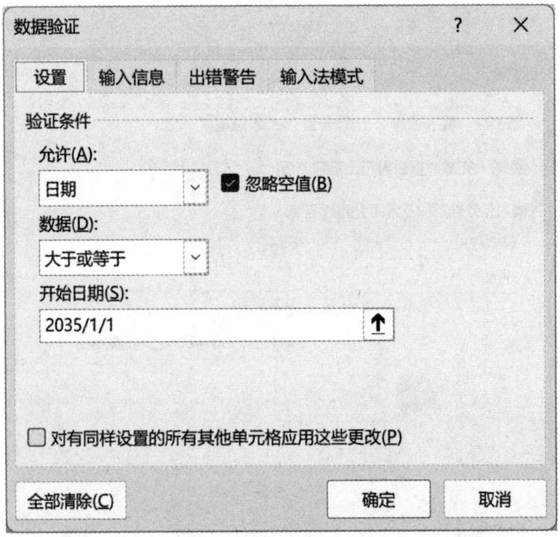

图 37-4

现在，如果在 A2:A20 单元格区域中输入早于 2035 年 1 月 1 日的日期值，Excel 就会弹出提示框报错。

如何避免在输入数字时错误地输入其他字符?

要想充分发挥数据验证功能的作用,需要通过公式来定义验证条件,相关公式的运算逻辑与本书第 24 章中介绍的条件格式的公式相同。

例如,假设需要确保 B2:B20 单元格区域中的内容都是数字,可以使用 ISNUMBER 函数来编写自定义验证条件的公式,检查单元格区域中的内容是否为数字:若单元格中的内容是数字,函数会返回"TRUE";若单元格中存在数字以外的字符,则返回"FALSE"。设置步骤如下:

1. 选择 B2:B20 单元格区域,在【数据】选项卡的【数据工具】组中,单击【数据验证】按钮,打开【数据验证】对话框。

2. 在【设置】选项卡的【允许】下拉列表中选择【自定义】选项。

3. 勾选【忽略空值】复选框。

4. 在【公式】框中输入"=ISNUMBER(B2)",如图 37-5 所示,单击【确定】按钮。

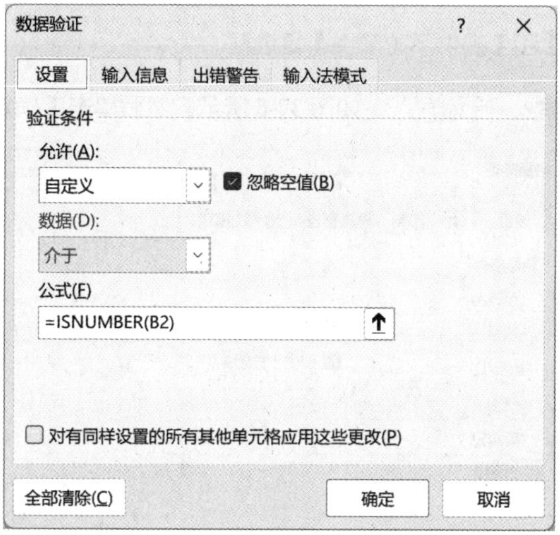

图 37-5

输入的公式会被 Excel 复制到单元格区域的其他单元格中。我们来验证一下,选中单元格区域中的另一个单元格(例如 B3 单元格),打开【数据验证】对话框,可以看到【公式】框中的公式为"=ISNUMBER(B3)"。

现在,如果在 B2:B20 单元格区域中输入数字以外的字符,验证条件公式的结果为"FALSE",进而导致 Excel 弹出提示框报错。

如何通过从列表中选择选项来减少手工录入数据导致的错误？

某公司的职员经常需要在表格中录入销售订单的数据，例如州名称的缩写。能否创建一个包含所有州名称的缩写列表，录入数据时从中选择需要的选项，从而减少输入数据时产生的错误？

对于本例，可以按如下步骤操作（具体数据参见示例文件 "37- 下拉列表 .xlsx"）。

1. 在 I6:I55 单元格区域中输入各州名称的缩写（在每个单元格中输入一个州名称的缩写），并将此单元格区域命名为 "缩写"。

2. 选择需要输入州名称缩写的单元格区域（本例选择 D6:D156 单元格区域）。

3. 在【数据】选项卡的【数据工具】组中单击【数据验证】按钮。

4. 在打开的【数据验证】对话框中，展开【设置】选项卡的【允许】下拉列表，选择【序列】选项。

5. 勾选【忽略空值】和【提供下拉箭头】复选框。

6. 在【来源】框中输入 "= 缩写"，如图 37-6 所示，然后单击【确定】按钮。

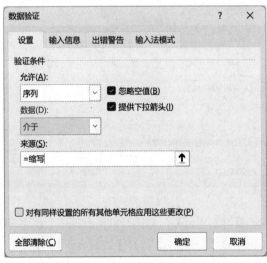

图 37-6

现在，选择 D6:D156 单元格区域中的某个单元格时，单元格中都会显示一个下拉箭头按钮，单击该按钮就能看到州名称的缩写列表（嵌套下拉列表），如图 37-7 所示，从中选择需要的选项即可输入相关数据。我们也可以直接在这些单元格中手工输入州名称的缩写，但是，只有这个列表中包含的选项才是允许输入的数据，若输入其他数据（包括输入了错误的州名称缩写），Excel 会弹出提示框报错。

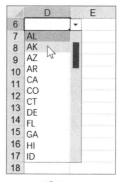

图 37-7

能否使用动态数组函数创建嵌套下拉列表？

示例文件"37- 动态下拉列表 .xlsx"记录了某连锁商店不同类型糖果的销售数据。其中，C3:F7 单元格区域为每家商店的糖果销售记录，如图 37-8 所示。

	C	D	E	F	G	H	I	J	K	L	M
2									商店		
3	WALMART	Walgreens	Target	CVS					WALMART		
4	menthos	dove bar	lifesavers	dove bar		一级菜单	二级菜单		产品		
5	musketeers	Reece's	Baby Ruth	menthos		CVS	gumballs		hershey		
6	hershey	mentos	menthos	Reece's		Target	hershey				
7	gumballs	hershey	hershey	gumballs		Walgreens	menthos		总销售额		
8						WALMART	musketeers		¥78,842.00		
9											
10			商店	产品	销售额	H5单元格的公式					
11			WALMART	menthos	¥1,170.00	=SORT(UNIQUE(糖果[商店]))					
12			Walgreens	dove bar	¥1,352.00						
13			WALMART	musketeers	¥1,471.00	I5单元格的公式					
14			Target	lifesavers	¥1,310.00	=SORT(UNIQUE(FILTER(糖果[产品],糖果[商店]=K3)),1,1)					
15			WALMART	menthos	¥1,464.00						
16			Walgreens	Reece's	¥1,233.00	K8 单元格的公式					
17			WALMART	hershey	¥1,450.00	=SUMIFS(糖果[销售额],糖果[产品],K5,糖果[商店],K3)					
18			Walgreens	mentos	¥987.00						
19			CVS	dove bar	¥1,292.00						
20			Walgreens	Reece's	¥1,232.00						
21			Walgreens	mentos	¥1,228.00						
22			CVS	menthos	¥928.00						
23			WALMART	hershey	¥929.00						

图 37-8

假设想通过在单元格中嵌套的下拉列表选择商店和产品，快捷地查看对应的总销售额。例如，在 K3 单元格的下拉列表中选择某商店（一级菜单），然后在 K5 单元格的下拉列表中选择某产品（二级菜单，包含的选项根据一级菜单的选择情况动态生成），Excel 在 K8 单元格中显示所选商店售出的指定产品的总销售额。具体操作步骤如下：

1. 选择 E10:G837 单元格区域，转换为表，并将此单元格区域命名为"糖果"。

2. 在 H5 单元格中输入公式"=SORT(UNIQUE(糖果 [商店]))"，创建升序排序的商店名称列表。

> 如果以后在源数据区域中添加了新的数据，则此公式返回的结果会包含新数据，而且会按照升序重新对返回结果进行排序。
提示

3. 选择 K3 单元格，在【数据】选项卡的【数据工具】组中单击【数据验证】按钮。

4. 在打开的【数据验证】对话框中，展开【设置】选项卡的【允许】下拉列表，选择【序列】选项。

5. 勾选【忽略空值】和【提供下拉箭头】复选框。

6. 在【来源】框中输入"=H5#"，如图 37-9 所示，单击【确定】按钮。符号"#"用于确保序列与 H5 单元格的动态数组公式的返回值一致。

图 37-9

7. 在 I5 单元格中输入公式 "=SORT(UNIQUE(FILTER(糖果 [产品], 糖果 [商店]=K3)),1,1)"，返回结果为所选商店销售的所有产品类型（升序排序）。公式中的 FILTER 函数用于生成所选商店的所有产品类型列表，UNIQUE 函数用于确保每种产品名称只出现一次，SORT 函数用于确保返回值升序排序。

8. 选择 K5 单元格，打开【数据验证】对话框。

9. 在【设置】选项卡中，展开【允许】下拉列表，选择【序列】选项。

10. 勾选【忽略空值】和【提供下拉箭头】复选框。

11. 在【来源】框中输入 "=I5#"，单击【确定】按钮。这样，单元格的嵌套下拉列表将显示所选商店销售的所有产品类型的排序列表。

12. 在 K8 单元格中输入公式 "=SUMIFS(糖果 [销售额], 糖果 [产品],K5, 糖果 [商店],K3)"，得到所选商店售出的指定产品的总销售额。

提示　如果使用的不是 Microsoft 365，可以使用 INDIRECT 函数创建嵌套下拉列表。

第 38 章
数据透视表和切片器

许多业务场景要求我们从不同的维度分析数据以获取重要的信息和线索。例如，假设有一个包含超过 10 万条记录的销售数据表，记录了不同时间、不同商店、不同商品的销售数据，可能有成千上万的信息需要我们跟踪。对此，借助数据透视表可以用多种方式快速汇总数据，例如：

◎ 客户每年在各商店购买各商品的总金额。

◎ 各商店的总销售额。

◎ 每年的总销售额。

再比如，旅行社的职员可以对数据进行切分，以确定客户在旅行方面的平均支出是否受年龄和（或）性别的影响。或者，汽车销售公司的职员在分析汽车销售数据时，可以对购买七座车的客户的家庭人口数量进行比较。再有，芯片制造商的市场人员可以跟踪某月在某国的芯片总销量，等等。

数据透视表是一个非常强大的工具，了解其工作原理的最简单方法是实践。下面，就让我们学习一些精心设计的案例吧。本章将从一个基础的案例开始，在初步了解数据透视表之后，再通过多个案例学习更多高级操作。

如何使用数据透视表汇总多家商店的销售记录？

在示例文件"38- 食品店 .xlsx"的"数据"工作表中，包含某食品店各分店的 900 多条销售记录（如图 38-1 所示），每条记录包含商品销售数量和销售额等数据。

假设需要按月对销售数据进行汇总，并查看每家商店的每种商品在一段时间（例如 1 月至 6 月）内的销售情况，可以使用数据透视表来完成这个任务。

要创建数据透视表，首先要确保数据源的首行为标题。如图 38-1 所示，本例的数据源的首行位于"数据"工作表的第 2 行，内容为"年""月""商店""类别""名称""数量""销售额"。

	A	B	C	D	E	F	G
2	年	月	商店	类别	名称	数量	销售额
3	2007	8月	南部	牛奶	低脂	805	¥3,187.80
4	2007	3月	南部	冰激凌	Edies	992	¥3,412.48
5	2007	1月	东部	牛奶	脱脂	712	¥1,808.48
6	2006	3月	北部	冰激凌	Edies	904	¥2,260.00
7	2006	1月	南部	冰激凌	Edies	647	¥2,076.87
8	2005	9月	西部	水果	李子	739	¥1,707.09
9	2006	3月	东部	牛奶	低脂	974	¥2,181.76
10	2007	6月	北部	水果	苹果	615	¥1,894.20
11	2007	7月	西部	水果	樱桃	714	¥1,856.40
12	2006	5月	南部	麦片	Special K	703	¥1,553.63
13	2005	6月	西部	冰激凌	Edies	528	¥2,064.48
14	2006	10月	东部	麦片	Raisin Bran	644	¥1,809.64
15	2005	6月	南部	水果	葡萄	919	¥2,196.41
16	2007	5月	西部	牛奶	脱脂	767	¥1,932.84
17	2007	6月	西部	麦片	Raisin Bran	984	¥1,987.68
18	2005	3月	南部	麦片	Raisin Bran	744	¥2,217.12
19	2007	9月	东部	冰激凌	Edies	693	¥2,189.88
20	2006	10月	东部	牛奶	巧克力奶	658	¥1,895.04

图 38-1

1.选择数据源中的任意单元格，在【插入】选项卡的【表格】组中单击【数据透视表】按钮，打开【来自表格或区域的数据透视表】对话框（如图 38-2 所示）。在其中的【表 / 区域】框中，Excel 已自动填写了数据源所在的单元格区域地址——A2:G924。

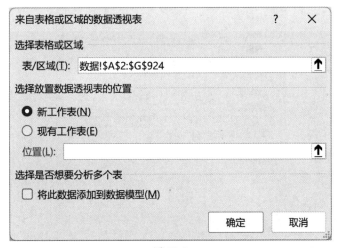

图 38-2

提示 在大多数情况下，我们会基于表格或单元格区域创建数据透视表。因此，直接单击【数据透视表】按钮相当于在其下拉菜单中选择【表格和区域】选项。若有需要，也可以在【数据透视表】按钮的下拉菜单中选择【来自外部数据源】选项，或者选择【来自数据模型】

选项（第 39 章会涉及有关内容）。

2. 选择【新工作表】单选按钮，单击【确定】按钮。

 也可以将数据透视表放置在当前工作表中，而不是将其放置在新工作表中。为此，需要选择【现有工作表】单选按钮，并在【位置】框中输入放置数据透视表的起始单元格地址。

此时，Excel 打开【数据透视表字段】窗格（如图 38-3 所示）。我们可以通过在窗格上部的列表框中选中不同复选框来选择在数据透视表中包括哪些字段，也可以通过将这些字段名称拖放到窗格下部的某个列表框中来指定数据透视表汇总和显示数据的方式。

数据透视表字段   ∨   ×

选择要添加到报表的字段: ⚙ ∨

搜索   🔍

- ☐ 年
- ☐ 月
- ☐ 商店
- ☐ 类别
- ☐ 名称
- ☐ 数量
- ☐ 销售额

更多表格...

在以下区域间拖动字段:

▽ 筛选	⊪ 列

≡ 行	Σ 值

☐ 延迟布局更新   更新

图 38-3

提示　若【数据透视表字段】窗格没有显示，只需用鼠标右键单击数据透视表中的任意单元格，然后在弹出的快捷菜单中选择【显示字段列表】选项。

【数据透视表字段】窗格下部的 4 个列表框的说明如下：

◎【筛选】列表框：此框中的字段用于对数据透视表的数据进行筛选。在数据透视表中，仅显示基于在此框中选中的字段的数据的计算结果。

◎【列】列表框：此框中的字段指定了数据透视表的列标签，若有多个字段，则各字段的排列顺序决定了对应数据的显示层级，最上方的字段层级最高（对应数据显示在表的最上方）。

◎【行】列表框：此框中的字段指定了数据透视表的行标签，若有多个字段，各字段的排列顺序决定了对应数据的显示层级，最上方的字段层级最高（对应数据显示在表的最左方）。

◎【值】列表框：对于此框中的字段，数据透视表会对相应数据进行指定方式的汇总。

提示　可以随时将各字段拖放到不同的列表框中，也可以改变各列表框中的字段排列顺序。若要调整字段在列表框中的排列顺序，可在列表框中上下拖动字段，或单击某个字段右侧的箭头按钮展开下拉菜单，从中选择【上移】和【下移】等选项。

3. 将"月"字段拖放到【筛选】列表框中，这样，即可轻松地对某日期区间（例如 1 月至 6 月）的数据进行汇总。在数据透视表中改变筛选条件时，数据的汇总结果会实时地自动更新。

4. 依次将"年"、"类别"、"名称"和"商店"字段拖放到【行】列表框中。Excel 将首先按年汇总数据，然后按商品类别汇总数据，再按具体商品汇总数据，最后汇总各个商店的数据。

5. 依次将"数量"和"销售额"字段拖放到【值】列表框中。Excel 会"猜测"我们要对各字段的对应数据进行哪种计算。在本例中，Excel 默认对拖入【值】列表框中的两个字段的数据进行求和，这恰好是正确的。

提示　若需要修改计算类型，展开字段的下拉菜单，选择【值字段设置】选项，在打开的对话框中选择其他计算类型选项。

图 38-4 所示为本例设置完成的【数据透视表字段】窗格。

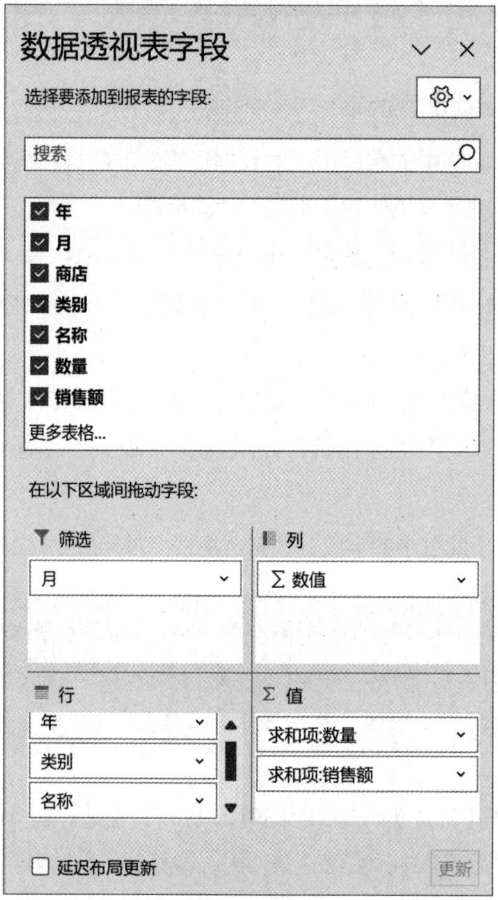

图 38-4

图 38-5 所示为生成的数据透视表（局部）。本例的数据透视表提取了数据源中所有的字段，并进行了汇总。例如，在工作表的第 5 行，我们可以看到 2005 年所有商店共售出了 243 228 件商品，总销售额为 728 218.68 元。

⊿	A	B	C	D
2	月	(全部) ⌄		
3				
4	行标签　　　　　　⌄	求和项:数量	求和项:销售额	
5	⊟2005	243228	728218.68	
6	⊟冰激凌	56518	174378.59	
7	⊟Ben and Jerry's	14344	43596.27	
8	北部	5696	17427.46	
9	东部	2426	6545.14	
10	南部	4531	13825.92	
11	西部	1691	5797.75	
12	⊟Breyers	21369	65306.67	
13	北部	5410	18174.2	
14	东部	5834	19607.9	
15	南部	5830	16823.66	
16	西部	4295	10700.91	
17	⊟Edies	20805	65475.65	
18	北部	4196	13937.8	
19	东部	3561	11993.2	
20	南部	8682	26027.07	
21	西部	4366	13517.58	
22	⊟麦片	63689	192172.93	
23	⊟Cheerios	11163	32993.1	
24	北部	1639	4988	
25	东部	1645	5055.8	
26	南部	3265	9216.47	
27	西部	4614	13732.83	
28	⊟Raisin Bran	35797	105793.04	
29	北部	8458	22822.23	

图 38-5

Microsoft 365 提供了哪些数据透视表报表布局？

图 38-5 所示的数据透视表报表布局为压缩形式，其中的行字段一个接一个地显示。Excel 还提供其他数据透视表报表布局。要改变报表布局，先选择数据透视表中的任意一个单元格，以激活数据透视表的【设计】选项卡，在【设计】选项卡的【布局】组中单击【报表布局】按钮，展开其下拉菜单，在其中选择需要的布局选项：

◎ 图 38-5 所示为选择【以压缩形式显示】选项之后的布局效果。

◎ 图 38-6 所示为选择【以大纲形式显示】选项之后的布局效果。

◎ 图 38-7 所示为选择【以表格形式显示】选项之后的布局效果。

	A	B	C	D	E	F
2	月	(全部) ▼				
3						
4	年 ▼	类别 ▼	名称 ▼	商店 ▼	求和项:数量	求和项:销售额
5	⊟2005				243228	728218.68
6		⊟冰激凌			56518	174378.59
7			⊟Ben and Jerry's		14344	43596.27
8				北部	5696	17427.46
9				东部	2426	6545.14
10				南部	4531	13825.92
11				西部	1691	5797.75
12			⊟Breyers		21369	65306.67
13				北部	5410	18174.2
14				东部	5834	19607.9
15				南部	5830	16823.66
16				西部	4295	10700.91
17			⊟Edies		20805	65475.65
18				北部	4196	13937.8
19				东部	3561	11993.2
20				南部	8682	26027.07
21				西部	4366	13517.58
22		⊟麦片			63689	192172.93
23			⊟Cheerios		11163	32993.1
24				北部	1639	4988
25				东部	1645	5055.8
26				南部	3265	9216.47
27				西部	4614	13732.83
28			⊟Raisin Bran		35797	105793.04

图 38-6

	A	B	C	D	E	F
2	月	(全部) ▼				
3						
4	年 ▼	类别 ▼	名称 ▼	商店 ▼	求和项:数量	求和项:销售额
5	⊟2005	⊟冰激凌	⊟Ben and Jerry'	北部	5696	17427.46
6				东部	2426	6545.14
7				南部	4531	13825.92
8				西部	1691	5797.75
9			Ben and Jerry's 汇总		14344	43596.27
10			⊟Breyers	北部	5410	18174.2
11				东部	5834	19607.9
12				南部	5830	16823.66
13				西部	4295	10700.91
14			Breyers 汇总		21369	65306.67
15			⊟Edies	北部	4196	13937.8
16				东部	3561	11993.2
17				南部	8682	26027.07
18				西部	4366	13517.58
19			Edies 汇总		20805	65475.65
20		冰激凌 汇总			56518	174378.59
21		⊟麦片	⊟Cheerios	北部	1639	4988
22				东部	1645	5055.8
23				南部	3265	9216.47
24				西部	4614	13732.83
25			Cheerios 汇总		11163	32993.1
26			⊟Raisin Bran	北部	8458	22822.23
27				东部	6226	19500.19
28				南部	8989	26069.35

图 38-7

数据透视表这个名称的由来是什么？

在使用数据透视表时，我们可以轻松地将表中的某个字段从一行数据转换为一列数据，以实现不同的布局效果。例如，将"年"字段从【行】列表框拖放到【列】列表框中，即可创建图 38-8 所示的按年汇总（每年的数据在单独一列）销售数量和销售额的数据透视表布局。

	A	B	C	D	E	F	G	H	I
2	月	(全部)							
3									
4		列标签						求和项:数量汇总	求和项:销售额汇总
5		求和项:数量			求和项:销售额				
6	行标签	2005	2006	2007	2005	2006	2007		
7	冰激凌	56518	56222	55693	174378.59	167211.04	169327.53	168433	510917.16
8	Ben and Jerry's	14344	16238	7542	43596.27	48954.55	24011.45	38124	116562.27
9	北部	5696	1157	2436	17427.46	4395.26	7900.56	9289	29723.28
10	东部	2426	4168	573	6545.14	13817.34	1237.68	7167	21600.16
11	南部	4531	5691	1814	13825.92	17863.58	5245.8	12036	36935.3
12	西部	1691	5222	2719	5797.75	12878.37	9627.41	9632	28303.53
13	Breyers	21369	23382	25335	65306.67	69291.37	77288.53	70086	211886.57
14	北部	5410	3324	6697	18174.2	9470.54	19714.66	15431	47359.4
15	东部	5834	2997	4549	19607.9	9774.07	14196.11	13380	43578.08
16	南部	5830	12295	6895	16823.66	37193.97	21811.38	25020	75829.01
17	西部	4295	4766	7194	10700.91	12852.79	21566.38	16255	45120.08
18	Edies	20805	16602	22816	65475.65	48965.12	68027.55	60223	182468.32
19	北部	4196	4453	5176	13937.8	11668.51	14952.03	13825	40558.34
20	东部	3561	4505	2758	11993.2	14144.72	8090.48	10824	34228.4
21	南部	8682	5248	8221	26027.07	16563.73	24448.16	22151	67038.96
22	西部	4366	2396	6661	13517.58	6588.16	20536.88	13423	40642.62
23	麦片	63689	52489	58671	192172.93	150710	172828.96	174849	515711.89
24	Cheerios	11163	16142	13652	32993.1	46657.49	38617.12	40957	118267.71
25	北部	1639	3027	4207	4988	10199.31	11409.85	8873	26597.16
26	东部	1645	5237	4795	5055.8	13311.86	13938.21	11677	32305.87

图 38-8

如何轻松更改数据透视表的设计？

数据透视表具备多种样式。要查看数据透视表的样式，先选择数据透视表中的任意一个单元格，以激活数据透视表的【设计】选项卡，在【设计】选项卡的【数据透视表样式】组中，单击列表框中符合实际需要的样式选项，即可将该样式应用到当前的数据透视表中。

如何轻松更改数据透视表中字段的格式？

我们可以更改数据透视表中字段的格式，操作步骤如下：

1.用鼠标右键单击要更改格式的字段所在的列标（本例以更改"求和项:销售额"列的格式为例进行介绍），在弹出的快捷菜单中选择【设置单元格格式】选项。

2.在打开的【设置单元格格式】对话框的【分类】列表框中，选择【货币】选项，然后在对话框右侧根据需要设置相应的选项。

3. 单击【确定】按钮关闭对话框，Excel 将指定的货币格式应用于"销售额"字段对应的一列数据。

我们还可以通过【数据透视表字段】窗格更改指定字段的格式，操作步骤如下：

1. 在【数据透视表字段】窗格的【值】列表框中，单击【求和项：销售额】选项右边的下拉按钮，在打开的筛选器面板中选择【值字段设置】选项。

2. 单击【值字段设置】对话框左下角的【数字格式】按钮，打开【设置单元格格式】对话框。

3. 在【分类】列表框中选择【货币】选项，然后在对话框右侧根据需要设置相应的选项，单击【确定】按钮。

如何折叠或展开字段？

我们可以轻松地折叠或展开数据透视表中某个字段的相关列表，以便清晰地查看需要的数据。要折叠字段的列表，只需单击字段名称左侧的减号（-），该字段下的所有列表将被隐藏，只剩字段的合计数据，而且原来的减号（-）变为加号（+）。

下面继续以示例文件"38- 食品店 .xlsx"为例进行讲解。假设要折叠"冰激凌"字段的列表，单击 A6 单元格中的"冰激凌"左侧的减号，该字段下的所有列表都被折叠了，冰激凌的销售数据只剩下一行，如图 38-9 所示。当要查看各种冰激凌的各地区销售数据时，只需单击"冰激凌"左侧的加号（同样在 A6 单元格中）。

	A	B 求和项:数量	C 求和项:销售额	D
4	行标签	求和项:数量	求和项:销售额	
5	⊟2005	243228	728218.68	
6	⊞冰激凌	56518	174378.59	
7	⊟麦片	63689	192172.93	
8	⊟Cheerios	11163	32993.1	
9	北部	1639	4988	
10	东部	1645	5055.8	
11	南部	3265	9216.47	
12	西部	4614	13732.83	
13	⊟Raisin Bran	35797	105793.04	
14	北部	8458	22822.23	
15	东部	6226	19500.19	
16	南部	8989	26069.35	
17	西部	12124	37401.27	
18	⊟Special K	16729	53386.79	
19	北部	4172	14956.36	
20	东部	2289	5998.21	

图 38-9

我们还可以折叠或展开某个字段下的所有列表，例如折叠"年"字段下的列表，仅显示各类商品每年的总数据，操作方法如下：

1. 选择包含要折叠或展开的字段的任意单元格，例如 A6 单元格。

2. 在【数据透视表分析】选项卡的【活动字段】组中，单击【折叠字段】按钮（带有红色减号的图标），如图 38-10 所示。图 38-11 所示为折叠"类别"字段后的数据透视表。

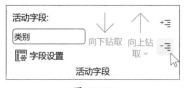

图 38-10

4	行标签 ↓	求和项:数量	求和项:销售额
5	⊟2005	243228	728218.68
6	⊞冰激凌	56518	174378.59
7	⊞麦片	63689	192172.93
8	⊞牛奶	62974	178853.28
9	⊞水果	60047	182813.88
10	⊟2006	216738	637719.85
11	⊞冰激凌	56222	167211.04
12	⊞麦片	52489	150710
13	⊞牛奶	54117	162606.44
14	⊞水果	53910	157192.37
15	⊟2007	233161	702395.82
16	⊞冰激凌	55693	169327.53
17	⊞麦片	58671	172828.96
18	⊞牛奶	56981	170623.06
19	⊞水果	61816	189616.27
20	总计	693127	2068334.35

图 38-11

如果要展开处于折叠状态的字段，重复上述步骤 1 和步骤 2，但是单击的是【展开字段】按钮。

如何对数据透视表的字段进行排序？

在图 38-9 所示的数据透视表中，各种类别的产品是按名称的字母（英文或拼音）顺序升序排列的。例如，Cheerios 在麦片这一类别下排在第 1 位，Raisin Bran 排在第 2 位，等等。假设要按字母的降序对各类别下的产品名称进行排序，可以按如下步骤进行操作：

1. 选择含有具体产品名称的任意单元格，例如 A8 单元格（内容为"Cheerios"）。

2. 单击 A4 单元格中的下拉按钮（在"行标签"字样右边），在弹出的筛选器面板中选择【降序】选项，如图 38-12 所示。现在，排在麦片类别下的第 1 个产品是 Special K，排在牛奶类别下的第 1 个产品是脱脂，排在水果类别下的第 1 个产品是樱桃，以此类推。

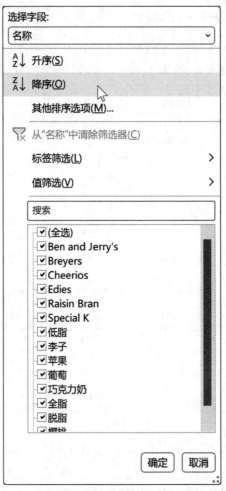

图 38-12

再看一个排序示例。在前面的示例中，数据是按年份升序排列的，即先列出的是 2005 年的销售记录，然后是 2006 年的销售记录，最后是 2007 年的销售记录。下面将顺序改为按年份降序排列，即 2007 年的数据排在最前面，2005 年的数据排在最后面。操作步骤很简单，先选择任意年份数字所在的单元格（例如图 38-9 所示数据透视表中的 A5 单元格），然后单击 A4 单元格中的下拉按钮，在弹出的筛选器面板中选择【降序】选项。

提示　选择某字段所在单元格后，单击"行标签"单元格中的下拉按钮，在弹出的筛选器面板的列表框中可以看到所有同级的字段名称。此时，可以通过勾选对应的复选框对同级字段的数据进行筛选，从而在数据透视表中只显示需要的字段数据。若勾选【(全选)】复选框，将显示所有字段的数据（即取消筛选）。

如何对数据透视表的数据进行筛选？

在数据透视表中，可以基于字段对数据进行筛选。打开示例文件 "38- 客户 .xlsx" 中的"数据"工作表，此工作表记录了某公司的客户消费记录，包括客户编号、消费金额和消费日期所在季度，如图 38-13 所示。

	客户编号	金额	季度	
	F	G	H	I
4	客户编号	金额	季度	
5	20	¥8,048.00	4	
6	6	¥7,398.00	4	
7	10	¥5,280.00	2	
8	28	¥3,412.00	3	
9	8	¥3,316.00	1	
10	17	¥821.00	2	
11	4	¥7,024.00	3	
12	20	¥1,379.00	1	
13	27	¥1,924.00	2	
14	23	¥631.00	3	
15	28	¥9,743.00	4	
16	8	¥8,192.00	2	
17	19	¥875.00	1	
18	3	¥9,803.00	4	
19	24	¥7,344.00	3	
20	13	¥6,114.00	1	

图 38-13

假设要筛选出全年消费金额位居前 10 名的客户，可以按照以下步骤操作：

1. 参照本章前面介绍的方法，在新工作表中创建空白数据透视表。

2. 在打开的【数据透视表字段】窗格中，将"客户编号"字段拖放到【行】列表框中，将"季度"字段拖放到【列】列表框中，将"金额"字段拖放到【值】列表框中。图 38-14 所示为生成的数据透视表。

	A	B	C	D	E	F
3	求和项:金额	列标签 ▾				
4	行标签 ▾	1	2	3	4 总计	
5	1	30965	42039	57790	43417	174211
6	2	96038	121118	59089	45355	321600
7	3	57419	33589	61960	97548	250516
8	4	48947	79352	63052	59520	250871
9	5	57270	86555	69517	33471	246813
10	6	75639	71976	55212	78644	281471
11	7	53130	65768	49064	89018	256980
12	8	33289	74001	45219	43512	196021
13	9	61611	99009	61075	50945	272640
14	10	31785	71213	60417	63835	227250
15	11	59127	35567	62130	107832	264656
16	12	71862	21670	67312	63558	224402
17	13	100626	56058	39500	75109	271293
18	14	74240	63023	36217	77218	250698
19	15	30612	62277	45561	52567	191017
20	16	41870	71490	64909	57120	235389

图 38-14

3. 单击"行标签"单元格中的下拉按钮，在弹出的筛选器面板中选择【值筛选】子菜单中的【前 10 项】选项。

4. 在打开的【前 10 个筛选】对话框中，检查各参数的设置是否满足要求，然后单击【确定】按钮。图 38-15 所示为筛选后的效果。

	A	B	C	D	E	F
3	求和项:金额	列标签 ▾				
4	行标签 ▾	1	2	3	4 总计	
5	2	96038	121118	59089	45355	321600
6	6	75639	71976	55212	78644	281471
7	9	61611	99009	61075	50945	272640
8	11	59127	35567	62130	107832	264656
9	13	100626	56058	39500	75109	271293
10	20	68349	104140	35083	69424	276996
11	22	31149	77333	104364	65664	278510
12	23	87124	56387	63290	71953	278754
13	27	45214	89826	56302	71285	262627
14	28	53737	69938	73471	69135	266281
15	总计	678614	781352	609516	705346	2774828

图 38-15

5. 要返回初始状态，只需单击"行标签"单元格中的"漏斗"图标，在弹出的面板中选择【从"客户编号"中清除筛选器】选项。

假设要筛选出全年消费金额位居所有客户前一半的客户，操作步骤为：

1. 单击"行标签"单元格中的下拉按钮，在弹出的筛选器面板中选择【值筛选】子菜单中的【前 10 项】选项。

2. 在打开的【前 10 个筛选】对话框中，将第 2 个框的值改为 50，将第 3 个框设置为【百分比】
选项，如图 38-16 所示，单击【确定】按钮。图 38-17 所示为生成的数据透视表。

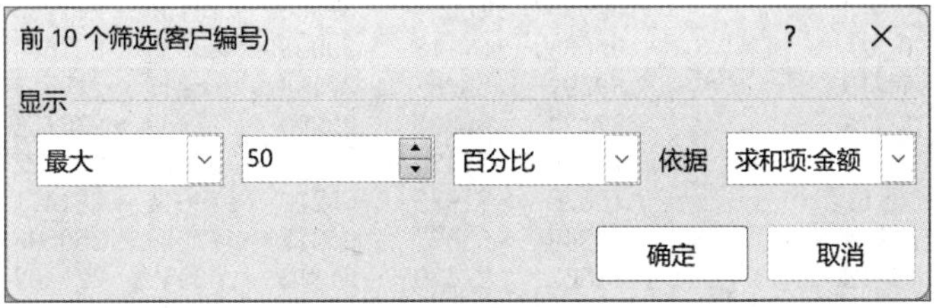

图 38-16

图 38-17

假设需要按第 1 季度的销售额从高到低的顺序排列每位客户的数据，只需用鼠标右键单击
包含第 1 季度数据的这一列中的除标题行和"总计"行外的任意单元格，在弹出的面板中选择【排
序】子菜单中的【降序】选项，排序效果如图 38-18 所示。通过这个数据透视表，可以轻易地
发现编号为 13 的客户在第 1 季度贡献的销售额最多，其次是编号为 2 的客户，以此类推。

	A	B	C	D	E	F
3	求和项:金额	列标签 ▼				
4	行标签 ⤵	1	2	3	4	总计
5	13	100626	56058	39500	75109	271293
6	2	96038	121118	59089	45355	321600
7	19	89591	53157	37558	38247	218553
8	23	87124	56387	63290	71953	278754
9	21	77336	37476	51815	57065	223692
10	6	75639	71976	55212	78644	281471
11	14	74240	63023	36217	77218	250698
12	12	71862	21670	67312	63558	224402
13	20	68349	104140	35083	69424	276996
14	17	61811	85706	46978	40802	235297
15	9	61611	99009	61075	50945	272640
16	26	59994	70594	50446	44050	225084
17	30	59599	64192	44335	42944	211070
18	11	59127	35567	62130	107832	264656
19	3	57419	33589	61960	97548	250516
20	5	57270	86555	69517	33471	246813

图 38-18

如何使用数据透视图展示数据透视表数据？

使用数据透视图可以轻松、直观地展现数据透视表的数据，通过折叠或展开某字段，或者对数据进行排序，即可让数据透视表中的数据以我们需要的方式展现出来。

让我们回到有关食品店的示例（38- 食品店 .xlsx），假设要汇总展示每种商品的销售数量随时间变化的趋势，具体操作如下：

1. 在新工作表中新建一个数据透视表，在【数据透视表字段】窗格中，将"年"字段拖放到【行】列表框中。

2. 将"类型"字段拖放到【列】列表框中，将"数量"字段拖放到【值】列表框中。

3. 单击数据透视表的任意位置，在【数据透视表分析】选项卡的【工具】组中单击【数据透视图】按钮。

4. 在打开的【插入图表】对话框中选择要创建的图表类型，本例选择【折线图】选项，生成的图表如图 38-19 所示。根据图表可以直观地看出各类型商品的销量在三年中的变化情况，例如，牛奶的年度销量的最高点在 2005 年，最低点在 2006 年。

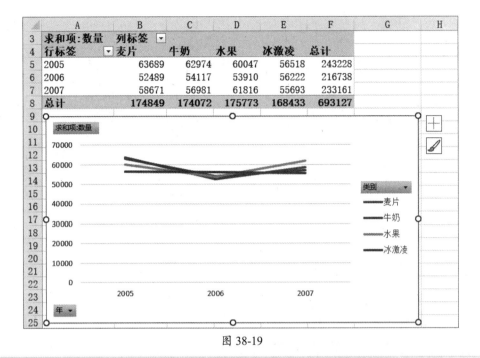

图 38-19

 可以用鼠标右键单击数据透视图中的任意位置，在弹出的快捷菜单中选择【更改图表类型】选项，打开【更改图表类型】对话框，根据需要调整图表的类型。

提示

如何使用数据透视表的筛选功能？

在之前的示例操作中，我们已经将"月"字段拖放到了【数据透视表字段】窗格的【筛选】列表框中（如图 38-4 所示）。假设现在要查看每年某个或某几个月份的销售数据，由于"月"字段已经在【筛选】列表框中了，此时我们只需单击 B2 单元格中的下拉按钮，在弹出的筛选器面板中选择需要的月份选项并单击【确定】按钮，即可实现按月筛选数据。在弹出的面板中勾选【选择多项】复选框，可同时选中多个月份选项进行数据筛选。图 38-20 所示为筛选效果，显示的是每年 1 月至 6 月的总销售数量和总销售额（按年、商品类别、商品名称和商店分类汇总）。

	A	B	C
2	月	(多项)	
3			
4	行标签	求和项:数量	求和项:销售额
5	⊟2007	117942	355025.04
6	⊟水果	34762	105661.49
7	⊟李子	10561	32908.7
8	北部	2648	8385.24
9	东部	2458	8886.71
10	南部	3039	8799.79
11	西部	2416	6836.96
12	⊟苹果	5969	17420.17
13	北部	1125	3301.8
14	东部	1620	5678.1
15	南部	543	1324.92
16	西部	2681	7115.35
17	⊟葡萄	8238	25311.08
18	北部	810	2786.4
19	东部	666	1398.6
20	南部	3403	10039.35

图 38-20

如何使用数据透视表的切片器？

数据透视表的筛选功能的不足之处是无法直观地看出筛选依据。例如，对于图 38-20 所示的筛选结果，若不打开 B2 单元格中的筛选面板，我们无从得知当前显示的是 1 月至 6 月的汇总数据。Excel 的切片器功能适合此应用场景。例如，按月份和商品名称筛选数据，具体的操作步骤如下：

1. 选择数据透视表中的任意单元格。

2. 在【插入】选项卡的【筛选器】组中，单击【切片器】按钮。

3. 在打开的【插入切片器】对话框中，勾选【月】和【名称】复选框，单击【确定】按钮。

4. 工作表中出现了两个切片器面板——"月"和"名称"字段的切片器，其中分别列出了该字段包含的所有条目。此时，可以通过单击切片器面板中的选项对数据透视表中显示的数据进行"切分"。

例如，按下【Ctrl】键单击选择"月"切片器面板中的【1 月】【2 月】【3 月】选项，选择"名称"切片器面板中的【李子】和【葡萄】选项，数据筛选效果如图 38-21 所示。

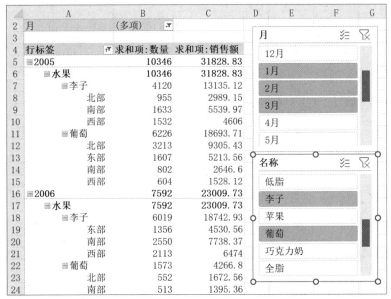

图 38-21

若需要调整切片器面板的大小和位置，可以用鼠标直接拖动面板边框上的控制点调整宽度或高度，或者将鼠标指针放在面板的空白处按下左键拖动调整位置。用鼠标右键单击切片器面板的空白处，在弹出的快捷菜单中选择【大小和属性】选项，将打开【格式切片器】窗格，在其中可以通过输入数值进行面板尺寸和位置等的精确设置。

如何调整数据透视表的外观和样式？

假设需要在数据透视表的各分组项目之间添加空行，具体的操作步骤为：选择数据透视表中的任意单元格，在【设计】选项卡的【布局】组中单击【空行】按钮，选择下拉菜单中的【在每个项目后插入空行】选项。设置后的效果如图 38-22 所示。

假设想隐藏各分组项目的分类汇总值或所有项目的总计值，具体的操作步骤为：选择数据透视表中的任意单元格，在【设计】选项卡的【布局】组中单击【分类汇总】按钮，选择下拉菜单中的【不显示分类汇总】选项；或者，在【布局】组中单击【总计】按钮，选择下拉菜单中的【对行和列禁用】选项。第二种操作会将数据透视表最下方和最右方的总计值都隐藏。

	A	B	C
4	行标签	求和项:数量	求和项:销售额
5	⊟2005	243228	728218.68
6	⊟冰激凌	56518	174378.59
7	⊟Ben and Jerry's	14344	43596.27
8	北部	5696	17427.46
9	东部	2426	6545.14
10	南部	4531	13825.92
11	西部	1691	5797.75
12			
13	⊟Breyers	21369	65306.67
14	北部	5410	18174.2
15	东部	5834	19607.9
16	南部	5830	16823.66
17	西部	4295	10700.91
18			
19	⊟Edies	20805	65475.65
20	北部	4196	13937.8
21	东部	3561	11993.2
22	南部	8682	26027.07
23	西部	4366	13517.58
24			
25	⊟麦片	63689	192172.93

图 38-22

假设需要用下画线或 0 等字符填充空单元格，可以按照如下步骤操作：用鼠标右键单击数据透视表中的任何单元格，在快捷菜单中选择【数据透视表选项】选项，打开【数据透视表选项】对话框，在【布局和格式】选项卡的【格式】选区中勾选【对于空单元格，显示】复选框，并在右边的文本框中输入想用于填充空单元格的字符，最后单击【确定】按钮。

如何在数据透视表中应用条件格式？

下面以数据条为例演示如何将条件格式应用于数据透视表，首先创建一个条件格式规则，然后将这个规则应用于数据透视表中的“求和项 : 数量”列。在默认情况下，条件格式规则也会应用于分类汇总和总计行，从而导致各条目的数据条长度显得过短。解决这个问题的操作步骤如下：

1. 选择“求和项 : 数量”列中的任意单元格，例如 B8 单元格。

2. 在【开始】选项卡的【样式】组中单击【条件格式】按钮，选择下拉菜单中的【数据条】选项，然后在打开的子菜单中选择【其他规则】选项。

3. 勾选【所有为“商店”显示“求和项 : 数量”值的单元格】复选框，如图 38-23 所示，单击【确定】按钮。

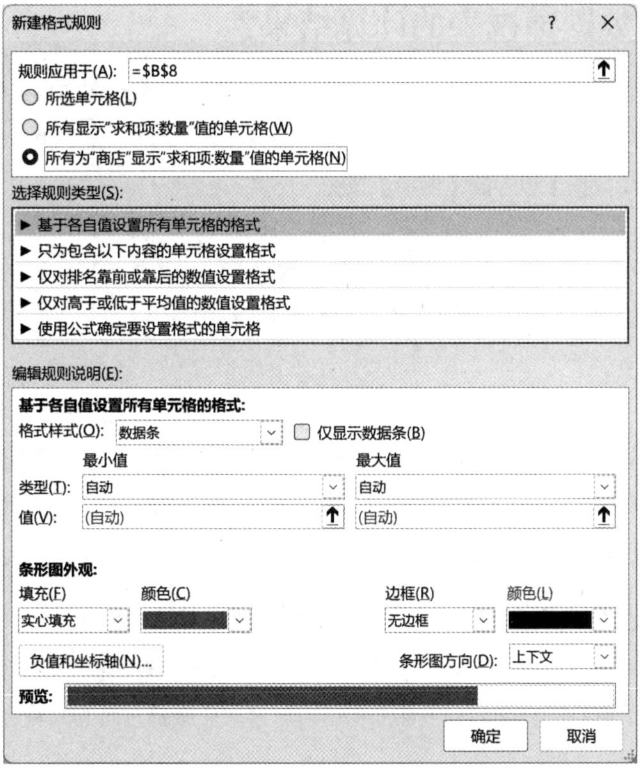

图 38-23

　　图 38-24 所示为应用了数据条条件格式的数据透视表，数据条只出现在各商店的商品销售数量汇总值所在的单元格中。

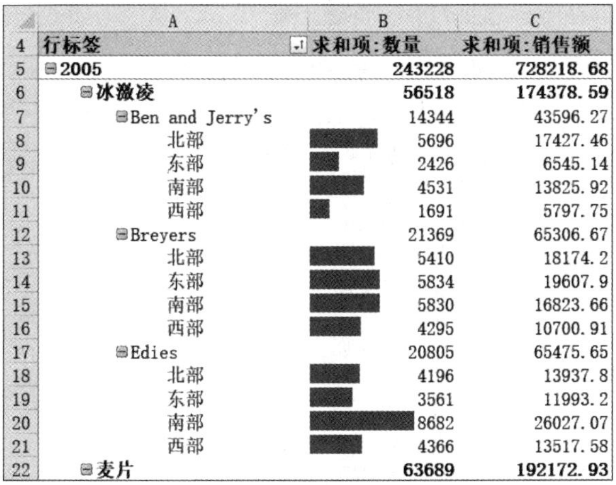

图 38-24

如何更新数据透视表的计算结果？

如果数据源中的数据发生了变化，可以通过用鼠标右键单击数据透视表中的任意单元格，从弹出的快捷菜单中选择【刷新】选项来更新数据透视表的计算结果（也可以单击【数据透视表分析】选项卡的【数据】组中的【刷新】按钮）。

 若想让新添加的数据能被自动包含在数据透视表的计算结果中，可以按【Ctrl+T】组合键将数据源转换为表（相关内容可参阅第 25 章）。

假设要更改用于创建数据透视表的数据，可以在【数据透视表分析】选项卡的【数据】组中单击【更改数据源】按钮，在弹出的对话框中指定新的表或区域；还可以单击【数据透视表分析】选项卡的【操作】组中的【移动数据透视表】按钮，在弹出的对话框中设定数据透视表的新位置。

如何对不同人群的旅游消费数据进行分析？

假设某旅行社想对上一年度的客户消费数据进行分析，已有数据包括客户的性别、年龄和全年在该旅行社的消费金额，如何分析性别和年龄对客户在旅游方面的消费金额有何影响？

这个案例的数据在示例文件"38- 旅行社 .xlsx"的"数据"工作表中，图 38-25 所示为其中的一部分数据。下面将进行如下分析：

◎ 不同性别的人群在旅游方面的平均消费金额。

◎ 各年龄段的人群在旅游方面的平均消费金额。

◎ 各年龄段、不同性别的人群在旅游方面的平均消费金额。

	A	B	C
2	消费金额	年龄	性别
3	¥997.00	44	男
4	¥850.00	39	女
5	¥997.00	43	男
6	¥951.00	41	男
7	¥993.00	50	女
8	¥781.00	39	女
9	¥912.00	45	女
10	¥649.00	59	男
11	¥1,265.00	25	男
12	¥680.00	38	女
13	¥800.00	41	女
14	¥613.00	32	女
15	¥993.00	46	女
16	¥1,059.00	38	男
17	¥939.00	42	女
18	¥841.00	44	女

图 38-25

首先，我们来分析不同性别的人群在旅游方面的消费情况，具体的操作步骤如下：

1.选择任意包含数据的单元格，单击【插入】选项卡的【表格】组中的【数据透视表】按钮，打开【来自表格或区域的数据透视表】对话框，在【表 / 区域】框中，Excel 已自动填入了单元格区域引用地址"数据 !$A$2:$C$927"，单击【确定】按钮。

2.在新工作表的【数据透视表字段】窗格中，将字段列表中的"性别"字段拖放到【行】列表框中，将"消费金额"字段拖放到【值】列表框中。图 38-26 所示为创建的数据透视表。

图 38-26

在数据透视表的"求和项 : 消费金额"列中可以查看男性和女性客户在旅游上的总消费金额。如果要查看平均消费金额，需要计算平均值，而不是汇总值，相关操作步骤为：

1.用鼠标右键单击"求和项 : 消费金额"列中的任意单元格，在打开的快捷菜单中选择【值字段设置】选项，打开【值字段设置】对话框。

2.在【值汇总方式】选项卡的【选择用于汇总所选字段数据的计算类型】列表框中选择【平均值】选项，如图 38-27 所示。

3.单击【确定】按钮，关闭对话框。

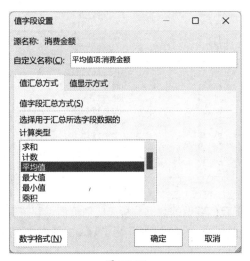

图 38-27

提示 用鼠标右键单击数据透视表"求和项：消费金额"列中的任意单元格，在快捷菜单中选择【值汇总依据】选项，然后选择子菜单中的【平均值】选项，也可以将求和计算改为求平均值计算。

图 38-28 所示为调整后的数据透视表。可以看到，所有客户在旅游方面的平均消费金额是 908.13 元，其中女性客户的平均消费金额为 901.16 元，而男性客户的平均消费金额为 914.99 元。因此，可以得出结论，性别对旅游的消费金额几乎没有影响。

	A	B	C
2			
3	行标签 ▼	平均值项:消费金额	
4	男	914.9935622	
5	女	901.1590414	
6	总计	908.1286486	
7			

图 38-28

接下来分析各年龄段的人群在旅游方面的平均消费金额，具体的操作步骤如下：

1. 在【数据透视表字段】窗格中单击【行】列表框中的"性别"字段，选择下拉菜单中的【删除字段】选项。

2. 将"年龄"字段从字段列表拖放到【行】列表框中，图 38-29 所示为调整后的数据透视表。

	A	B	C
3	行标签 ▼	平均值项:消费金额	
4	25	948.9666667	
5	26	889.04	
6	27	1061.16	
7	28	960.952381	
8	29	814	
9	30	877.3333333	
10	31	1038.904762	
11	32	876.875	
12	33	913.2592593	
13	34	920.2916667	
14	35	886.1176471	
15	36	859.173913	
16	37	904.1666667	
17	38	913.8	
18	39	887.6551724	
19	40	925.3529412	
20	41	906.7142857	

图 38-29

此时的数据透视表对于我们要做的数据分析无任何价值。要获得有价值的信息，需要按年龄段对数据进行分组，例如 25~34 岁的客户为一组，35~44 岁的客户为另一组，以此类推。

3. 用鼠标右键单击 A 列（"年龄"列）中的任意包含数据的单元格，选择快捷菜单中的【组合】选项，打开【组合】对话框。

4. 勾选【起始于】复选框并在右边的框中输入最小的年龄数值（本例为 25），勾选【终止于】复选框并在右边的框输入最大的年龄数值（本例为 64）。

5. 在【步长】框中输入各分段的步长值（本例为年龄跨度值——10），然后单击【确定】按钮。Excel 以 10 岁为一个区间对数据进行分组，如图 38-30 所示。

	A	B	C
3	行标签	平均值项:消费金额	
4	25-34	935.8355556	
5	35-44	895.7180617	
6	45-54	897.9955752	
7	55-64	903.5668016	
8	总计	908.1286486	
9			

图 38-30

就结果而言，25~34 岁的客户在旅游方面的平均消费金额为 935.84 元，35~44 岁的客户在旅游方面的平均消费金额为 895.72 元，45~54 岁的客户在旅游方面的平均消费金额为 898.00 元，55~64 岁的客户在旅游方面的平均消费金额为 903.57 元。和之前的数据相比，这些数据更有价值，但仍判断不出需要重点关注什么样的客户群体（各年龄段的客户在旅游方面的平均消费金额大致相同）。

下面来分析各年龄段、不同性别的人群在旅游方面的平均消费金额。在【数据透视表字段】窗格中，把字段列表中的"性别"字段拖放到【列】列表框中，图 38-31 所示为调整后的数据透视表。

	A	B	C	D
3	平均值项:消费金额	列标签		
4	行标签	男	女	总计
5	25-34	1221.209677	585.4752475	935.8355556
6	35-44	1004.098214	790.1652174	895.7180617
7	45-54	813.5765766	979.4782609	897.9955752
8	55-64	606.6470588	1179.609375	903.5668016
9	总计	914.9935622	901.1590414	908.1286486
10				

图 38-31

现在，可以清晰地看到，随着年龄的增长，女性客户在旅游方面的平均消费金额越来越高，而男性客户则越来越低。现在我们知道应该重点关注哪个客户群体了：年长的女性和年轻的男性。数据透视表像导航图一样给我们指明了方向。

创建数据透视图的具体步骤为：

1. 选择数据透视表中的任意单元格。

2. 在【数据透视表分析】选项卡的【工具】组中单击【数据透视图】按钮，打开【插入图表】对话框。

3. 在对话框左侧的【所有图表】列表框中，选择【柱形图】选项，然后单击右侧窗格中的【簇状柱形图】按钮，单击【确定】按钮，图 38-32 所示为生成的数据透视图。

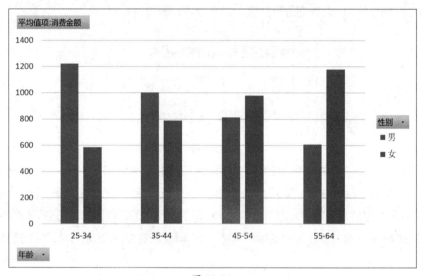

图 38-32

编辑数据透视图

如果在创建数据透视图后想使用其他类型的数据透视图显示数据，可以用鼠标右键单击数据透视图中的任意位置，在快捷菜单中选择【更改图表类型】选项，打开【更改图表类型】对话框，在其中选择需要的图表类型，然后单击【确定】按钮。

我们还可以增减数据透视图中的各种图表元素，例如添加图表标题、数据标签或趋势线。具体操作步骤为：单击数据透视图中的任意位置，在【设计】选项卡的【图表布局】组中单击【添加图表元素】按钮，在弹出的下拉菜单中可以选择要添加的元素。

单击【年龄】或【性别】标签的下拉按钮，在弹出的筛选器面板中可以选择所需的过滤选项，从而调整图表展示的内容。

如何通过数据分析确定影响消费者购买商品的因素?

假设已有一份调查报告,记录了一些家庭的相关信息,包括家庭规模、家庭收入,以及是否已拥有旅行车等信息。现在想知道家庭的规模和收入情况是否会影响购买旅行车的意愿。

示例文件"38- 旅行车 .xlsx"包含以下信息:

◎ 家庭规模(大 / 小)

◎ 家庭收入(高 / 低)

◎ 家庭拥有旅行车(有 / 无)

图 38-33 所示为示例文件的部分数据,其中第一行数据表示该家庭没有旅行车、规模不大、收入高。

	B	C	D
2	家庭拥有旅行车	家庭规模	家庭收入
3	无	小	高
4	有	大	高
5	有	大	高
6	有	大	高
7	有	大	高
8	无	小	高
9	有	大	高
10	有	大	高
11	有	大	低
12	有	大	高
13	有	大	低
14	无	小	低
15	无	小	低
16	无	小	高
17	有	大	高
18	有	大	高
19	无	小	高
20	有	大	高

图 38-33

要研究家庭规模和收入情况与购买旅行车的意愿之间的关系,具体的操作步骤为:

1. 打开"数据"工作表,单击【插入】选项卡的【表格】组中的【数据透视表】按钮,打开【来自表格或区域的数据透视表】对话框。

2. 在【表 / 区域】框中指定数据透视表的数据源,本例为"数据 !$B$2:$D$345",单击【确定】按钮。

3. Excel 创建一个新工作表,并显示【数据透视表字段】窗格。将"家庭规模"和"家庭收入"字段拖放到【行】列表框中,将"家庭拥有旅行车"字段拖放到【列】列表框中,将这 3 个字段中的任意 1 个字段拖放到【值】列表框中，图 38-34 所示为生成的数据透视表。

	A	B	C	D	E
2					
3	计数项:家庭规模	列标签			
4	行标签	无	有	总计	
5	⊟大	48	138	186	
6	低	14	38	52	
7	高	34	100	134	
8	⊟小	147	10	157	
9	低	43	2	45	
10	高	104	8	112	
11	总计	195	148	343	
12					

图 38-34

在本例中，Excel 通过统计每个类别中的观测值数量来汇总数据。通过生成的数据透视表可知，有 34 个高收入、大规模家庭尚未拥有旅行车，另外 100 个高收入、大规模家庭已拥有旅行车。

4. 如果想知道拥有旅行车的家庭占所有观测家庭的百分比，只需用鼠标右键单击数据透视表中的任意位置，在打开的快捷菜单中选择【值字段设置】选项，打开【值字段设置】对话框。

5. 切换到【值显示方式】选项卡，在【值显示方式】下拉列表中选择【行汇总的百分比】选项，单击【确定】按钮。

 另一种实现方式是用鼠标右键单击数据透视表中的任意位置，在打开的快捷菜单中选择【值显示方式】选项，在子菜单中选择【行汇总的百分比】选项。

图 38-35 所示为调整后的数据透视表。可以看到，对于规模相同的家庭，在收入不同的情况下，拥有旅行车的家庭和未拥有旅行车的家庭的占比接近。就是说，收入高低并不会影响一个家庭购买旅行车的意愿。

	A	B	C	D
2				
3	计数项:家庭收入	列标签		
4	行标签	无	有	总计
5	⊟大	25.81%	74.19%	100.00%
6	低	26.92%	73.08%	100.00%
7	高	25.37%	74.63%	100.00%
8	⊟小	93.63%	6.37%	100.00%
9	低	95.56%	4.44%	100.00%
10	高	92.86%	7.14%	100.00%
11	总计	56.85%	43.15%	100.00%
12				

图 38-35

6. 接下来研究在收入等级相同的情况下，一个家庭的规模大小是否对购买旅行车的意愿有影响。在【数据透视表字段】窗格的【行】列表框中，将"家庭收入"字段拖放到"家庭规模"字段的上方，图 38-36 所示为调整后的数据透视表。

图 38-36

可以看到，无论家庭收入是高还是低，规模大的家庭都更有可能购买旅行车。由此可以得出结论，规模的大小对一个家庭购买旅行车的意愿的影响要大于收入的高低。

如何将销售数据汇总为直观且易于理解的表格？

假设你是一家跨国公司的财务经理，需要每月汇总公司各产品（假设为产品 1、产品 2 和产品 3）在多个国家（假设包括法国、加拿大和美国）的销售数据。拿到的数据如图 38-37 所示（参见示例文件"38- 产品销售 .xlsx"），主要包括各产品每月在各国的实际销售额、预期销售额，以及两者之间的差额。

根据这些销售数据，可以汇总得出如下数据（针对"月份－产品－国家"组合）：

◎ 实际销售额

◎ 预期销售额

◎ 实际销售额与预期销售额的差额

◎ 实际销售额占年度总销售额的百分比

◎ 差额占预期销售额的百分比

首先创建一个数据透视表，汇总所有产品在各国的每月实际销售额、预期销售额和差额（有需要的话，可以按产品名称或国家进行筛选）。具体操作步骤为：

1. 在数据源区域中选择任意单元格。（请记住，数据源区域的第 1 行必须是标题。）

	A	B	C	D	E	F
1	月份	产品名称	国家	实际销售额	预期销售额	差额
2	一月	产品1	美国	¥4,000.00	¥5,454.00	¥-1,454.00
3	一月	产品1	加拿大	¥3,424.00	¥5,341.00	¥-1,917.00
4	一月	产品1	美国	¥8,324.00	¥1,232.00	¥7,092.00
5	一月	产品1	法国	¥5,555.00	¥3,424.00	¥2,131.00
6	一月	产品1	加拿大	¥5,341.00	¥8,324.00	¥-2,983.00
7	一月	产品1	美国	¥1,232.00	¥5,555.00	¥-4,323.00
8	一月	产品1	法国	¥3,424.00	¥5,341.00	¥-1,917.00
9	一月	产品1	加拿大	¥8,324.00	¥1,232.00	¥7,092.00
10	一月	产品1	美国	¥5,555.00	¥3,424.00	¥2,131.00
11	一月	产品1	法国	¥5,341.00	¥8,324.00	¥-2,983.00
12	一月	产品1	加拿大	¥1,232.00	¥5,555.00	¥-4,323.00
13	一月	产品1	美国	¥3,424.00	¥5,341.00	¥-1,917.00
14	一月	产品1	加拿大	¥8,383.00	¥5,454.00	¥2,929.00
15	一月	产品1	法国	¥8,324.00	¥1,232.00	¥7,092.00
16	一月	产品1	加拿大	¥5,555.00	¥3,424.00	¥2,131.00
17	一月	产品1	美国	¥5,341.00	¥8,324.00	¥-2,983.00
18	一月	产品1	法国	¥1,232.00	¥5,555.00	¥-4,323.00
19	一月	产品1	法国	¥3,523.00	¥9,295.00	¥-5,772.00
20	二月	产品2	加拿大	¥5,555.00	¥3,424.00	¥2,131.00

图 38-37

2. 在【插入】选项卡的【表格】组中单击【数据透视表】按钮，打开【来自表格或区域的数据透视表】对话框。Excel 会自动在【表/区域】框中填写数据源区域的引用地址（本例的数据源为 A1:F208 单元格区域），保持默认设置不变，单击【确定】按钮。

3. Excel 新建一个工作表，并显示【数据透视表字段】窗格。将"月份"字段拖放到【行】列表框中，将"产品名称"和"国家"字段拖放到【筛选】列表框中。

 提示　将"产品名称"和"国家"字段拖放到【筛选】列表框中后，就可以在数据透视表中依据国家和产品对数据进行筛选，例如查看某产品在某国家的月销售额。本章稍后将讲解相关操作。

4. 依次将"差额"、"实际销售额"和"预期销售额"字段拖放到【值】列表框中。

图 38-38 所示为生成的数据透视表，表中以月份为单位汇总了所有产品在所有国家的实际销售额、预期销售额和差额。可以看到，一月的总销售额为 87 534 元，总预期销售额为 91 831 元，实际销售额比预期销售额低了 4 297 元。

 提示　假设要汇总所有产品每月在各国的总销售额，可以在【数据透视表字段】窗格中，将"月份"字段拖放到【行】列表框中，将"国家"字段拖放到【列】列表框中，将"实际销售额"字段拖放到【值】列表框中。

	A	B	C	D	E
1	产品名称	(全部) ▼			
2	国家	(全部) ▼			
3					
4	行标签 ▼	求和项:差额	求和项:实际销售额	求和项:预期销售额	
5	一月	-4297	87534	91831	
6	二月	2843	90377	87534	
7	三月	-1389	88988	90377	
8	四月	-2774	84982	87756	
9	五月	-423	84559	84982	
10	六月	-548	84011	84559	
11	七月	2366	86377	84011	
12	八月	-2843	83534	86377	
13	九月	1389	84923	83534	
14	十月	-4318	80605	84923	
15	十一月	3406	84011	80605	
16	十二月	2366	86377	84011	
17	总计	-4222	1026278	1030500	
18					

图 38-38

现在，让我们计算每个月的实际销售额占年度总销售额的百分比，具体操作步骤为：

1. 在图 38-38 所示数据透视表的基础上，将【数据透视表字段】窗格中的"实际销售额"字段再次拖放到【值】列表框中（这时将显示为"实际销售额 2"字段）。

2. 单击"实际销售额 2"字段右边的下拉按钮，在展开的下拉菜单中选择【值字段设置】选项，打开【值字段设置】对话框。

3. 切换到【值显示方式】选项卡，展开【值显示方式】下拉列表，选择【列汇总的百分比】选项，如图 38-39 所示，单击【确定】按钮。

图 38-39

图 38-40 所示为生成的数据透视表。可以看到，一月的销售额占全年总销售额的 8.53%，二月的销售额占全年总销售额的 8.81%，等等。

行标签	求和项:差额	求和项:实际销售额	求和项:预期销售额	求和项:实际销售额2
产品名称 (全部)				
国家 (全部)				
一月	-4297	87534	91831	8.53%
二月	2843	90377	87534	8.81%
三月	-1389	88988	90377	8.67%
四月	-2774	84982	87756	8.28%
五月	-423	84559	84982	8.24%
六月	-548	84011	84559	8.19%
七月	2366	86377	84011	8.42%
八月	-2843	83534	86377	8.14%
九月	1389	84923	83534	8.27%
十月	-4318	80605	84923	7.85%
十一月	3406	84011	80605	8.19%
十二月	2366	86377	84011	8.42%
总计	-4222	1026278	1030500	100.00%

图 38-40

什么是计算字段？

让我们继续使用示例文件"38-产品销售.xlsx"中的数据进行分析。假设要计算每个月的差额占该月的预期销售额的比例，可以创建一个计算字段，通过它能基于其他字段编写公式，具体操作步骤如下：

1. 选择上例生成的数据透视表中的任意单元格。

2. 在【数据透视表分析】选项卡的【计算】组中单击【字段、项目和集】下拉按钮，在下拉菜单中选择【计算字段】选项，打开【插入计算字段】对话框。

3. 在【名称】下拉列表框中为新建的计算字段命名，例如"差额占比"。在【公式】框中输入公式"= 差额 / 预期销售额"，如图 38-41 所示。

 在【公式】框中编写公式时，可以在【字段】列表框中选择需要参与计算的字段的名称，单击【插入字段】按钮即可将该字段插入正在编辑的公式。

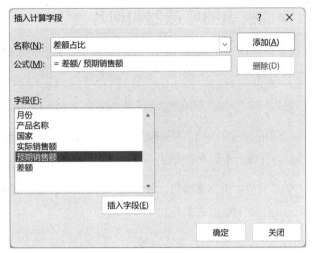

图 38-41

4.单击【添加】按钮，然后单击【确定】按钮。图 38-42 所示为生成的数据透视表。可以看到，一月份的销售额比预期低约 4.7%。

	A	B	C	D	E	F
1	产品名称	（全部）				
2	国家	（全部）				
3						
4	行标签	求和项:差额	求和项:实际销售额	求和项:预期销售额	求和项:实际销售额2	求和项:差额占比
5	一月	-4297	87534	91831	8.53%	-0.046792477
6	二月	2843	90377	87534	8.81%	0.032478808
7	三月	-1389	88988	90377	8.67%	-0.015368954
8	四月	-2774	84982	87756	8.28%	-0.031610374
9	五月	-423	84559	84982	8.24%	-0.004977525
10	六月	-548	84011	84559	8.19%	-0.006480682
11	七月	2366	86377	84011	8.42%	0.028162979
12	八月	-2843	83534	86377	8.14%	-0.032913854
13	九月	1389	84923	83534	8.27%	0.01662796
14	十月	-4318	80605	84923	7.85%	-0.050846061
15	十一月	3406	84011	80605	8.19%	0.042255443
16	十二月	2366	86377	84011	8.42%	0.028162979
17	总计	-4222	1026278	1030500	100.00%	-0.00409704
18						

图 38-42

要修改或删除计算字段，只需打开【插入计算字段】对话框，在【名称】下拉列表中选择需要操作的计算字段的名称，单击【修改】或【删除】按钮。

如何使用数据透视表的筛选器和切片器？

本例继续使用示例文件"38- 产品销售 .xlsx"中的数据进行分析。假设要查看产品 2 在法国的销量，可以基于数据透视表执行下列操作（参见"筛选器"工作表）：

1. 确保已将"产品名称"和"国家"字段拖放到【数据透视表字段】窗格的【筛选】列表框中。

2. 在数据透视表左上角区域中，单击"产品名称"右侧单元格中的筛选按钮，在打开的面板中选择【产品 2】选项，并单击【确定】按钮。

3. 单击"国家"右侧单元格中的筛选按钮，在打开的面板中选择【法国】选项，并单击【确定】按钮。图 38-43 所示为生成的数据透视表。

	A	B	C	D
1	产品名称	产品2		
2	国家	法国		
3				
4	行标签	求和项:差额	求和项:实际销售额	求和项:预期销售额
5	二月	-3846	29108	32954
6	五月	3318	35363	32045
7	八月	2769	33432	30663
8	十一月	0	23876	23876
9	总计	2241	121779	119538
10				

图 38-43

我们也可以使用切片器获得需要的数据，操作方法如下（参见"切片器"工作表）：

1. 选择数据透视表中的任意单元格。

2. 在【插入】选项卡的【筛选器】组中单击【切片器】按钮。

3. 在打开的【插入切片器】对话框中，勾选【产品名称】和【国家】复选框，单击【确定】按钮。

4. 在"产品名称"切片器面板中选择【产品 2】选项，然后在"国家"切片器面板中选择【法国】选项，图 38-44 所示为生成的数据透视表。

 提示　如前文所述（参见本章前面的"如何使用数据透视表的切片器"），我们可以调整切片器面板的外观以及其中选项的排列方式。

图 38-44

如何对数据透视表中的项目进行分组？

有时，我们需要对数据透视表中的项目进行分组。例如，对于示例文件"38-产品销售.xlsx"中的数据，想合并一月至三月的销售额，可以按如下步骤操作：

1. 选择要分组的项目。在本例中，需要合并的项目是 A5:A7 单元格区域中的"一月"、"二月"和"三月"。按下【Ctrl】键依次单击选择这三个单元格。

2. 用鼠标右键单击所选内容，在弹出的快捷菜单中选择【组合】选项。

3. 在【数据透视表字段】窗格的【行】列表框中，单击"月份"字段右边的下拉按钮，在筛选器面板中选择【删除字段】选项。

4. 选择现在的 A5 单元格，在【编辑栏】中将"数据组 1"改为"一月至三月"。图 38-45所示为生成的数据透视表。

有关分组，一些说明如下：

◎ 用鼠标右键单击包含分组的单元格，在弹出的快捷菜单中选择【取消分组】选项，即可解散该分组。

◎ 按住【Ctrl】键依次单击多个单元格，可以对不相邻的项目进行分组。

◎ 基于行字段中的数值或日期，可以通过设置起始值、终止值及步长值进行分组。例如，可以按年龄范围对人群收入数据进行分组，以便计算 25 岁至 34 岁这一人群的平均收入。

	A	B	C	D
1	产品名称	（全部）		
2	国家	（全部）		
3				
4	行标签	求和项:差额	求和项:实际销售额	求和项:预期销售额
5	一月至三月	-2843	266899	269742
6	四月	-2774	84982	87756
7	五月	-423	84559	84982
8	六月	-548	84011	84559
9	七月	2366	86377	84011
10	八月	-2843	83534	86377
11	九月	1389	84923	83534
12	十月	-4318	80605	84923
13	十一月	3406	84011	80605
14	十二月	2366	86377	84011
15	总计	-4222	1026278	1030500
16				

图 38-45

什么是计算项？

在 Excel 中，计算项的作用和用法与计算字段相似，只不过计算项涉及的是数据透视表某字段中不重复的项目。下面通过对示例文件 "38- 汽车销量 .xlsx" 中的数据进行处理，来学习计算项的使用方法。此示例文件中记录了一些品牌的汽车的销量（如图 38-46 所示），现在需要按汽车品牌所在国家（日本、德国或美国）汇总销量数据。

	H	I	J
8	品牌	销量	
9	Ford	3	
10	Nissan	2	
11	Ford	6	
12	VW	2	
13	VW	4	
14	Nissan	4	
15	Chrysler	2	
16	VW	2	
17	BMW	6	
18	Honda	2	
19	VW	4	
20	Honda	5	
21	BMW	6	

图 38-46

首先，根据已有数据创建数据透视表。然后，通过以下操作对数据透视表进行设置，将属于相同国家的汽车品牌的数据合并，得到按国家汇总的总销量。

1. 在【数据透视表字段】窗格中，将"品牌"字段拖放到【行】列表框中，将"销量"字段拖放到【值】列表框中。

 若【数据透视表字段】窗格未显示，可以单击【数据透视表分析】选项卡的【显示】组中的【字段列表】按钮，在 Excel 主界面中显示该窗格。

2. 在【值】列表框中单击"销量"字段右边的下拉按钮，从下拉菜单中选择【值字段设置】选项，打开【值字段设置】对话框。

3. 在【自定义名称】框中键入"销量合计"。在【值汇总方式】选项卡的【选择用于汇总所选字段数据的计算类型】列表框中选择【求和】选项，然后单击【确定】按钮。图 38-47 所示为生成的数据透视表。

	A	B
3	行标签 ▾	销量合计
4	BMW	359
5	Chrysler	286
6	Ford	277
7	GM	239
8	Honda	283
9	Nissan	219
10	VW	323
11	**总计**	**1986**
12		

图 38-47

在创建计算项之前需要去掉总计项，否则可能会对数据进行重复计算。去掉总计项的方法为：在【设计】选项卡的【布局】组中单击【总计】按钮，选择下拉菜单中的【对行和列禁用】选项。

接下来，参照如下步骤创建计算项（以"日本"为例）：

1. 选择"行标签"列中的任意单元格。必须选择此列中的项目，而不是数据透视表中的数据项。

2. 在【数据透视表分析】选项卡的【计算】组中单击【字段、项目和集】按钮，在下拉菜单中选择【计算项】选项，打开【在"品牌"中插入计算字段】对话框。

3. 在【名称】下拉列表框中输入"日本"，在【公式】框中输入"=Honda+Nissan"，如图 38-48 所示。

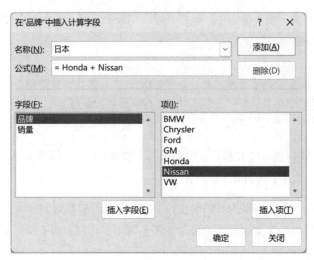

图 38-48

4. 单击【确定】按钮，Excel 会创建一个名为"日本"的计算项，其值为 Honda 和 Nissan 的销量之和。使用相同的方法，创建名为"德国"（其值为 BMW 和 VW 的销量之和）和"美国"（其值为 Chrysler、Ford 和 GM 的销量之和）的计算项。图 38-49 所示为生成的数据透视表。

行标签	销量合计
BMW	359
Chrysler	286
Ford	277
GM	239
Honda	283
Nissan	219
VW	323
日本	502
德国	682
美国	802

图 38-49

 如果想在数据透视表中隐藏各汽车品牌的销量数据，可以通过对"行标签"列的项目进行筛选来实现，例如仅显示"日本"、"德国"和"美国"项的数据。

若要删除计算项，具体操作步骤为：

1. 在数据透视表中选择一个要删除的计算项，单击【数据透视表分析】选项卡的【计算】组中的【字段、项目和集】按钮，在下拉菜单中选择【计算项】选项。

2. 在打开的对话框中，展开【名称】下拉列表，选择要删除的计算项，单击【删除】按钮。若有其他需要删除的计算项，重复此操作，最后单击【确定】按钮。

什么是向下钻取？

双击数据透视表中的某个数据单元格后，Excel 会在一个新工作表中列出有关该行数据的明细（即显示该行的各值是由哪些原始数据汇总而来的）。这被称为"向下钻取"。

例如，在示例文件"38- 产品销售 .xlsx"的"数据透视表"工作表中，双击"五月"行的实际销售额求和项（C9 单元格），即可在新工作表中查看五月销往各国的所有产品的销售数据，如图 38-50 所示。

	A	B	C	D	E	F
1	月份	产品名称	国家	实际销售额	预期销售额	差额
2	五月	产品2	加拿大	5454	4000	1454
3	五月	产品2	法国	9295	8383	912
4	五月	产品2	美国	5555	3424	2131
5	五月	产品2	加拿大	8324	1232	7092
6	五月	产品2	法国	3424	5341	-1917
7	五月	产品2	美国	1232	5555	-4323
8	五月	产品2	加拿大	5341	8324	-2983
9	五月	产品2	法国	5555	3424	2131
10	五月	产品2	加拿大	8324	1232	7092
11	五月	产品2	美国	3424	5341	-1917
12	五月	产品2	加拿大	1232	5555	-4323
13	五月	产品2	法国	5341	8324	-2983
14	五月	产品2	美国	3523	9295	-5772
15	五月	产品2	美国	5555	3424	2131
16	五月	产品2	加拿大	8324	1232	7092
17	五月	产品2	法国	3424	5341	-1917
18	五月	产品2	美国	1232	5555	-4323

图 38-50

如何用公式从数据透视表中提取指定的汇总值？

假设经常需要使用某个数据透视表中的某个数据进行计算，例如四月销往法国的产品 1 的总销售额（参见示例文件"38- 产品销售 .xlsx"），但在数据透视表中添加新字段后，该数据的位置就会变化。如何用公式从数据透视表中提取指定的汇总值？

对于此需求，可以使用 GETPIVOTDATA 函数。在"提取"工作表中，已基于销售数据创建了数据透视表，其中，行标签依次为"月份"、"产品名称"和"国家"。要从中提取四月销往法国的产品 1 的总销售额，在 A2 单元格中输入公式"=GETPIVOTDATA(" 求和项 : 实际销售额 ",$A$4," 月份 "," 四月 "," 产品名称 "," 产品 1"," 国家 "," 法国 ")"，即可得到返回值——

37 600 元（如图 38-51 所示）。可以在数据透视表中查看四月、产品 1、法国对应数据所在的行（22 行），以及实际销售额的汇总值所在的列（D 列），即 D22 单元格，数值无误。即使以后在数据透视表中新增了其他产品、国家或月份的相关数据，这个公式依然能提取到指定的汇总值。

	A	B	C	D	E	F
1	四月 产品1 法国					
2	37600					
3	=GETPIVOTDATA("求和项:实际销售额", $A$4,"月份","四月","产品名称","产品1","国家","法国")					
4	行标签 ▼	求和项:差额	求和项:预期销售额	求和项:实际销售额		
5	⊟一月	-4297	91831	87534		
6	⊟产品1	-4297	91831	87534		
7	法国	-5772	33171	27399		
8	加拿大	2929	29330	32259		
9	美国	-1454	29330	27876		
10	⊟二月	2843	87534	90377		
11	⊟产品2	2843	87534	90377		
12	法国	-3846	32954	29108		
13	加拿大	3318	32045	35363		
14	美国	3371	22535	25906		
15	⊟三月	-1389	90377	88988		
16	⊟产品3	-1389	90377	88988		
17	法国	11529	20784	32313		
18	加拿大	-10733	35363	24630		
19	美国	-2185	34230	32045		
20	⊟四月	-2774	87756	84982		
21	⊟产品1	-2774	87756	84982		
22	法国	-54	37654	37600		
23	加拿大	1054	19289	20343		
24	美国	-3774	30813	27039		
25	⊟五月	-423	84982	84559		

图 38-51

GETPIVOTDATA 函数的第 1 个参数是要提取的汇总值名称（本例是"求和项：实际销售额"），第 2 个参数是数据透视表的起始单元格地址（本例是 A4 单元格），后面是限定条件（成对出现的字段名称和对应值，分别用半角双引号标注），各参数之间用半角逗号分隔。本例中的公式的意思是：对于起始于 A4 单元格的数据透视表，"月份"字段值为"四月"，"产品名称"字段值为"产品 1"，"国家"字段值为"法国"，提取满足条件的"求和项：实际销售额"。即使对应的汇总值移动到了数据透视表的其他位置（不在 D22 单元格），此公式也能返回正确答案。

如果只想提取实际销售额的汇总值，可以输入公式"=GETPIVOTDATA(A4," 求和项：实际销售额 ")"或"=GETPIVOTDATA(" 求和项：实际销售额 ",A4)"。

要想了解 GETPIVOTDATA 函数的强大功能，我们来制作一个表格，按国家汇总一年中各产品的实际销售额，如图 38-52 所示。

	I	J	K	L	M	N	O	P	Q	R
9	月份	二月 ▼								
10										
11		产品1	产品2	产品3						
12	法国	¥0.00	¥29,108.00	¥0.00						
13	加拿大	¥0.00	¥35,363.00	¥0.00						
14	美国	¥0.00	¥25,906.00	¥0.00						
15										
16	J12的公式									
17	=IFERROR(GETPIVOTDATA("求和项:实际销售额",$A$4,"月份",$J$9,"产品名称",J$11,"国家",$I12),0)									
18										

图 38-52

1. 在 J9 单元格中创建一个下拉列表（包含的选项为"一月""二月""三月"……），从而能够方便地输入一年中的月份。

2. 在 I12:I14 单元格区域中输入三个国家名称，在 J11:L11 单元格区域中输入各产品名称。

3. 在 J12 单元格中输入公式"=IFERROR(GETPIVOTDATA("求和项:实际销售额",$A$4,"月份",$J$9,"产品名称",J$11,"国家",$I12),0)"，并将此公式复制到 J12:L14 单元格区域。

这样，在 J9 单元格的下拉列表中选择不同月份选项，就可以从数据透视表中提取各国在该月售出的每种产品的总销售额了。

公式中的 IFERROR 函数的作用是，当某种产品某月无销售数据（未售出）时，返回数值 0 而不是错误值。因为错误值对于后续处理很不友好，容易引发其他错误。

有时，GETPIVOTDATA 函数也会带来一些麻烦。例如，我们要引用数据透视表中 B5:B11 单元格区域的数值，在某个单元格中输入"="，然后单击 B5 单元格，会发现单元格中的公式并非"=B5"，而是一个长长的 GETPIVOTDATA 函数。而且，将此公式复制到下面的各个单元格中，也不是我们希望的"=B6""=B7"等公式，而是重复的公式和返回值。此时，可以关闭 GETPIVOTDATA 函数的活动状态（让数据透视表不再动态更新），具体操作步骤为：

1. 切换到【文件】选项卡，选择左下方的【选项】选项，打开【Excel 选项】对话框。

2. 在对话框的左侧列表框中选择【公式】选项，取消勾选【使用公式】栏中的【使用 GetPivotData 函数获取数据透视表引用】复选框。

3. 单击【确定】按钮，关闭对话框。

我们还可以在特定的数据透视表中关闭 GETPIVOTDATA 函数的活动状态，具体操作步骤如下：

1. 在数据透视表中选择任意数据项。

2. 在【数据透视表分析】选项卡的【数据透视表】组中，单击【选项】下拉按钮，在弹出的下拉菜单中取消勾选【生成 GetPivotData】选项。

 组合使用 MATCH 和 OFFSET 函数，也可以对数据透视表中的数据进行灵活的引用，相关内容可参阅本书的第 5 章和第 22 章。

如何使用日程表功能汇总不同时间段的数据？

使用 Excel 的日程表功能可以根据时间段轻松筛选数据透视表中的数据。我们只需选定连续的年、季、月或日的任意子集，日程表功能将会确保数据透视表只汇总所选时间段内的数据。

为了演示日程表功能，下面在示例文件 "38- 日程表 .xlsx" 中操作，该文件的 "数据" 工作表中记录了 1 900 条化妆品销售信息，主要包括：

◎ 销售人员（H 列）

◎ 交易日期（I 列）

◎ 产品名称（J 列）

◎ 销售数量（K 列）

◎ 销售额（L 列）

首先在新工作表中插入数据透视表，汇总每位销售人员销售的各产品销售额。在数据透视表上应用日程表功能的操作步骤如下：

1. 选择数据透视表中的任意数据项。

2. 在【插入】选项卡的【筛选器】组中单击【日程表】按钮，打开【插入日程表】对话框。

3. 在对话框中勾选【交易日期】复选框，单击【确定】按钮。图 38-53 所示为生成的数据透视表与打开的切片器。

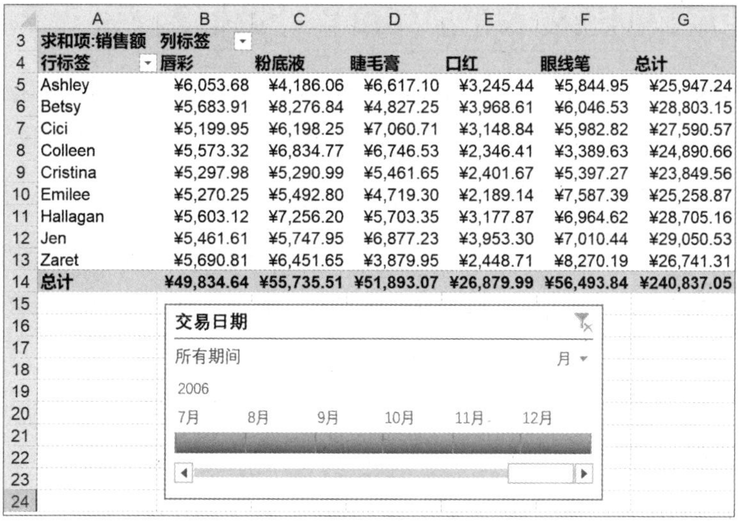

求和项:销售额	列标签					
行标签	唇彩	粉底液	睫毛膏	口红	眼线笔	总计
Ashley	¥6,053.68	¥4,186.06	¥6,617.10	¥3,245.44	¥5,844.95	¥25,947.24
Betsy	¥5,683.91	¥8,276.84	¥4,827.25	¥3,968.61	¥6,046.53	¥28,803.15
Cici	¥5,199.95	¥6,198.25	¥7,060.71	¥3,148.84	¥5,982.82	¥27,590.57
Colleen	¥5,573.32	¥6,834.77	¥6,746.53	¥2,346.41	¥3,389.63	¥24,890.66
Cristina	¥5,297.98	¥5,290.99	¥5,461.65	¥2,401.67	¥5,397.27	¥23,849.56
Emilee	¥5,270.25	¥5,492.80	¥4,719.30	¥2,189.14	¥7,587.39	¥25,258.87
Hallagan	¥5,603.12	¥7,256.20	¥5,703.35	¥3,177.87	¥6,964.62	¥28,705.16
Jen	¥5,461.61	¥5,747.95	¥6,877.23	¥3,953.30	¥7,010.44	¥29,050.53
Zaret	¥5,690.81	¥6,451.65	¥3,879.95	¥2,448.71	¥8,270.19	¥26,741.31
总计	¥49,834.64	¥55,735.51	¥51,893.07	¥26,879.99	¥56,493.84	¥240,837.05

图 38-53

此时，可以按下【Shift】键用鼠标单击选择切片器面板上连续的月份来筛选销售额的汇总值。例如，汇总 2006 年第 3 季度 3 个月的销售额的效果如图 38-54 所示。单击切片器面板右上角的【清除筛选器】按钮（带有红色叉号和漏斗图案的图标）可以取消筛选、还原数据。单击【清除筛选器】按钮下面的下拉按钮，可以在下拉菜单中选择时间维度，包括【年】【季度】【月】等选项。

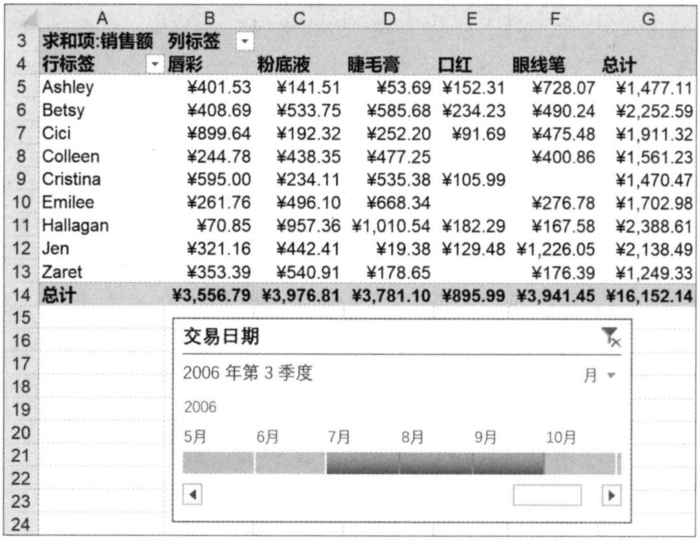

求和项:销售额	列标签					
行标签	唇彩	粉底液	睫毛膏	口红	眼线笔	总计
Ashley	¥401.53	¥141.51	¥53.69	¥152.31	¥728.07	¥1,477.11
Betsy	¥408.69	¥533.75	¥585.68	¥234.23	¥490.24	¥2,252.59
Cici	¥899.64	¥192.32	¥252.20	¥91.69	¥475.48	¥1,911.32
Colleen	¥244.78	¥438.35	¥477.25		¥400.86	¥1,561.23
Cristina	¥595.00	¥234.11	¥535.38	¥105.99		¥1,470.47
Emilee	¥261.76	¥496.10	¥668.34		¥276.78	¥1,702.98
Hallagan	¥70.85	¥957.36	¥1,010.54	¥182.29	¥167.58	¥2,388.61
Jen	¥321.16	¥442.41	¥19.38	¥129.48	¥1,226.05	¥2,138.49
Zaret	¥353.39	¥540.91	¥178.65		¥176.39	¥1,249.33
总计	¥3,556.79	¥3,976.81	¥3,781.10	¥895.99	¥3,941.45	¥16,152.14

图 38-54

如何使用数据透视表汇总年度累计数据？

示例文件"38- 月度累计 .xlsx"的"数据"工作表中记录了一些销售数据，包括交易所在年、月和对应销售额等信息。假设需要汇总各年度的各月累计销售额，操作步骤如下：

1. 基于"数据"工作表中的销售数据，在新工作表中插入数据透视表。

2. 在【数据透视表字段】窗格中，将"月"字段拖放到【行】列表框中，将"年"字段拖放到【列】列表框中，将"销售额"字段拖放到【值】列表框中。图 38-55 所示为生成的数据透视表，其中汇总了 3 年中各月的销售额。

	A	B	C	D	E
3	求和项:销售额	列标签 ▼			
4	行标签 ▼	2009	2010	2011	总计
5	1	¥10,453.00	¥84,058.00	¥45,615.00	¥140,126.00
6	2	¥47,996.00	¥74,896.00	¥32,943.00	¥155,835.00
7	3	¥113,126.00	¥41,689.00	¥19,821.00	¥174,636.00
8	4	¥69,613.00	¥59,910.00	¥39,770.00	¥169,293.00
9	5	¥65,155.00	¥49,345.00	¥29,600.00	¥144,100.00
10	6	¥54,814.00	¥42,355.00	¥61,331.00	¥158,500.00
11	7	¥34,930.00	¥87,516.00	¥38,863.00	¥161,309.00
12	8	¥51,588.00	¥33,060.00	¥47,287.00	¥131,935.00
13	9	¥60,835.00	¥48,963.00	¥45,559.00	¥155,357.00
14	10	¥85,607.00	¥36,243.00	¥30,805.00	¥152,655.00
15	11	¥72,602.00	¥17,010.00	¥48,207.00	¥137,819.00
16	12	¥30,043.00	¥73,381.00	¥79,733.00	¥183,157.00
17	总计	¥696,762.00	¥648,426.00	¥519,534.00	¥1,864,722.00
18					

图 38-55

3. 用鼠标右键单击 B5:E17 单元格区域中的任意单元格，在弹出的快捷菜单中选择【值字段设置】选项。

4. 在打开的【值字段设置】对话框中切换到【值显示方式】选项卡。

5. 在【值显示方式】下拉列表中选择【按某一字段汇总】选项，在【基本字段】列表框中选择【月】选项，单击【确定】按钮。图 38-56 所示为调整后的数据透视表，其中各列显示的是各月的当年累计销售额。例如，2009 年 2 月的当年累计销售额为 58 449 元，2009 年 3 月的当年累计销售额为 171 575 元。

如何使用数据透视表进行同比分析？

下面讲解如何使用数据透视表进行本月与去年同期的销售数据对比分析，还是以示例文件"38- 月度累计 .xlsx"中的数据为例进行操作。

	A	B	C	D	E
3	求和项:销售额	列标签			
4	行标签	2009	2010	2011	总计
5	1	¥10,453.00	¥84,058.00	¥45,615.00	¥140,126.00
6	2	¥58,449.00	¥158,954.00	¥78,558.00	¥295,961.00
7	3	¥171,575.00	¥200,643.00	¥98,379.00	¥470,597.00
8	4	¥241,188.00	¥260,553.00	¥138,149.00	¥639,890.00
9	5	¥306,343.00	¥309,898.00	¥167,749.00	¥783,990.00
10	6	¥361,157.00	¥352,253.00	¥229,080.00	¥942,490.00
11	7	¥396,087.00	¥439,769.00	¥267,943.00	¥1,103,799.00
12	8	¥447,675.00	¥472,829.00	¥315,230.00	¥1,235,734.00
13	9	¥508,510.00	¥521,792.00	¥360,789.00	¥1,391,091.00
14	10	¥594,117.00	¥558,035.00	¥391,594.00	¥1,543,746.00
15	11	¥666,719.00	¥575,045.00	¥439,801.00	¥1,681,565.00
16	12	¥696,762.00	¥648,426.00	¥519,534.00	¥1,864,722.00
17	总计				
18					

图 38-56

1. 在新工作表中插入数据透视表。

2. 在【数据透视表字段】窗格中, 将"月"字段拖放到【行】列表框, 将"年"字段拖放到【列】列表框中, 将"销售额"字段拖放到【值】列表框中。

3. 用鼠标右键单击 B5:E17 单元格区域中的任意单元格, 在弹出的快捷菜单中选择【值字段设置】选项, 打开【值字段设置】对话框。

4. 切换到【值显示方式】选项卡, 在【值显示方式】下拉列表中选择【差异百分比】选项。

5. 在【基本字段】列表框中选择【年】选项, 在【基本项】列表框中选择【(上一个)】选项, 如图 38-57 所示, 单击【确定】按钮。

图 38-57

图 38-58 所示为生成的数据透视表，其中显示了每个月的销售额与去年同月的销售额的差异百分比。例如，2010 年 1 月的销售额相比 2009 年 1 月的销售额增长了 704.15%，而 2011 年 1 月的销售额相比 2010 年 1 月的销售额降低了 45.73%。

求和项:销售额	列标签			
行标签	2009	2010	2011	总计
1		704.15%	-45.73%	
2		56.05%	-56.02%	
3		-63.15%	-52.46%	
4		-13.94%	-33.62%	
5		-24.27%	-40.01%	
6		-22.73%	44.80%	
7		150.55%	-55.59%	
8		-35.92%	43.03%	
9		-19.52%	-6.95%	
10		-57.66%	-15.00%	
11		-76.57%	183.40%	
12		144.25%	8.66%	
总计		-6.94%	-19.88%	

图 38-58

如何基于保存在不同位置的数据创建数据透视表？

当我们需要基于多个工作表或工作簿中的数据创建数据透视表时，可以使用 Excel 的数据透视表和数据透视图向导。

本例的讲解会用到示例文件"38- 向导 - 东区 .xlsx"和"38- 向导 - 西区 .xlsx"，这两个文件分别记录了某厂家 1 月至 3 月在两个区域的产品发退货情况。

若要同时查看多个表格文件，可以在 Excel 主界面的【视图】选项卡中，单击【窗口】组中的【全部重排】按钮，在打开的【重排窗口】对话框中选择【平铺】单选按钮，然后单击【确定】按钮。这样，所有已打开的 Excel 表格文件将会并排显示在屏幕上。根据所用显示器的分辨率高低，也有可能是一个表格文件叠放在另一个表格文件之上。

要将两个表格中的产品发退货数据汇总到一个数据透视表中，按如下步骤操作：

1. 在任意表格中按下【Alt】键，然后依次按【D】和【P】键，打开数据透视表和数据透视图向导，如图 38-59 所示。

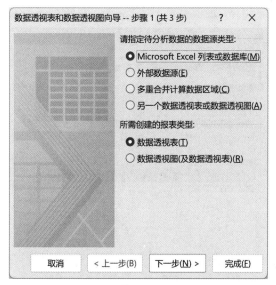

图 38-59

2. 选择【多重合并计算数据区域】单选按钮，单击【下一步】按钮打开下一步的对话框。

3. 向导默认选择了【创建单页字段】单选按钮，直接单击【下一步】按钮打开下一步的对话框。

4. 单击【选定区域】框右侧的按钮（标识图案为一个上箭头）收起对话框，然后在当前表格（本例为"38-向导-西区.xlsx"工作簿的"西区"工作表）中选择所有数据（此时【选定区域】框中显示引用地址"西区!$A$1:$D$24"）。

5. 单击【选定区域】框右侧的按钮（标识图案为一个缩小的下箭头）展开对话框，然后单击【添加】按钮将选定的数据区域的引用地址添加到【所有区域】列表框中。

6. 使用与步骤4和步骤5相同的操作，在另一个表格中选定数据区域，并将其引用地址（"[38-向导-东区.xlsx]东区!$A$1:$D$18"）添加到【所有区域】列表框中，如图 38-60 所示，然后单击【下一步】按钮。

提示 若要使用向导从多个表格文件提取数据创建数据透视表，每个表格文件的结构必须相同。例如，对于本例，两个表格文件中的 1 月、2 月和 3 月数据都必须在相同的列。本书的第 39 章将讨论数据模型，通过数据模型可以基于多个结构不同的文件的数据创建数据透视表。

7. 在向导的最后一步对话框中，勾选【新工作表】复选框，然后单击【完成】按钮。图

38-61 所示为生成的数据透视表。可以看到，产品 A 在 1 月的净发货量是 1 323 件，2 月的净发货量为 1 331 件，以此类推。

图 38-60

在生成的数据透视表中，可以通过行标签（A4 单元格）的筛选器来选择汇总哪些产品的净发货数据。同样，也可以通过列标签（B3 单元格）的筛选器来选择汇总几月的净发货数据。通过 B1 单元格中的筛选器可以选择汇总哪个表格的数据，例如仅汇总东区或西区的数据。

	A	B	C	D	E
1	页1	(全部)			
2					
3	求和项:值	列标签			
4	行标签	1月	2月	3月	总计
5	A	1323	1331	1445	4099
6	B	890	335	812	2037
7	C	1231	922	843	2996
8	D	767	1424	1199	3390
9	E	579	483	371	1433
10	F	597	577	327	1501
11	G	570	850	811	2231
12	H	131	71	266	468
13	总计	6088	5993	6074	18155
14					

图 38-61

提示

如果不喜欢使用键盘快捷键启动数据透视表和数据透视图向导，可以将向导的启动选项添加到快速访问工具栏中，方法为：打开【Excel 选项】对话框，在左侧窗格中选择【快速访问工具栏】选项，然后在右侧的【从下列位置选择命令】下拉列表中选择【不在功能区中的命令】选项，在下面的列表框中找到并选择【数据透视表和数据透视图向导】选项，依次单击【添加】和【确定】按钮。以后就可以通过单击快速访问工具栏中的按钮启动向导了。

如何基于现有数据透视表新建数据透视表？

有时，我们需要基于已有的数据透视表创建新的数据透视表，这样可以从不同角度对数据进行分析。例如，示例文件"38- 日程表 .xlsx"中记录了大量化妆品销售数据，在前面的案例中已创建了行字段为"销售人员"、列字段为"产品名称"的数据透视表，如果还想创建一个行字段为"产品名称"、列字段为"销售人员"的新数据透视表，操作方法如下：

1. 在"38- 日程表 .xlsx"工作簿的"日程表"工作表中，选择任意空白单元格（用于定位新的数据透视表）。

2. 按下【Alt】键，然后依次按【D】和【P】键，启动数据透视表和数据透视图向导。

3. 选择【另一个数据透视表或数据透视图】单选按钮，单击【下一步】按钮打开下一步的对话框。

4. 在【请选定包含所需数据的数据透视表】列表框中选择基于哪个数据透视表的数据创建新数据透视表，本例选择【数据透视表 2】选项，然后单击【完成】按钮。此时，Excel 显示【数据透视表字段】窗格，在此进行的设置只针对新建的数据透视表，不会影响原有的数据透视表。

5. 将"产品名称"字段拖放到【行】列表框中，将"销售人员"字段拖放到【列】列表框中，将"销售额"字段拖放到【值】列表框中，图 38-62 所示为生成的数据透视表（图中下部）。

	A	B	C	D	E	F	G	H	I	J	K
3	求和项:销售额	列标签									
4	行标签	唇彩	粉底液	睫毛膏	口红	眼线笔	总计				
5	Ashley	¥6,053.68	¥4,186.06	¥6,617.10	¥3,245.44	¥5,844.95	¥25,947.24		交易日期		
6	Betsy	¥5,683.91	¥8,276.84	¥4,827.25	¥3,968.61	¥6,046.53	¥28,803.15		所有期间		月
7	Cici	¥5,199.95	¥6,198.25	¥7,060.71	¥3,148.84	¥5,982.82	¥27,590.57		2006		
8	Colleen	¥5,573.32	¥6,834.77	¥6,746.53	¥2,346.41	¥3,389.63	¥24,890.66		5月 6月 7月 8月 9月 10月		
9	Cristina	¥5,297.98	¥5,290.99	¥5,461.65	¥2,401.67	¥5,397.27	¥23,849.56				
10	Emilee	¥5,270.25	¥5,492.80	¥4,719.30	¥2,189.14	¥7,587.39	¥25,258.87				
11	Hallagan	¥5,603.12	¥7,256.20	¥5,703.35	¥3,177.87	¥6,964.62	¥28,705.16				
12	Jen	¥5,461.61	¥5,747.95	¥6,877.23	¥3,953.30	¥7,010.44	¥29,050.53				
13	Zaret	¥5,690.81	¥6,451.65	¥3,879.95	¥2,448.71	¥8,270.19	¥26,741.31				
14	总计	¥49,834.64	¥55,735.51	¥51,893.07	¥26,879.99	¥56,493.84	¥240,837.05				
15											
16											
17	求和项:销售额	列标签									
18	行标签	Ashley	Betsy	Cici	Colleen	Cristina	Emilee	Hallagan	Jen	Zaret	总计
19	唇彩	¥6,053.68	¥5,683.91	¥5,199.95	¥5,573.32	¥5,297.98	¥5,270.25	¥5,603.12	¥5,461.61	¥5,690.81	¥49,834.64
20	粉底液	¥4,186.06	¥8,276.84	¥6,198.25	¥6,834.77	¥5,290.99	¥5,492.80	¥7,256.20	¥5,747.95	¥6,451.65	¥55,735.51
21	睫毛膏	¥6,617.10	¥4,827.25	¥7,060.71	¥6,746.53	¥5,461.65	¥4,719.30	¥5,703.35	¥6,877.23	¥3,879.95	¥51,893.07
22	口红	¥3,245.44	¥3,968.61	¥3,148.84	¥2,346.41	¥2,401.67	¥2,189.14	¥3,177.87	¥3,953.30	¥2,448.71	¥26,879.99
23	眼线笔	¥5,844.95	¥6,046.53	¥5,982.82	¥3,389.63	¥5,397.27	¥7,587.39	¥6,964.62	¥7,010.44	¥8,270.19	¥56,493.84
24	总计	¥25,947.24	¥28,803.15	¥27,590.57	¥24,890.66	¥23,849.56	¥25,258.87	¥28,705.16	¥29,050.53	¥26,741.31	¥240,837.05

图 38-62

如何使用报表筛选器创建多个数据透视表？

本章前面的案例中，我们已在示例文件"38- 产品销售 .xlsx"的"筛选器"工作表中基于"产品名称"和"国家"字段创建了筛选器，如果想为每个国家生成单独的数据透视表，操作方法如下：

1. 在数据透视表中选择任意单元格。

2. 在【数据透视表分析】选项卡的【数据透视表】组中，单击【选项】下拉按钮打开下拉菜单，选择【显示报表筛选页】选项，如图 38-63 所示。

图 38-63

3. 在【显示报表筛选页】对话框的【选定要显示的报表筛选页字段】列表框中，选择【国家】选项，然后单击【确定】按钮，即可为每个国家创建单独的数据透视表（各占一个工作表）。在【显示报表筛选器】对话框中选择【产品】字段，单击【确定】按钮为每个产品创建数据透视表。图 38-64 所示为生成的有关加拿大的数据透视表。

	A	B	C	D
1	产品名称	（全部）		
2	国家	加拿大		
3				
4	行标签	求和项：差额	求和项：实际销售额	求和项：预期销售额
5	一月	2929	32259	29330
6	二月	3318	35363	32045
7	三月	−10733	24630	35363
8	四月	1054	20343	19289
9	五月	8332	28675	20343
10	六月	−2823	28044	30867
11	七月	−5114	22930	28044
12	八月	−3855	23975	27830
13	九月	−1654	22321	23975
14	十月	1454	29330	27876
15	十一月	2929	32259	29330
16	十二月	1454	29330	27876
17	总计	−2709	329459	332168

< > 提取 数据透视表 **加拿大** 美国 筛选器 切片器 ⋯ +

图 38-64

如何快捷更改数据透视表的默认设置？

在 Microsoft 365 中可以轻松更改所有数据透视表的默认设置，操作步骤如下：

1. 切换到【文件】选项卡，选择左下方的【选项】选项，打开【Excel 选项】对话框。

2. 在对话框左侧的窗格中选择【数据】选项。

3. 在对话框右侧的窗格中，单击【数据选项】栏中的【编辑默认布局】按钮，打开【编辑默认布局】对话框（如图 38-65 所示）。

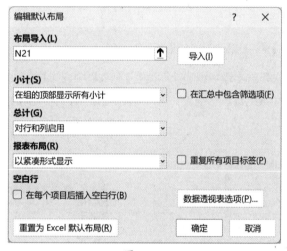

图 38-65

4. 根据需要更改默认布局设置，然后单击【确定】按钮。

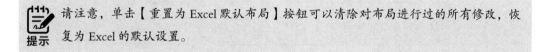

请注意，单击【重置为 Excel 默认布局】按钮可以清除对布局进行过的所有修改，恢复为 Excel 的默认设置。

5. 单击【确定】按钮关闭【Excel 选项】对话框。

如何使用数据透视表统计投资收益？

示例文件"38-投资收益.xlsx"中记录了某项投资 2014 年 7 月 17 日至 2021 年 6 月 9 日的每日账面价值，并计算了每日收益率。假设需要统计每年的平均收益率和各月的平均收益率，可以按如下步骤操作：

1. 首先，计算每年的平均收益率。选择数据区域（E5:G2463 单元格区域）中的任意单元格。

2. 在【插入】选项卡的【表格】组中单击【数据透视表】按钮，打开【来自表格或区域的数据透视表】对话框，选择【现有工作表】单选按钮，并在【位置】框中指定数据透视表的起始位置，然后单击【确定】按钮。

3. 在【数据透视表字段】窗格中，将"日期"字段拖放到【行】列表框中，将"收益率"字段拖放到【值】列表框中。

4. 单击【值】列表框中的"收益率"字段，在弹出的下拉菜单中选择【值字段设置】选项，打开【值字段设置】对话框。

5. 在【自定义名称】框中输入"平均收益率"。

6. 在【选择用于汇总所选字段数据的计算类型】列表框中选择【平均值】选项，单击【确定】按钮。图 38-66 所示为生成的数据透视表，可以看到，2017 年的平均收益率最高，2014 年的平均收益率最低。

	E	F	G	H	I	J	K
4	日期	账面价值	收益率				
5	2014/7/17	¥623.01					
6	2014/7/18	¥629.70	1.07%		行标签 ▾	平均值项:收益率	
7	2014/7/19	¥627.53	-0.34%		⊞2014年	-0.35%	
8	2014/7/20	¥624.66	-0.46%		⊞2015年	0.15%	
9	2014/7/21	¥620.00	-0.75%		⊞2016年	0.25%	
10	2014/7/22	¥619.01	-0.16%		⊞2017年	0.92%	
11	2014/7/23	¥619.01	0.00%		⊞2018年	-0.23%	
12	2014/7/24	¥603.00	-2.59%		⊞2019年	0.25%	
13	2014/7/25	¥600.83	-0.36%		⊞2020年	0.45%	
14	2014/7/26	¥595.05	-0.96%		⊞2021年	0.27%	
15	2014/7/27	¥591.79	-0.55%		总计	0.25%	
16	2014/7/28	¥587.73	-0.69%				
17	2014/7/29	¥583.22	-0.77%				
18	2014/7/30	¥561.24	-3.77%				

图 38-66

要计算每月的平均收益率，用鼠标右键单击任意年度单元格，在弹出的快捷菜单中选择【组合】选项，打开【组合】对话框，在【步长】列表框中取消选中【季度】选项（保留【月】和【年】选项的选中状态），单击【确定】按钮。图 38-67 所示为调整后的数据透视表。

如果只需要按月计算平均收益率（不分年汇总，并无实际意义，这里仅用于演示操作方法），用鼠标右键单击任意年、月单元格，在弹出的快捷菜单中选择【组合】选项，打开【组合】对话框，在【步长】列表框中取消选中【年】选项（只保留【月】选项的选中状态），单击【确定】按钮。

图 38-68 所示为调整后的数据透视表。

6	行标签	平均值项:收益率
7	⊟2014年	**-0.35%**
8	7月	-0.47%
9	8月	-0.60%
10	9月	-0.63%
11	10月	-0.41%
12	11月	0.43%
13	12月	-0.48%
14	⊟2015年	**0.15%**
15	1月	-0.95%
16	2月	0.61%
17	3月	-0.06%
18	4月	-0.07%
19	5月	-0.09%
20	6月	0.47%
21	7月	0.29%
22	8月	-0.62%
23	9月	0.10%
24	10月	0.92%
25	11月	0.74%
26	12月	0.48%
27	⊟2016年	**0.25%**

图 38-67

6	行标签	平均值项:收益率
7	1月	-0.15%
8	2月	0.54%
9	3月	-0.12%
10	4月	0.63%
11	5月	0.35%
12	6月	0.37%
13	7月	0.24%
14	8月	0.00%
15	9月	-0.21%
16	10月	0.52%
17	11月	0.33%
18	12月	0.52%
19	总计	**0.25%**
20		

图 38-68

能否使用动态数组函数创建能自动更新的数据透视表？

示例文件"38- 动态数据透视表 .xlsx"中记录了某公司的 200 多条产品销售记录，包括交易日期的月份、产品名称、销往的国家和销售额等信息。假设要计算销往各国的各产品的总销售额，可以先将数据转换为表，以此作为数据源新建数据透视表，然后在【数据透视表字段】窗格中将"产品名称"字段拖放到【行】列表框中，将"国家"字段拖放到【列】列表框中。注意，对于使用这种方法创建的数据透视表，若在数据源区域中添加了新数据，需要刷新数据透视表才能将新的数据包含在内。

使用动态数组函数可以创建能自动更新的数据透视表，相关操作如下所示：

1. 将 A1:F209 单元格区域转换为表。

2. 在 H17 单元格中输入公式"=UNIQUE(表 1[产品名称])"，创建所有产品的动态列表。

3. 在 I16 单元格中输入公式"=TRANSPOSE(UNIQUE(表 1[国家]))"，创建所有国家的动态列表。TRANSPOSE 函数的作用是将提取的国家名称填入不同的列中。

4. 要计算各国的所有产品的总销售额，在 I17 单元格中输入公式"=SUMIFS(表 1[实际销售额], 表 1[产品名称],H17#, 表 1[国家],I16#)"。其中的"H17#"和"I16#"参数用于"告诉"公式要进行纵向和横向扩展，以计算每种"产品 – 国家"组合的合计销售额。计算结果如图 38-69 所示。

		I17		fx	=SUMIFS(表1[实际销售额],表1[产品名称],H17#,表1[国家],I16#)					
	A	B	C	D	G	H	I	J	K
1	月份	产品名	国家	实际销售额					
2	一月	产品1	美国	¥4,000.00					
3	一月	产品1	加拿大	¥3,424.00					
4	一月	产品1	美国	¥8,324.00					
5	一月	产品1	法国	¥5,555.00					
6	一月	产品1	加拿大	¥5,341.00					
7	一月	产品1	美国	¥1,232.00					
8	一月	产品1	法国	¥3,424.00					
9	一月	产品1	加拿大	¥8,324.00					
10	一月	产品1	美国	¥5,555.00					
11	一月	产品1	法国	¥5,341.00					
12	一月	产品1	加拿大	¥1,232.00					
13	一月	产品1	美国	¥3,424.00					
14	一月	产品1	加拿大	¥8,383.00					
15	一月	产品1	法国	¥8,324.00					
16	一月	产品1	加拿大	¥5,555.00			美国	加拿大	法国
17	一月	产品1	美国	¥5,341.00		产品1	¥115,098.00	¥104,862.00	¥119,538.00
18	一月	产品1	法国	¥1,232.00		产品2	¥100,430.00	¥120,272.00	¥121,779.00
19	一月	产品1	美国	¥3,523.00		产品3	¥112,418.00	¥104,325.00	¥127,556.00
20	二月	产品2	加拿大	¥5,555.00					

图 38-69

5. 接下来，在表的末尾增加新数据来测试自动更新效果。在表格的最下面新增一条记录，例如销往巴西的产品 4，销售额为 5 000 元。可以看到，这个数据透视表自动新增了一行（"产品 4"）和一列（"巴西"）数据。

第39章
数据模型

使用 Excel 的数据模型功能，我们能够方便地加载突破 Microsoft 365 常规限制 [1] 的数据，并基于这些数据创建数据透视表。通过数据模型，还可以加载 Excel 之外（包括 Access 和 SQL Server 等数据库、网页、文本文件等）的数据，并与 Excel 中的数据相结合。而且，掌握数据模型的用法有利于学习第 40 章中将会提到的 Power Pivot 模块。

在第 38 章中，我们学习了如何使用 Excel 的数据透视表汇总数据，其中有一个案例提到了基于不同工作簿中的具有相同表结构的数据创建数据透视表。那种数据汇总方法的关键是各表格需要具有相同的列标题，但在实际应用中经常无法满足这个前提条件。

如图 39-1 所示，示例文件"39- 数据模型 .xlsx"中包含两个工作表：

◎ "销售额"工作表包含每位销售人员的编号及销售额。

◎ "销售人员"工作表包含每位销售人员的编号及所在州。

	D	E	F			E	F	G
2	编号	销售额			4	编号	州	
3	103	¥88.00			5	1	UT	
4	242	¥87.00			6	2	ID	
5	300	¥98.00			7	3	NE	
6	131	¥256.00			8	4	SC	
7	92	¥474.00			9	5	NE	
8	282	¥418.00			10	6	VT	
9	210	¥216.00			11	7	NC	
10	458	¥119.00			12	8	NM	
11	212	¥364.00			13	9	FL	
12	258	¥418.00			14	10	WY	
13	405	¥212.00			15	11	AK	
14	322	¥173.00			16	12	MI	
15	272	¥163.00			17	13	KS	
					18	14	NH	
	销售人员	销售额				销售人员	销售额	

图 39-1

假设要通过数据透视表汇总各州的总销售额，就需要在"销售额"工作表中为各条销售记录补充州的名称。我们可以使用 VLOOKUP 函数根据销售人员的编号从"销售人员"工作表中

---

1 在 Excel 中，一个工作簿中最多可以包含 65 536 个工作表，每个工作表最多可以包含 1 048 576 行、16 384 列数据。

查询对应的州名，在"销售额"工作表中填入一列州名数据，但如果数据多达数十万行，这个使用函数的方案会大大降低 Excel 表格的计算性能。借助 Excel 的数据模型功能，我们可以创建一个关系来完成此任务而不用担心性能方面的影响。创建的这个关系可以直接告诉 Excel 每位销售人员对应的州名，无须使用 VLOOKUP 函数。

如何将已有数据添加到数据模型？

要将数据添加到数据模型，需要先将数据转换为表并创建数据透视表，然后将其添加到数据模型。以示例文件"39- 数据模型 .xlsx"为例，操作步骤如下：

1. 选择"销售人员"工作表中的任意数据单元格，按【Ctrl+T】组合键将所有数据转换为表。

2. 在【表设计】选项卡的【属性】组中，在【表名称】框中键入"销售人员"。

3. 在【插入】选项卡的【表格】组中，单击【数据透视表】按钮。

4. 在【来自表格或区域的数据透视表】对话框中，勾选【将此数据添加到数据模型】复选框，如图 39-2 所示，单击【确定】按钮。

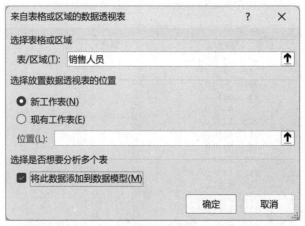

图 39-2

5. 在"销售额"工作表中重复前面的步骤 1~4（将表命名为"销售额"）。

 若要从数据模型中删除数据，先选择表中的任意数据单元格，在【表设计】选项卡的【工具】组中单击【转换为区域】按钮。

如何在数据模型中创建关系?

如果要在示例文件"39-数据模型.xlsx"中汇总各州的总销售额，会遇到一个问题：Excel 还不知道每位销售人员在哪个州。因此需要创建一个关系，让 Excel 能确定"销售额"工作表中的每行数据所代表的交易发生在哪个州。

在前面案例的基础上（已将"销售额"和"销售人员"工作表中的数据添加到数据模型）进行如下操作：

1. 打开"销售额"工作表，在【数据】选项卡的【数据工具】组中，单击【关系】按钮。

2. 在打开的【管理关系】窗口中，单击【新建】按钮。

3. 在打开的【创建关系】对话框中，选择用于建立关系的表和列。其中，主要列必须是能建立一对一关系的数据列，这样才能将关系映射到外来列。由于"销售人员"工作表中的数据都是不重复的，即每位销售人员的编号只出现一次，因此本例将主要列设为"销售人员"工作表中的"编号"列，然后将外来列设为"销售额"工作表中的"编号"列。

4. 在【表】下拉列表中选择【数据模型表：销售额】选项，在【列（外来）】下拉列表中选择【编号】选项。然后，在【相关表】下拉列表中选择【数据模型表：销售人员】选项，在【相关列（主要）】下拉列表中选择【编号】选项，如图 39-3 所示。

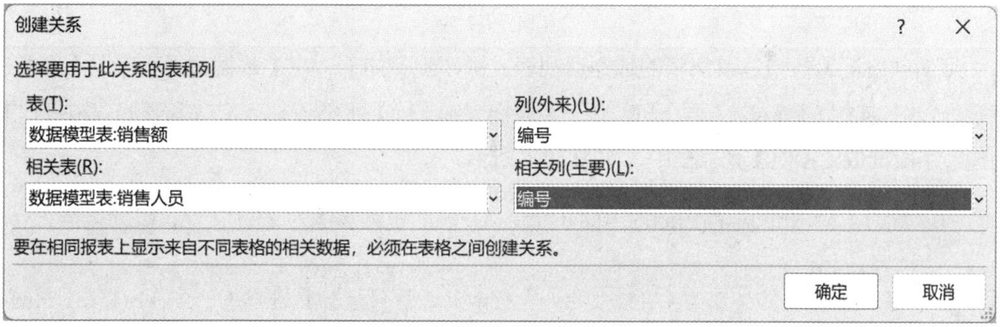

图 39-3

5. 单击【确定】按钮关闭【创建关系】对话框，然后单击【关闭】按钮关闭【管理关系】窗口。

现在，就可以毫无障碍地创建一个按州汇总销售额的数据透视表了，因为"销售额"工作表中的"编号"字段已经与"销售人员"工作表中的"编号"建立了对应关系。

如何使用数据模型创建数据透视表？

下面继续在前面案例的基础上操作。基于"销售额"工作表的数据创建数据透视表并将数据添加到数据模型后，将在新工作表中看到【数据透视表字段】窗格。切换到【全部】选项卡，可以查看已添加到数据模型的所有表，如图 39-4 所示。

图 39-4

下面创建汇总各州总销售额的数据透视表，操作步骤如下：在【数据透视表字段】窗格的字段列表中，将"销售人员"表下的"州"字段拖放到【行】列表框中，将"销售额"表中的"销售额"字段拖放到【值】列表框中，如图 39-5 所示。

可以看到，AK 州的总销售额为 10 846 元，AL 州的总销售额为 23 517 元，以此类推。

 如果在创建数据模型关系（如图 39-3 所示）之前创建数据透视表，Excel 将无法识别两个表之间的关系，并提示需要建立关系。

图 39-5

若要基于工作簿中的数据模型创建数据透视表，操作步骤如下：在一个已加入数据模型的工作表中选择任意数据单元格；在【插入】选项卡的【表格】组中，展开【数据透视表】下拉菜单，选择【来自数据模型】选项，如图 39-6 所示；在默认情况下，Excel 将新建一个工作表并显示【数据透视表字段】窗格，接下来的操作与前面讲的一样。

图 39-6

如何向数据模型添加新数据？

如要将一组新数据添加到已有的数据模型，操作步骤如下：

1. 将要添加的数据转换成表。

2. 在【插入】选项卡的【表格】组中单击【数据透视表】按钮。

3. 在打开的【来自表格或区域的数据透视表】对话框中，勾选【将此数据添加到数据模型】复选框，然后单击【确定】按钮。

4. 在【数据透视表字段】窗格中，切换到【全部】选项卡，即可在字段列表中看到新加入数据模型的表和字段了。

如何编辑、停用或删除数据模型中的关系？

编辑、停用或删除数据模型中的关系的操作步骤如下：

1. 打开包含数据模型的工作簿，在【数据】选项卡的【数据工具】组中单击【关系】按钮。

2. 在打开的【管理关系】对话框（如图 39-7 所示）中，选择要编辑、停用或删除的关系，执行下列操作之一。

◎ 单击【编辑】按钮，可在打开的【编辑关系】对话框中对涉及的表或字段进行设置。

◎ 单击【停用】按钮，可使所选的关系暂时失效，但不会将其删除。

◎ 单击【删除】按钮，可从数据模型中删除所选的关系。

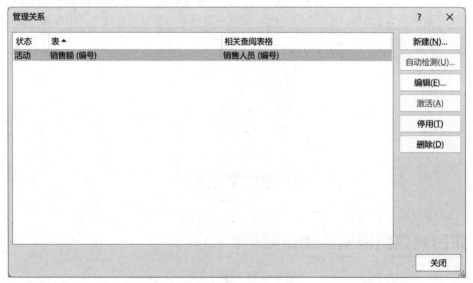

图 39-7

3. 单击【关闭】按钮关闭【管理关系】对话框。

如何不重复计数？

示例文件"39- 非重复 .xlsx"中记录了某机构的运动员名单（编号 1~100）及各运动员的比赛评分，参加过多次比赛的运动员会在列表中多次出现。表格中还有另一组数据，即每名运动员（编号 1~100）参加的体育项目，如图 39-8 所示。

	E	F	G	J	K	L
2	编号	评分				
3	32	6				
4	66	4				
5	15	4				
6	53	7			编号	项目
7	26	9			1	篮球
8	56	9			2	曲棍球
9	80	7			3	棍网球
10	29	7			4	足球
11	63	4			5	足球
12	84	5			6	棍网球
13	79	4			7	棍网球
14	82	6			8	棒球
15	69	6			9	曲棍球
16	60	8			10	棍网球
17	59	8			11	棍网球
18	66	4			12	足球
19	6	10			13	棍网球
20	91	6			14	棒球
21	27	9			15	篮球

图 39-8

假设需要统计参加每项运动的运动员人数，操作步骤如下：

1. 将 E2:F466 单元格区域中的数据转换为名为"评分"的表，将 K6:L106 单元格区域中的数据转换为名为"项目"的表。

2. 将两个表都添加到数据模型。

3. 在两个表之间新建关系，主要列是"项目"表中的"编号"列，外来列是"评分"表中的"编号"列。

4. 创建数据透视表，将"项目"表中的"项目"字段拖放到【行】列表框中，将"评分"表中的"编号"字段拖放到【值】列表框中，并将计算类型设置为计数。生成的数据透视表如图 39-9 所示。

可以看到，数据透视表计算的运动员总人数为 464，而实际的总人数应为 100。造成这一错误的原因是，有些运动员因多次参赛而被重复计数。现在需要解决这一问题。

	A	B
3	行标签	以下项目的计数:编号
4	棒球	85
5	棍网球	127
6	篮球	96
7	曲棍球	72
8	足球	84
9	**总计**	**464**
10		

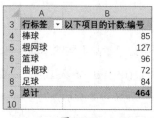

图 39-9

5. 用鼠标右键单击数据透视表中的任意单元格，在弹出的快捷菜单中选择【值字段设置】选项，打开【值字段设置】对话框。

6. 在【值汇总方式】选项卡的【选择用于汇总所选字段数据的计算类型】列表框中，选择【非重复计数】选项，如图 39-10 所示，然后单击【确定】按钮。这样，即可确保每个运动员最多被统计一次。

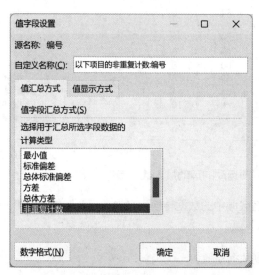

图 39-10

图 39-11 显示了两种计算方式的结果对比。可以看到，总共有 98 名运动员获得过评分，有 2 名运动员从未参赛，因而没有获得过评分。

	A	B	C
3	行标签	以下项目的非重复计数:编号	以下项目的计数:编号
4	棒球	20	85
5	棍网球	26	127
6	篮球	18	96
7	曲棍球	14	72
8	足球	20	84
9	**总计**	**98**	**464**
10			

图 39-11

第40章
Power Pivot

Power Pivot 是 Excel 的一个加载项，主要具有如下功能：

◎ 可用于高效存储和查询大量数据（如数亿行数据），可合并来自多个数据源的多种格式数据（例如来自 Microsoft Access 数据库、文本文件、多个 Excel 文件的数据，以及从网站导入的实时数据等）。

◎ 基于数亿行数据轻松创建数据透视表和数据透视图。

◎ 创建计算列。例如，数据源所在单元格区域的每一行都包含收入和成本数据，可以基于这两列数据创建一个新列——"利润"，其值为"收入"减"成本"。使用 Power Pivot 的数据分析表达式（DAX）函数可以轻松创建计算列。

◎ 创建自定义度量值，以聚合不同行的数据。例如，创建一个名为"总利润"的自定义度量值，计算每笔交易的利润之和。

◎ 创建可在数据透视表或数据透视图中使用的 Power Pivot 度量值。

◎ 创建关键绩效指标（KPI），以便轻松地使用可视化效果（类似于条件格式）来展示分析对象的绩效。例如，使用 Power Pivot KPI 确定每位销售人员的年度实际销售额与对应的预期销售额的对比情况。

◎ 作为报表（例如数据透视表、图表、CUBE 函数等）的数据源。

◎ 在 Microsoft SharePoint 中发布报表，以实现数据自动更新、数据共享和 IT 监控。Power Pivot 报表也可作为其他各类报表的数据源。

在 Excel 中启用 Power Pivot 加载项的操作步骤如下：

1. 切换到【文件】选项卡，选择左下方的【选项】选项，打开【Excel 选项】对话框。

2. 在左侧的列表框中选择【加载项】选项，然后在右侧窗格的底部展开【管理】下拉列表，选择【COM 加载项】选项并单击【转到】按钮。

3. 在打开的【COM 加载项】对话框中，勾选【Microsoft Power Pivot for Excel】复选框。

4. 单击【确定】按钮关闭【COM 加载项】对话框。

现在，我们就能在 Excel 主界面的功能区中看到【Power Pivot】选项卡了，如图 40-1 所示。

图 40-1

如何将数据导入 Power Pivot？

假设需要将来自如下两个不同数据源的数据导入 Power Pivot：

◎ "商店销售记录 .txt"是一个文本文件，记录了某企业旗下 20 家商店的销售记录，每条记录包含商店编号、商品名称、销售日期、销售数量和销售额，如图 40-2 所示。

图 40-2

◎ "40- 商店所在州 .xlsx"是一个 Excel 工作簿，记录了每家商店所在的州，如图 40-3 所示。

	F	G
7	商店编号	州
8	1	IND
9	2	IND
10	3	ILL
11	4	ILL
12	5	ILL
13	6	ILL
14	7	ILL
15	8	ILL
16	9	MICH
17	10	MICH
18	11	MICH
19	12	MICH
20	13	MICH
21	14	MICH
22	15	KY
23	16	KY
24	17	KY
25	18	KY
26	19	IOWA
27	20	IOWA

图 40-3

接下来创建一个数据透视表，对这些销售数据进行切片和汇总，以便查看每种商品在各州的销售情况。在 Power Pivot 中完成此任务的操作步骤如下：

1. 打开一个空白 Excel 工作簿，在【Power Pivot】选项卡的【数据模型】组中单击【管理】按钮，打开【Power Pivot for Excel】窗口，如图 40-4 所示。

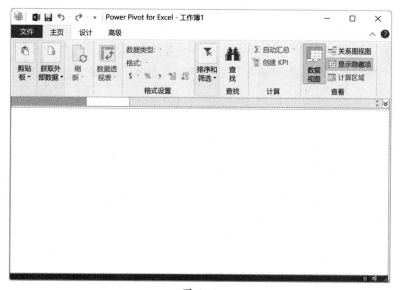

图 40-4

2. 在【主页】选项卡的【获取外部数据】组中单击【从其他源】按钮，启动表导入向导，如图 40-5 所示。使用此向导能从关系数据库、多维数据源、报表、Excel 表格和文本文件中导入数据。

图 40-5

 若要从 SQL Server、Access、Analysis Services 或 Power Pivot 导入数据，需要单击【获取外部数据】组中的【从数据库】下拉按钮，然后从下拉菜单中选择相应的选项。

3. 在列表框中选择【文本文件】选项，单击【下一步】按钮，进入向导的下一步窗口。

4. 单击【文件路径】框右侧的【浏览】按钮，打开【打开】对话框，找到并选择"商店销售记录 .txt"文件，然后单击【打开】按钮。

5. 根据文件的情况设置【列分隔符】选项，若列表框中显示的内容为乱码，单击【高级】按钮，在打开的【高级设置】对话框中选择正确的编码和区域设置选项。

6. 勾选【使用第一行作为列标题】复选框，如图 40-6 所示，然后单击【完成】按钮。稍等片刻，向导显示数据导入成功。

图 40-6

7. 单击【关闭】按钮，向导将文本文件中的数据导入 Power Pivot 中，如图 40-7 所示。

图 40-7

8. 接下来将"40- 商店所在州 .xlsx"中的数据导入 Power Pivot，以便让其知道每家商店在哪个州。在【Power Pivot for Excel】窗口中，单击【获取外部数据】组中的【从其他源】按钮。

9. 在【表导入向导】窗口的列表框中选择【Excel 文件】选项，单击【下一步】按钮。

10. 在向导的窗口中单击【Excel 文件路径】框右边的【浏览】按钮，在【打开】对话框中找到并选择"40- 商店所在州 .xlsx"文件，然后单击【打开】按钮。

11. 勾选【使用第一行作为列标题】复选框，单击【下一步】按钮进入下一步的对话框。

12. 在【表和视图】列表框中选择数据所在的工作表（本例为 Sheet1），单击【完成】按钮，再单击【关闭】按钮退出向导，将"40- 商店所在州 .xlsx"中的数据导入 Power Pivot，如图 40-8 所示。

	商店编号	州	添加列
1	1	IND	
2	2	IND	
3	3	ILL	
4	4	ILL	
5	5	ILL	
6	6	ILL	
7	7	ILL	
8	8	ILL	
9	9	MI...	
10	10	MI...	
11	11	MI...	
12	12	MI...	
13	13	MI...	
14	14	MI...	
15	15	KY	
16	16	KY	
17	17	KY	
18	18	KY	
19	19	IO...	
20	20	IO...	

商店销售记录 **Sheet1**

记录：   第 1 行，共 20 行

图 40-8

提示 在窗口底部，可以将工作表名由"Sheet1"改为"州"，便于识别。操作步骤为：使用鼠标右键单击工作表名，从快捷菜单中选择【重命名】选项，然后输入新的名称即可。

若要在 Power Pivot 中分析企业在不同州的销售情况，需要告诉 Power Pivot 各家商店所在州的信息存储在"40- 商店所在州 .xlsx"文件中，因此，我们需要创建两个文件之间的关系。

在数据表之间创建关系的方法之一是：在【Power Pivot for Excel】窗口中单击【设计】选项卡的【关系】组中的【创建关系】按钮。但是，使用关系图视图会使这个操作更加直观、简便。

13. 在【Power Pivot for Excel】窗口的【主页】选项卡的【查看】组中单击【关系图视图】按钮。

14. 在关系图视图中，将"州"数据表所在框中的"商店编号"字段拖动至"商店销售记录"数据表所在框中的"商店编号"字段上，即可在两者之间创建关系，如图 40-9 所示。

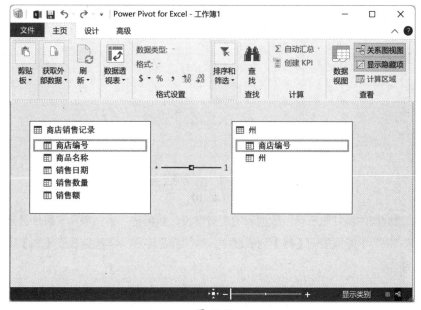

图 40-9

 在【Power Pivot for Excel】窗口的【设计】选项卡中，单击【关系】组中的【管理关系】按钮，可以在打开的窗口中管理已创建的关系（例如编辑或删除）。

15. 单击【主页】选项卡的【查看】组中的【数据视图】按钮，切换回数据视图。

如何使用 Power Pivot 创建数据透视表？

现在，我们已经做好了使用 Power Pivot 的数据透视表汇总销售数据的准备，在前面案例的基础上继续操作：

1. 在数据视图模式下，单击【主页】选项卡中的【数据透视表】按钮。

2. 在打开的【创建数据透视表】对话框中选择【新工作表】单选按钮，单击【确定】按钮。

3. Excel 打开一个空白工作表，并显示【数据透视表字段】窗格，切换到【全部】选项卡，如图 40-10 所示。

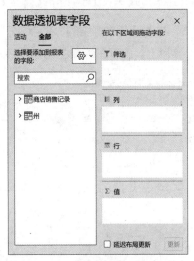

图 40-10

4. 在字段列表中展开显示两个数据表的所有字段，然后将"销售额"字段拖放到【值】列表框中，将"州"字段拖放到【行】列表框中，将"商品名称"字段拖放到【列】列表框中，如图 40-11 所示。

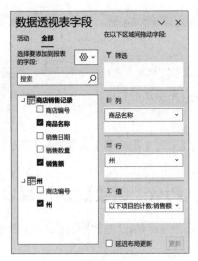

图 40-11

5. 在生成的数据透视表中，用鼠标右键单击"总计"列的列标，从快捷菜单中选择【值字段设置】选项，打开【值字段设置】对话框。

6. 单击【数字格式】按钮，打开【设置单元格格式】对话框。

7. 在左边的【分类】列表框中选择【货币】选项，在右边根据需要设置小数位数和货币符号等。

8. 单击【确定】按钮关闭【设置单元格格式】对话框，再单击【确定】按钮关闭【值字段设置】对话框。调整后的数据透视表如图 40-12 所示，在此可以查看每种商品在各州的总销售额。例如，伊利诺伊州的影碟总销售额为 2 295.76 元。

3	以下项目的总和:销售额	列标签						
4	行标签	食品	图书	玩具	音乐CD	影碟	杂志	总计
5	ILL	¥2,178.69	¥1,542.74	¥1,807.78	¥1,880.44	¥2,295.76	¥2,904.28	¥12,609.69
6	IND	¥644.58	¥697.08	¥953.91	¥799.09	¥874.89	¥1,012.93	¥4,982.48
7	IOWA	¥364.39	¥518.61	¥574.49	¥651.49	¥480.66	¥744.91	¥3,334.55
8	KY	¥1,224.88	¥1,654.53	¥1,486.99	¥1,051.28	¥1,952.70	¥1,716.58	¥9,086.96
9	MICH	¥2,108.54	¥2,071.94	¥2,334.86	¥1,680.84	¥1,320.06	¥2,260.14	¥11,776.38
10	总计	¥6,521.08	¥6,484.90	¥7,158.03	¥6,063.14	¥6,924.07	¥8,638.84	¥41,790.06
11								

图 40-12

如何在 Power Pivot 中使用切片器？

在第 38 章中，我们已经学习了如何使用切片器对数据透视表中的数据进行不同维度的分析。在 Power Pivot 的数据透视表中，使用切片器的效果会更好。下面，我们学习如何使用 Power Pivot 的切片器汇总前面案例用到过的商店销售数据，具体操作步骤如下：

1. 选择数据透视表中的任意数据单元格。

2. 在【数据透视表分析】选项卡的【筛选】组中单击【插入切片器】按钮。

3. 在打开的【插入切片器】对话框中，选择"州"表中的"商店编号"字段以及"商店销售记录"表中的"商品名称"字段，单击【确定】按钮。

4. 图 40-13 展示了切片器的应用效果。表中显示的是编号为 7~11 这 5 家商店的食品和影碟的销售额汇总值。由于这 5 家商店位于伊利诺伊州或密歇根州，因此数据透视表中只显示了 ILL 和 MICH 对应的两行数据。

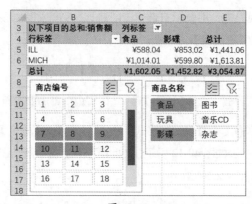

图 40-13

 提示 若要在切片器面板中选择多个选项，可以按住【Shift】键或【Ctrl】键单击需要的选项。

我们可以根据需要更改切片器面板的外观，或者自定义面板中的选项显示方式（具体方法可参见第 38 章）。例如，调整切片器面板的高度、宽度和位置，或者设置在面板中分几列显示选项（图 40-13 所示的两个切片器分别为 3 列和 2 列），等等。

什么是 DAX 函数和计算列？

回顾第 38 章的内容，我们学习了通过计算项或计算字段可以在数据透视表中生成新字段，从而进行更灵活的数据分析。Power Pivot 提供了类似的功能，将数据导入后，我们可以使用 DAX[1] 创建计算列，以便更好地发挥数据透视表的作用。

下面通过一个案例学习如何使用 DAX 函数。假设需要将商店销售数据中的销售日期字段拆分为年、月、日三个字段，操作步骤如下：

1. 在【Power Pivot for Excel】窗口中，打开"商店销售记录"表。（与在 Excel 工作簿中的操作一样，在界面左下角单击工作表名称标签即可。）

2. 在第 1 个空白列（标记着"添加列"字样）中，选择任意单元格。

3. 单击【设计】选项卡中的【插入函数】按钮。在打开的【插入函数】对话框中，可以看到常用的 DAX 函数列表。其中许多函数（如 YEAR、MONTH 和 DAY）的功用和用法实际上

---

1 Data Analysis Expressions，数据分析表达式，是一种功能强大的数据分析语言。

与普通的 Excel 函数相同。

4. 在【选择类别】下拉列表中选择【日期和时间】选项，筛出日期和时间函数，如图 40-14 所示。在【选择函数】列表框中选择【YEAR】选项，然后单击【确定】按钮。

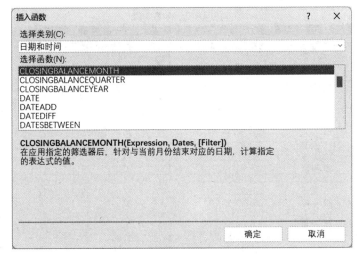

图 40-14

 DAX 语言还包括许多其他功能强大的函数。例如，DISTINCT 函数可以返回指定列中符合条件的唯一值。

5. 在功能区下方的编辑栏中，Power Pivot 已自动输入了公式的开始部分，单击 "销售日期" 列中的任意单元格（指定函数参数）并按【Enter】键，即可完成公式 "=YEAR(' 商店销售记录 '[销售日期])"。Power Pivot 会自动将公式复制到整列，完成各行的销售日期对应年的提取工作。

6. 用鼠标右键单击新列的列标题，在快捷菜单中选择【重命名列】选项，然后输入新的列标题 "年"。

7. 在第 1 个空白列中，参照前面的方法输入公式 "=MONTH(' 商店销售记录 '[销售日期])"，Power Pivot 会自动将公式复制到整列，完成各行的销售日期对应月的提取工作。

8. 将这个新列重命名为 "月"。

9. 在第 1 个空白列中，参照前面的方法输入公式 "=DAY(' 商店销售记录 '[销售日期])"，Power Pivot 会自动将公式复制到整列，完成各行的销售日期对应日的提取工作。

10. 将这个新列重命名为"日"。添加了 3 个计算列的表格如图 40-15 所示。

接下来，我们就可以基于这些计算列创建各种数据透视表和数据透视图了，例如按年汇总各州的销售额。

	[日]			*fx* =DAY('商店销售记录'[销售日期])					
	商店编号	商品名称	销售日期	销售数量	销售额	年	月	日	添加列
1	5	杂志	2014/1/4 0...	101	72.72	2014	1	4	
2	15	杂志	2014/9/29	132	105.6	2014	9	29	
3	19	杂志	2012/8/7 0...	142	75.26	2012	8	7	
4	17	杂志	2012/9/5 0...	146	65.7	2012	9	5	
5	17	杂志	2013/7/5 0...	82	31.98	2013	7	5	
6	2	杂志	2013/2/10	114	33.06	2013	2	10	
7	1	杂志	2013/11/2...	107	53.5	2013	11	29	
8	3	杂志	2014/2/2 0...	148	56.24	2014	2	2	
9	4	杂志	2012/7/16	27	20.52	2012	7	16	
10	13	杂志	2013/5/12	120	82.8	2013	5	12	
11	11	杂志	2014/10/1...	108	73.44	2014	10	15	
12	19	杂志	2014/11/4	103	71.07	2014	11	4	
13	2	杂志	2012/9/25	107	51.36	2012	9	25	
14	5	杂志	2012/12/7	115	77.05	2012	12	7	
15	20	杂志	2013/9/20	29	20.59	2013	9	20	
16	15	杂志	2014/11/2...	140	33.6	2014	11	2	
17	11	杂志	2012/8/25	73	15.33	2012	8	25	
18	9	杂志	2012/4/6 0...	147	80.85	2012	4	6	
19	12	杂志	2010/12/2...	110	67.1	2010	12	25	
20	10	杂志	2010/11/2...	90	21.6	2010	11	25	
21	17	杂志	2014/1/31	101	15.15	2014	1	31	
22	1	杂志	2014/7/24	34	16.66	2014	7	24	
23	13	杂志	2014/8/15	129	41.28	2014	8	15	

商店销售记录 | 州

图 40-15

如何使用 RELATED 函数？

下面通过一个新案例学习更为复杂的 DAX 函数——RELATED 的用法。假设有一家名为 Saleco 的小公司，在美国各州销售产品，示例文件"40- 公司销售数据 .xlsx"中记录了该公司的一些销售数据。示例文件中包含以下工作表：

◎ "地址"工作表：记录了客户编号及客户所在的州。

◎ "发票"工作表：记录了 10 000 张发票的号码，以及对应的客户编号、开票日期。

◎ "明细"工作表：记录了每张发票对应的购买数量、产品的单位成本和销售单价。

基于以上数据，在 Power Pivot 中可以轻松完成多种统计工作，例如：

◎ 在各州销售了多少件产品？

◎ 各年、各月的销售收入是多少？

◎ 销售折扣对总收入有什么影响？

◎ 每年在各州的销售利润是多少？

下面通过两个例子来演示统计方法，其中会用到 RELATED 函数，以使 Power Pivot 能够访问上面提到的工作表中的数据。

首先计算公司在各州销售的产品数量，具体操作步骤如下：

1. 将 3 工作表中的数据分别转换为表，并分别命名为"地址"、"发票"和"明细"。

2. 在"地址"表中选择任意数据单元格，然后在【Power Pivot】选项卡中单击【添加到数据模型】按钮。

3. 重复步骤 2，将"发票"和"明细"表也添加到 Power Pivot 数据模型中，如图 40-16 所示。

图 40-16

根据统计需求，需要创建"地址"表中的"客户编号"字段与"明细"表中的"客户编号"字段之间的关系，以及"发票"表中的"发票号码"字段与"明细"表中的"发票号码"字段之间的关系。

4. 在【Power Pivot for Excel】窗口中，单击【主页】选项卡的【查看】组中的【关系图视图】按钮。

5. 通过拖动字段在相关表之间创建所需的关系，如图 40-17 所示。从本质上讲，这些关系替代了 VLOOKUP 函数的功能。

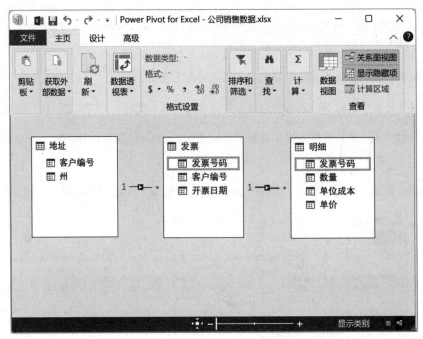

图 40-17

现在已经做好了创建数据透视表的准备，下面计算公司在各州销售的产品总数量。

6. 单击【主页】选项卡的【查看】组中的【数据视图】按钮，切换到数据视图。

7. 单击【数据透视表】按钮。

8. 在打开的【创建数据透视表】对话框中，选择【新工作表】单选按钮（也可以选择【现有工作表】单选按钮，但需要指定新创建的数据透视表在工作表中的位置），单击【确定】按钮。

9. 在【数据透视表字段】窗格中切换到【全部】选项卡，展开字段列表中的各个表，显示所有字段。

10. 将"地址"表中的"州"字段拖放到【行】列表框中，将"明细"表中的"数量"字段拖放到【值】列表框中，如图 40-18 所示。生成的数据透视表如图 40-19 所示。

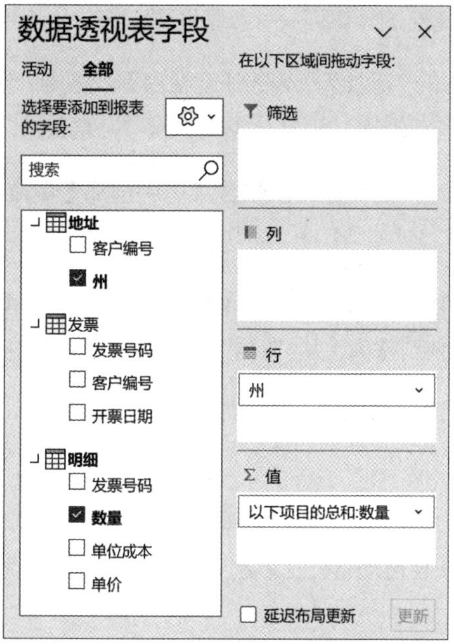

图 40-18

	B	C	D
3	行标签	以下项目的总和:数量	
4	Alabama	17032	
5	Arizona	18941	
6	Arkansas	7287	
7	California	124876	
8	Colorado	19150	
9	Connecticut	14557	
10	Florida	52620	
11	Georgia	34933	
12	Illinois	56451	
13	Indiana	13256	
14	Iowa	7190	
15	Kansas	17723	
16	Kentucky	14854	
17	Louisiana	12239	
18	Maine	8733	
19	Maryland	27509	
20	Massachusetts	21893	

Sheet1　地址　发票　明细

图 40-19

接下来汇总公司在各州的年度销售利润。由于公司在每年 5 月开展促销活动，客户购买产品可享受 5% 的折扣。为此，需要单独计算每个月的收入金额。首先，从“发票”表的“开票日期”

字段中提取年和月信息，创建新的计算列——每张发票对应的年和月。

1. 在"开票日期"列右边的"添加列"列的任意空白单元格中，输入公式"=YEAR(' 发票 '[开票日期])"，Power Pivot 会自动将公式复制到整列，从"开票日期"列提取出对应的年信息。

2. 使用鼠标右键单击新建列的列标，从快捷菜单中选择【重命名列】选项，输入新的列标题"年"。

3. 在"年"列右边的第 1 个空白列的任意单元格中，输入公式"=MONTH(' 发票 '[开票日期])"。Power Pivot 会自动将公式复制到整列，从"开票日期"列提取出对应的月信息。

4. 使用鼠标右键单击新建列的列标，从快捷菜单中选择【重命名列】选项，输入新的列标题"月"。

5. 在"月"列右边的第 1 个空白列的任意单元格中，输入公式"=FORMAT(' 发票 '[开票日期],"mmm"))"。Power Pivot 会自动将公式复制到整列，用英文缩写方式显示每张发票对应的月信息。

6. 使用鼠标右键单击新建列的列标，从快捷菜单中选择【重命名列】选项，输入新的列标题"月名称"。图 40-20 显示了添加了计算列后的表格。

	发票号码	客户编号	开票日期	年	月	月名称
1	1	256	2018/10/3	2018	10	Oct
2	2	60	2019/12/1...	2019	12	Dec
3	3	45	2018/7/6 0...	2018	7	Jul
4	4	138	2018/8/16 ...	2018	8	Aug
5	5	5	2017/11/3...	2017	11	Nov
6	6	139	2020/11/1...	2020	11	Nov
7	7	194	2019/10/1...	2019	10	Oct
8	8	59	2021/3/16 ...	2021	3	Mar
9	9	195	2020/4/18 ...	2020	4	Apr
10	10	12	2019/3/13 ...	2019	3	Mar
11	11	194	2021/4/21 ...	2021	4	Apr
12	12	29	2017/12/1...	2017	12	Dec
13	13	168	2018/12/2...	2018	12	Dec
14	14	185	2019/11/9 ...	2019	11	Nov
15	15	171	2019/5/11 ...	2019	5	May
16	16	53	2019/11/1...	2019	11	Nov
17	17	12	2020/8/21 ...	2020	8	Aug
18	18	58	2019/3/9 0...	2019	3	Mar
19	19	17	2018/5/18 ...	2018	5	May

图 40-20

接下来，使用"明细"表中的数据计算每张发票对应的成本和利润。

7. 在"明细"表中创建一个名为"成本"的新列，然后输入公式"=' 明细 '[数量]*' 明细 '[单

位成本]"。

8. 选择表中的"单位成本""单价""成本"列，通过【主页】选项卡的【格式设置】组中的选项，将这 3 列设置为货币格式，如图 40-21 所示。

	[成本]			fx ='明细'[数量]*'明细'[单位成本]		
△	发票号码	数量	单位成本	单价	成本	添加列
1	1	94	$4.50	$6.75	$423.00	
2	2	84	$6.40	$7.68	$537.60	
3	3	121	$4.90	$7.84	$592.90	
4	4	124	$4.50	$6.30	$558.00	
5	5	76	$5.20	$8.32	$395.20	
6	6	132	$5.40	$8.64	$712.80	
7	7	107	$5.30	$5.83	$567.10	
8	8	63	$6.20	$9.92	$390.60	
9	9	80	$4.80	$5.76	$384.00	
10	10	83	$5.50	$8.80	$456.50	
11	11	135	$6.50	$11.05	$877.50	
12	12	112	$4.60	$6.44	$515.20	
13	13	118	$5.60	$8.96	$660.80	
14	14	71	$5.20	$8.32	$369.20	
15	15	78	$6.70	$7.37	$522.60	
16	16	95	$5.70	$6.84	$541.50	

地址　发票　明细

图 40-21

下面计算每张发票对应的销售利润。为此，需要获取每张发票对应的销售收入，而且要考虑公司的促销活动——每年 5 月有 5% 的折扣。

9. 在"明细"表的"成本"列右侧创建一个新的计算列，并将其命名为"折扣"。

"折扣"列中的值与"发票"表中的"月"列有关，可以使用 RELATED 函数从"发票"表提取数据进行计算。

10. 在"折扣"列的任意单元格中输入公式"=IF(RELATED(' 发票 '[月])=5,0.05,0)"。这个公式的意思是，当"发票"表的"月"列的值为 5 时，"折扣"列当前行的值为 0.05，否则为 0。

11. 在"折扣"列右侧创建一个新的计算列，并将其命名为"收入"。

12. 在"收入"列的任意单元格中输入公式"=(1-' 明细 '[折扣])*' 明细 '[单价]*' 明细 '[数量]"，得到每张发票对应的收入金额。

13. 在"收入"列的右侧创建一个新的计算列，并将其命名为"利润"。

14. 在"利润"列的任意单元格中输入公式"=' 明细 '[收入]-' 明细 '[成本]"，计算出每张发票对应的销售利润，如图 40-22 所示。

图 40-22

现在，可以基于新添加的计算列生成数据透视表了。图 40-23 所示的数据透视表列出了公司在各州的销售利润。注意，本例使用了切片器和日程表功能，以便于从不同维度分析数据。（提示：将"州"字段拖放到【行】列表框中，将"年"字段拖放到【列】列表框中，将"利润"字段拖放到【值】列表框中，然后通过【插入】选项卡设置切片器和日程表。）

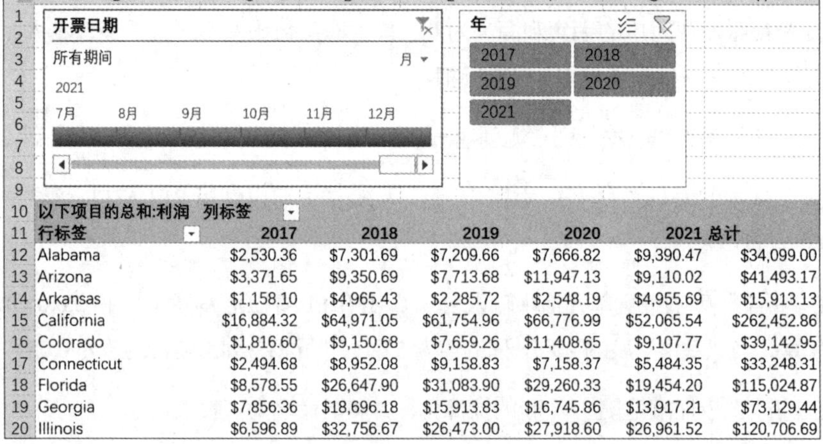

图 40-23

如何使用 CALCULATE 函数？什么是度量值？

在 Power Pivot 中可以创建度量值，从而实现类似数据透视表中的汇总计算。在数据透视表中，度量值一般是指基于通过指定行、列字段（或使用切片器）生成的数据子集，计算（例如求和、求平均值、计数）得到的汇总值。使用 CALCULATE 函数可以得到许多度量值，通过此函数可以在 Power Pivot 中实现 Excel 的 SUMIFS、COUNTIFS 和 AVERAGEIFS 等函数的功能。

为了演示度量值的使用方法，下面在前面案例的基础上，分析 2019 年 Saleco 公司在美国各州的产品销售利润增长情况（相对于 2018 年）。为实现这一目的，我们需要创建 3 个度量值：

◎ 2019 年利润

◎ 2018 年利润

◎ 利润增长（即 2019 年利润减去 2018 年利润）

打开示例文件"40- 公司销售数据 .xlsx"，参照如下步骤进行操作：

1. 首先，创建"2018 年利润"度量值。单击【Power Pivot】选项卡的【计算】组中的【度量值】下拉按钮，在下拉菜单中选择【新建度量值】选项。

2. 在打开的【度量值】对话框中，展开【表名】下拉列表，选择【地址】选项，在【度量值名称】框中输入"2018 年利润"，在【公式】框中输入"=CALCULATE(SUM(' 明细 '[利润]), YEAR(' 发票 '[开票日期])=2018)"。

3. 在【格式设置选项】选区的【类别】列表框中，选择【常规】选项，如图 40-24 所示，然后单击【确定】按钮。

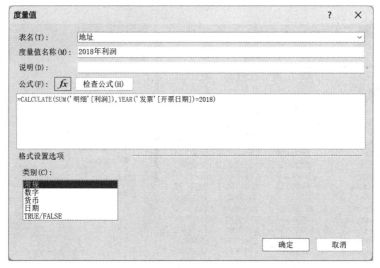

图 40-24

4. 参照步骤 1~3，新建"2019 年利润"度量值（公式为"=CALCULATE(SUM(' 明细 '[利润]),YEAR(' 发票 '[开票日期])=2019)"）。

5. 再次打开【度量值】对话框，在【度量值名称】框中输入“利润增长”，在【公式】框中输入“=[2019 年利润]-[2018 年利润]”，如图 40-25 所示。

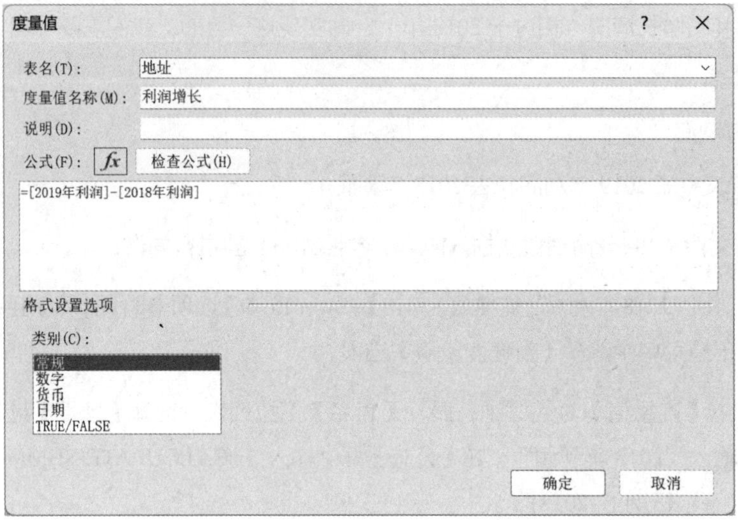

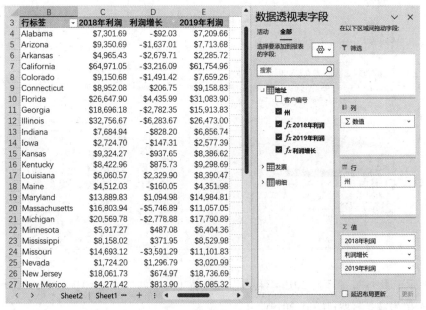

图 40-25

图 40-26 所示为基于创建的 3 个度量值生成的数据透视表，能够清晰地查看各州 2018 年的利润、2019 年的利润，以及 2019 年相对于 2018 年的利润增长值。

	B	C	D	E
3	行标签	2018年利润	利润增长	2019年利润
4	Alabama	$7,301.69	-$92.03	$7,209.66
5	Arizona	$9,350.69	-$1,637.01	$7,713.68
6	Arkansas	$4,965.43	-$2,679.71	$2,285.72
7	California	$64,971.05	-$3,216.09	$61,754.96
8	Colorado	$9,150.68	-$1,491.42	$7,659.26
9	Connecticut	$8,952.08	$206.75	$9,158.83
10	Florida	$26,647.90	$4,435.99	$31,083.90
11	Georgia	$18,696.18	-$2,782.35	$15,913.83
12	Illinois	$32,756.67	-$6,283.67	$26,473.00
13	Indiana	$7,684.94	-$828.20	$6,856.74
14	Iowa	$2,724.70	-$147.31	$2,577.39
15	Kansas	$9,324.27	-$937.65	$8,386.62
16	Kentucky	$8,422.96	$875.73	$9,298.69
17	Louisiana	$6,060.57	$2,329.90	$8,390.47
18	Maine	$4,512.03	-$160.05	$4,351.98
19	Maryland	$13,889.83	$1,094.98	$14,984.81
20	Massachusetts	$16,803.94	-$5,746.89	$11,057.05
21	Michigan	$20,569.78	-$2,778.88	$17,790.89
22	Minnesota	$5,917.27	$487.08	$6,404.36
23	Mississippi	$8,158.02	$371.95	$8,529.98
24	Missouri	$14,693.12	-$3,591.29	$11,101.83
25	Nevada	$1,724.20	$1,296.79	$3,020.99
26	New Jersey	$18,061.73	$674.97	$18,736.69
27	New Mexico	$4,271.42	$813.90	$5,085.32

图 40-26